普通高等教育规划教材

化工工艺制图

第二版

周大军 揭嘉 张亚涛 主编

HUAGONG GONGYI ZHITU

化学工业出版社
·北京·

本教材是专门针对未开设“机械制图”课程的理工科化学化工类专业学生而编写的。教材分为上、下两篇。

上篇为画法几何与机械制图基础，内容包括：视图与投影、三视图的绘制与阅读、几何作图；机械制图的国家标准、视图与视图选择；零件图和装配图的绘制；化工设备图等内容。下篇为化工工艺制图，内容包括工艺流程图、设备布置图和管路布置图等，并对化工设备的结构特征与用途、设备常用结构参数以及化工工艺图的阅读与绘制过程、图面设计与布置等相关内容进行了详细介绍。并提供了大量化工单元设备的常用技术参数和图例，以及化工工艺流程图的现场绘制的基本方法，为读者自学和独立绘制相关化工常用设备的图纸和化工工艺流程图的现场绘制提供了重要参考。

本书可作为设有机械制图基础的本科化学和化工工艺类各专业的教材，也可供电大和高等职业技术学院的相关专业选用。本书亦可作为高等院校化学化工类专业学生的化工设备、化工原理的课程设计和化工工艺类综合设计相关图纸的绘制与化工生产实习的重要参考资料。

图书在版编目（CIP）数据

化工工艺制图/周大军，揭嘉，张亚涛主编．—2版．北京：化学工业出版社，2012.1（2023.8重印）
普通高等教育规划教材
ISBN 978-7-122-12573-6

Ⅰ.化… Ⅱ.①周… ②揭… ③张… Ⅲ.①化工过程-生产工艺-高等学校-教材②化工机械-机械制图-高等学校-教材 Ⅳ.①TQ02②TQ050.2

中国版本图书馆CIP数据核字（2011）第211375号

责任编辑：高 钰　　文字编辑：李 娜
责任校对：战河红　　装帧设计：史利平

出版发行：化学工业出版社（北京市东城区青年湖南街13号 邮政编码100011）
印　　装：天津盛通数码科技有限公司
787mm×1092mm 1/16 印张16½ 插页1 字数406千字 2023年8月北京第2版第10次印刷

购书咨询：010-64518888　　售后服务：010-64518899
网　　址：http://www.cip.com.cn
凡购买本书，如有缺损质量问题，本社销售中心负责调换。

定　　价：48.00元

第二版前言

本书自 2005 年出版以其“理论与实际相结合，绘图能力培养与化工工艺设计相结合”的独特编辑方式已引起广大读者的关注，为适应现代教学的需要我们将本书的内容已制成用于多媒体教学的 PPT 课件，并将免费提供给采用本书作为教材的院校使用。如有需要，请发电子邮件至 cipedu@163. com 获取，或登陆 www. cipedu. com. cn 免费下载。

应本教材使用单位的要求，编者特邀请了郑州大学化工与能源学院的张亚涛教授和湖南工程学院的邓继勇教授和颜炜伟老师一起参与了这次教材修订工作，为进一步提高本教材的质量和使用效果创造了条件。

本版仍保留了第一版的特色，主要还是针对化工工艺类专业本科生编写，同时满足在生产一线的化工工艺类工程技术人员实际应用的需要。这次修订不仅更正了原教材中存在的一些错误，认真修改了原教材中一些表述不太明确的文字，采用了最新版的国家标准，增加了大量化工工艺与设备设计常用的参考资料，大大方便了读者，有效提高了本教材的使用价值。

衷心感谢使用过本教材的广大师生和工程技术人员为本教材的修订工作提供了大量宝贵意见。

编者

2012 年 6 月

第一版前言

为适应化工高等教育改革的发展，进一步促进化工高等教育与市场经济的接轨，改善传统教学模式对化工工艺制图课程改革的桎梏，满足目前高等院校化学化工类专业化工工艺制图的教学需要，由湖南湘潭大学化工学院“化工制图”教研室与机械工程学院“机械制图”教研室组织相关教师共同编写了《化工工艺制图》。本书总结了本校20多年来在“机械制图”和“化工制图”方面的实际工作经验和教学实践，从实际教学需要出发，不仅系统阐述了化工设备、化工工艺制图的基本原理、要求和方法，而且还结合化工工艺、化工原理和化工容器与设备等专业课程，介绍了典型化工设备的通用结构与用途，以及化工工艺图的设计原理、现场工艺流程图的绘制等相关内容，以满足学生实际工程绘图的需要，同时也强化了工程制图与相关专业课程的联系，并具有以下特点。

(1) 本书为理工科化学和化工工艺类及相关专业的学生编写，不仅可作为学习化工工艺制图的教学用书，书中提供的大量常用设备技术参数与图例，还可作为学生独立完成化工原理的课程设计、化工过程综合设计和单元设备设计绘图的参考资料。

(2) 以介绍化工工艺制图为主，但也涵盖了机械制图与化工设备制图的内容，特别适合于没有机械制图基础的化学化工类专业及轻化工、环境与食品工程、制药工程等相关专业的学生使用。

(3) 本书采用了最新的机械制图与化工工艺制图的国家和部颁标准，结合机械制图介绍了化工设备的常用标准件和通用件，减少了不必要的内容重复。

(4) 结合化工工艺制图，详细介绍了化工工艺图的形成原理与过程，以及图面设计的主要依据、基本方法与要求。为学生独立设计与绘制化工工艺图纸，强化动手能力培养提供了有益帮助。

(5) 结合工艺流程图的介绍，还特别介绍了化工工艺流程图的现场绘制方法，可为化学化工类专业学生的化工工艺生产实习和今后在企业的工作提供有益帮助。

(6) 结合化工设备图，详细介绍了典型化工设备的结构原理、常用结构参数与材料，以及该设备的主要用途，可为学生独立设计与绘制化工设备图提供帮助。

在编写过程中，笔者力求文字通俗易懂，叙述简明扼要，选图典型与实用，并尽可能多地采用了企业提供的相关设备图纸。在内容的编排上，除重点突出化工工艺制图外，还用较多的篇幅介绍了化工设备图的阅读与绘制，以满足实际工作的需要，而作为工程制图基础的画法几何与机械制图部分，仅选择了与化工工艺制图密切相关的内容进行简要介绍，并尽可能避免那些不必要的内容重复，力求重点突出。本书配有相应的习题集与本书同时出版，配套使用。同时，笔者认为，虽然计算机绘图目前在化工科研、设计与生产单位的工程制图中已普遍采用，但Auto CAD作为一种应用软件，其开放式对话窗口对用户的要求越来越低，学生只要真正理解和掌握了工程制图的基本原理和要求，完全可以通过自学的方法学会和掌握Auto CAD或同类软件的使用方法。

本书在编写过程中得到了湖南科技大学、湖南工程学院等有关院校的大力支持，还得到了中石化岳阳长岭炼化公司设计院、湖南湘维有限公司设计院、湖南海利化工有限公司研究院和湖南湘江氮肥厂设计院等相关部门的支持和所提供的资料，谨此致谢。

编者

2005年4月

目　录

上篇　机械制图基础

下篇　化工工艺制图

上篇　机械制图基础

随着加入世贸组织，中国科技界、企业界在国际上的技术交流、技术合作也越来越频繁，工程技术和市场产品的更新也越来越快，各类新技术、新产品不断涌向市场，为中国的制造业带来了勃勃生机。作为工程技术界信息交流的统一语言——技术制图及其制图标准，也将在工程技术的应用和市场经济的发展中起到越来越重要的作用。化工工艺制图是工程技术制图中的一个重要分支，而机械制图则是化工工艺制图必不可少的基础。

机械制图是研究阅读和绘制各种机械图样的专门科学。机械图样不仅是工业生产的重要技术文献，而且还是工程技术人员进行学术交流的重要工具和交换信息的重要载体。因此，机械制图是工程技术人员必须掌握的一种技术语言和基本能力。机械图样（见图 0-1）主要包括以下四个方面的内容。

（1）表示机器或零部件的一组视图。

（2）说明机器或零部件大小、形状和相对位置与装配要求的尺寸标注。

（3）为达到机器与设备的工作性能，设计者针对加工制作与安装施工过程提出的各种技术要求。

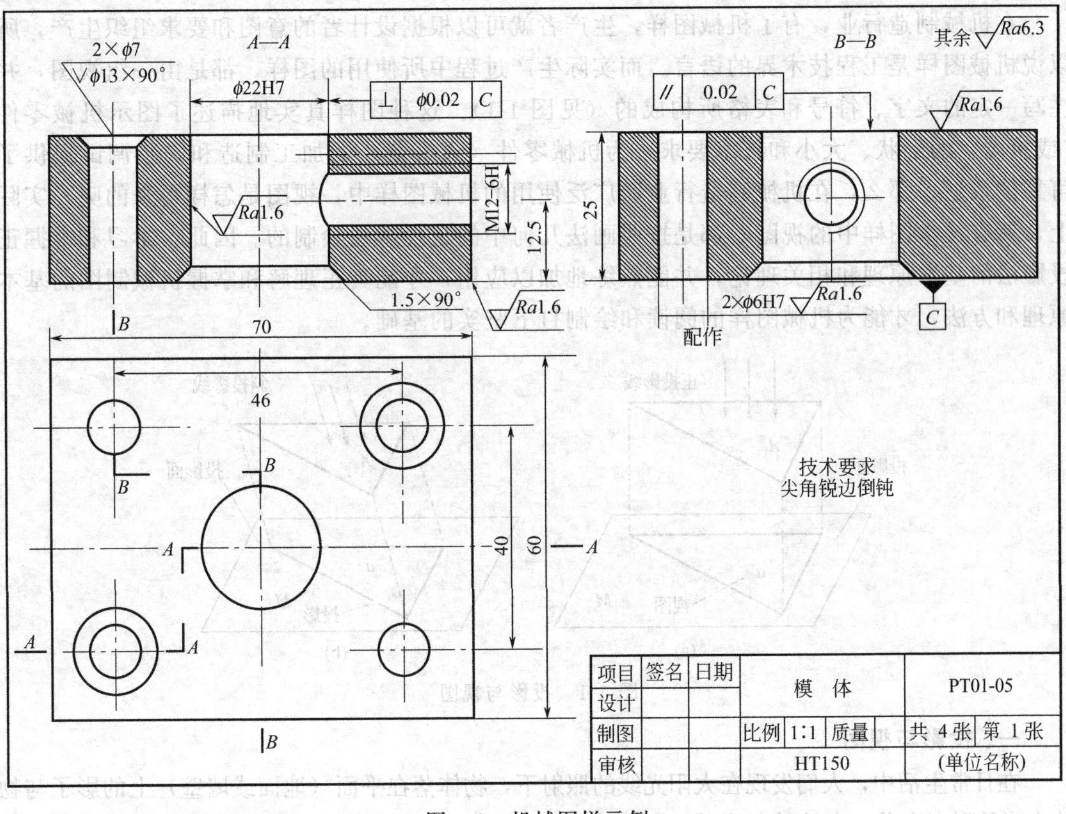

图 0-1　机械图样示例

(4) 为更详细地说明图纸的来源、用途和绘图比例，以及零部件的名称、数量、材料等内容而填写的标题栏与明细表。

本篇主要介绍 (1) (2) 项的基本内容，即第 (1) 项绘制机械制图的基本原理与方法，机械制图的相关国家标准；第 (2) 项尺寸标注的方法与要求。

学习本篇的基本要求是：初步掌握正投影的基本原理和机械制图的基本方法；熟悉机械制图的国家标准及相关规定；能正确使用绘图工具，掌握一定的绘图技能，能阅读和绘制不太复杂的机械零件图、部件图和装配图，且能基本做到投影准确、视图表达合理、图线准确、尺寸齐全、字体工整、图面整洁。

通过本篇的学习，在熟悉和掌握机械制图基础知识的同时，还能通过大量实例和练习，初步了解和熟悉在化工工艺制图中一些常见的零部件，为进一步学习化工工艺制图打下坚实的基础，这是本教材不同于其他机械制图类教材的特别之处，也期望读者在使用本教材时对相关内容能特别加以关注。

第一章 画法几何基础

第一节 视图与投影

在机械制造行业，有了机械图样，生产者就可以根据设计者的意图和要求组织生产，所以说机械图样是工程技术界的语言。而实际生产过程中所使用的图样，都是由一组视图，并注写一定的文字、符号和表格所构成的（见图 1-1)。这种图样真实地描述了图示机械零件（或机器）的形状、大小和技术要求，为机械零件（或机器）的加工制造和安装调试提供了可靠的依据。那么，在机械制造行业所广泛使用的机械图样中，视图是怎样得来的呢？实际上，所有技术图样中的视图，都是按照画法几何中的正投影法绘制的。因此，学习和掌握正投影法的基本原理和相关理论，并能熟练地加以应用，才能真正理解和掌握机械制图的基本原理和方法，才能为机械图样的阅读和绘制打下坚实的基础。

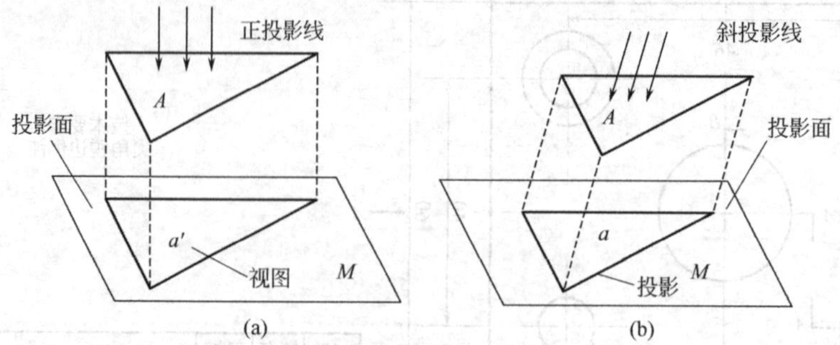

图 1-1 投影与视图

一、投影与视图

在日常生活中，人们发现在太阳光线的照射下，物体落在平面（地面或墙壁）上的影子与物体本身的形态有着一定的对应关系，如图 1-1 所示，物体落在地面上的影子真实地反映了物体的几何形状。于是人们从中得到启示，并借用这个概念，设有一水平放置的平面，称它为投影面 M（简称正面），将物体 A 放在投影面的正上方，用一组互相平行的投影线，将物体投射到投影面上，在投影面上便可得到物体的投影。如果，投影线垂直于投影面，称为正投影，如图 1-1(a) 所示。如果，投影线不垂直于投影面，则称为斜投影，如图 1-1(b) 所示。用一组互相平行的投影线，把物体垂直投影到投影面上而获得投影图形的方法，称为正投影法。

在用投影法画图时，人们往往并不是真的把投影获得的图形，像真实影子那样全部涂黑，而只是用线条清楚地描绘出投影图形的所有外轮廓，这与从前方正对着物体的前面去观看时所看到的实际情况相类似。因此，在实际工作中通常把这种投影图形称为视图。

二、正投影的基本性质

投影图都是由一些可见轮廓线、不可见轮廓线和其他图线所组成的。无论画图或看图，都要弄清楚每根图线是怎样得来的或它所表示的是什么。下面以平面的正投影为例，来说明正投影的基本性质。

大家知道，一个平面相对于投影面来说，有平行、垂直和倾斜三种不同的空间位置。如图 1-2 中的楔块，把它放在投影面正面的前方进行投影时，楔块的 A、B、C 三个表面即分别平行、垂直或倾斜于投影面。在投影面上所获得的视图，会具有以下基本特点。

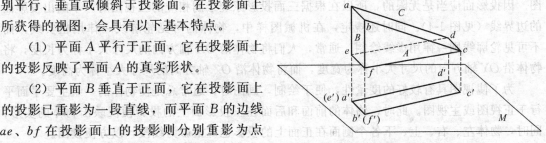

(1) 平面 A 平行于正面，它在投影面上的投影反映了平面 A 的真实形状。

(2) 平面 B 垂直于正面，它在投影面上的投影已重影为一段直线，而平面 B 的边线 ae、bf 在投影面上的投影则分别重影为点 a'、b'。

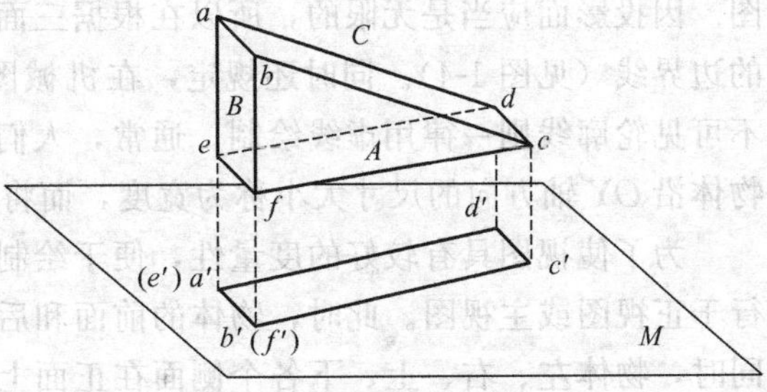

图 1-2 正投影的基本特点

(3) 平面 C 倾斜投影面，它在投影面上的投影既不反映实形，也不重影为一直线，而是一个与平面 C 类似的图形。

上述正投影的基本特点，可归纳如下。

(1) 当一平面图形或线段平行于投影面时，其投影反映实形或实长。

(2) 当一平面图形或线段垂直于投影面时，其投影会重影为一直线段或一点，这一特点被认为具有积聚性。在这里应特别指出，不管平面图形的形状如何，只要它垂直于投影面，它在该投影面上的投影都必定重影为一线段。同理，无论直线的长度有多长，它在投影面上的投影均为一点，这一性质也常被称为重影性。

(3) 当一平面图形或线段倾斜于投影面时，则其投影为一与平面图形相似的图形，且倾斜线段的投影要比原线段的实际长度短。

在这里可得出这样一个结论：投影图上每一根轮廓线，所表示的可能是物体上的一个表面，也可能是物体上的一根棱线。如图 1-2 中线段 $a'b'$ 所表示的是楔块的侧面 B；而线段 $c'd'$ 所表示的则是平面 C 与平面 A 的交界线。

第二节 三 视 图

由正投影的基本特点可知，物体在一个投影面上的投影，并不能完全表示其形状特征，因此在机械制图中用多面正投影来表示物体的形状特征。一个物体一般有前、后、左、右、上、下六个主要面，要把物体的形状特征完全表达出来，是否需要将所有六个面的正投影图都绘制出来呢？实际上并不一定，在大多数情况下，只需要正视、俯视和侧视三个正投影的视图就足以将一个不太复杂的几何物体的形状特征完全表达清楚。

一、三视图的形成

物体的三面投影如图 1-3 所示。将物体置于由 M_1、M_2 和 M_3 三个互相垂直的投影面体系中，让投影线 S_1 由前向后投射，在 M_1 投影面上得到的图形，称为正视图（主视图），即通过正面投影获得的视图。让投影线 S_2 由上向下投射，在 M_2 投影面上得到的图形，称为俯视图，即通过向下投影获得的视图。如果有必要，也可向上投影获得仰视图。让投影线 S_3 由左向右投射，在 M_3 投影面上得到的图形，称为左视图，即通过向右投影获得的视图。如果有必要，也可由右向左投影，获得右视图。

二、三视图的规定画法

为了使在空间不同方位的三面投影能画在同一张图纸上，国家统一规定如下。

正视图的投影面不动，将俯视图所在的投影面 M_2 绕 OX 轴向下旋转 90°，将左视图所在的投影面 M_3 绕 OZ 轴向右旋转 90°，就可得到一张在同一平面上的三面投影图，即三视图。因投影面应当是无限的，所以在根据三面投影原理绘制相应的三视图时，不画出投影面的边界线（见图 1-4）。同时还规定，在机械图样中，物体的可见轮廓线一律用粗实线，而不可见轮廓线则一律用虚线绘制。通常，人们将物体沿 OX 轴方向的尺寸大小称为长度，将物体沿 OY 轴方向的尺寸大小称为宽度，而将物体沿 OZ 轴方向的尺寸大小称为高度。

为了使视图具有较好的度量性，便于绘制，画图时，通常总是使物体的一组主要平面平行于正视图或主视图。此时，物体的前面和后面在正投影面上的投影便反映出物体的实形；同时，物体左、右、上、下各个侧面在正面上的投影也都重影为线段，以方便读图。

按照规定画法，图 1-3 所示的三面投影图绘制在一张图纸上，即可得图 1-4。

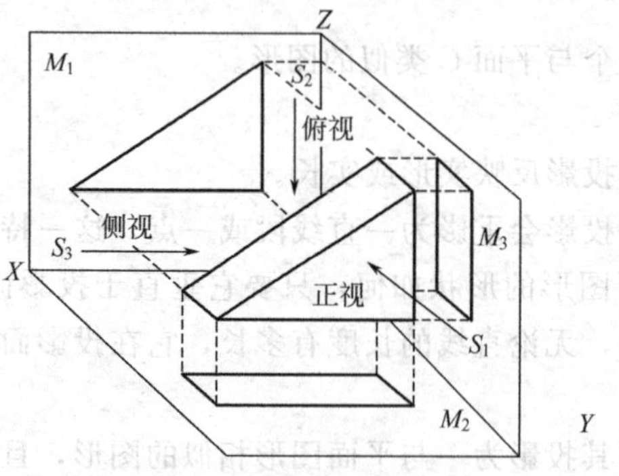

图 1-3　物体的三面投影

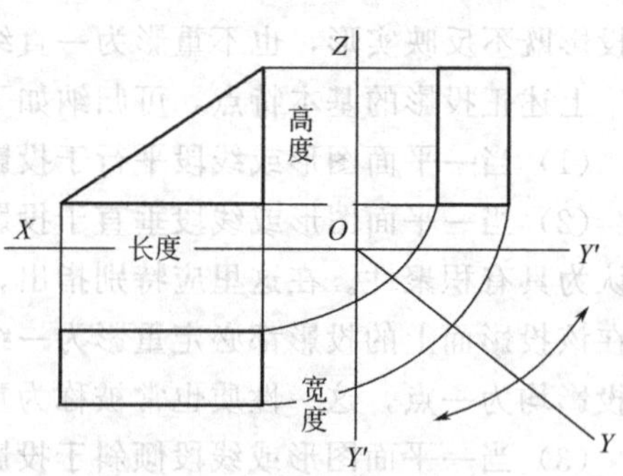

图 1-4　三视图的投影规律

三、三视图的投影规律

三视图的投影规律，是指三面投影视图中每两个投影视图之间的对应关系。由图 1-4 所示展开后的三视图可以看出，按照规定画法获得的三视图，具有以下投影规律。

(1) 三个投影图之间的相对位置总是一定的，俯视图总是在主视图的正下方，左视图总是在主视图的正右方。

(2) 三个视图之间总有“长对正、高平齐、宽相等”的尺寸对应关系，即正视图与俯视图在图纸水平方向上的长度是相等的且相互对正；正视图与左视图在图纸垂直方向上的高度是相等的，且高度相互平齐；而俯视图与左视图在图面上的宽度也相等；俯视图离正视图近的一面为物体的后面，而离正视图远的一面为物体的前面。

(3)“长对正、高平齐、宽相等”的尺寸对应关系，不仅是三个视图之间的投影规律，也是物体上所有点、线、面之间的投影规律。

一般来说，画出了物体的三个视图，就能把物体的形状完整地反映出来了。

第三节　物体表面上点、线、面的投影

通过第一节和第二节的学习，我们懂得了什么是视图和投影，获得了三视图之间的投影规律等基本知识。现在就以这些知识为基础研究物体表面上点、线、面的投影。

研究这个问题，对学习制图来说是十分必要的。因为尽管物体的表现形式千差万别，画图时不外乎都是画出它表面上点、线、面的投影。因此，掌握点、线、面的投影特点，对指导今后的画图和看图将会具有普遍的意义。

一、物体表面上点的投影

图 1-5 所示为物体表面上点的投影。为了讨论的方便，规定物体表面上的点用大写字母表示，如图 1-5 中的点 A；同一个点的正面投影、水平投影和侧面投影，则分别用相应的小写字母和小写字母加上“′”、“″”来表示，如图 1-5 中的点 a、a'、a''等。

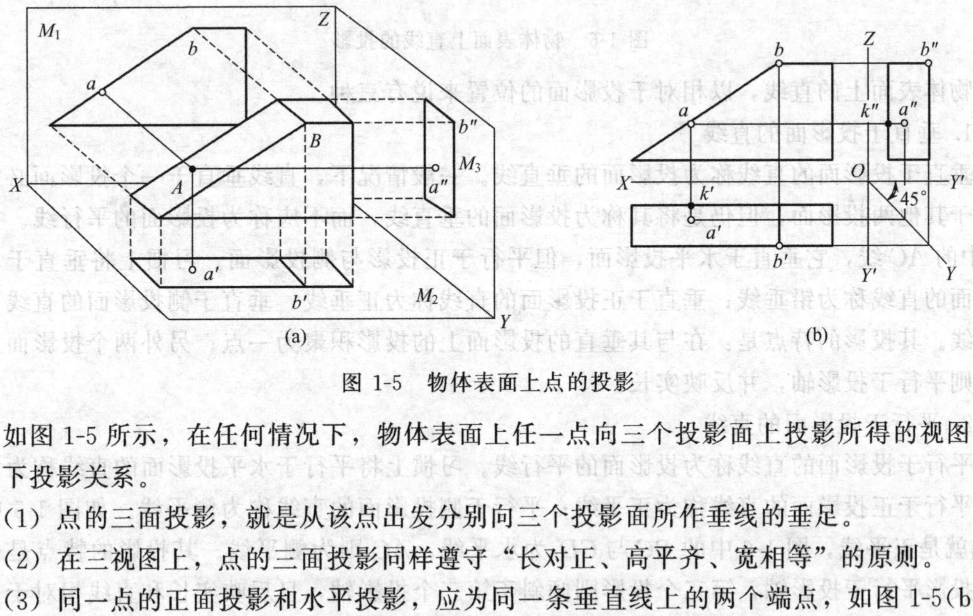

图 1-5　物体表面上点的投影

如图 1-5 所示，在任何情况下，物体表面上任一点向三个投影面上投影所得的视图，均有如下投影关系。

(1) 点的三面投影，就是从该点出发分别向三个投影面所作垂线的垂足。

(2) 在三视图上，点的三面投影同样遵守“长对正、高平齐、宽相等”的原则。

(3) 同一点的正面投影和水平投影，应为同一条垂直线上的两个端点，如图 1-5(b) 中的 aa'和 bb'；同一点的正面投影和侧面投影，应为同一条水平线上的两个端点，如图 1-5(b) 中的 aa''和 bb''；而过同一点的水平投影的水平线和过侧面投影的垂直线的交点，必在原点 O 的 45°的斜线上。

(4) 物体上同一点的水平投影到某一基准表面水平投影的距离，如图 1-5(a) 中 A 点到该物体后表面水平投影的距离，等于该点的侧面投影到同一基准表面侧面投影的距离，即图 1-5(b) 俯视图中 $a'k'$ 的长度等于侧视图中 $k''a''$ 的长度。

上述结论可以运用“主视、俯视长对正；主视、左视高平齐；俯视、左视宽相等”的关系推论出来。在制图中，若已知物体表面上某一点的两个投影，即可运用这些关系求出该点的第三个投影。

二、物体表面上直线的投影

在本篇中所述的直线，一般均指线段。根据投影规律，直线的投影一般仍为直线（若垂直于投影面则重叠为一点）。因为两点确定一条直线，所以直线的投影也可看成为该直线两个端点在同一投影面上投影的连线。在三视图上，直线的三面投影同样遵守“长对正、高平齐、宽相等”的投影规律。

（一）物体表面上的直线及其投影的分类（见图 1-6）

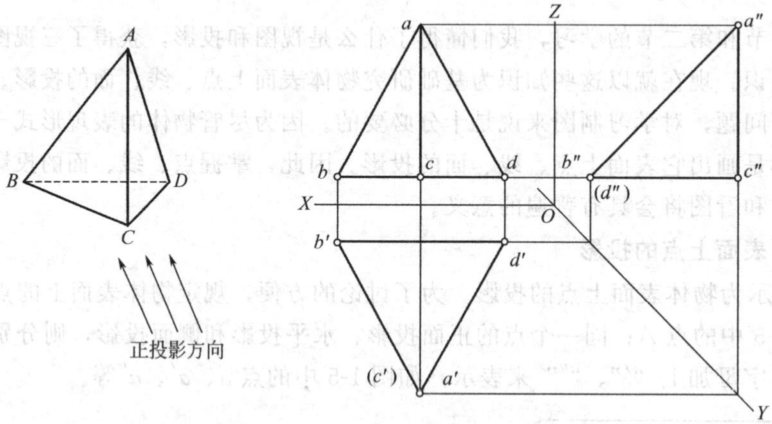

图 1-6 物体表面上直线的投影

物体表面上的直线，以相对于投影面的位置来说有三种。

1. 垂直于投影面的直线

垂直于投影面的直线称为投影面的垂直线。一般情况下，直线垂直于一个投影面必定会平行于其他两投影面，但仍是将其称为投影面的垂直线，而不应称为投影面的平行线。如图 1-6 中的 AC 线，它垂直于水平投影面，但平行于正投影与侧投影面。习惯上将垂直于水平投影面的直线称为铅垂线；垂直于正投影面的直线称为正垂线；垂直于侧投影面的直线称为侧垂线。其投影的特点是：在与其垂直的投影面上的投影积聚为一点；另外两个投影面上的投影则平行于投影轴，并反映实长。

2. 平行于投影面的直线

平行于投影面的直线称为投影面的平行线。习惯上将平行于水平投影面的直线称为水平线；平行于正投影面的直线称为正平线；平行于侧投影面的直线称为侧平线。如图 1-5 中的 ab 线就是正平线，图 1-6 中的 BC 与 CD 为水平线，AC 则为侧平线。其投影的特点是：有两个投影平行于投影轴，第三个投影则倾斜于第三个投影轴，且反映实长和直线相对于另外两个投影面的倾角。如图 1-6 中的 BC 线，正投影平行于 X 轴，侧投影平行于 Y 轴，而水平投影则为斜线，且为实长；水平投影与 X 轴的夹角，即直线与正投影面的倾角；水平投影与 Y 轴的夹角，即直线与侧投影面的倾角。

3. 一般直线

相对于三个投影面都倾斜的直线。其投影的特点是：三个投影都倾斜于投影轴，且都比实长短。

（二）直线投影的基本特性

（1）直线的投影一般仍为直线，垂直于投影面时积聚为一点，即直线投影的线性特征。

（2）直线上的任意一点的投影，均在直线的同面投影上，且点分线段的长度之比等于相应投影线上点分线段的长度之比，即具有从属性。

(3) 平行直线的同面投影一般仍然平行，即具有平行性。

三、平面的投影

(一) 平面投影及其分类

物体的表（平）面，在三视图上的投影同样遵守“长对正、高平齐、宽相等”的投影规律。相对于投影面来说，平面投影（见图 1-7）和直线一样，也有三种不同情况。

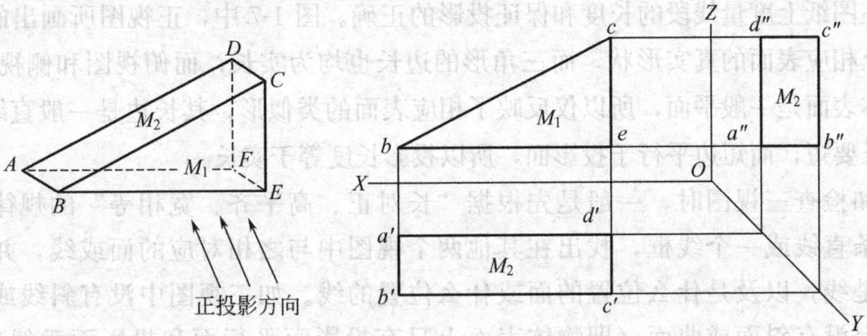

图 1-7　物体表面上平面的投影

1. 垂直于投影面的平面

垂直于投影面的平面称为投影面的垂直面。习惯上将垂直于水平投影面的平面称为铅垂面；垂直于正投影面的平面称为正垂面；垂直于侧投影面的平面称为侧垂面。其投影的特点是：在与其垂直的投影面上的投影积聚为一线；另外两个投影则为类似平面。如图 1-7 中的 M_1 平面，它垂直于水平投影面和侧投影面，但平行于正投影面。而平面 M_2 则为正垂面，其正投影已积聚成一条直线 bc，反映了实长和平面相对于另外两个投影面的倾角，但其水平投影和侧投影则为其相似形，且面积均小于实际面积。

2. 平行于投影面的平面

平行于投影面的平面称为投影面的平行面。习惯上将平行于水平投影面的平面称为水平面；平行于正投影面的平面称为正平面；平行于侧投影面的平面称为侧平面。如图 1-7 中的 BCE 平面就是正平面，$ABEF$ 为水平面，$CDFE$ 则为侧平面。其投影的特点是：在其平行投影面上反映实形，在另外两个投影面上积聚为直线，且平行于投影轴。

3. 一般平面

相对于三个投影面都倾斜的平面。其投影的特点是：三个投影都为相似形，且面积均小于实际面积。

(二) 平面投影的基本特性

(1) 在所平行的投影面上的投影反映实形。

(2) 在所垂直的投影面上的投影积聚为直线，且平行于投影轴。

(3) 一般平面的投影，相对于投影面的三个投影都为相似形，且面积均小于实际面积。

第四节　三视图的绘制与阅读

一、绘制和阅读三视图的基本方法

如前所述，所有投影所得的视图，实际上都是人们从远处观察物体所得到的图像，因此，视图所反映的只是人们所能看到的物体的外部轮廓形状，而那些被物体可见表面所遮挡的点、线和表面是无法表示出来的。只有在特定情况下点、线、面的投影，才会反映实位、实长和实形。在大多数情况下，点、线、面的投影都可能发生变形。在根据实物画三视图的时候，要首先分析清楚物体表面的几何形状及其与投影面的相对位置，并弄清这些表面的投影特点。对于具有较多斜面和斜线的物体，还应进一步分析。例如，画图 1-7 所示物体的三视图时，除了要分析清楚它的表面对三个投影面的相对位置和投影特点外，还要分析清楚它的某些棱线对三个投影面的相对位置和投影特点，然后才能开始画图。画图时要先画出有重影性的或反映实长、实形的投影，因为这样才便于在图纸上度量线段的长度和保证投影的正确。图 1-7 中，正视图所画出的三角形恰好反映了物体上相应表面的真实形状，而三角形的边长也均为实长；而俯视图和侧视图中的矩形，所表示的物体表面是一般平面，所以仅反映了相应表面的类似形，其长边是一般直线，投影反映的长度比实长要短，而短边平行于投影面，所以投影长度等于实长。

在阅读和检查三视图时，一般是先根据“长对正、高平齐、宽相等”的规律，在某一视图中确定一条直线或一个线框，找出在其他两个视图中与之相对应的面或线，并确定它所反映的是面还是线，以及是什么位置的面或什么位置的线。如三视图中没有斜线或曲线，表示物体的表面上没有斜面或曲面（即物体表面上只有投影面平行面和投影面垂线）。视图中有斜线存在的地方，就表示这个地方的物体表面上存在着斜面或斜线（包括投影面垂直面、一般投影面、平行线和一般斜线），如图 1-7 中正视图的 bc 线表示的 $ABCD$ 平面即为斜面。至于如何进一步看懂图，将在第二章中讨论。

二、基本几何体的投影及三视图

为了便于加工生产，降低成本，机械零件的表面总是尽可能地设计成简单几何形状或其组合（见图 1-8）。

这种最基本的简单几何体简称为基本几何体。常见的基本几何体有棱柱、棱锥、圆柱、圆锥、球、环等。为了叙述方便，又常把前两种几何体称为平面立体，把后四种几何体称为曲面立体。平面立体的特点是其所有的表面都是平面，而曲面立体的特点则是其表面都是回转面（球、环）或由回转面与平面（圆柱、圆锥）所围成。回转面是指处于同一平面上的动线（可移动的直线）绕定线（不移动的直线）回转一周所形成的回转面，如图 1-9 所示的圆柱的三面投影中的圆柱面就是侧投影面上的直线 AB（动线）绕中心线 OO'（定线）回转一周所形成的回转面。基本几何体是构成机械零部件的基本元素，熟练地掌握基本几何体的投影特点将为绘制各种机械零部件的三视图打下坚实的基础。下面重点讨论基本几何体的投影特点，以及绘制相应三视图的基本方法。

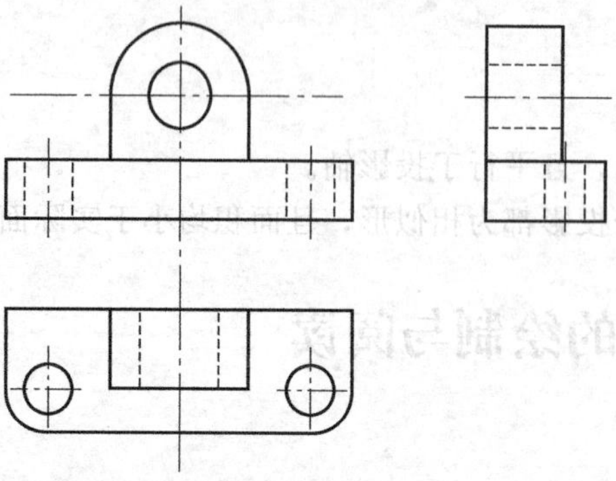

图 1-8 机械零件的几何结构

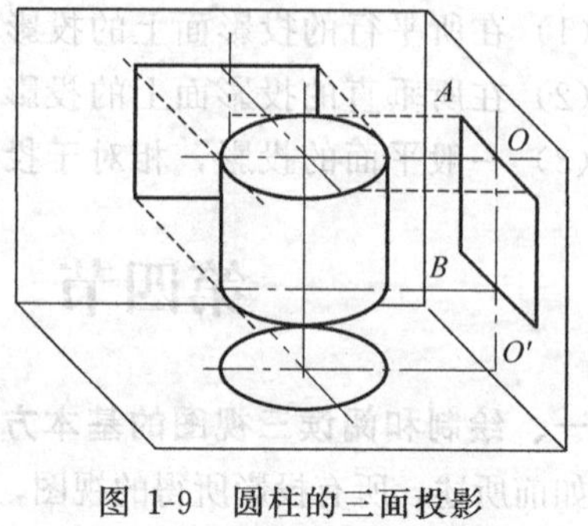

图 1-9 圆柱的三面投影

（一）平面立体的投影特点及三视图

1. 正四棱柱

正四棱柱也称长方体或六面体。其表面是互相平行或垂直的六个平面。因此，它们也平行或垂直于投影面，在投影面上的投影均为实形或积聚为一条线，其三个视图都是与相应表面完全相同的矩形（见图 1-10）。

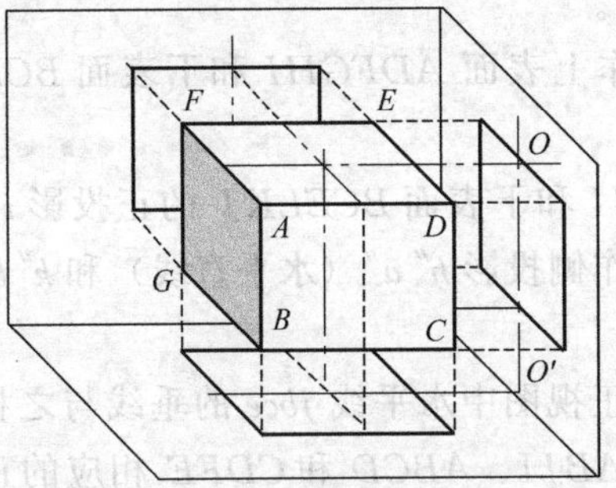

图 1-10　正四棱柱的三面投影

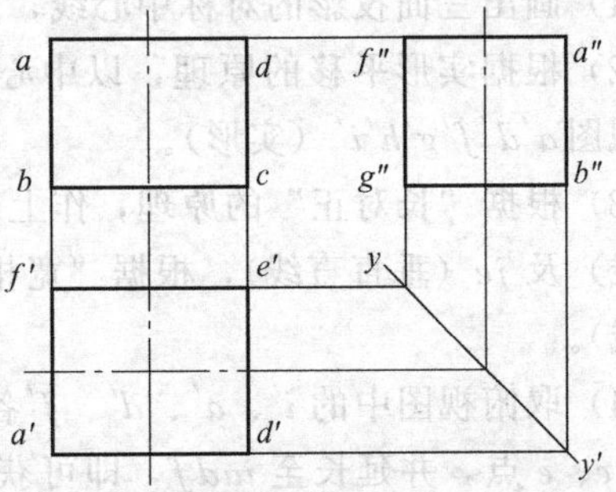

图 1-11　正四棱柱三视图的绘制

正四棱柱三视图的绘制方法比较简单，根据投影原理，只要将相应表面的实形平移到投影面即可（见图 1-11）。具体绘制方法与步骤如下。

（1）画出三面投影的对称中心线，为三视图定位。

（2）根据实形平移的原理，以中心线为基准，作表面 $ABCD$ 的正投影 $abcd$。

（3）根据实形平移的原理，以中心线为基准，作表面 $ADEF$ 的水平投影 $a'd'e'f'$，并使"长对正"，即让 $ad=a'd'$。

（4）根据实形平移的原理，以中心线为基准，作表面 $FGBA$ 的侧投影 $f''g''b''a''$，并使"高平齐"，即让 $ab=a''b''$。

2. 正六棱柱

图 1-12 所示为正六棱柱的三面投影。图中正六棱柱由四组互相平行且对称的平面所围成。其顶面和底面都平行于水平投影面，在俯视图中将反映实形。其正表面 $ABCD$ 和 $GHKL$ 也平行于正投影面，所以它在正视图中也将反映实形。其余表面均不与投影面平行，因此，其投影应为相应表面的类似形，如表面 $ABJI$ 和 $CDFE$ 的正投影 $abji$ 和 $cdfe$，以及表面 $ABJI$ 和 $IJKH$ 的侧投影 $a''b''j''i''$ 和 $i''j''k''h''$。

图 1-13 所示为正六棱柱的三视图，在主视图中反映出六棱柱三个可见表面的投影，它们都是矩形，但只有中间的一个反映实形。其俯视图是上表面和下表面的投影，为正六边

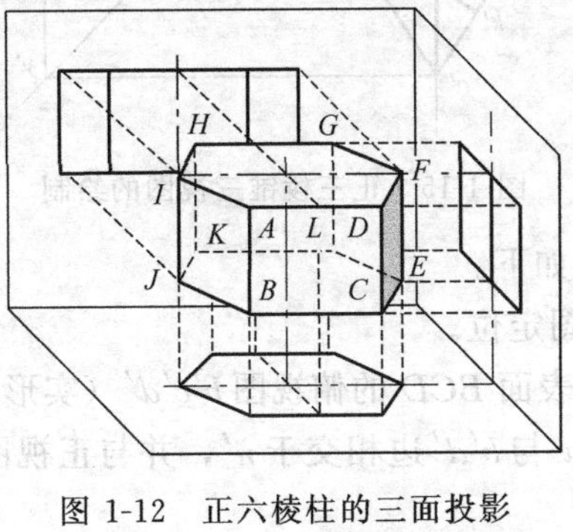

图 1-12　正六棱柱的三面投影

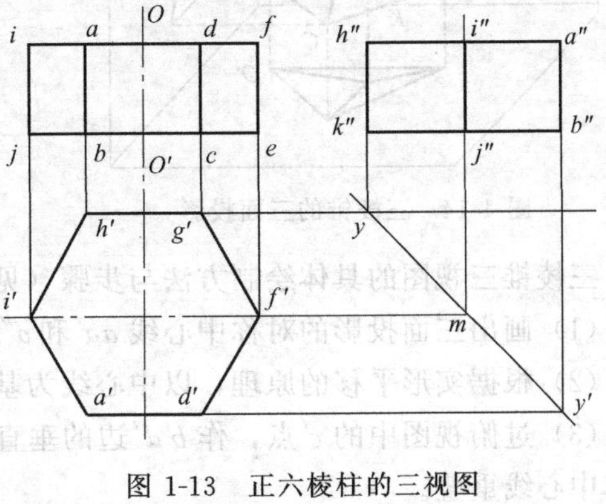

图 1-13　正六棱柱的三视图

形，反映出实形。在侧视图中反映出左侧两个可见棱面的投影，也是两个矩形，但都不反映实形。

正六棱柱三视图的绘制，因有不反映实形的投影存在，其相应视图的定位比正四棱柱要稍困难些，但只要正确运用点、线、面的投影原理，掌握正确的绘图方法，其三视图的绘制也并不困难。具体绘制方法与步骤如下。

(1) 画出三面投影的对称中心线，为三视图定位。

(2) 根据实形平移的原理，以中心线为基准，作上表面 $ADFGHI$ 和下表面 $BCELKJ$ 的俯视图 $a'd'f'g'h'i'$（实形）。

(3) 根据“长对正”的原理，作上表面 $ADFGHI$ 和下表面 $BCELKJ$ 的正投影 if（垂直直线）及 je（垂直直线），根据“宽相等”的原理作侧投影 $h''a''$（水平直线）和 $k''b''$（水平直线）。

(4) 取俯视图中的 i'、a'、d'、f' 各点，分别作正视图中水平线 $jbce$ 的垂线与之相交于 j、b、c、e 点，并延长至 $iadf$，即可获得可视表面 $ABJI$、$ABCD$ 和 $CDFE$ 相应的正视图 $abji$、$abcd$ 和 $cdfe$。

(5) 根据“高平齐”的原理，连接 k''、h'' 和 a''、b''，则有 $k''h''=KH$，$a''b''=AB$。延长 $h'g'$ 与 $k''h''$ 相交于 y 点，过点作 45°坐标轴 yy'。取俯视图中的 i' 点作水平线与 yy' 相交于 m 点，过 m 点作垂线与 $h''a''$ 线交于 i'' 点，与 $k''b''$ 线交于 j'' 点，连接 i''、j'' 两点，则有 $i''j''=IJ$，从而可获得可视表面 $ABJI$ 和 $IJKH$ 的侧视图 $a''b''j''i''$ 和 $i''j''k''h''$。

3. 三棱锥

棱线同时交汇于一点的平面立体称为棱锥，三棱锥的三面投影如图 1-14 所示，因其顶点 A 为三条棱线 AB、AC、AD 的交点，所以称为三棱锥。如果它的侧表面均为等腰三角形，则称为正三棱锥。图 1-14 所示棱锥的底面 BCD 是正三角形，且为水平面，所以俯视图 $b'c'd'$ 反映实形（见图 1-15）；而在主视图、左视图中投影积聚为一水平线 bd 和 $b''c''$。因三棱锥的侧表面均不平行于投影面，所以其相应的俯视图、正视图和侧视图虽均为三角形，但均不反映实形。

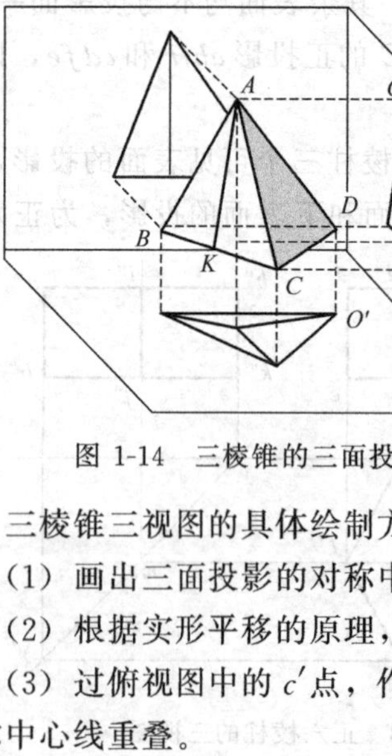

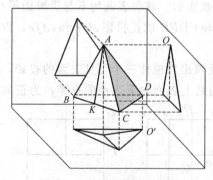

图 1-14　三棱锥的三面投影

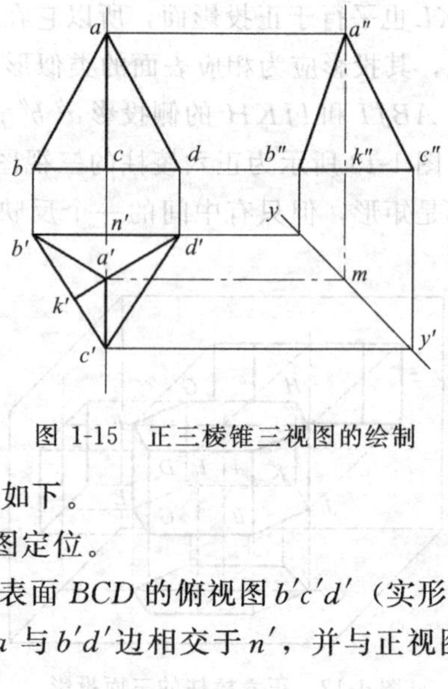

图 1-15　正三棱锥三视图的绘制

三棱锥三视图的具体绘制方法与步骤（见图 1-15）如下。

(1) 画出三面投影的对称中心线 aa' 和 $a''m$ 为三视图定位。

(2) 根据实形平移的原理，以中心线为基准，作下表面 BCD 的俯视图 $b'c'd'$（实形）。

(3) 过俯视图中的 c' 点，作 $b'd'$ 边的垂直平分线 $c'a$ 与 $b'd'$ 边相交于 n'，并与正视图的对称中心线重叠。

(4) 据“长对正”的原理，作下表面 BCD 的正投影 bd（水平直线），则有 $bd=BD$。

(5) 以正视图中的 bd 线与 $c'a$ 线的交点 c 为端点，根据“高平齐”的原理，在 $c'a$ 线上截取线段 ca，使 ca 等于三棱锥的高 AN；而线段 ca 的另一端点 a 即三棱锥的顶点 A 的正投影 a，连接 ba、da，则三角形 abd 即 ABD 的正投影；而线段 ca 也和三棱锥棱线 AC 的正投影 ac 重影。

(6) 作俯视图三角形 $b'c'd'$ 的垂心（三边中垂线的交点）a'，a' 点即三棱锥的顶点 A 的水平投影。连接 a'、b'、a'、c' 和 a'、d'，则 $a'b'$、$a'c'$ 和 $a'd'$ 分别为三棱锥棱线 AB、AC 和 AD 的水平投影，而三角形 $a'b'c'$、$a'c'd'$ 和 $a'b'd'$ 则为三棱锥侧面 ABC、ACD 和 ABD 的水平投影。

(7) 过 a' 点作水平线与过点 a'' 的垂线相交于 m 点，过 m 点作 45°的辅助坐标轴 yy'。

(8) 根据“高平齐”的原理，过线段 ca 的端点 c、a 分别作水平线 cc'' 与侧视图的中心线 $a''m$ 相交于 a''、k'' 点，且线段 $a''k''$ 即等于三棱锥的高 AN；再根据“宽相等”的原理，在水平线 cc'' 上的 k'' 点为起点，分别截取线段 $b''k''$ 和 $k''c''$，使 $b''k''=a'n'$，$k''c''=a'c'$，则 $b''c''$ 即 BC 边的侧投影，连接 $a''b''$ 和 $a''c''$，则三角形 $a''b''c''$ 即三棱锥 ABC 表面的侧投影。

综上所述，绘制平面立体三视图的基本方法，主要是掌握物体各表面在相应视图上的定位原理，以及正确的作图步骤与方法。现大致归纳如下。

(1) 根据平行于投影面的线段为实形，应维持长度不变的原理和保留三视图之间合理间距的原则，确定三视图对称中心线的相对位置。

(2) 根据平行于投影面的表面为实形的原理，首先在相应投影面上画出反映物体表面实形的俯视图（如果是锥体，反映的是底面实形），以及在其他两视图中的投影（已积聚为直线）。

(3) 根据“宽相等、长对正”的原理，或通过寻找正视图中的投影线在俯视图中的“对应线段”，由“对应线段”端点或交点，向正视图作垂线，与相应的投影线段相交，连接相关交点，即可获得可见表面的正视图。

(4) 将俯视图中最上（或下）的水平线延长，与过侧视图最左（或右）端点的垂线相交，过交点作 45°的辅助坐标轴 yy'。

(5) 根据“高平齐、长对正”的原理，寻找侧视图中的投影线在俯视图中的“对应线段”，由“对应线段”端点或交点，向右作水平线，并与 yy' 相交，再通过交点向侧视图中的投影线作垂线，与相应的投影线段相交，连接相关交点，即可获得对应线段的侧投影。

(6) 如果是锥体，则可以侧视图中的投影线与对称中心线的交点为端点，在中心线上截取与锥体高度等长的线段，则线段的另一端点即锥体顶点的侧投影。过顶点的垂线与辅助坐标轴 yy' 的交点作水平线，则水平线与正视图对称中心线的交点即锥体顶点的水平投影。连接俯视图中的相关各点，即可获得锥体可见表面的俯视图。

(7) 一般情况下，绘制平面立体的三视图，通过“长对正、高平齐、宽相等”的原理，只能画出反映实形的视图与线段，而不反映实形的视图或线段的准确位置与长短，必须通过“对应线段”端点的投影，并借助辅助坐标轴 yy' 才能确定。

（二）曲面立体的投影特点及三视图

1. 圆柱

圆柱的表面由圆柱面、顶面和底面组成（见图 1-16）。其中圆柱面可以看成是由一动线（母线）AE，以与它平行的直线（定线）OO_1 为轴，绕轴进行回转运动而得的平面。直线

OO_1 称为回转轴，圆柱面亦称为回转面，圆柱面上与回转轴平行的任一直线称为素线，它反映母线的瞬时位置。

图 1-17 所示为圆柱的三视图。因圆柱轴线垂直于水平面，故圆柱面在俯视图中重影为一个圆周，圆柱面上任何点和线都投影在这个圆周上。由于圆柱的顶面和底面平行于水平面，因此，俯视图中的圆又是顶面和底面的反映实形的投影。而圆柱的正投影和侧投影则均为通过圆柱轴线且平行于投影面的截面 $ACGE$ 和 $BDHF$ 的投影，并反映相应截面的实形，即为高均等于圆柱高、宽均等于圆柱直径的矩形。

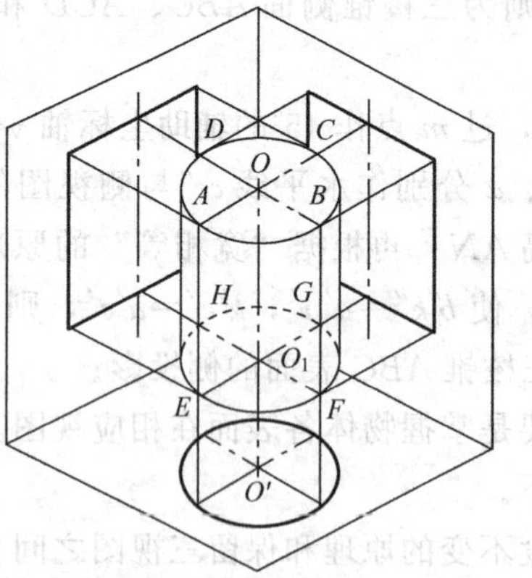

图 1-16 圆柱的三面投影

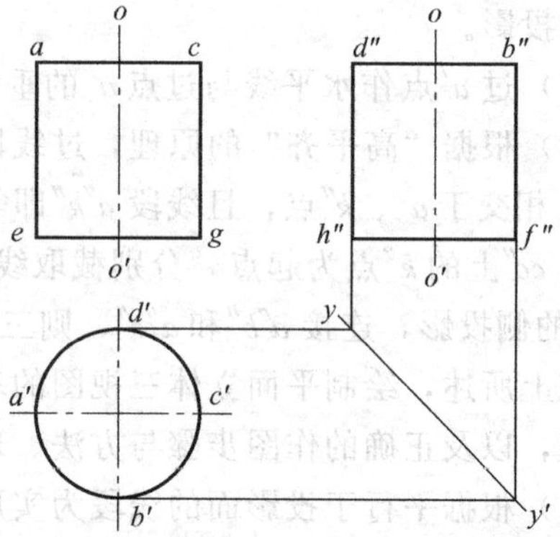

图 1-17 圆柱的三视图

2. 圆锥

圆锥的表面由圆锥面和一个底面组成。其中圆锥面可以看成是由动线（母线）AB 绕与它相交的直线 AO（定线）回转运动而得到的回转面（见图 1-18）。圆锥面上过锥顶 A 的任一直线称为素线，如直线 AC 即为一条素线。

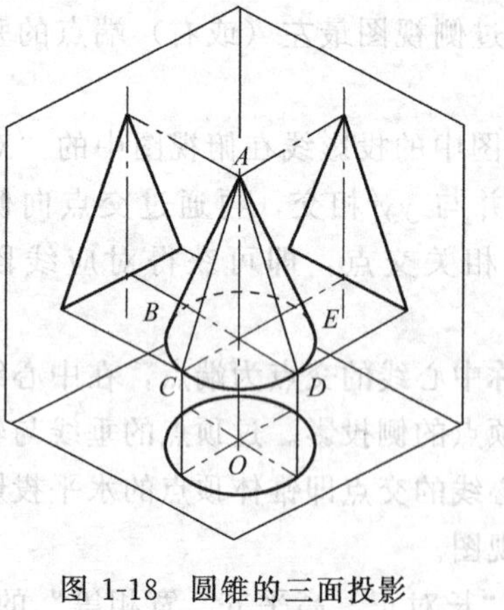

图 1-18 圆锥的三面投影

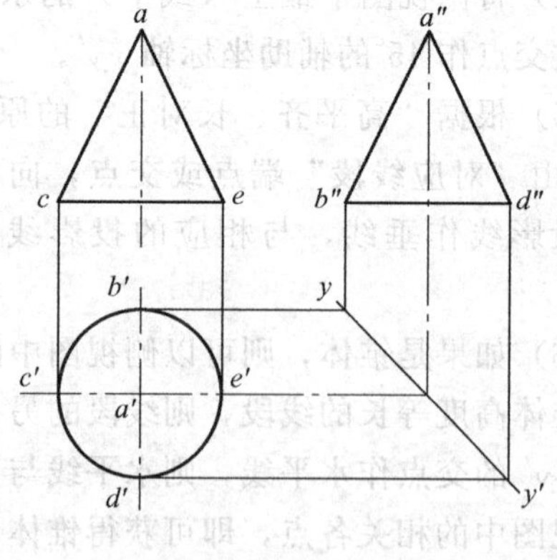

图 1-19 圆锥的三视图

图 1-19 所示为圆锥的三视图。由于圆锥面既不平行也不垂直于任何投影面，所以它的任何投影不反映实形，也不重影为线段。俯视图中的圆周，是圆锥的底面的投影；而正视图和左视图则均为通过圆锥轴线且平行于投影面的截面 ACE 和 ABD 的投影，并反映相应截面的实形，即为高均等于圆锥高、底宽均等于圆锥底面直径的三角形。

由于圆锥底面平行于水平面，所以俯视图中的圆反映了底面的实形，这个底面在主视图和左视图中均为三角形的底边。

3. 球

球可以看成是以半圆为母线，以它的直径为轴，绕轴做回转运动而得的回转面（见图1-20）。为了说明方便，把球面上平行于正投影面的最大圆称为主子午线，由主子午线所包围的平面称为主子午面；平行于侧面的最大圆称为侧子午线，相应平面称为侧子午面；平行于水平面的最大圆称为赤道圆，相应平面称为赤道面。两个子午面和赤道面都是互相垂直的。

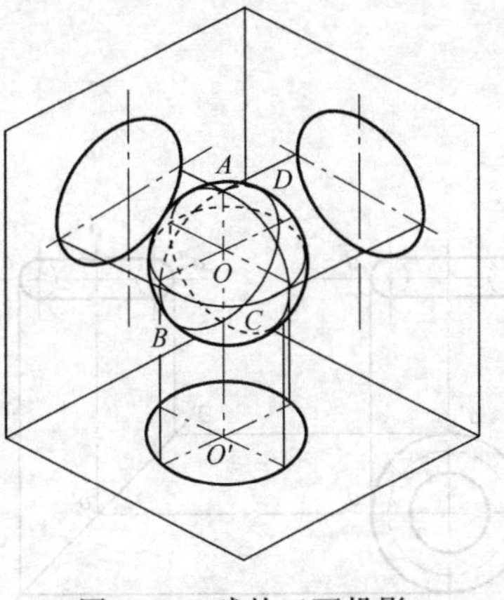

图 1-20　球的三面投影

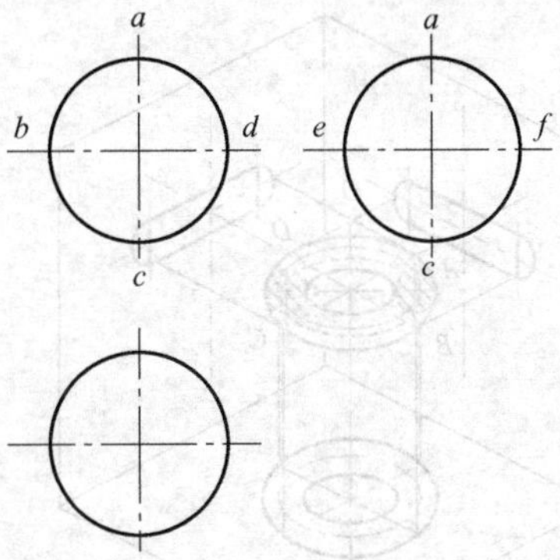

图 1-21　球的三视图

球的三视图是三个直径相等的圆（见图1-21），其主视图的外形线是主子午线的投影；左视图的外形线是侧子午线的投影；俯视图的外形线是赤道线的投影（见图1-21）。对主视图来说，主子午线之前的半球是可见的；对左视图来说，侧子午线之左的半球是可见的；对俯视图来说，赤道圆之上的半球是可见的。因此，球体三视图实际为三个等径的圆周，它们分别是球面上三个方向可见与不可见的分界线，也是互相垂直的两个子午面及赤道面的投影，也反映了这三个过球心且互相垂直的截面的实形。球体三视图的绘制比较简单，只要确定了球心在三个视图中的相对位置，即可用球的半径绘制出表示三个视图的等径的圆周。

4. 环与圆环

环可以看成是由一个以矩形为母线，绕与其共平面但不过其对称中心线的轴做回转运动而得的回转面。环的三面投影如图1-22所示。由环面所围成的体称为环体，靠近轴的半个环面称为内环面，离轴较远的半个环面称为外环面。图1-23所示为环的三视图。

绘制环的三视图，可以采用圆柱三视图相似的步骤和方法进行。

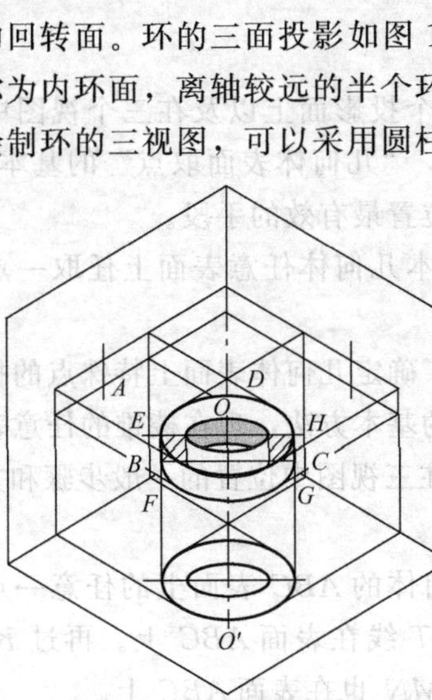

图 1-22　环的三面投影

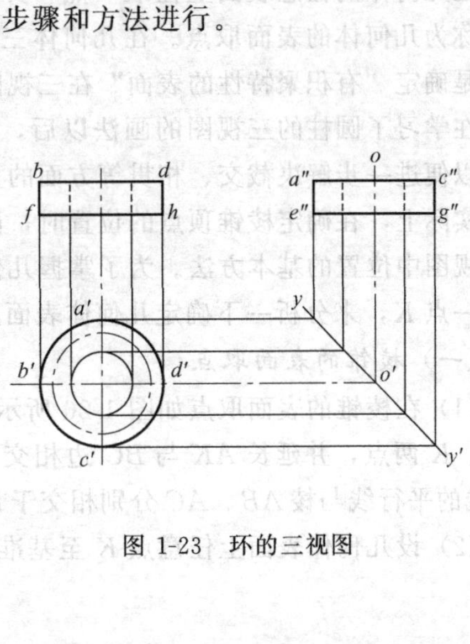

图 1-23　环的三视图

(1) 首先绘制反映上底面实形的俯视图，以及正视图中上底面的正投影。

(2) 然后根据“长对正、高平齐、宽相等”的原理，根据俯视图画出正视图。

(3) 最后根据“长对正、高平齐、宽相等”的原理，借助于辅助坐标，根据俯视图画出侧视图。

圆环可以看成是由一个以圆为母线，绕与其圆共平面但不过圆心的轴做回转运动而得的回转面（见图 1-24）。图 1-25 所示为圆环的三视图。

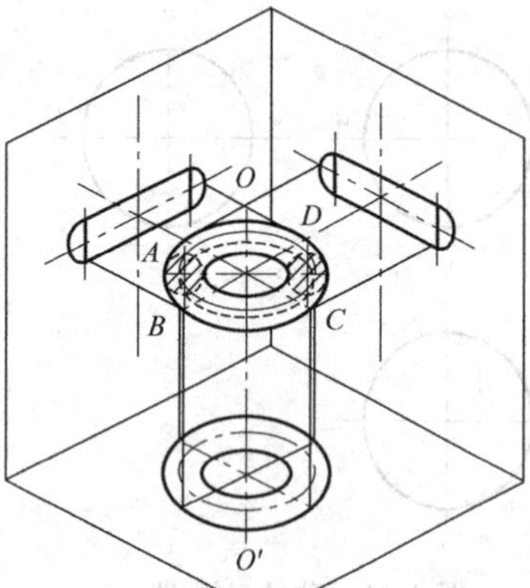

图 1-24 圆环的三面投影

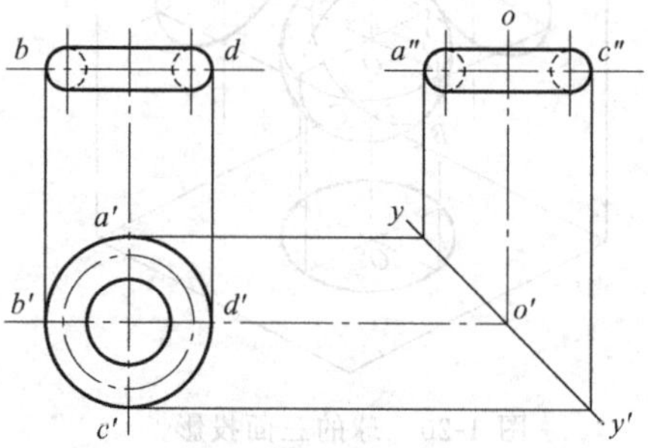

图 1-25 圆环的三视图

因为圆环没有与投影面平行的可见表面，所以圆环在三个投影面上的投影均不反映实形，致使圆环三视图的绘制与环有所不同，具体的绘制方法如下。

(1) 因圆环的俯视图实际为圆环最大和最小圆圆周的投影，所以可以首先根据圆环最大和最小圆的直径，方便地绘制出圆环的俯视图。

(2) 然后确定圆环正视图的相对位置，以及水平和垂直方向的对称中心线，再根据“长对正、高平齐、宽相等”的原理，根据俯视图画出正视图。

(3) 最后根据“长对正、高平齐、宽相等”的原理，借助于辅助坐标，根据俯视图画出侧视图。

三、基本几何体的表面取点

在几何体的任意表面上任取一点，并确定该点在三个投影面上以及在三个视图中的位置，称为几何体的表面取点。在几何体三视图的绘制中，“几何体表面取点”的基本方法，常常是确定“有积聚特性的表面”在三视图中的形状和位置最有效的手段。

在学习了圆柱的三视图的画法以后，现在来讨论基本几何体任意表面上任取一点的投影，以便进一步解决截交、相贯等方面的重要作图问题。

实际上，在确定棱锥顶点的位置时，已经初步尝试了确定几何体表面上特殊点的投影和在三视图中位置的基本方法。为了掌握几何体表面取点的基本方法，现在棱锥的任意表面上任取一点 K，来分析一下确定几何体表面上点的投影和在三视图中位置的一般步骤和方法。

（一）棱锥的表面取点

(1) 在棱锥的表面取点如图 1-26 所示，设 K 为几何体的 ABC 表面上的任意一点，连接 A、K 两点，并延长 AK 与 BC 边相交于 T 点，则 AT 线在表面 ABC 上。再过 K 点作 BC 线的平行线与棱 AB、AC 分别相交于 M、N 则直线 MN 也在表面 ABC 上。

(2) 设几何体表面上任意点 K 至基准面（底面）的垂直距离为 KK'，可直接测量，也

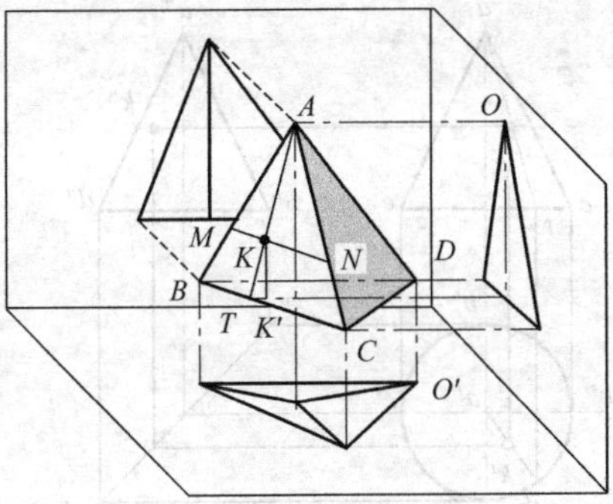

图 1-26 棱锥的表面取点

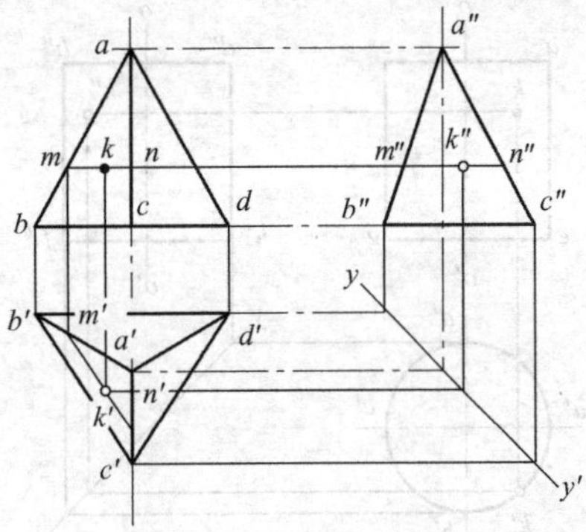

图 1-27 三视图中棱锥表面任意点位置的确定

可由下式计算，即 $KK'=(KT/AT)\times$(棱锥的高)，因线段 KK' 平行于正投影面和侧投影面，所以它在正视图和侧视图中的投影和棱锥的高一样，应反映实长。

(3) 三视图中棱锥表面任意点位置的确定如图 1-27 所示，在正视图中作底边 bd 的平行线 mn，使平行线间的距离等于线段 KK' 的长，则平行线与 ab、ac 边的交点 m、n 即 ABC 表面上 M、N 点的投影。

(4) 过 m 点向俯视图作垂线 mm'，与 $a'b'$ 相交于 m' 点，再过 m' 点作底边 $b'c'$ 的平行线 $m'n'$。

(5) 直线 MN 平行于水平投影面，则俯视图中 $m'n'$ 反映 MN 的实形，利用 MK 的距离在俯视图中作出 k'，k' 即 K 点的水平投影点。过 k' 点向正视图作垂线 kk'，与 mn 相交于 k 点，k 点即 K 点正投影点。再过 k' 点作水平线，借助于辅助坐标 yy'，向侧视图作垂线与 $m''n''$ 相交于 k'' 点，k'' 点即 K 点的侧投影与在侧视图中的位置。

(二) 圆柱的表面取点

如图 1-28 所示，设半圆柱面上有一点 K，已知点 K 在正视图中的投影为 k，现在要求画出 K 点在俯视图和左视图中的投影 k'、k''。

从图中可见，因这个圆柱的轴线垂直于水平投影面，故圆柱面在俯视图中的投影有重影性，点 K 在俯视图中的投影 k' 必积聚在这个圆周上；又因点 K 在前半圆柱面上，因此，可以用"长对正"的规律，在俯视图中的下半个圆周上求得 k' 点位置；然后由 k' 和 k 用"高平齐、宽相等"的规律，借助于辅助坐标 yy'，即可在侧视图中求得位于右侧的 k'' 点的位置。如果点 K 在右半圆柱面上，则在左视图中的 k'' 点为不可见点。

(三) 圆锥的表面取点

如图 1-29 所示，设前半锥面上有一点 K，已知 K 点在正视图中的投影为 k，现在要求出点 K 在其他视图中的投影。

由于圆锥面的任何投影都没有重影性，故不能像圆柱面那样利用重影性求出点 K 在其他视图中的投影。但可以按圆锥面的形成原理和棱锥的取点方法，借助过锥顶 A 点的辅助直线 AT 求解，具体作图方法如图 1-29 所示。

(1) 在正视图中连接 ak，并延长，使其与底边相交于 t 点。

(2) 过 t 点向俯视图作垂线，与俯视图中的圆周相交于 t' 点，并连接 $a't'$，t' 即 t 点在俯视图中的投影。

(3) 根据"长对正"原理，过 k 点向俯视图作垂线，与俯视图中的 $a't'$ 线相交于 k' 点，k' 即 k 点在俯视图中的投影。

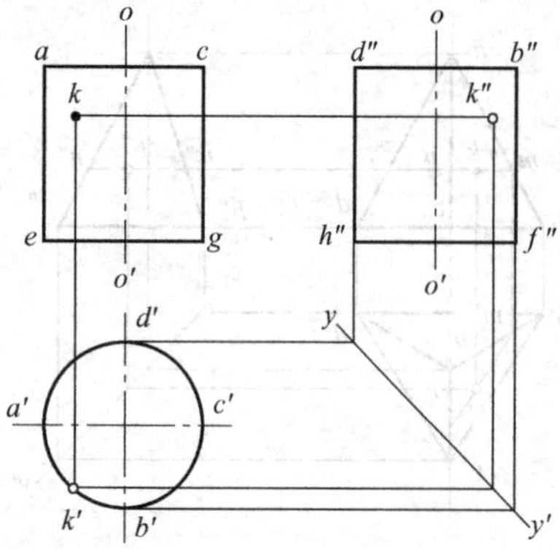

图 1-28 圆柱的表面取点

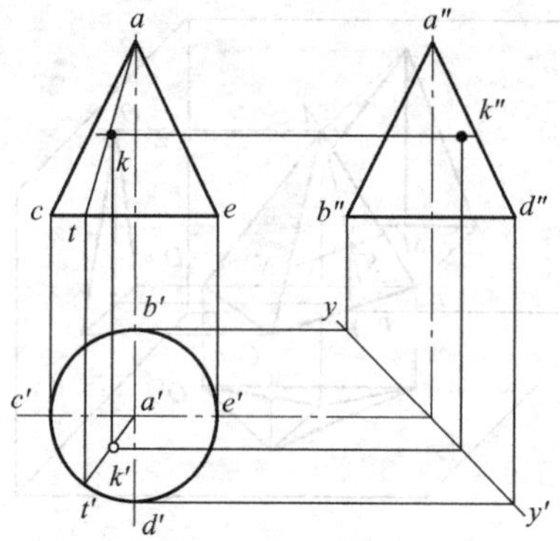

图 1-29 圆锥的表面取点（辅助线法）

(4) 由 k' 借助于辅助坐标 yy'，可以求得 k 点在侧视图中的投影 k''。如果 k 点在正视图中圆锥面的右侧，则在左视图中的投影 k'' 点是不可见的。

还可以这样设想，如果已知某点在圆锥面的特殊线上（如点 K 在反映圆锥面底面实形的俯视图圆周线上），即使是只知道该点的任一投影，也能够按投影规律很容易求出该点的其他投影。因此，根据 k 去求 k' 和 k'' 时，可以先在圆锥面上过 K 点作一平行于底面的辅助圆周，然后再通过辅助圆周求出 k' 和 k'' 点的位置。具体作图方法如图 1-30(b) 所示。

(1) 过点 K 在圆锥面上作一平行于圆锥底圆的辅助平面 M [见图 1-30(a)]，在正视图与左视图中是均过 K 点投影的水平线 kk''，在俯视图中则为以 a' 为圆心，om 为半径的圆。

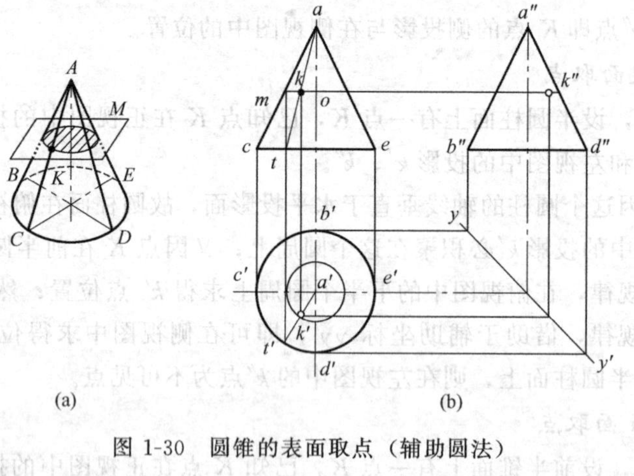

图 1-30 圆锥的表面取点（辅助圆法）

(2) 画出它在俯视图中的投影，然后按“长对正”的原则，由 k 点作垂线，在俯视图中与辅助圆投影的下半圆相交于 k' 点（因为是在可见面上），再通过 k' 点，按“高平齐”，“宽相等”的原则，借助于辅助坐标 yy'，求出 k'' [图 1-30(b)]。因 k 点在左半锥面上，故在侧视图中 k'' 也是可见的。

通过辅助圆法为圆锥表面取点，对于球体和圆环也是适用的（见图 1-31）。

四、基本几何体的截切和相贯

(一) 基本几何体截切面的投影与三视图

在实际生产中常见的机械零部件和组成机件的基本体有时是不完整的，或被切去了一块，或开了一个槽、钻了一个孔等，圆头螺钉和管塞就是带切口的基本体（见图 1-32）。基

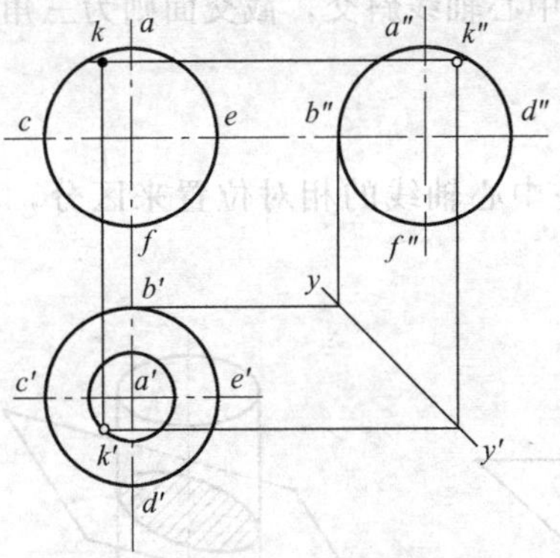

图 1-31　球的表面取点

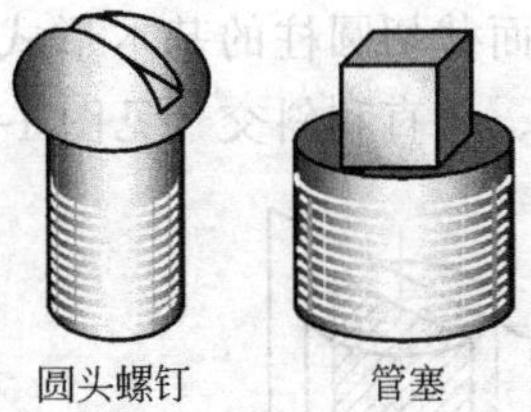

图 1-32　带切口的机械零件

本几何体被平面所截切称为截交，用于截切的平面称为截平面，截平面与几何体表面的交线称为截交线，截交线所包围的平面称为截交面［见图 1-33(a)］。

（二）几何体的截切与三视图

1. 四棱柱的截切与三视图

截平面截切四棱柱有三种不同情况：其一是截平面与四棱柱的中心轴线 OO' 平行；其二是截平面与四棱柱的中心轴线 OO' 垂直；其三则是截平面与四棱柱的中心轴线 OO' 斜交。图 1-33(b) 是四棱柱被与其中心轴线 OO' 斜交的截平面 M 截切后的三视图。因为截平面不平行于投影面，所以由截交线围成的平面 $CDEH$ 的三个投影均不反映实形。其三视图的作图步骤如下。

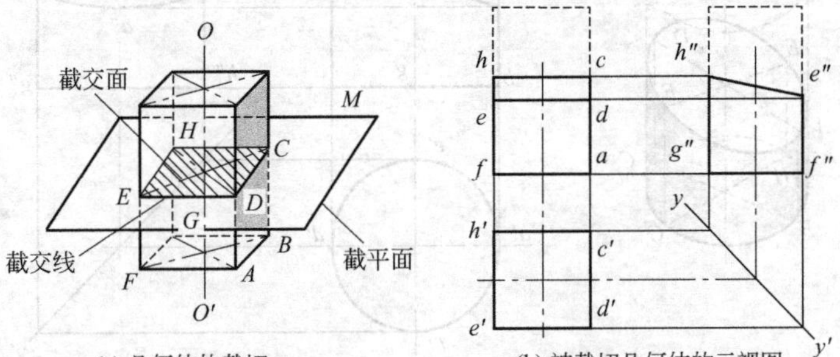

(a) 几何体的截切　(b) 被截切几何体的三视图

图 1-33　被截切的几何体及其三视图

(1) 先画出完整四棱柱的三视图，如图 1-33(b) 所示。

(2) 按截切平面的位置和几何体表面取点的原理，确定截交线交点 C、D、E、H 在三视图中的位置，连接各视图中的截交点，即可得三视图中各截交线的投影。

(3) 擦去完整四棱柱三视图在截平面以上的部分，即正视图中截交线投影 hc 线以上的虚线部分，以及侧视图中 $h''e''$ 线的以上的虚线部分。因截交面不平行于水平投影面，所以截交面与底面具有重影性。

(4) 擦去作图中的辅助线，加深各视图中的投影线，检查错误，整理图纸，完成全图。

显然，如果截平面平行于四棱柱的中心轴线，且平行于投影面，则相应的截交面为矩形，其相应的视图也与对应平行表面的视图重影。如果截平面不平行于投影面，则相应的截交面也为矩形，其高也等于棱柱的高，但宽则不等于四棱柱表面的宽。

如果截平面垂直于四棱柱的中心轴线，则截交面全等于棱柱的底面，其视图则与底面视图重叠。如果截平面通过棱柱的一个顶点与棱柱的中心轴线斜交，截交面则为三角形，相应截交线的投影，可通过表面取点的方法确定。

2. 圆柱的截切与三视图

截平面截切圆柱的基本形式，以截平面和圆柱中心轴线的相对位置来区分，有三种情况：平行、垂直和斜交（见图 1-34）。

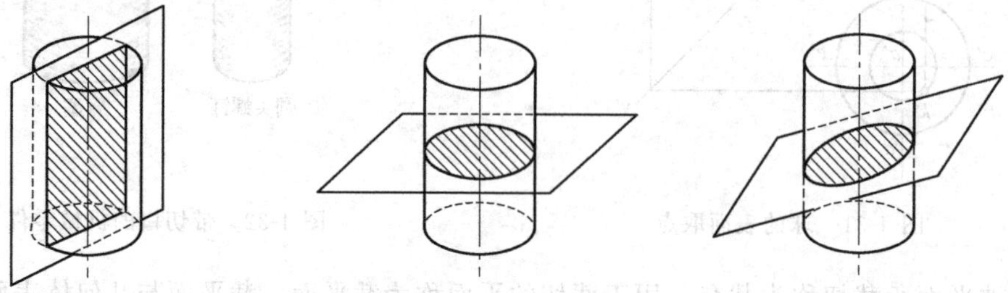

(a) 与轴线平行　(b) 与轴线垂直　(c) 与轴线斜交

图 1-34　截平面截切圆柱的三种基本形式

截平面与轴线平行，截交面为与圆柱等高的矩形；截平面与轴线垂直，截交面为与底面等径的圆；截平面与轴线斜交，不过上、下底面时，截交面为全对称的椭圆，如果过上、下底面，截交面则为部分椭圆。下面以截平面与轴线斜交为例，介绍截交圆柱的三视图绘制步骤（见图 1-35）。

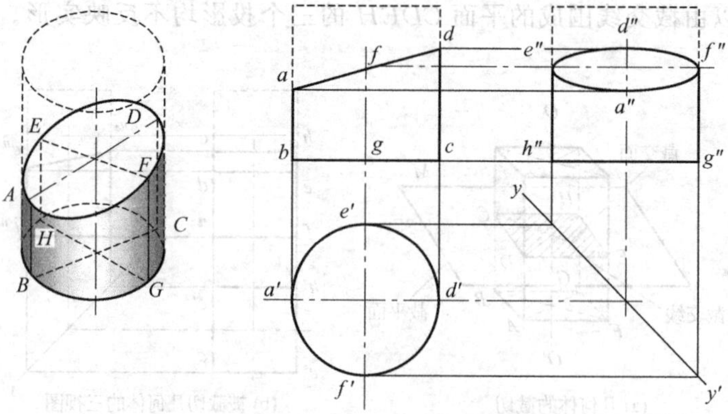

图 1-35　截平面与轴线斜交时的三视图

(1) 先画出完整圆柱的三视图。

(2) 作截交面椭圆的长径 AD 与短径 EF，与截交线相交于 A、D、E、F，并确定它们的三面投影，以及在三视图中的位置 a、d、e（不可见）、f、a'、d'、e'、f' 和 a''、d''、e''、f''。

(3) 连接正视图中的点，点 f 必在 ad 线上，$abcd$ 即截余圆柱的正视图。

(4) 在侧视图中，以 $a''d''$ 为短径、$e''f''$ 为长径作椭圆 $a''e''d''f''$，则 $a''e''d''f''h''g''$ 即截余圆柱的侧视图。

(5) 擦去完整圆柱三视图在截平面以上的部分，即正视图中截交线投影 ad 线以上的虚线部分，以及侧视图中 $e''d''f''$ 线的以上的虚线部分。

(6) 擦去作图中的辅助线，加深各视图中的投影线，检查错误，整理图纸，完成全图。

3. 圆锥的截切与三视图

和圆柱一样，截平面截切圆锥的基本形式，以截平面和圆锥中心轴线的相对位置来区分，也有平行、垂直和斜交三种情况（见图 1-36）。

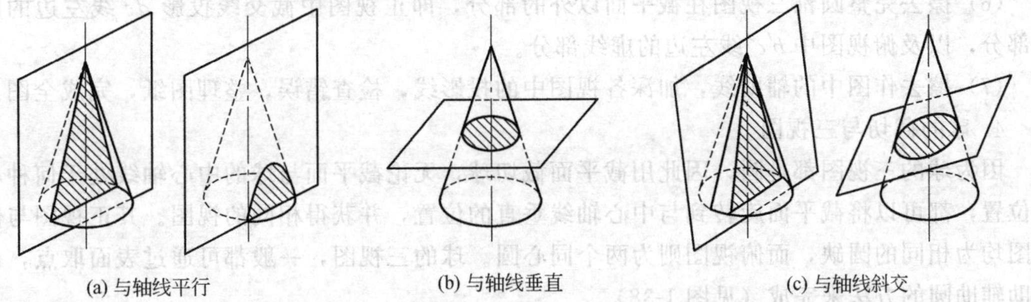

(a) 与轴线平行　(b) 与轴线垂直　(c) 与轴线斜交

图 1-36　截平面截切圆锥的三种基本形式

截平面与轴线平行，过锥顶时截交面为与圆锥等高的三角形，不过锥顶时为抛物线（或双曲线）和直线围成的图形；截平面与轴线垂直，截交面为小于底面直径的圆；截平面与轴线斜交，不过锥顶时，截交面为不全对称的椭圆，如果过锥顶，截交面则为三角形。

下面以截平面与轴线平行但不过锥顶为例，介绍截交圆锥的三视图绘制步骤（见图 1-37）。

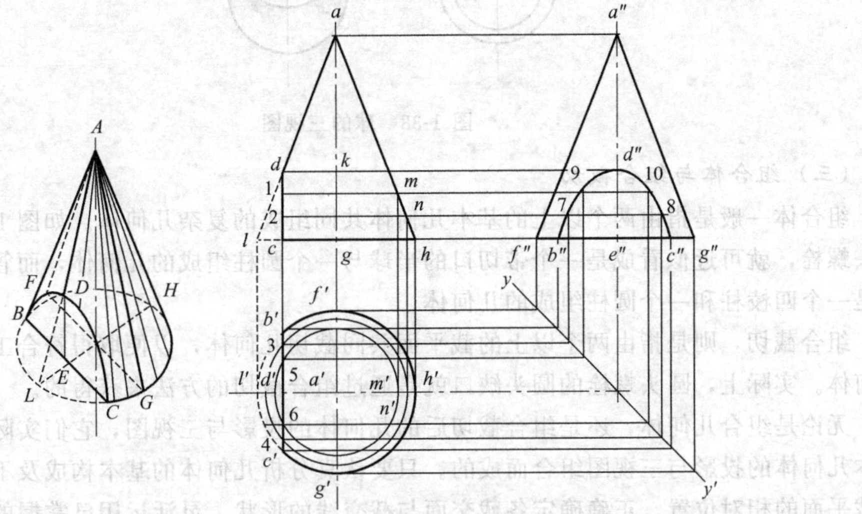

图 1-37　截平面与轴线平行但不过锥顶时的三视图

（1）先画出完整圆锥的三视图。

（2）在正视图的中心轴线上以 g 为端点截取线段 gk，使之等于截交面的高 ED，过 k 点作水平线与圆锥正视图中的 al 相交于 d 点，与侧视图的中心轴线相交于 d''点，d''即截交面侧视图的顶点。

（3）过 d 点向俯视图作垂线，与 lh 线相交于 c 点，与俯视图中的圆周相交于 b'、c'点，连接 d、c 点，dc 线即截交面的正投影，连接 b'、c'点，$b'c'$线即截交面的水平投影。

（4）过正视图 cd 线的三等分点 1、2 作水平线与 $a\,h$ 线相交于 m、n 点，再过 m、n 点向俯视图作垂线与圆锥底面水平投影的水平对称中心线 $l'h'$相交于 m'、n'点。然后分别以 a'为圆心，$a'm'$、$a'n'$为半径作辅助圆，与 $b'c'$线相交于 3、4、5、6 点。

（5）分别过 b'、c'和 3、4、5、6 点作水平线，借助于辅助坐标，再向侧视图作垂线，

前者与 c、h 点的水平线相交于 b''、c''点，后者与过 m、n 点的水平线相交于 7、8、9、10 点，用光滑曲线连接 b''、c''、d''及 7、8、9、10 各点，所得曲线即截交面的侧投影。

(6) 擦去完整圆锥三视图在截平面以外的部分，即正视图中截交线投影 dc 线左边的虚线部分，以及俯视图中 $b'c'$线左边的虚线部分。

(7) 擦去作图中的辅助线，加深各视图中的投影线，检查错误，整理图纸，完成全图。

4. 球的截切与三视图

因为球的三视图都是圆，因此用截平面截切球，无论截平面与球的中心轴线处于何种相对位置，都可以将截平面旋转到与中心轴线垂直的位置，并获得相同的视图。其正视图与侧视图均为相同的圆缺，而俯视图则为两个同心圆。球的三视图，一般都可通过表面取点，或借助辅助圆的方法来完成（见图 1-38）。

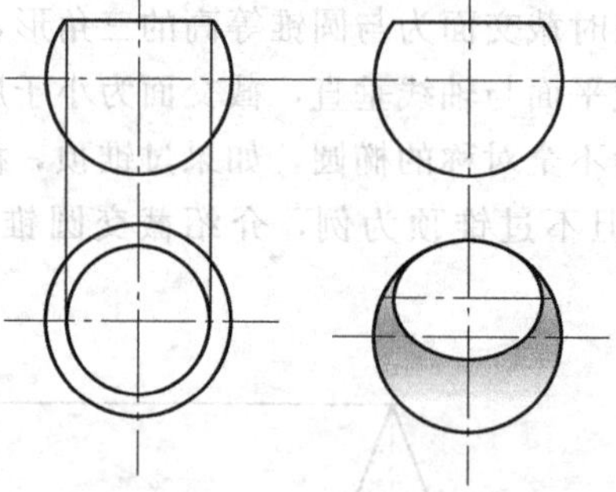

图 1-38 球的三视图

（三）组合体与组合截切

组合体一般是指由两个以上的基本几何体共同组成的复杂几何体。如图 1-39(a) 所示的圆头螺栓，就可近似看成是一个带切口的半球与一个圆柱组成的几何体，而管塞则可近似看成是一个四棱柱和一个圆柱组成的几何体。

组合截切，则是指由两个以上的截平面共同截切几何体，以便取得符合工艺要求的复杂几何体。实际上，圆头螺栓的圆头缺口就是通过组合截切的方法来获得的。

无论是组合几何体，还是组合截切后的几何体的投影与三视图，它们实际上都是由若干基本几何体的投影与三视图组合而成的。只要认真分析几何体的基本构成及不同基本几何体和截平面的相对位置，正确确定各截交面与截交线的形状，灵活运用已掌握的基本几何体的投影原理和三视图的作图方法，同样可以绘制任何复杂几何体的三视图。

图 1-39(a) 是忽略了螺纹的圆头螺栓，它是由一个带组合切口的半圆头和一个圆柱组合而成的几何体，图 1-39(b) 是该圆头螺栓的三视图。现以此为例，介绍组合切口和组合几何体三视图的绘制步骤。

(1) 画出不带切口的圆头螺栓的完整三视图。

(2) 使切口断面与正投影面平行，以反映断面实形，并在正视图中分别画出两个平行于中心轴线和一个垂直于中心轴线的截平面截切圆头所得的截交线的正投影 bd、de 和 ec，图中切口 $bdec$ 即断面的真实形状。

(3) 过 de 作水平线与正视图的半圆周线相交于 t、j 点，且与侧视图的半圆周线相交于 w''、v''点。过 t、j 点向俯视图作垂线，与俯视图的水平对称中心线相交于 t'、j'点，过 t'、j'点作辅助圆，过 d、e 点作垂线与辅助圆相交于 m'、n'、d'、e'点，连接 m'、d'和 e'、n'

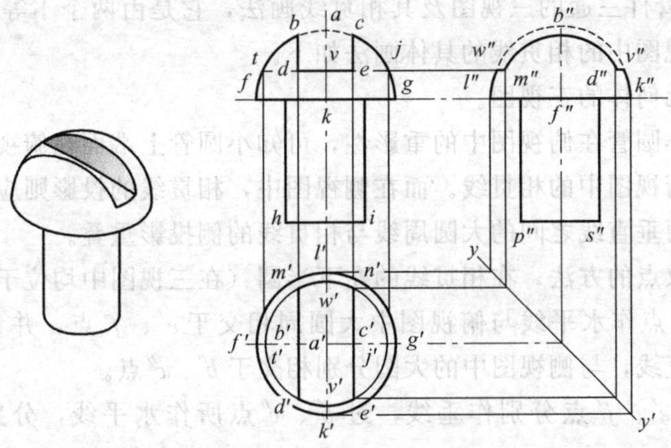

(a)　(b)

图 1-39　圆头螺栓的三视图

点，并加粗 m'、n' 和 d'、e' 点间的辅助圆周线，则由直线 $m'd'$、$e'n'$ 和弧线 $m'n'$、$d'e'$ 所围成图形即切口的水平投影。

(4) 过 n' 和 e' 点分别作水平线，借助辅助坐标，再向侧视图作垂线，与过 de 的水平线相交于 m''、d'' 点，再以侧视图中的半圆心 f'' 为圆心，以 $m''f''$ 为半径，在 m''、d'' 点之间画圆弧，再连接 $w''m''$、$d''v''$ 点，则由直线 $w''m''$、$d''v''$ 及 $l''k''$ 和弧线 $m''d''$ 和 $l''w''$、$v''k''$ 所围成图形即带切口圆头的侧投影。

(5) 擦去组合体完整三视图在截平面以外的部分，即正视图中 bc 之间的虚线部分，以及侧视图中 $w''v''$ 之间的虚线部分。

(6) 擦去作图中的辅助线，加深各视图中的投影线，检查错误，整理图纸，完成全图。

（四）相贯几何体的投影与三视图

两个以上基本几何体相交称为相贯，相贯几何体表面的交线称为相贯线，相贯几何体也称为相贯体。常见化工设备与装置的零部件大多数都是相贯体（见图 1-40）。

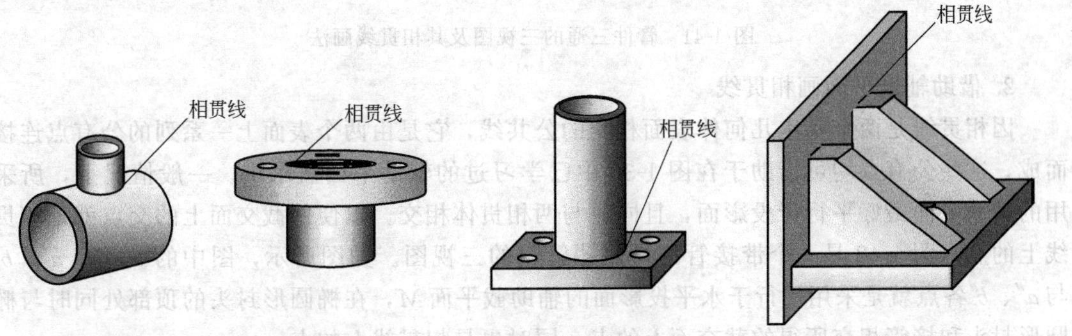

(a) 三通(管件)　(b) 带颈法兰　(c) 带垫板的支腿　(d) 悬挂式支座

图 1-40　相贯几何体的应用示例

正确绘制相贯体在三个投影面中的相贯线，常常是复杂几何体三视图绘制的关键与难点，也是清楚、正确表达各类机械零部件的基本要求。常用的相贯线画法有以下两种。

1. 利用几何体的重影性画相贯线

当两个基本几何体相交组成相贯体时，如果其中有一个几何体的投影具有重影性时，可利用其重影性，在相应视图中通过表面取点的方法，求取相贯线上的点。

图 1-41 所示为管件三通的三视图及其相贯线画法，它是由两个不等径的短圆管相交组成的相贯体，其三视图中的相贯线的具体画法如下。

(1) 画出基本几何体的三视图。

(2) 利用相贯小圆管在俯视图中的重影性，可知小圆管上端面在俯视图中的投影为两个同心圆，大圆即为俯视图中的相贯线。而在侧视图中，相贯线的投影则应与大圆管侧投影的大圆重叠，即夹在两垂直线之间的大圆周线与相贯线的侧投影重叠。

(3) 通过表面取点的方法，在相贯线的左下半圆（在三视图中均位于可见面）上任取两点 b'、c'。过 b'、c' 点作水平线与俯视图中大圆周相交于 e'、f' 点，并借助辅助坐标 yy'，分别作水平线与垂直线，与侧视图中的大圆分别相交于 b''、c'' 点。

(4) 过 b'、c'、e'、f' 点分别作垂线，过 b''、c'' 点所作水平线，分别相交于 b、c、e、f 点。

(5) 用光滑曲线连接 a、b、c、d、e、f、g 各点，即得相贯线的正投影。

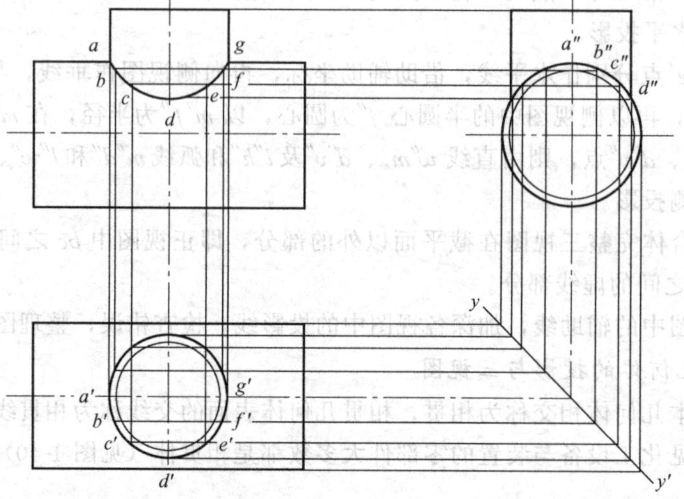

图 1-41　管件三通的三视图及其相贯线画法

2. 借助辅助平面画相贯线

因相贯线是两个基本几何体表面相交的公共线，它是由两个表面上一系列的公有点连接而成，这些公有点均可借助于在图 1-30 中已学习过的辅助平面法求出。一般情况下，所采用的辅助平面最好平行于投影面，且同时与两相贯体相交，以便使截交面上的交点就是相贯线上的点。图 1-42 是一个带接管的换热器管箱的三视图。如图所示，图中的 a、b，a'、b' 与 a''、b'' 各点就是采用平行于水平投影面的辅助截平面 M，在椭圆形封头的顶部处同时与椭圆形封头和接管相交所得的截交面上的点，同时也是相贯线上的点。

下面再以图 1-43 为例，详细说明圆台与圆柱轴线正交相贯时的三视图与相贯线的画法，以及辅助平面的选取和应用。

(1) 画出基本几何体的三视图 [见图 1-43(b)]。

(2) 利用相贯小圆台在俯视图中的重影性，可知小圆台上、下端面在俯视图中的投影为两个同心圆，小圆在俯视图中为可见面，大圆为不可见面；利用相贯小圆台和圆柱在侧视图中的重影性，可知此时的相贯线在侧视图中与圆柱端面的投影重影，即夹在圆台侧面投影线

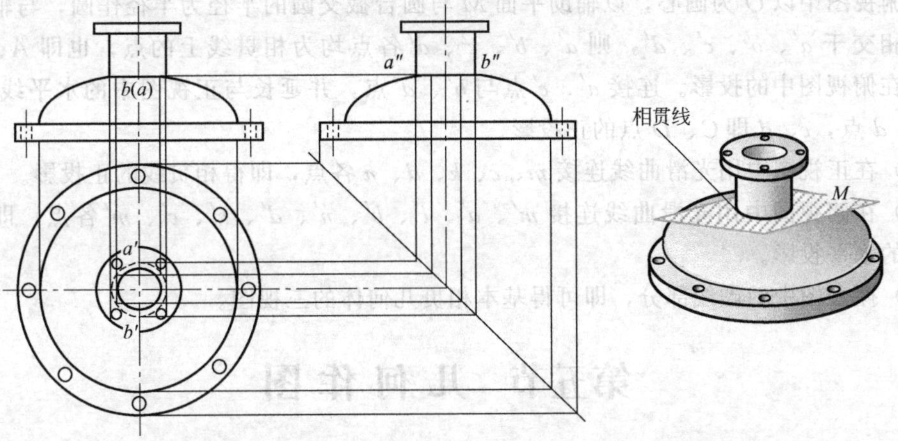

图 1-42　带接管的换热器管箱的三视图及其相贯线画法

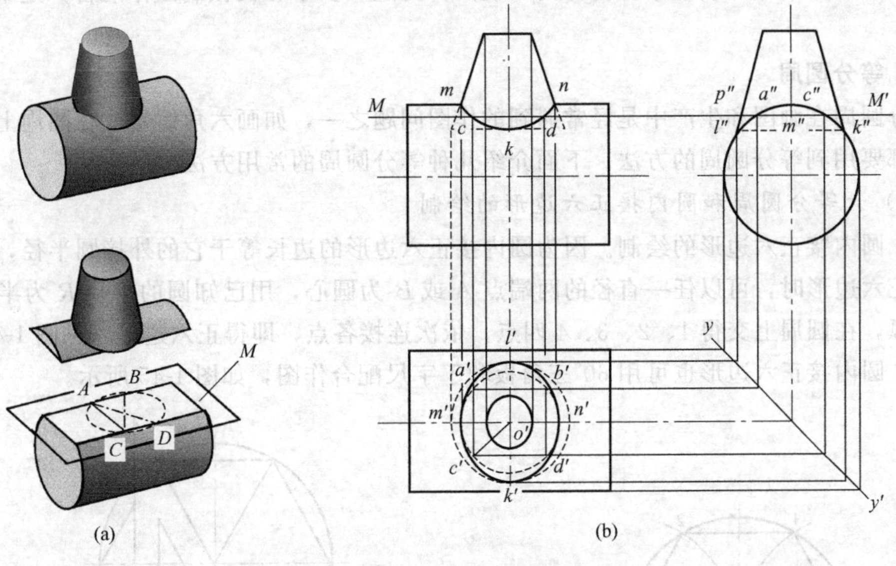

图 1-43　圆台与圆柱轴线正交相贯时的三视图与相贯线的画法

之间的圆周。

(3) 特殊点的确定：在正视图中的 m、n 点，即通过圆柱和圆台中心轴线的垂直截面与相贯线的交点，均为可见点。过正视图中的 m、n 点，分别作垂线，则俯视图中圆柱投影的中心轴线与两垂线的交点即 m、n 点的投影 m'、n'点。在侧视图中的 k''、l''点则为通过圆台中心轴线，并平行于圆柱端面的垂直截面与相贯线的交点，也均为可见点。过侧视图中的 k''、l''点作水平线与正视图中的中心轴线相交，交点 k、"l" 即 k''、l''点在正视图中的投影，其中 k 点为可见点，"l" 为不可见点。再借助辅助坐标 yy'，分别作垂直线与水平线，与俯视图的垂直中心轴线相交，交点 k'、l'即 k''、l''点在俯视图中的投影。

(4) 一般点的确定：过侧视图中夹在 k''、l''点之间圆周线（相贯线）上的任意点 c''，作平行于水平面的辅助平面 M 与几何体截交［见图 1-43(a)］，则 A、B、C、D 点即为截交面与相贯线的交点，其正投影和侧投影重影为水平线 MM'，并与侧视图中的圆周线相交于 a''、c''点，a''、c''点即 A、C 点的侧投影；借助辅助坐标 yy'，过 a''、c''点分别作垂直线与水平线；在俯视图中以 O' 为圆心，以辅助平面 M 与圆台截交圆的半径为半径作圆，与辅助水平线分别相交于 a'、b'、c'、d'，则 a'、b'、c'、d' 各点均为相贯线上的点，也即 A、B、C、D 各点在俯视图中的投影。连接 a'、c' 点与 b'、d' 点，并延长与正视图中的水平线 MM' 相交于 c、d 点，c、d 即 C、D 点的正投影。

(5) 在正视图中用光滑曲线连接 m、c、k、d、n 各点，即得相贯线的正投影。

(6) 在俯视图中用光滑曲线连接 m'、a'、l'、b'、n'、d'、k'、c'、m' 各点，即可得到相贯线的水平投影。

(7) 擦去图中的虚线部分，即可得基本相贯几何体的三视图。

第五节 几何作图

在机械制图过程中，常常会要遇到各种基本几何体的作图问题。因此学习和掌握常见的几何作图方法，准确绘制基本几何体的三视图，为进一步学习机械制图作准备，是本节的基本目的。

一、等分圆周

等分圆周在画图和生产中是经常遇到的作图问题之一，如画六角螺帽或在圆周上画均布的孔，都要用到等分圆周的方法。下面介绍几种等分圆周的常用方法。

(一) 六等分圆周和圆内接正六边形的绘制

(1) 圆内接正六边形的绘制。因为圆内接正六边形的边长等于它的外接圆半径，所以作圆内接正六边形时，可以任一直径的两端点 A 或 B 为圆心，用已知圆的半径 R 为半径在圆周上画弧，在圆周上交得 1、2、3、4 四点，依次连接各点，即得正六边形（见图 1-44）。

(2) 圆内接正六边形也可用 60°三角板和丁字尺配合作图，如图 1-45 所示。

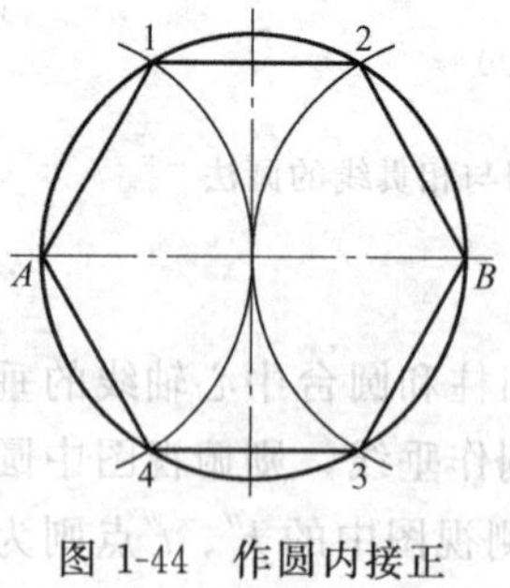

图 1-44 作圆内接正六边形的方法

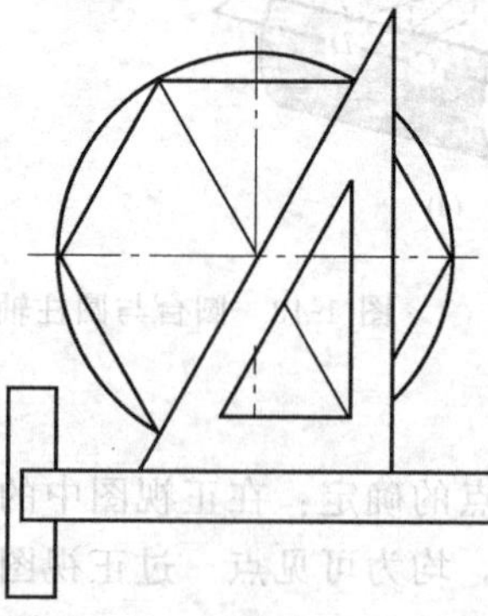

图 1-45 用三角板和丁字尺作圆内接正六边形

(二) 五等分圆周和作圆内接正五边形

在已知圆内作圆内接正五边形的方法如下（见图 1-46）。

(1) 平分半径 OB 得 O_1。

(2) 以 O_1 为圆心，O_1O_2 为半径画弧，与 OA 交于 C，O_2C 即为正五边形边长。

(3) 以 O_2C 之长为弦，在圆周上截取 D、F、G、E 等点，依次连接 D、F、G、E、O_2 各点即得正五边形。

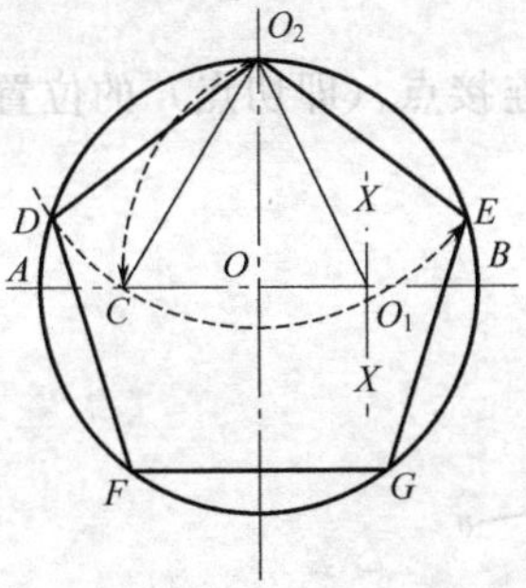

图 1-46　作圆内接正五边形的方法

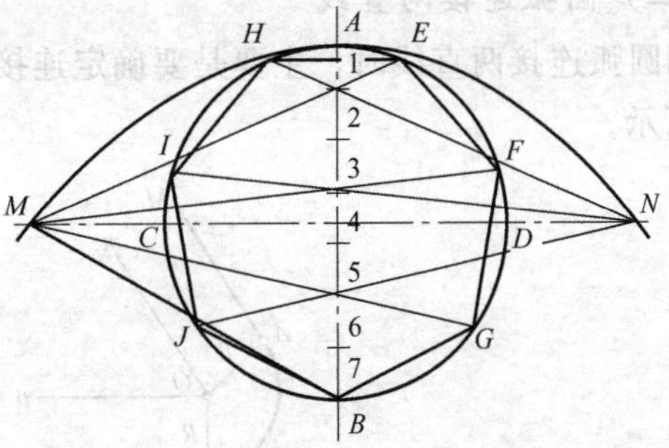

图 1-47　作圆内接任意正多边形的方法

（三）任意等分圆周和圆内接任意多边形的作图方法

在已知圆内绘制任意正多边形（近似正多边形）的作图步骤如下（见图 1-47）。

（1）将直径 AB 分成与所求正多边形边数相同的等分（图中为 7 等分），并按序编号。

（2）以 B 为圆心，AB 为半径画弧，与直径 CD 的延长线相交于 M、N 两点。

（3）自 M 和 N 引一系列直线与 AB 上单数（或双数）等分点相连（图中与单数分点相连），并延长与圆周相交于 E、F、G 等点，相邻两点的距离即为边长，顺次连接 E、F、G、B、J、I、H、E 各点，即可得所求的圆内接任意多边形。

二、等分线段

任意等分已知线段的作图方法与步骤如下（见图 1-48）。

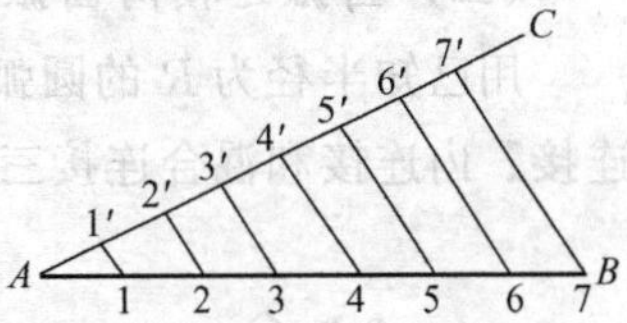

图 1-48　任意等分已知线段

（1）自已知 AB 线段的端点 A 引一任意直线 AC。

（2）自 A 点开始，在 AC 上用分规截取 N 段（N 为任意等分数，本例 $N=7$）等长线段，得 1′、2′、3′、…、7′点。

（3）连接作 $7'B$，并作 $7'B$ 的平行线，与 AB 相交于 1、2、3、…、6 点，这些点即为 AB 线段的等分点。

三、线段的连接

在制图中经常会遇到圆滑连接相邻两线段的问题，如直线与圆弧的连接，圆弧与圆弧的连接等，这种圆滑连接线段的方法称为线段的连接（在几何学上称为两线相切，它们的连接点就是切点）。线段连接可归纳为如下四种情况。

（一）直线连接两圆弧

如图 1-49 所示，用一直线连接两圆弧时，可用直接用三角板的一边沿着两圆弧的最外处切点之间画一条直线，即可将两圆弧圆滑地连接起来。

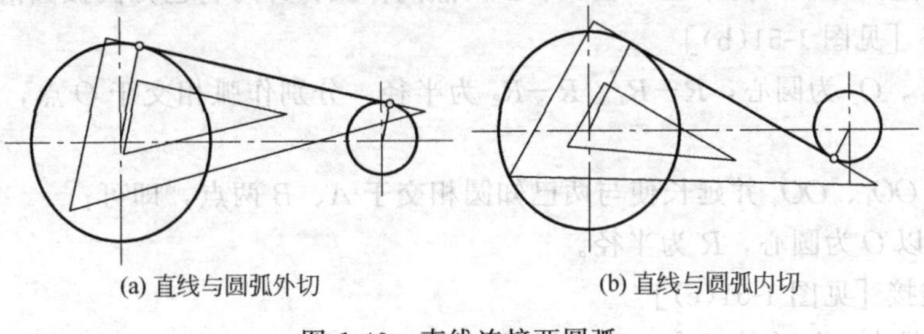

(a) 直线与圆弧外切　　(b) 直线与圆弧内切

图 1-49　直线连接两圆弧

（二）圆弧连接两直线

用圆弧连接两直线时，主要是要确定连接圆弧的中心和连接点（即切点）的位置，如图1-50所示。

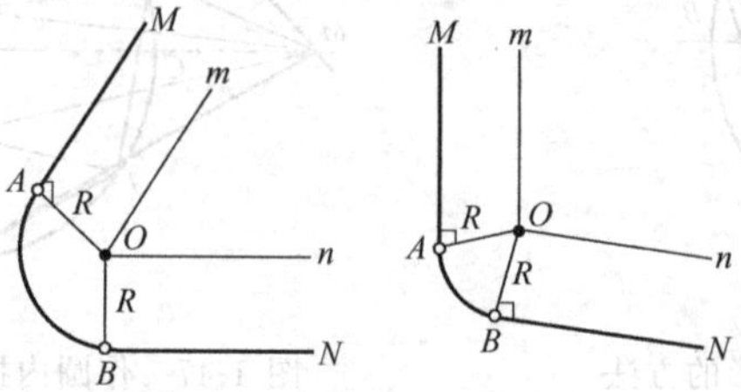

图 1-50 圆弧连接两直线

用已知半径为 R 的圆弧连接 AM、BN 两直线，作图步骤如下。

(1) 作直线 m、n 分别平行已知直线 AM 和 BN，并使它们的垂直距离都等于已知半径 R，则 m、n 两直线的交点即为连接圆弧的圆心 O。

(2) 过 O 点分别向直线 AM、BN 作垂线，得垂足 A、B 即为圆弧与直线的连接点。

(3) 以 O 为圆心，R 为半径在 A、B 间画圆弧，即能用圆弧和两直线圆滑地连接。

（三）圆弧连接两圆弧

用已知半径为 R 的圆弧连接半径分别为 R_1 和 R_2，圆心分别为 O_1、O_2 的两圆弧，有外连接、内连接和混合连接三种不同情况，如图1-51所示。

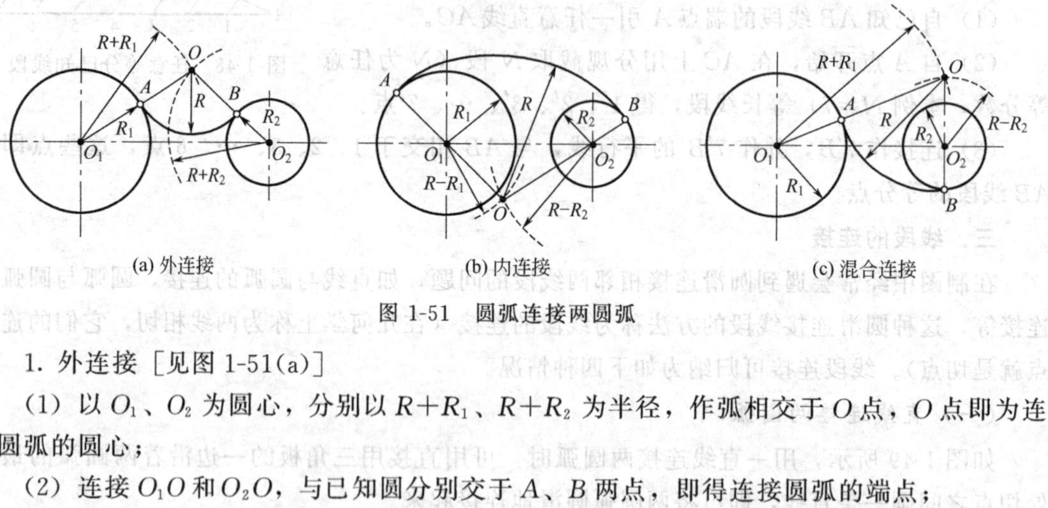

(a) 外连接 (b) 内连接 (c) 混合连接

图 1-51 圆弧连接两圆弧

1. 外连接［见图1-51(a)］

(1) 以 O_1、O_2 为圆心，分别以 $R+R_1$、$R+R_2$ 为半径，作弧相交于 O 点，O 点即为连接圆弧的圆心；

(2) 连接 O_1O 和 O_2O，与已知圆分别交于 A、B 两点，即得连接圆弧的端点；

(3) 以 O 为圆心，R 为半径，在 A、B 两点间作弧，即可将已知圆弧圆滑地连接起来。

2. 内连接［见图1-51(b)］

(1) 以 O_1、O_2 为圆心，$R-R_1$、$R-R_2$ 为半径，分别作弧相交于 O 点，O 点即为连接圆弧的圆心；

(2) 连接 OO_1、OO_2 并延长使与两已知圆相交于 A、B 两点，即可；

(3) 最后以 O 为圆心，R 为半径。

3. 混合连接［见图1-51(c)］

这种连接是内、外连接兼备，即与一个已知弧为外连接，而与另一个已知弧则为内连接，作图方法外连接与图1-51(a) 同，内连接则与图1-51(b) 同，如图1-51(c) 所示。

（四）圆弧与已知直线和已知圆弧的连接

用已知半径为 R 的圆弧连接一已知直线和一已知弧的作图步骤如下（见图 1-52）。

（1）作直线 m 平行于已知直线 M，使它们的垂直距离为 R。

（2）以 O_1 为圆心，R_1+R 为半径作弧与直线 m 相交于 O 点，O 点即为连接圆弧的圆心。

（3）过 O 点作直线垂直于直线 M，得垂足 B，连接 OO_1 与已知圆相交于 A 点，A、B 即为连接圆弧的端点。

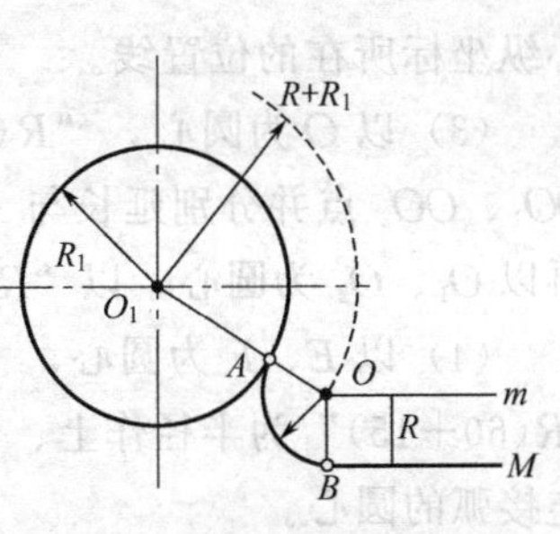

图 1-52　圆弧连接直线和圆弧

（4）以 O 为圆心，R 为半径，在 A、B 两点间作弧，即可将已知圆弧和直线圆滑地连接起来。

现以图 1-53(a) 所示的手柄为例，来说明线段连接作图方法的应用。

画图前，应先分析一下组成手柄轮廓的各线段是怎样连接的？并初步分析出哪些线段已给出了足够的尺寸，哪些线段尚没有给出全部尺寸，需要应用已学习的连接方法才能画出？然后才可动手画图。

对一个圆弧来说，能不能画出来，决定于是否知道绘制它的必要条件：圆弧半径和圆心的确切位置（即平面坐标 x、y 均已知）。如果必要条件均已知（直接或间接），这种圆弧称为已知弧，这样的圆弧就可以先画出来。

如图 1-53(a) 中半径为"$R8$"的弧就是已知弧，其圆心位置可根据给出的尺寸数据"90"和"$R8$"很容易在中心线上定出。如果仅知道圆弧的半径、圆心的两个位置坐标三个条件中的任意两个，这种弧就不能直接绘制出来，必须借助于其他条件来确定其圆心位置或半径，这种弧我们称之为待定弧，如图中半径为"$R60$"的弧即为待定弧。因为仅知道该弧的半径和圆心到中心线的距离"60－36/2"，还不能完全确定其圆心的确切位置。如果只知道圆弧半径而完全不知道圆心的位置坐标时，这种弧称为连接弧，这种弧必须先按连接线段的方法确定出圆心的位置，然后再画弧，如图中半径为"$R15$"的弧即为连接弧。在综合画图时应先画已知弧，然后画待定弧，最后画连接弧。因此，此例的作图步骤如下。

（1）先画中心线及左侧已知矩形的轮廓线［见图 1-53(b)］，根据给出的数据"90"和"$R8$"在中心线上定出已知弧"$R8$"的圆心位置 O，再以 O 为圆心画出已知弧"$R8$"。

（2）画到中心线距离为"60－36/2"的上、下平行线 L_1、L_2，此即待定弧"$R60$"的圆

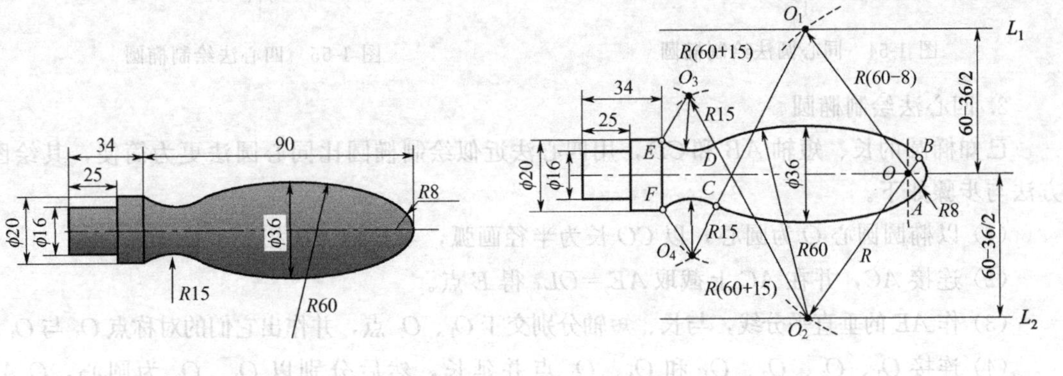

(a) 手柄　(b) 手柄轮廓线的绘制

图 1-53　线段的连接示例

心纵坐标所在的位置线。

(3) 以 O 为圆心，"$R(60-8)$"为半径画弧，分别交 L_1、L_2 于 O_1、O_2 两点。连接 OO_1、OO_2 点并分别延长与"$R8$"弧相交于 A、B 两点，即"$R60$"与"$R8$"弧的连接点。再以 O_1、O_2 为圆心，以"$R60$"为半径画出上、下中间弧[见图 1-53(b)]。

(4) 以 E、F 为圆心，"$R15$"为半径分别作上、下两个弧，再以 O_1、O_2 为圆心，以"$R(60+15)$"为半径作上、下两个弧，与上、下"$R15$"弧分别相交于 O_3、O_4 两点，即为连接弧的圆心。

(5) 连接 O_4O_1、O_3O_2 点，并分别延长与"$R60$"弧相交于 C、D 两点，即"$R60$"与"$R15$"弧的连接点。再以 O_3、O_4 为圆心，以"$R15$"为半径，即可画出上、下连接弧[见图 1-53(b)]。

四、椭圆的画法

已知椭圆的长、短轴分别为 AB 和 CD，绘制近似椭圆的方法通常有两种，同心圆法和四心法。

1. 同心圆法绘制椭圆

采用同心圆法绘制椭圆的步骤如下。

(1) 以 O 为圆心，以长轴 AB 和短轴 CD 的 $\frac{1}{2}$ 为半径，分别画两同心辅助圆。

(2) 过圆心 O 作若干辅助直线（图中每隔 30°作一条）与两辅助圆相交。

(3) 过各直线与大圆的交点作垂直线，平行于短轴 CD，又过各直线与小圆的交点作水平线，平行于长轴 AB，同一辅助直线相交的水平线和对应垂直线的交点即为椭圆上的点。

(4) 用曲线板依次光滑连接各点，即得椭圆（见图 1-54）。

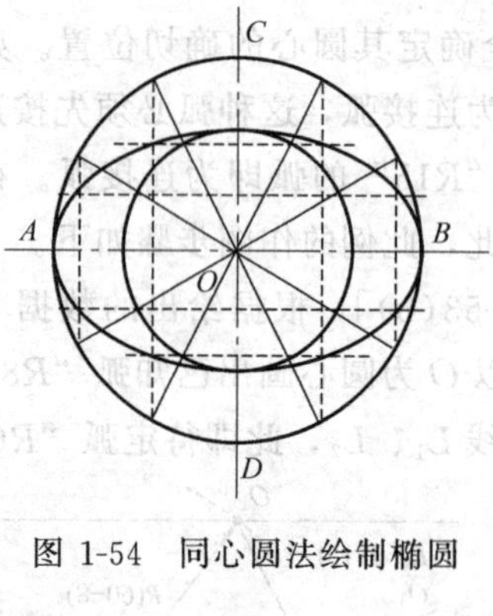

图 1-54 同心圆法绘制椭圆

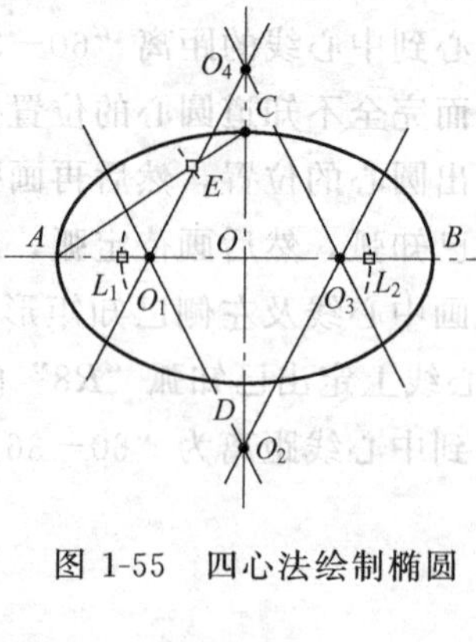

图 1-55 四心法绘制椭圆

2. 四心法绘制椭圆

已知椭圆的长、短轴 AB 和 CD，用四心法近似绘制椭圆比同心圆法更为简便，其绘图方法与步骤如下。

(1) 以椭圆圆心 O 为圆心，以 CO 长为半径画弧，与长轴 AB 相交于 L_1、L_2 点。

(2) 连接 AC，并在 AC 上截取 $AE=OL_1$ 得 E 点。

(3) 作 AE 的垂直平分线，与长、短轴分别交于 O_1、O_2 点，并作出它们的对称点 O_3 与 O_4。

(4) 连接 O_1、O_2、O_3、O_4 和 O_4、O_1 点并延长，然后分别以 O_1、O_3 为圆心，O_1A、O_3B 为半径，画弧至 O_2O_1、O_4O_1 和 O_2O_3、O_4O_3 的延长线；再分别以 O_2、O_4 为圆心，O_2C、O_4D 为半径，画弧至 O_2O_1、O_2O_3 和 O_4O_1、O_4O_3 的延长线，即得所求的近似椭圆

(见图 1-55)。

五、斜度与锥度的画法

1. 斜度

斜度是指一直线或平面对另一直线或平面的倾斜度。如图 1-56(a) 所示，在直角三角形 ABC 中的 $\tan\alpha=\dfrac{H}{L}$，即称为 AB 对 AC 的斜度。在制图中一般用 $1:n$ 的形式表示斜度的大小。

设一线段的斜度为 1∶5，画图时，可先在 CB 上取一个单位长度，再在 AC 上取 5 个单位长度，连接 AB 即可得斜度为 1∶5 的倾斜线段 AB ［见图 1-56(b)］。

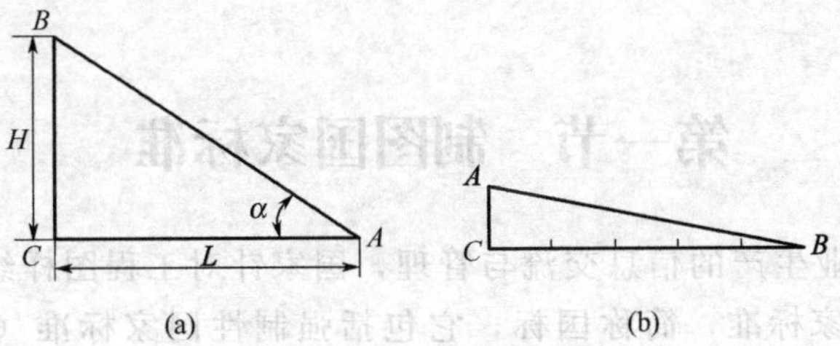

图 1-56　斜度的图示

2. 锥度

锥度是指正圆锥的底圆直径 D 与圆锥高度 H 之比［见图 1-57(a)］。对于正圆锥台，则为上下底圆直径之差与圆台高度之比，［见图 1-57(b)］。从图可见，锥度 $K=\dfrac{D}{H}=\dfrac{D-d}{L}=\tan\beta$，其中 β 为锥顶角 $\alpha/2$。

设一圆锥的锥度为 4∶6，画图时，可先将直径 AB（$AB=D$）均分为 4 个单位长度，再作直径 AB 的垂直平分线。然后从直径开始，在垂直平分线上向下取 6 个单位长度至 C，连接 AC、CB 即可得锥度为 4∶6 的圆锥轮廓线 ABC ［见图 1-57(b)］。

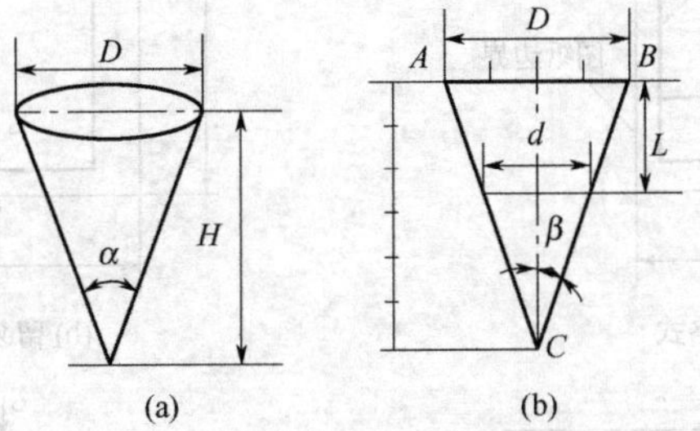

图 1-57　锥度的图示

第二章　机械制图基础

机械制图和建筑制图、化工工艺制图一样，同属于工程制图范畴，工程图样是现代工业生产中不可缺少的技术资料，具有严格的规范性。机械制图是化工工艺制图的基础，它有自己相对独立的绘图体系、行业规定与国家标准，因此，在开始学习机械制图之前，有必要先了解一下国家标准《技术制图》与《机械制图》中有关工程图样的一般规定。

第一节　制图国家标准

为了适应现代工业生产的信息交流与管理，国家针对工程图样绘制中的相关内容制定并颁布了一系列国家标准，简称国标，它包括强制性国家标准（代号 GB）、推荐性国家标准（代号 GB/T）和指导性国家标准（代号 GB/Z）。本节摘录了一些常用的基本规定。

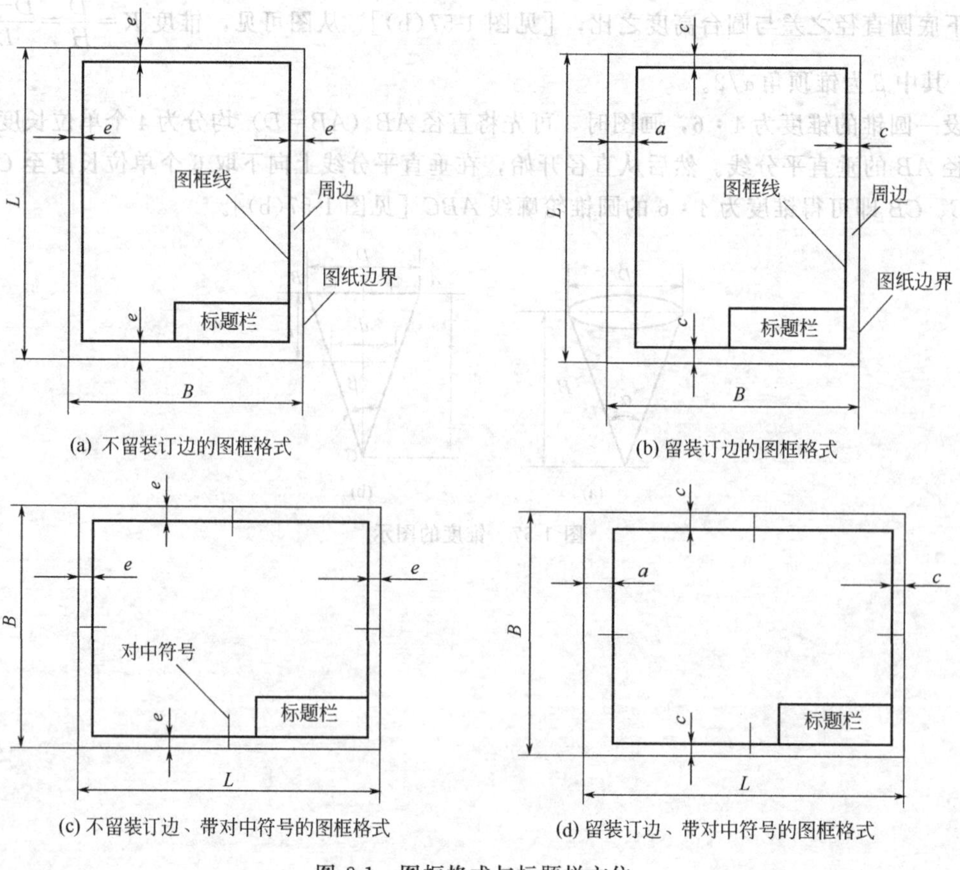

(a) 不留装订边的图框格式　(b) 留装订边的图框格式

(c) 不留装订边、带对中符号的图框格式　(d) 留装订边、带对中符号的图框格式

图 2-1　图框格式与标题栏方位

一、图纸幅面与格式

规定图纸幅面与格式的国家标准是 GB/T 14689—2008。

1. 图纸幅面

图纸幅面是指绘制图样的图纸宽度与长度的图面规格。绘制图样时应优先采用表 2-1 中所规定的基本幅面尺寸，必要时也允许按规定加长图纸的幅面。图纸加长幅面的尺寸，通常是由基本幅面的短边成整数倍增加后得出（见图 2-2）。

表 2-1　图纸幅面及图框格式尺寸

幅面代号	幅面尺寸/mm	周边尺寸/mm		
	$B\times L$	a	c	e
A0	841×1189			20
A1	594×841		10	
A2	420×594	25		
A3	297×420			10
A4	210×297		5	

注：B、L、a、c、e 的意义见图 2-1。

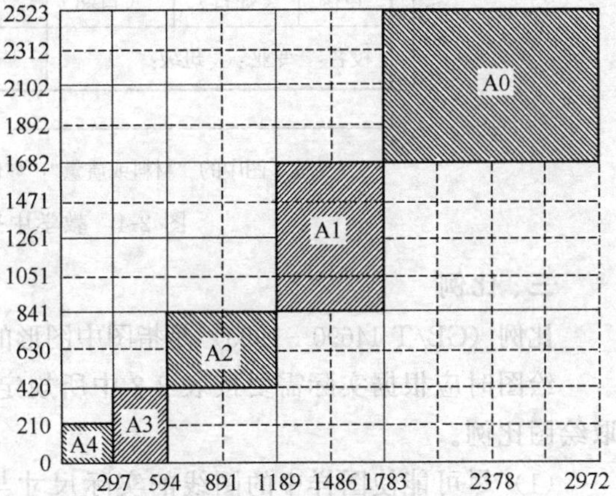

图 2-2　图纸幅面及加长边示意

2. 图框格式

图纸上限定绘图区域的线框称为图框。图框在图纸上必须用粗实线绘制，图样必须绘制在图框内部。图框格式分为留装订边和不留装订边两种［见图 2-1(a)、(b)］。但同一个产品的图样只能采用一种图框格式。

为了复制和微缩摄影的方便，应在图各边的中点处绘制对中符号。对中符号是从周边画入图框内 5mm 的一段粗实线，如图 2-1(c)、(d) 所示。如果对中符号处正处于标题栏范围内时，则伸入标题栏内的部分应予以省略。

二、标题栏

标题栏（GB/T 10609.1—2008）是由名称及代号区、签字区、更改区和其他区组成的栏目。标题栏应位于图纸的右下角，其格式如图 2-3 所示。

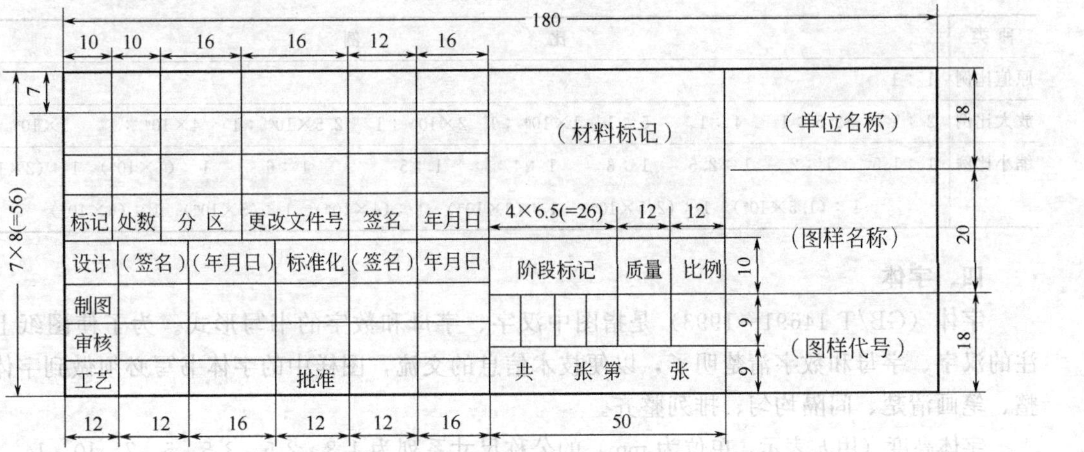

图 2-3　国家标准规定的标题栏格式

在化工设备制图中，因为装配图和零部件图的图幅往往有较大的差距，所以对同一台设备的装配图和零部件图的标题栏格式有不同的规定，这在以后的学习中会逐一介绍。在一般的教学过程中，均推荐使用下述简化的标题栏格式，如图 2-4 所示。

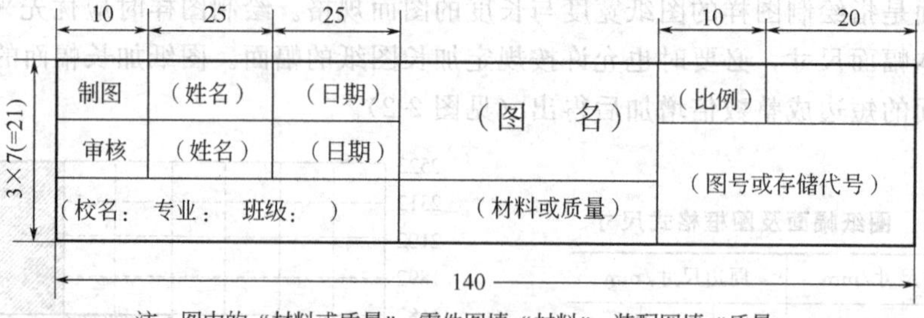

注：图中的“材料或质量”，零件图填“材料”，装配图填“质量”

图 2-4 教学中采用的标题栏格式

三、比例

比例（GB/T 14690—1993）是指图中图形的实际尺寸与物件的相应要素的线性尺寸之比。

绘图时应根据实际需要按表 2-2 中所规定的系列选取适当比例。一般应根据以下原则选取绘图比例。

(1) 尽可能使图样中的图线的实际尺寸与物件相应要素的线性尺寸相同（即采用 1：1 的比例），以便能直接从图纸上看出物件的真实大小。

(2) 如果不可能采用 1：1 的比例，则应尽可能使图样中的图线的实际尺寸与物件相应要素的线性尺寸相近，即采用表 2-2 中尽可能小的比例。

(3) 绘制同一物件的各个视图，应采用相同的比例，并在标题栏中注明所采用的比例。如果图中的某视图必须采用不同比例时，必须另行标注，可注在该视图名称的下方或右侧，如：$\frac{I}{4:1}$、$\frac{A\text{向}}{1:10}$、断面图 1：5、平面图 1：10。

(4) 无论采用何种比例绘图，图中所标注的尺寸，均应是物件的实际尺寸，即在图纸中标注物件的所有尺寸均与图纸所采用的比例大小无关。

(5) 不得采用表 2-2 规定以外的比例绘图。

表 2-2 绘图的比例

种类	比例
原值比例	1：1
放大比例	2：1　2.5：1　4：1　5：1　1×10^n：1　2×10^n：1　2.5×10^n：1　4×10^n：1　5×10^n：1
缩小比例	1：1.5　1：2　1：2.5　1：3　1：4　1：5　1：6　1：(1×10^n)　1：(2×10^n)　1：(1.5×10^n)　1：(2.5×10^n)　1：(3×10^n)　1：(4×10^n)　1：(5×10^n)　1：(6×10^n)

四、字体

字体（GB/T 14691—1993）是指图中汉字、字母和数字的书写形式。为了使图纸上标注的汉字、字母和数字清楚明了，以便技术信息的交流，图样中的字体书写必须做到字体工整、笔画清楚、间隔均匀、排列整齐。

字体高度（用 h 表示，单位为 mm）的公称尺寸系列为 1.8、2.5、3.5、5、7、10、14、20。如果需要书写更大的字，其字体高度应按 $1:\sqrt{2}$ 的比率递增，字体高度代表字的号数。

汉字应写成长仿宋体字，并应采用国家正式推行的简化字。汉字的高度 h 不应小于 3.5mm，字宽一般为 $h/\sqrt{2}$ 。各种字体的书写笔画与汉字结构示例如下。

工程制图 书写要求 字体工整 笔画清楚 间隔均匀 排列有数

书写要领 牢记心头 横平竖直 注意起落 结构均匀 填满方格 数字字母 同样要求

数字和字母分为 A 型与 B 型。A 型字体的笔画宽度 d 为字高 h 的 1/14；B 型字体的笔画宽度 d 为字高 h 的 1/10。数字和字母均有直体与斜体之分，斜体字的字头应向右倾斜，与水平基准线成 75°角。数字和字母的书写示例如下。

字母示例

直体：ABCDEFGHIJKLMNOPQRSTUVWXYZ

abcdefghijklmnopqrstuvwxyz

斜体：*ABCDEFGHIJKLMNOPQRSTUVWXYZ*

abcdefghijklmnopqrstuvwxyz

阿拉伯数字示例

直体：0 1 2 3 4 5 6 7 8 9

斜体：*0 1 2 3 4 5 6 7 8 9*

罗马数字示例

直体：Ⅰ Ⅱ Ⅲ Ⅳ Ⅴ Ⅵ Ⅶ Ⅷ Ⅸ Ⅹ Ⅺ Ⅻ XIII

1 2 3 4 5 6 7 8 9 10 11 12 13

五、图线

规定图线画法的国家标准是（GB/T 4457.4—2002、GB/T 17450—1998）。

1. 图线类型

绘制机械图样规定使用 8 种基本图线（见表 2-3），即粗实线、细实线、双折线、虚线、细点画线、波浪线、粗点画线、细双点画线。

表 2-3 图线类型及用途

名 称	图线类型	宽度 d/mm		主要用途及线素长度	
粗实线		0.5	0.25	可见轮廓线	
细实线		0.35	0.18	尺寸线、尺寸界线、通用剖面线、引出线和重合断面轮廓线	
波浪线				断裂处边界线、局部剖视的分界线	
双折线				断裂处边界线	
虚 线		0.35	0.18	不可见轮廓线，画长 $12d$、短间隔长 $3d$	
细点画线				轴线、圆中心线、对称线、轨迹线	长线长 $=24d$，短间隔长 $=3d$，点长 $\leqslant 0.5d$
粗点画线		0.7	0.35	限定范围的表示线	
细双点画线		0.35	0.18	假想轮廓线、断裂处边界线	
粗虚线		0.7	0.35	允许表面处理的表示线，画长 $12d$、短间隔长 $3d$	

在机械制图中通常采用两种线宽，其比例关系为 2∶1，粗线宽度优先采用 0.5mm、0.7mm。为了保证图样清晰易读，并便于复制，在图样上应尽量避免出现线宽小于 0.18mm 的图线。在图样中不连续线的独立部分称为线素，如点、长度不同的线和间隔等。各线素的长度都应符合表 2-3 的规定。

2. 图线的画法

图线的绘制应符合以下规定。

(1) 虚线、细点画线、双点画线与其他图线相交时，不能交于点。

(2) 虚线直接在实线延长线上相交时，虚线应留出空隙（见图 2-5）。

(3) 虚线圆弧于实线相切时，虚线圆弧应留出空隙。

(4) 画圆的中心线时，圆心应是长画的交点，画细点画线时细点画线两端应超出轮廓线 2～5mm；当细点画线、双点画线较短（小于或等于 8mm）画起来有困难时，允许用细实线代替细点画线、双点画线（见图 2-6）。

(5) 考虑微缩制图的需要，两条平行线之间的最小间距一般不应小于 0.7mm。

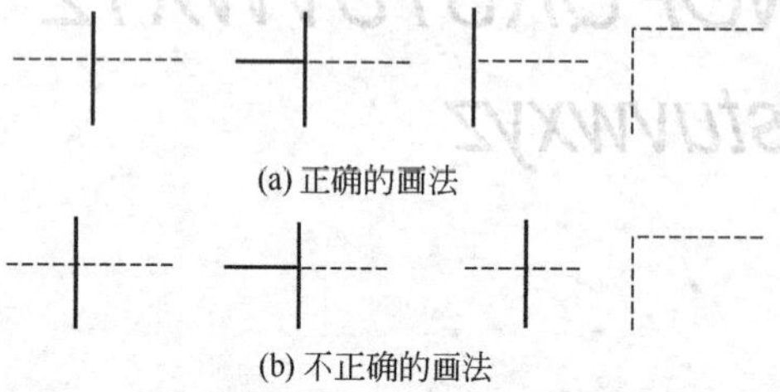

图 2-5 虚线相交的画法

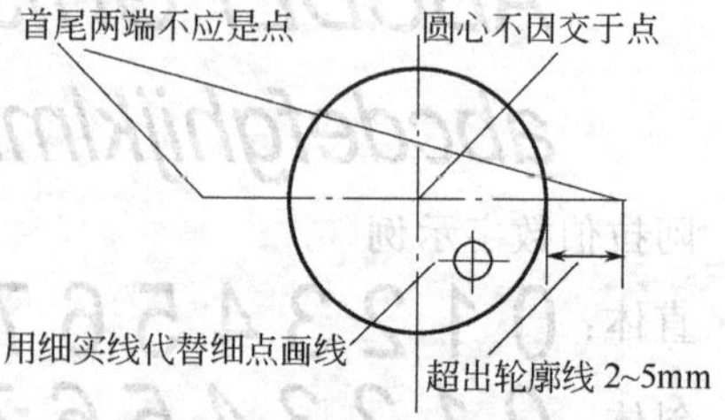

图 2-6 圆中心线的画法

3. 图线的应用

机械图样中图线的应用规则见表 2-3，具体应用示例如图 2-7 所示。

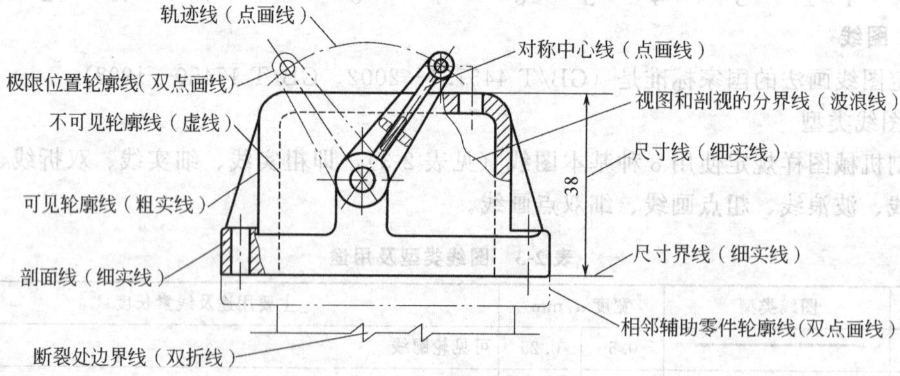

图 2-7 图线的应用示例

六、尺寸注法

机件结构形状的大小和相互位置需要用尺寸表示，尺寸标注的组成如图 2-8 所示。

尺寸标注的方法应符合国家标准（GB/T 4458.4—2003）的规定。

1. 基本规则

在图样上的尺寸标注，必须符号以下基本要求。

(1) 图样上标注的所有尺寸，均为机件的真实大小，且为该机件的最后完工尺寸，它与图纸所选用的比例和绘图的准确度无关。

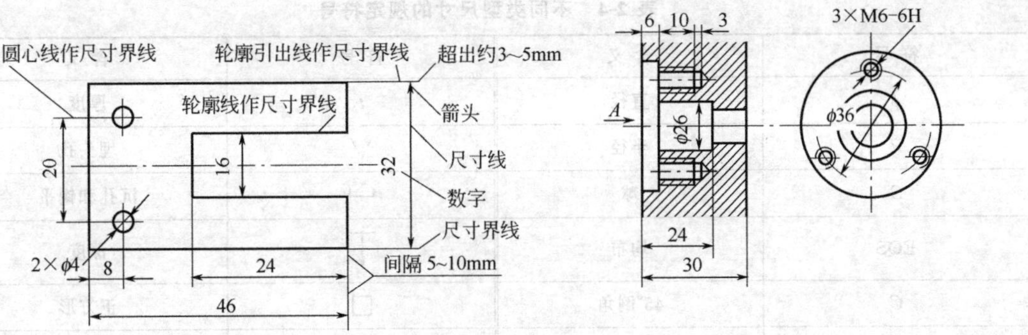

图 2-8　尺寸标记的组成

(2) 在图样中（包括技术要求和其他说明）的尺寸，均以 mm 为单位，不需要标注计量单位或代号；若需采用其他单位，则必须注明相应的计量单位的名称或代号。

(3) 机件的每一个尺寸，在图样中一般只标注一次，并应标注在反映该结构最清晰的图形上。

(4) 在保证不致引起误解和不产生理解多义性的前提下，应力求简化标注。

2. 尺寸要素

组成尺寸标注的基本要素包括以下内容。

(1) 尺寸界线　尺寸界线表示的是所标注尺寸的起始与终止位置，用细实线绘制，并应由图形的轮廓线、轴心线或对称中心线引出，也可以直接利用轮廓线、轴心线或对称中心线等作为尺寸界线。尺寸界线的尾端应超出尺寸线约 3～5mm。尺寸界线一般应与尺寸线垂直，必要时才允许倾斜。

(2) 尺寸线　尺寸线用细实线绘制。标注线性尺寸时，尺寸线应与所标注的线段平行，相同方向的各尺寸线之间的距离应保持均匀，间隔应大于 5mm。尺寸线一般不用图形中的其他线所代替，也不与其他图线重合或在其延长线上，并应尽量避免与其他的尺寸线或尺寸界线相交。

尺寸线的终端可以有以下几种形式（见图 2-9）。

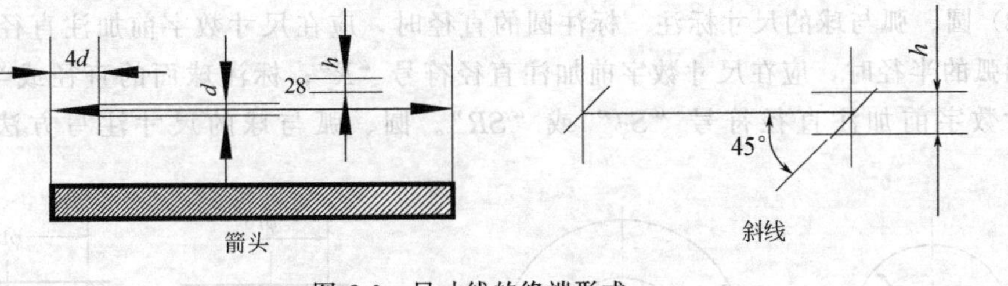

图 2-9　尺寸线的终端形式
d—粗实线宽度；h—尺寸数字高度

① 箭头。箭头适合于各类图样，箭头的尖端应与尺寸界线接触，不得超出或离开。机件图样中的尺寸线终端一般均采用此种形式。

② 斜线。当尺寸线与尺寸界线垂直时，尺寸线的终端可用斜线绘制，斜线采用细实线。

当尺寸线与尺寸界线相互垂直时，同一张图样中只能采用一种尺寸线的终端形式。当采用箭头时，在位置不够的情况下，允许用圆点或斜线代替箭头。

(3) 尺寸数字及相关符号　在图样中标注尺寸时，尺寸数字与相关字母、代号的书写均应符合国家标准的相关规定。不同类型尺寸的规定符号见表 2-4。

表 2-4　不同类型尺寸的规定符号

符号	含义	符号	含义
ϕ	直径	t	厚度
R	半径	∨	埋头孔
S	球	⊔	沉孔和锪平
EQS	均布	↧	深度
C	45°倒角	□	正方形
∠	斜度	▷	锥度

3. 尺寸的标注

在图样中除了必须遵循基本规则以外，还应注意以下几点。

（1）线性尺寸的注写　水平方向的尺寸一般要注写在尺寸线的上方，字头向上；垂直方向的尺寸注写在尺寸线的左方，字头向左；倾斜方向的尺寸注写在尺寸线的斜上方，字头也向斜上方。同时也允许注写在尺寸线的中断处。应尽量避免在与垂直中心线成 30°角的范围内标注尺寸，无法避免时，可按图 2-10 所示的方法注写。

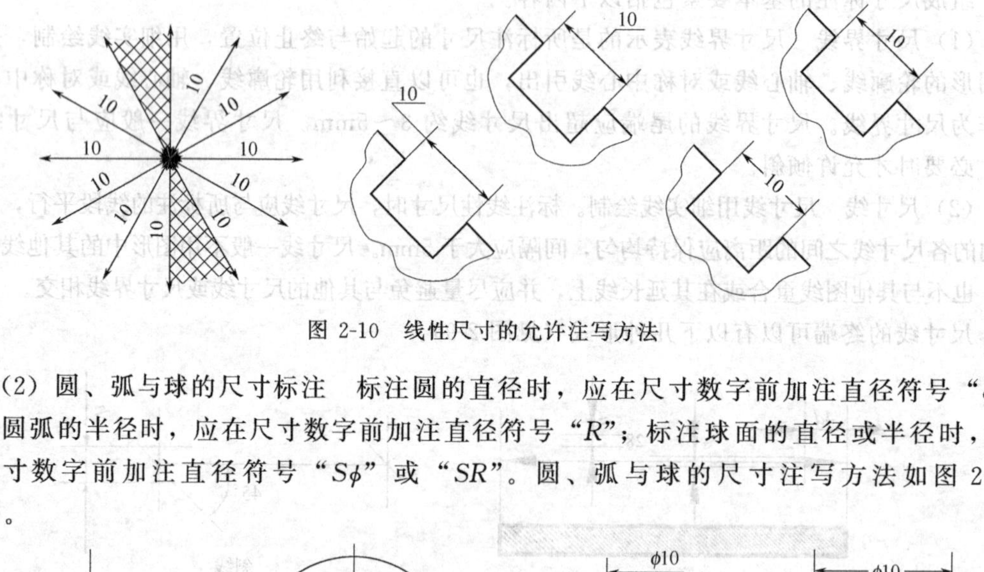

图 2-10　线性尺寸的允许注写方法

（2）圆、弧与球的尺寸标注　标注圆的直径时，应在尺寸数字前加注直径符号“ϕ”；标注圆弧的半径时，应在尺寸数字前加注直径符号“R”；标注球面的直径或半径时，应在尺寸数字前加注直径符号“$S\phi$”或“SR”。圆、弧与球的尺寸注写方法如图 2-11 所示。

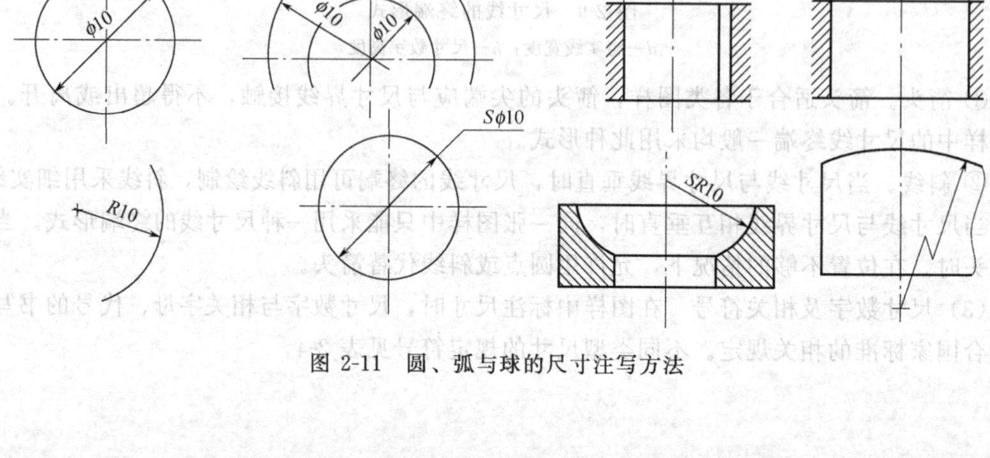

图 2-11　圆、弧与球的尺寸注写方法

（3）角度尺寸的标注　标注角度的尺寸界线应沿径向引出，尺寸线需画成圆弧，其圆心为该弧的顶点，半径可取适当大小。角度数字一律写成水平方向，一般注写在尺寸线的中断处，尺寸线的上方或外边，也可引出标注。角度尺寸必须注明单位（见图 2-12）。

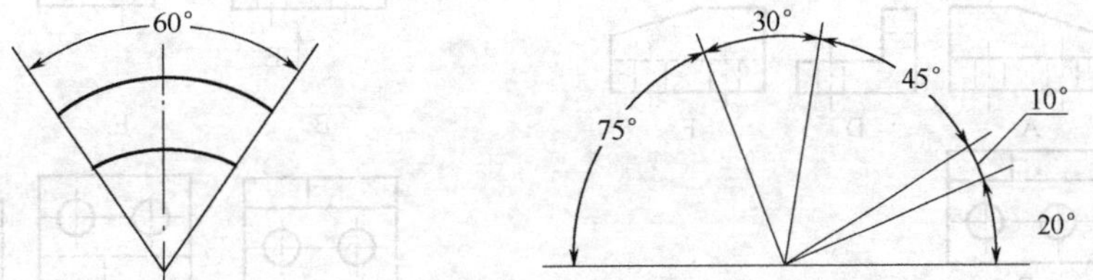

图 2-12　角度尺寸的标注

（4）小尺寸的标注　小尺寸是指在图纸上没有足够的位置注写尺寸、字母或箭头时的特殊情况。如果出现此类情况，可采取以下措施：尺寸箭头可由外向里指向尺寸界线；用实心小圆点代替相邻箭头；尺寸数字可外移或引出标注等（见图 2-13）。

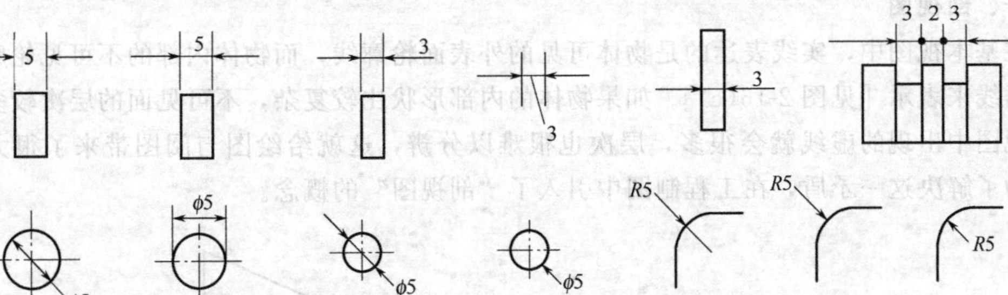

图 2-13　小尺寸的标注

常见的机械图样主要包括以下四个方面的内容。

（1）表示机器或零部件的一组视图。

（2）说明机器或零部件大小、形状和相对位置与装配要求的尺寸标注。

（3）为达到机器与设备的工作性能，设计者针对加工制作与安装施工过程提出的各种技术要求。

（4）为更详细地说明图纸的来源、用途和绘图比例，以及零部件的名称、数量、材料等内容而填写的标题栏与明细表。

第二节　视　　图

在机械制图中采用的视图，除在第一章中学习过的正视、俯视和左（侧）视三种视图以外，有时还会用到后视、仰视和右视三种视图。在国家标准 GB/T 17451—1998 中规定这六种视图为基本视图，并规定这六种基本视图的名称分别为主视图（A）、俯视图（B）、左视图（C）、右视图（D）、仰视图（E）、后视图（F）。基本视图在图纸上的相对位置，如图 2-14所示。基本视图若画在同一张图纸上，应尽可能按规定配置视图，并一律不标注视图名称。如果不能按规定配置视图，可将视图移到适宜位置，但必须加以标注。视图在图纸上的标注方法是：在视图上方用大写字母标注视图的名称，并在相应视图的附近用箭头指明投影方向，并在箭头上方或右方标注相同的字母（见图 2-15）。

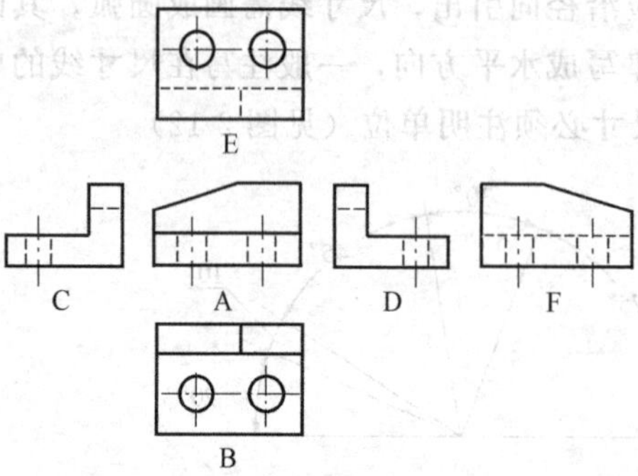

图 2-14　基本视图在图纸上的相对位置

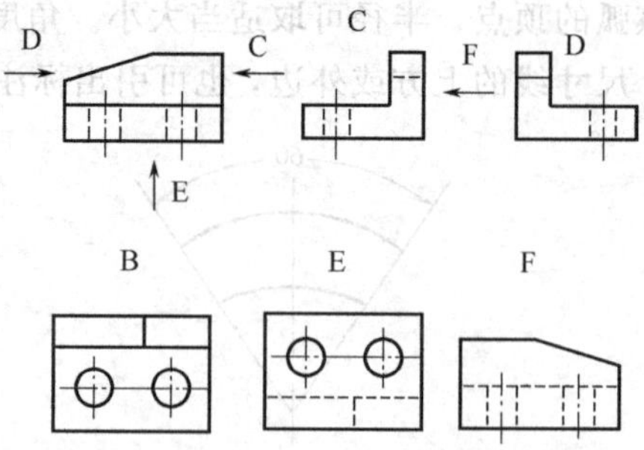

图 2-15　基本视图非规定配置时的标注

基本视图外，为了清楚地表达零件的内部结构，或其他复杂的结构形状，还常常会用到剖视图、局部视图和旋转视图。基本视图的投影原理及其绘图方法在第一章已经详细介绍过，本节主要介绍剖视图、局部视图和旋转视图的绘制方法与应用。

一、剖视图

在基本视图中，实线表达的是物体可见的外表面轮廓线，而物体内部的不可见轮廓线常常用虚线来表示［见图 2-16(c)］。如果物体的内部形状比较复杂，不可见面的层次较多，在基本视图中出现的虚线就会很多，层次也很难以分辨，这就给绘图与阅图带来了很大的困难。为了解决这一矛盾，在工程制图中引入了“剖视图”的概念。

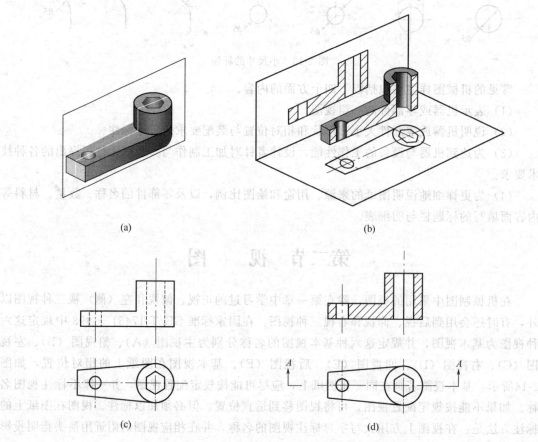

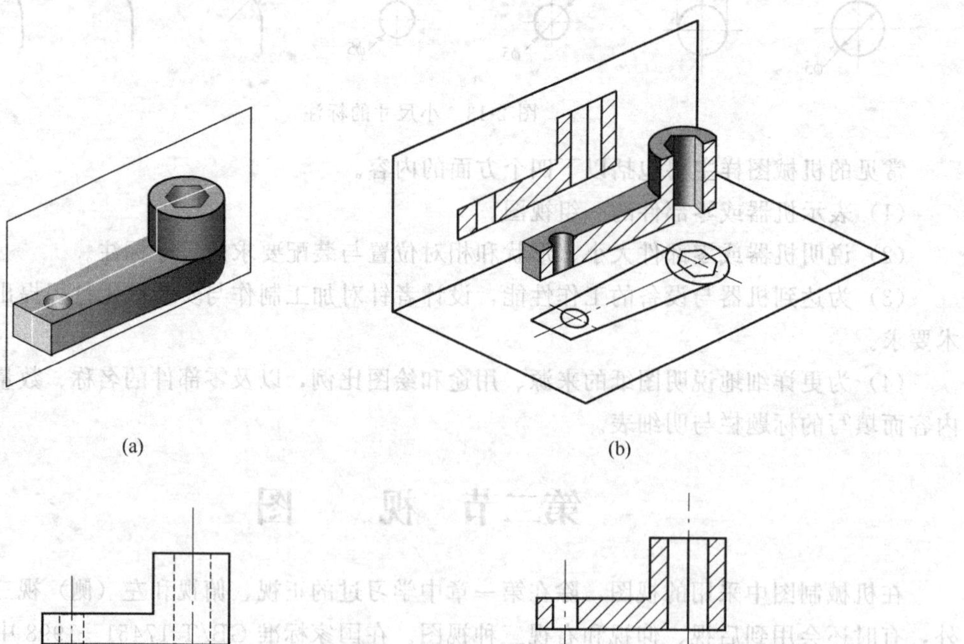

图 2-16　剖视图

剖视图（GB/T 17452—1998），就是假想用一剖切平面沿一定方向将物体剖开［见图2-16(a)］，移去观察者与剖切平面之间的部分，然后将剩余部分进行投影所得到的视图［见图2-16(b)］。为清楚地表达被剖切的物体结构，在工程制图中规定，在剖视图中剖切平面与物体相接触的截断面上，应按规定画出相应的剖面符号［即剖面线，见图2-16(d)］和剖切方向，常用剖面符号见表2-5。剖视图是为了清楚地表达物体的内部结构，用假想平面将物体剖开以后绘制的视图，并非真的已将物体切去一部分，因此，当物体的某个视图已被画成剖视图之后，其他视图仍需按原来未剖切的物体画出。

表 2-5　常用剖面符号

材料名称	平面代号	材料名称	平面代号	材料名称	平面代号
金　属	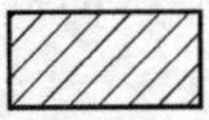	非金属材料（已有规定剖面符号者除外）		木　材	
混凝土		液　体		胶合板	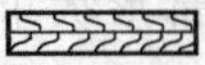

为了使剖视图能较好地反映出物体内部的孔洞和其他复杂结构的真实情况，应尽可能使采用的剖切平面与物体的对称面重合（平行于投影面），或通过所要剖切的孔洞的中心轴线［见图2-16(d)］。

因剖切的区域或方法不同，剖视图可分为以下几类。

1. 全剖视图

用一个剖切平面，将物体全部剖开后投影所得到的视图称为全剖视图，如图2-16(d)中的剖视图。全剖视图能够清楚地表达物件的内部结构，但表达不了物件的外部形状，因此，全剖视图仅用于绘制外形简单或外部形状部不对称的物件。

2. 半剖视图

当物件的内、外结构均比较复杂，但形状基本对称时，为了清楚地表达物件的内、外部结构，在工程制图中常以对称轴线为界，将对称视图的一半画成剖视，而另一半则画成视图，这种形式的组合视图称为半剖视图，如图2-17所示。半剖视图既可以同时清楚地表达物件的内、外部结构，又可以节省视图，常被工程技术人员采用。

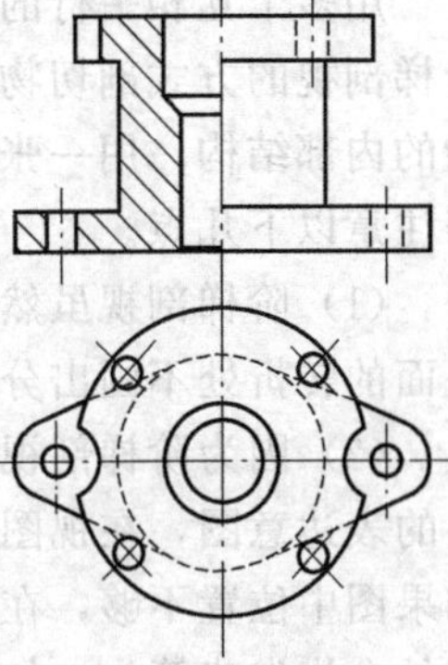

图 2-17　半剖视图

绘制半剖视图应注意以下几点。

(1) 必须采用物件的对称中心线作为被剖切部分与未被剖切部分的分界线。

(2) 在半剖视图中，因为物件的内部形状已经由剖视部分表达清楚，所以一般不再画出表示物件内部结构的虚线。如果画出虚线并不影响图面的清晰，而且可以使物件某部分结构的形状表达得更完整、更清楚，也可以画出必要的虚线，如图2-17所示。

3. 局部剖视图

用剖切平面仅将物件的局部区域剖开，投影后画出的视图称为局部剖视图。局部剖视图通常应用于以下几种情况。

(1) 当物件仅有个别部分的内部结构形状需要特别表达［见图2-18(a)］。

(2) 物件的形状不对称，而且在该视图中既需要表达其内部的结构形状，又需要保留其

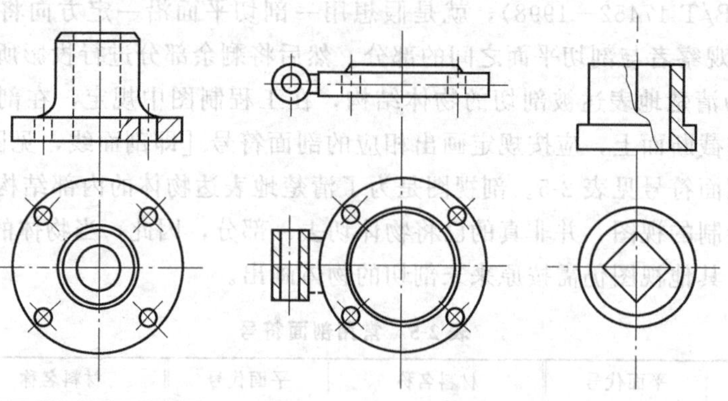

(a)　(b)　(c)

图 2-18　局部剖视图

外部形状［见图 2-18(b)］。

(3) 物件虽然对称，但视图中恰好有一轮廓线与对称中心线重合时，应该用局部剖视图代替半剖视图［见图 2-18(c)］。

在局部剖视图中，被剖切部分和未被剖切部分规定采用波浪线作为分界线。在绘制波浪线时，应遵循以下规定。

(1) 波浪线应采用细实线，徒手自由绘制。

(2) 波浪线不应和视图中的其他图线重合，也不应超出视图范围之外。如果波浪线必须穿过图中的孔、洞等结构时，波浪线应在孔、洞处断开，不允许穿孔、洞而过。

(3) 当被剖切的物件局部对称时，允许将物件的局部对称线作为局部剖视的分界线。

4. 阶梯剖视图

用多个互相平行的剖切平面剖开物体后进行投影所得到的视图，称为阶梯剖视图。采用阶梯剖视的方式剖切物体，可以使不在同一平面上，又同时平行于投影面的孔、洞或其他复杂的内部结构，用一张视图表达清楚，大大节省制图工作量（见图 2-19)。绘制阶梯剖视图需注意以下几点。

(1) 阶梯剖视虽然是由多个剖切平面组合剖切物件后所得到的视图，但规定在每个剖切平面的转折处不画出分界线。

(2) 因为阶梯剖视是由多个剖切平面组合剖切物件，为了使阅图者能清楚地了解制图人员的表达意图，在视图中必须标注剖切平面的名称、起止和转折位置以及投影方向等内容。如果图中位置不够，在剖切的转折处允许省略字母；按投影关系配置视图时，剖切平面的起止处允许省略箭头，如图 2-19 所示。

5. 旋转剖视图

用两个相交的剖切平面剖开物件，并将倾斜部分旋转到与选定的投影面平行后进行投影所得到的视图，称为旋转剖视图。当所表达的物件围绕某一中心轴线，在不同方向上分布有若干不同规格的孔、洞或接管，如果期望在一张视图中将这些结构全部表达清楚，通常都会采用若干相交的剖切平面剖开物件，并将倾斜部分旋转到与选定的正投影面平行后进行投影的方法绘制一张旋转剖视图，以满足上述要求，如图 2-20 所示。

绘制旋转剖视图时，应注意以下几点。

(1) 必须标注剖切平面的剖切位置与剖视名称，以及剖切平面与所选定投影面的夹角。

(2) 物件在剖切平面后面的其他结构图线，仍应按原来的位置投影后绘图。

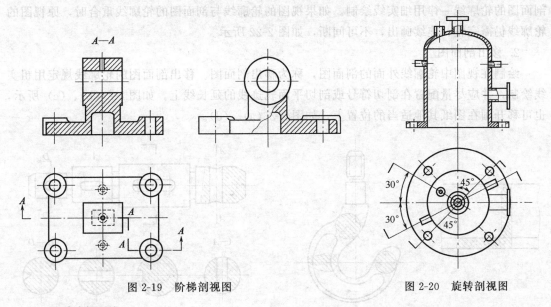

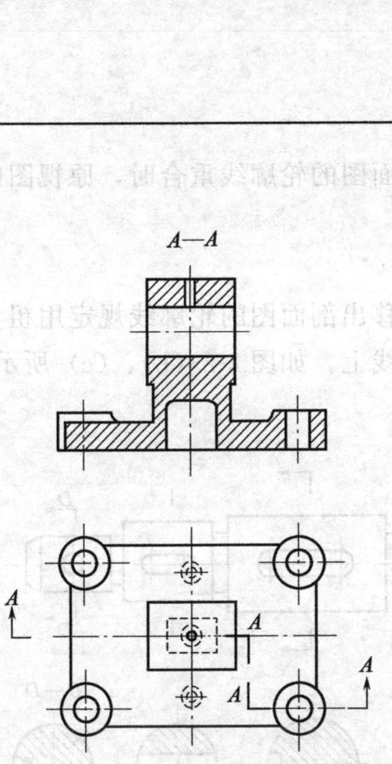

图 2-19　阶梯剖视图

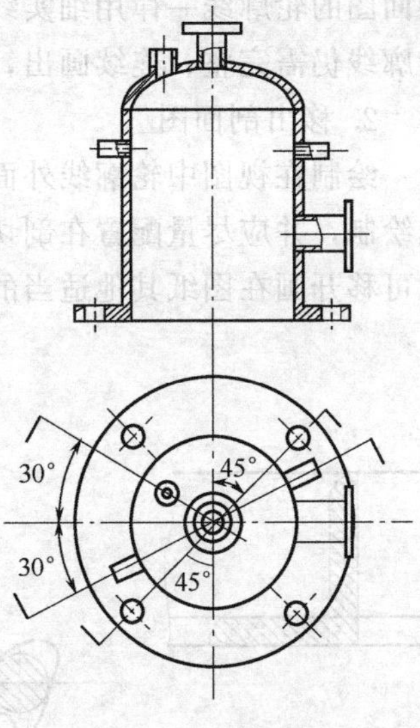

图 2-20　旋转剖视图

6. 组合剖视图

如果物件的形状比较复杂，采用以上各种剖切方法都不便于简洁地表达物件的内部形状时，可以将以上几种剖切方法组合在一起使用，即可以采用两个以上相交的剖切平面剖切物件，这样得到的剖视图称为组合剖视图。组合剖视图的绘制方法和标注方式与阶梯剖、旋转剖的方法基本相同，如图 2-21 所示。

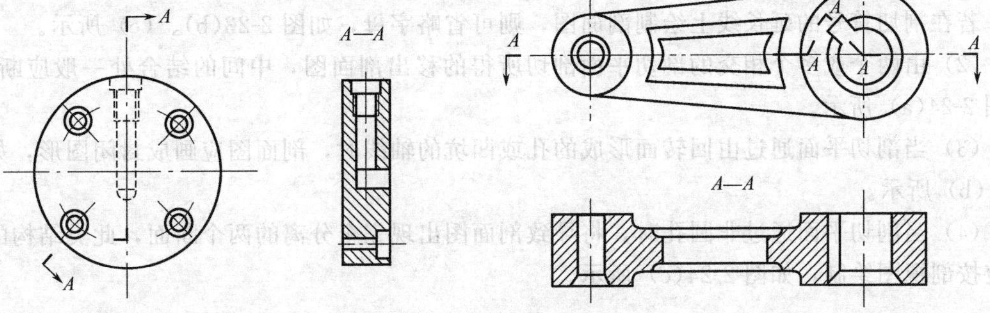

图 2-21　组合剖视图

二、剖面图

假想用一剖切平面切断物件，在视图中就近画出物件切断面的真实形状，并在切断面处画上规定的剖面符号，这种图称为剖面图。剖面图常用来表达物件某些特殊部位较为复杂的断面形状，而且这些切断面的形状，在大多数情况下均很难用基本视图表达清楚。绘制剖面图时，要求采用的剖切平面必须与剖切处的物件主要轮廓线垂直，然后将切断面绕其对称中心线或剖切位置旋转 90°，将所看到的切断面真实形状的轮廓线用粗实线画出即可，并画上相应的剖面符号。

剖面图分为重合剖面图和移出剖面图两种。

1. 重合剖面图

剖面图配置在视图中原剖切平面的轨迹线处，并与原视图重合时称为重合剖面图，重合剖面图的轮廓线一律用细实线绘制。如果视图的轮廓线与剖面图的轮廓线重合时，原视图的轮廓线仍需完整、连续画出，不可间断，如图 2-22 所示。

2. 移出剖面图

绘制在视图中轮廓线外面的剖面图，称为移出剖面图。移出剖面图的轮廓线规定用粗实线绘制，并应尽量配置在剖切符号或剖切平面轨迹线的延长线上，如图 2-23(b)、(c) 所示，也可移开画在图纸其他适当的位置上，如图 2-23(a)、(d)。

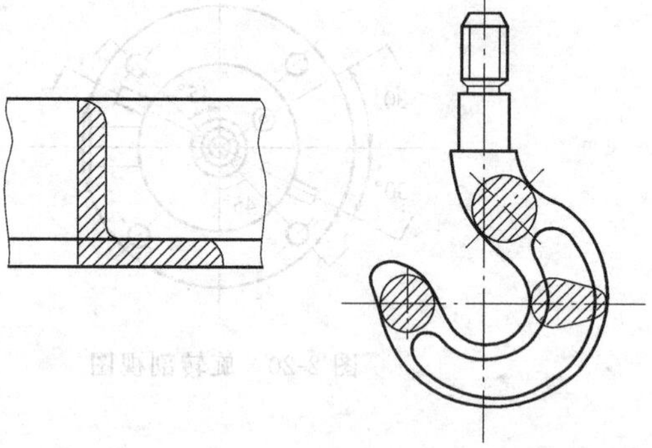

图 2-22 重合剖面图

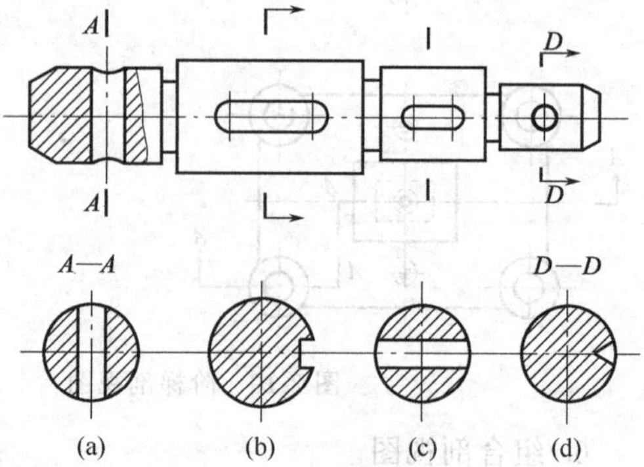

图 2-23 移出剖面图

剖面图的绘制应注意以下几点。

(1) 移出剖面图必须用剖切符号标注剖面的剖切位置，用箭头表示投视方向，对称剖面可省略箭头，如图 2-23(a)、(c) 所示，并用大写字母在剖切符号的外侧或左侧标注剖面的名称，同时还应在相应剖面图的上方注写相同的剖面名称，如图 2-23 中的“*A—A*”、“*D—D*”等。若在剖切符号的延长线上绘制剖面图，则可省略字母，如图 2-23(b)、(c) 所示。

(2) 由两个或多个相交的剖切平面剖切所得的移出剖面图，中间的结合处一般应断开，如图 2-24(a) 所示。

(3) 当剖切平面通过由回转面形成的孔或凹坑的轴线时，剖面图应画成封闭图形，如图 2-24(b) 所示。

(4) 当剖切平面通过非圆孔时，将导致剖面图出现完全分离的两个断面，此类结构的物件应按剖视图绘制，如图 2-24(c) 所示。

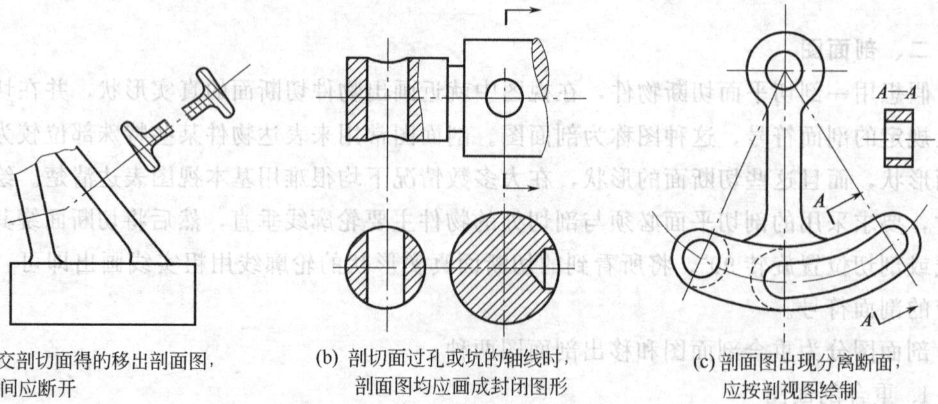

(a) 相交剖切面得的移出剖面图，中间应断开

(b) 剖切面过孔或坑的轴线时，剖面图均应画成封闭图形

(c) 剖面图出现分离断面，应按剖视图绘制

图 2-24 剖面图的绘制

三、局部放大图

将机件的局部结构用大于原图形采用的比例画出的局部视图，称为局部放大图。当机件的某些局部结构实际尺寸较小，若按原图采用的比例画出，其详细结构或尺寸将难以表达清楚时，可采用局部放大画法，如图 2-25 所示。

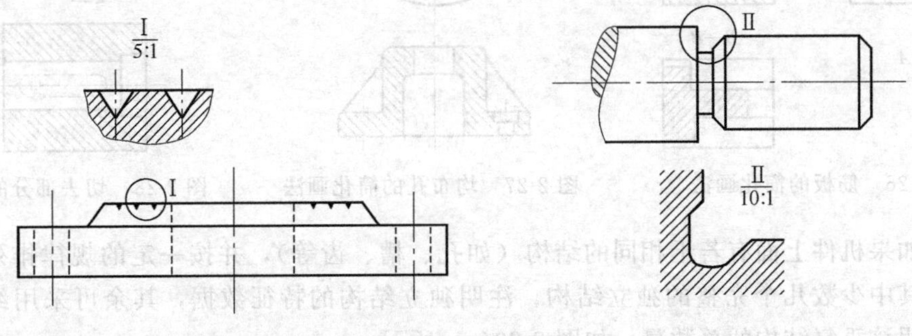

图 2-25 局部放大图

局部放大图的绘制应遵循以下规定。

(1) 局部放大图可以画成视图、剖视图或剖面图，它与原图中视图的表达方法无关。

(2) 绘制局部放大图时，应在原图中用细实线的小圆圈标示出被放大部分的位置，并用罗马数字（可加指引线）按序标明局部放大图的名称。同时，在相应局部放大图的上方标注相同的罗马数字和采用的比例，罗马数字和比例上下排列（数字在上，比例在下），两者之间用细实线隔开，如图 2-25 所示。如果机件仅有一个局部放大图时，可不编号，只需用小圆圈标示出被放大部分的位置，在局部放大图上方注写所采用的比例即可。

(3) 局部放大图应尽量配置在被放大部分的附近，其投影方向应与被放大部分的投影方向一致，其与整体相连的部分可用波浪线画出。画成剖视或剖面图时，其剖面符号的方向和距离应与原图相应的剖面符号相同，如图 2-25 所示。

四、简化画法

为了使图样的表达更为清楚明了，允许对机件上的筋板、轮辐和薄壁等特殊构件，以及对重复的相同结构、对称图形、倒角、特长机件采用适当的简化画法，或在不影响视图表达的前提下，采用必要的文字代替图示。

(1) 筋板、轮辐和薄壁等特殊构件的简化画法。当剖切平面沿纵向通过筋板、轮辐和薄壁等特殊构件时，这些结构都不画剖面符号，只需用粗实线将它和其他相邻的部分隔开即可。剖切平面沿横向剖切时仍需画剖面符号，如图 2-26 所示。

(2) 在回转体的机件上均匀分布的筋板、轮辐和孔等结构若不处于同一剖切面上时，可采用旋转剖切的方式将这些结构旋转到同一剖面图上画出，且不需要加任何标注，如图2-27 所示。

(3) 若需要在图面上表示剖切平面前的特定结构时，可以假想投影的方式用双点画线画出特定结构的轮廓线，如图 2-28 中所示的键槽。

(4) 在不至于引起阅图误解时，机件的移出剖面图允许省略剖面符号，剖切剖面的剖切位置和剖面的名称，仍需遵照前面所述的标注原则和方法。

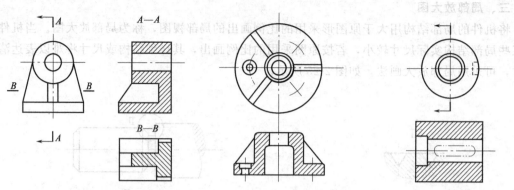

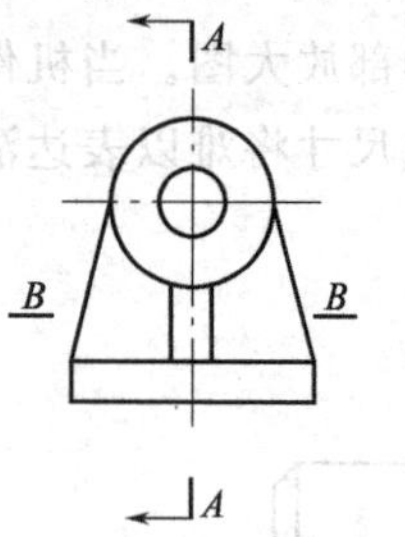

图 2-26 筋板的简化画法

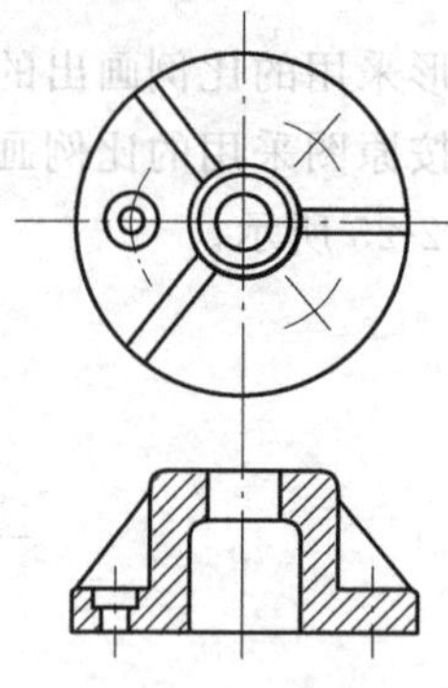

图 2-27 均布孔的简化画法

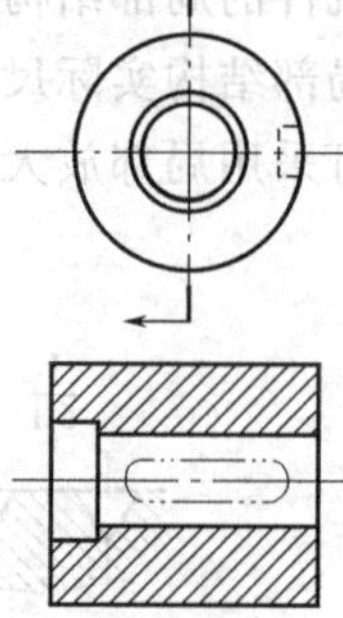

图 2-28 切去部分的表示

(5) 如果机件上面有若干相同的结构（如孔、槽、齿等），并按一定的规律排列时，只需要画出其中少数几个完整的独立结构，注明独立结构的特征数据，其余可采用细实线表示，并注明该重复结构的总数量，如图 2-29(a) 所示。

(6) 若机件上有若干直径相同，且有一定分布规律的各类孔（圆孔、螺孔、沉孔等）时，可只画出其中少数几个，其余则用点画线表示出圆心位置（或给出其开孔区域）即可，但需标注其开孔数量与排列规律，如图 2-29(b) 所示。

(7) 如果机件是对称的，可只画出其视图的 1/2 或 1/4，但需在其图形的对称中心线的两端画两条等长、互相平行且垂直于中心线的短细实线，如图 2-29(c) 所示。

(8) 机件上一些较小结构产生的交线（截交线、相贯线和过渡线），如果已在一个视图中表达清楚，则允许该线在其他视图中简化或省略，如图 2-29(d) 所示。

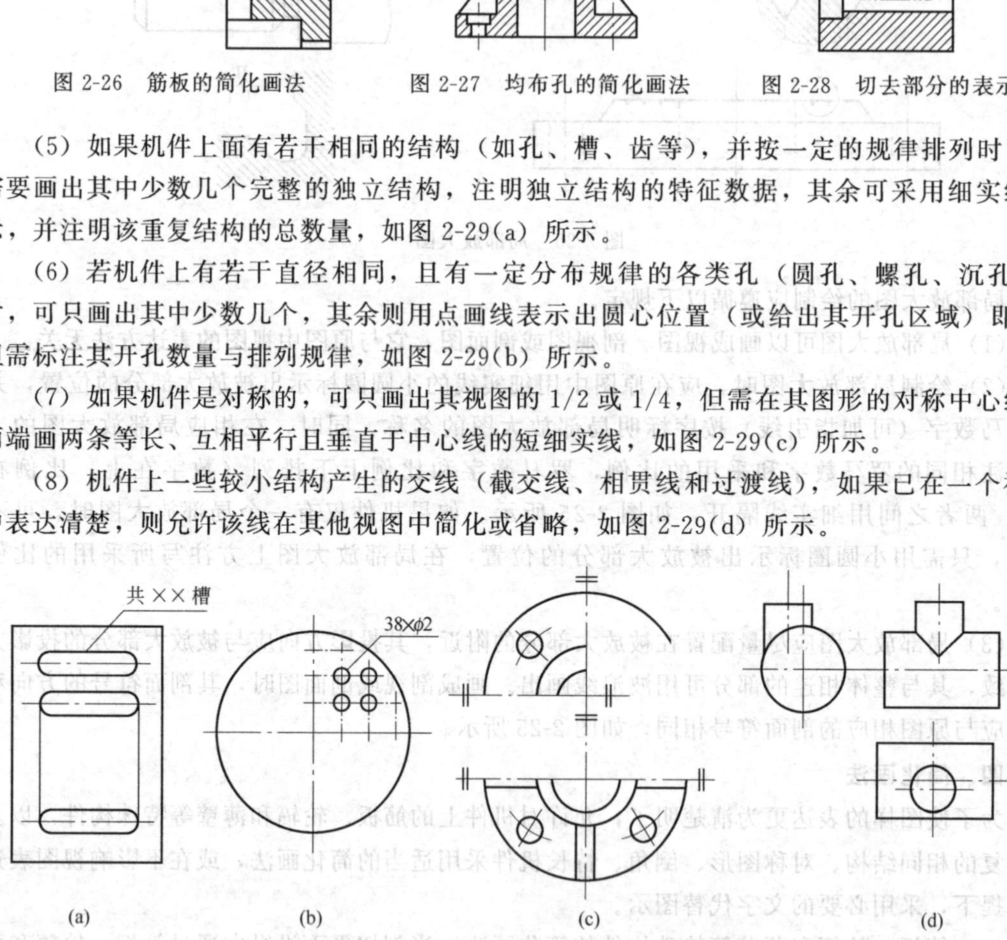

图 2-29 简化画法

(9) 与投影面的倾角小于 30°的圆或圆弧，其相应的投影椭圆可用圆或圆弧代替，如图 2-30(a) 所示。

(10) 在不致引起误解时，零件图中的小圆角或 45°的小倒角允许省略，但必须注明尺寸或以文字说明，如图 2-30(a)、(b) 所示。

(11) 当图形不能表达清楚平面时，可采用平面符号（相交的两细实线），如图 2-30(c) 所示。

(12) 如果机件较长而沿长度方向的形状一致，或按一定规律变化时，可采用断开画法，但机件尺寸仍应按实际尺寸标注。断开处的边界线可采用波浪线或双点画线绘制，如图2-30(b) 所示。

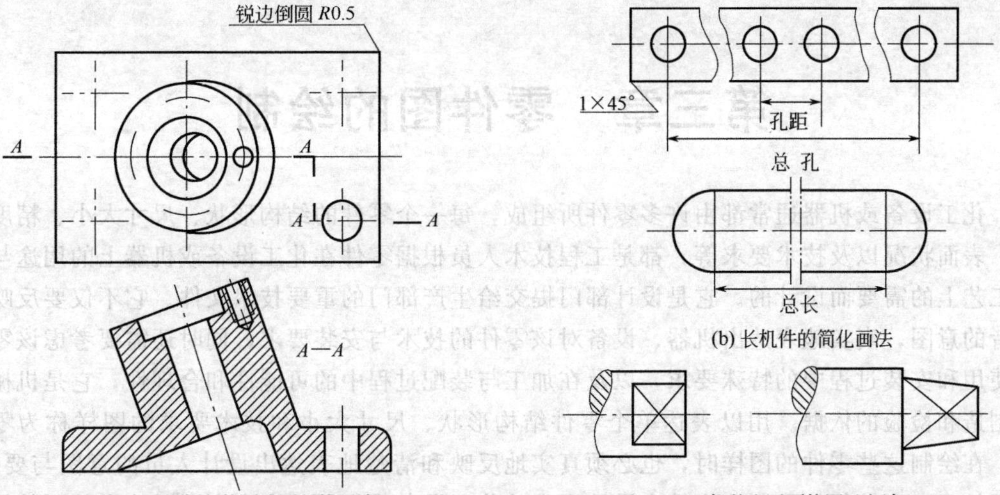

(a) 小于 30° 倾角的圆或圆弧的画法　(b) 长机件的简化画法　(c) 机件上平面的图示方法

图 2-30　特殊机件的简化画法

第三章　零件图的绘制

化工设备或机器通常都由许多零件所组成，每一个零件的结构形状、尺寸大小、精度要求、表面状况以及技术要求等，都是工程技术人员根据零件在化工设备或机器上的用途与加工工艺上的需要而设计的。它是设计部门提交给生产部门的重要技术文件。它不仅要反映设计者的意图，真实地表达出机器、设备对该零件的技术与安装要求，同时还需要考虑该零件在使用和安装过程中的特殊要求，以及在加工与装配过程中的可能性和合理性，它是机械零件制造和检验的依据。用以表达单个零件结构形状、尺寸大小和技术要求的图样称为零件图。在绘制这些零件的图样时，也必须真实地反映和清楚地表达出设计人员的意图与要求，机械加工工人才能加工制造出符合设计要求的化工设备或机器。本章主要讨论零件图的绘制方法、要求和技巧。

化工设备和机器的零件图的绘制通常包括以下内容（见图 3-1）。

（1）绘制一组视图，清楚地表达零件的内外结构与形状。

（2）完整、清晰、合理地标注零件加工必需的尺寸数据与精度。

（3）用规定的符号标明零件各加工表面必须达到的表面粗糙度。

（4）注明制造该零件必须满足的技术要求，如形位公差、热处理、表面处理与其他要求等。

（5）绘制标题栏，并填写好零件的名称、数量、材料，以及该零件图的图号和比例等。

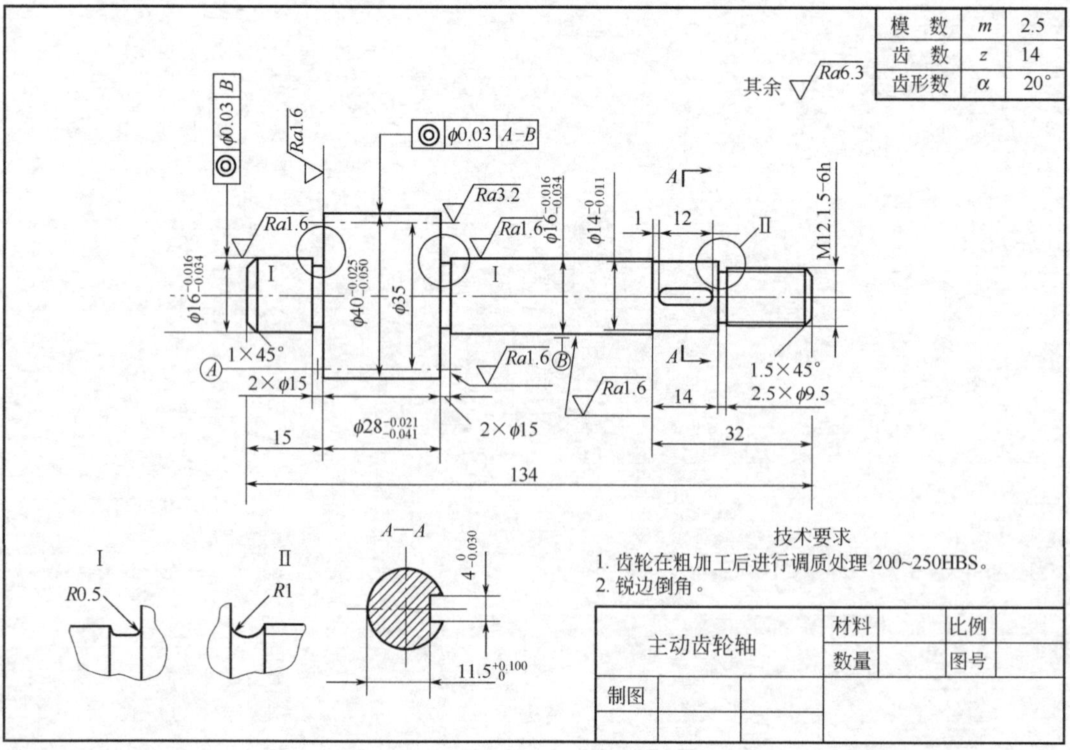

图 3-1　主动齿轮轴零件图

第一节　视图的选择

绘制零件图的首要问题是视图与表达方案的选择。因为不同的零件有各自不同的结构特征与形状，采用一组什么样的视图来表达？怎样才能用最少的视图、最简洁的图线来表达对象，而且零件图样清晰、完整？这正是视图选择所面临的问题。

下面以转子泵（见图 3-2）为例来讨论视图的选择。

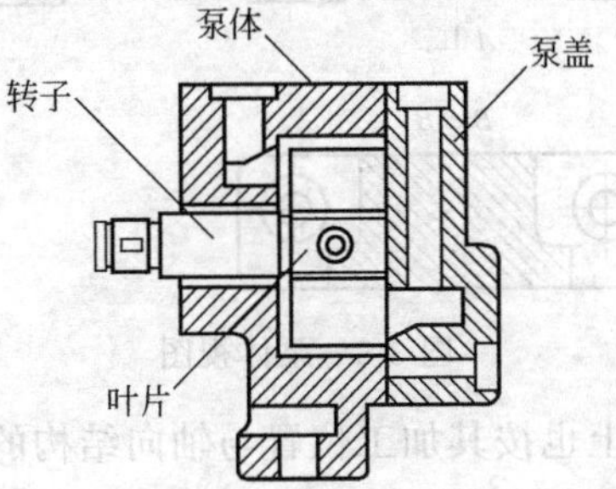

图 3-2　转子泵

一、主视图的选择

主视图是零件图的核心，它应当反映出图示零件的主要形状特征。现以转子泵叶片的零件图为例来分析主视图的选择。

1. 主视图的投影方向

主视图的投影方向应能最好地反映零件的形状特征，通过阅读主视图即能大致了解该零件的基本形状与结构。显然，如果选择如图 3-3 所示的 A 向投影，则不能达到完整、清楚地表达转子泵叶片结构特征与形状的目的。

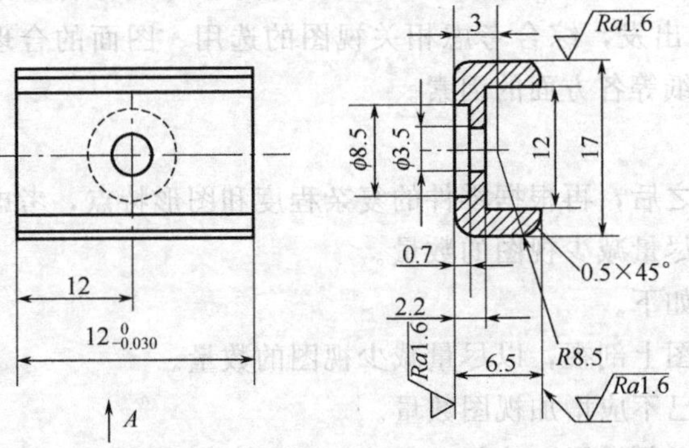

图 3-3　转子泵叶片零件图

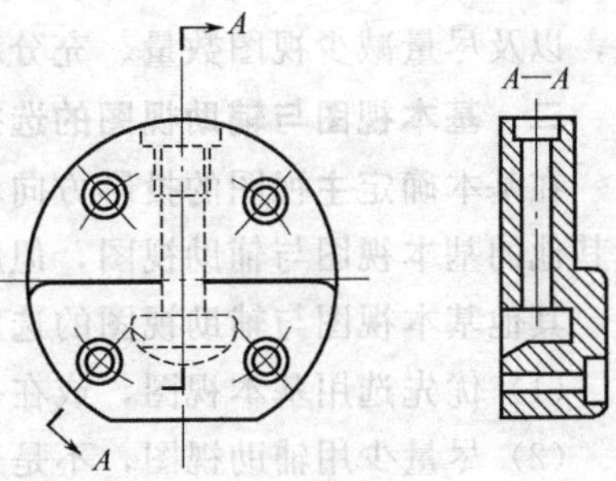

图 3-4　泵盖视图

主视图投影方向选择的基本原则如下。

(1) 能最完整、清楚地表达该零件的结构特征与形状。

(2) 能使图纸上必需绘制的视图数量最少。

2. 主视图的位置

零件在其主视图上所表现的位置，应尽可能符合该零件的加工、使用和安装习惯，以方便零件的加工与识图。例如，在一般情况下，轴（套）类零件的主视图常为水平放置（见图 3-1），这样能与其加工时的摆放方式保持一致；轮（盘）类零件大多数为回转体，通常都需

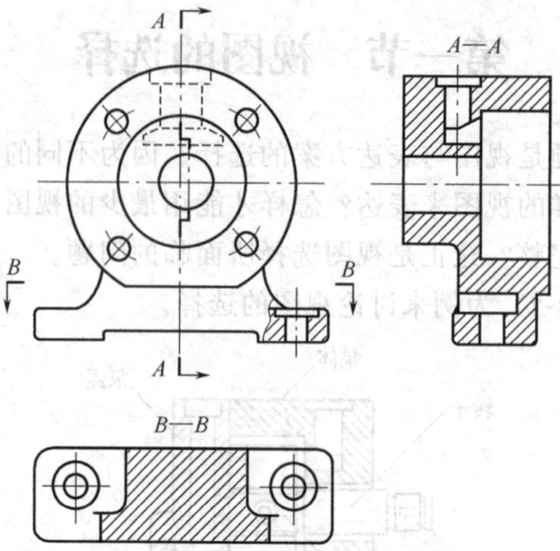

图 3-5 泵体视图

要在车床上加工，因此，习惯上也按其加工位置与轴向结构的形状特征原则安排主视图的位置（见图 3-4）；而支座、箱体类零件的主视图常为竖直放置，这样符合其使用时的摆放位置（见图 3-5）。

主视图位置选择的基本原则如下。

(1) 尽量与零件加工时摆放的方式保持一致。

(2) 尽量与零件在工作或安装时的摆放位置保持一致。

(3) 尽量与日常工作中观察该零件的习惯保持一致。

但必须注意，有一些运动零件，它的工作位置并不固定，还有部分零件，它们需要经过多道工序才能加工出来，而且在每道工序中零件所摆放的位置并不一致，一张图纸不可能满足所有加工工序的摆放要求。因此，在选择主视图的适宜位置时，首先应尽量符合上述原则，但如果实难满足时，则应从便于看图出发，综合考虑相关视图的选用、图面的合理布置，以及尽量减少视图数量、充分利用图纸等各方面的因素。

二、基本视图与辅助视图的选择

在基本确定主视图的投影方向和方位之后，再根据零件的复杂程度和图形特点，考虑选择其他的基本视图与辅助视图，但应注意尽量减少视图的数量。

其他基本视图与辅助视图的选用原则如下。

(1) 优先选用基本视图，或在基本视图上剖视，以尽量减少视图的数量。

(2) 尽量少用辅助视图，不是迫不得已不应增加视图数量。

(3) 根据需要安排视图，必要的视图必须设置，使每一个选用的视图都有它自己明确的表达目的与要求。

(4) 辅助视图的选用顺序一般是：局部剖→半剖→全剖→阶梯剖→组合剖→局部放大。

(5) 注意视图在图面上的合理布置，在可能的情况下，各视图的位置安排应符合就近和视图相应投影关系的原则，并注意充分利用图纸幅面。

第二节 尺寸标注

零件图上标注的尺寸，是零件和安装的重要依据，因此，零件图的尺寸标注应力求做到规范、完整、正确、清晰和工艺技术合理。工艺技术合理是指所标注的尺寸便于零件加工、生产和检验，能够通过合理的加工工艺完全实现，同时根据所标注的尺寸加工出来的零件，能完全符合零件的设计要求。

实际上要真正达到上述要求，单从书本和理论上学习是远远不够的，因为机械零件的加工工艺不仅需要很强的理论依据支持，而且还与现有的设备加工能力与工人的操作技术水平有密切关系。在为零件图标注尺寸时，应综合考虑这些因素，尽量使所标注的尺寸既符合设计的要求，又能够通过现有的加工工艺（包括设备条件与技术水平）完全实现。

一、尺寸标注的基准

零件尺寸标注的基准是指零件在设计、加工、测量和装配时，用来确定尺寸起止位置的一些点、线、面。为了使零件图的尺寸标注既能符合设计的要求，又便于加工与测量，就必须要正确、合理地选择尺寸基准。零件图的尺寸基准，从设计与加工角度看，一般可分为设计基准和工艺基准；如果从尺寸标注的角度看，则可分为主要基准与辅助基准。

1. 设计基准

根据零件的结构特征与设计要求来确定零件在装置（或机器）中位置的点、线、面标注基准称为设计基准。

如图 3-6(b) 所示，转子泵的转轴是通过轴孔支撑在泵体上的，而转子泵的叶片则均匀地分布在转轴右端的转毂上，输入动力通过键与转轴左端的键槽相连，并将动力传递给转子。显然，转子泵的这些零件均以转子的中心轴线为公共轴线定位，而且在安装转子泵时，这根公共轴线也是重要的定位依据，必然有一定的技术要求，因此，在设计转子泵时，垂直方向尺寸通常都以这根中心轴线作为设计基准。而泵盖、泵体、转子和叶片等零件，均与泵体端面直接接触或配合，所以在水平方向尺寸的定位往往会选择左端面为设计基准。

2. 工艺基准

零件在加工、测量和安装时，用以确定其各部分点、线、面位置的标注基准称为工艺基准。

如图 3-6(c) 所示，为确保转子泵的装配要求，转子的加工尺寸直径 D、d_1 与 d_2 各段必须保证同心。因此，转子的径向加工尺寸应当以转子的回转轴线为工艺基准；而轴向加工尺寸 m_1、m_2、m_3，为确保加工精度，应统一以端面Ⅰ为基准量取，n_1、n_2 则应统一以端面

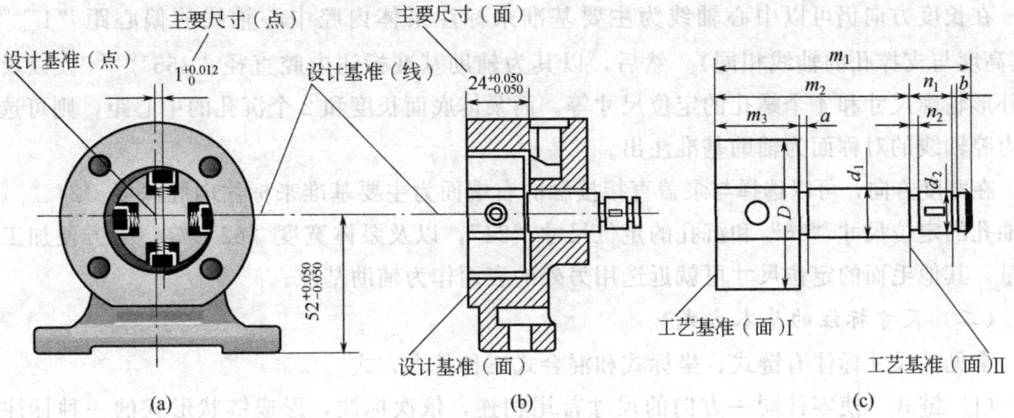

图 3-6　设计基准示意

Ⅱ为基准量取，端面Ⅰ、端面Ⅱ均称为工艺基准。

3. 主要基准和辅助基准

任何一个零件均会有长、宽、高三个方向，或者轴向与径向两个方向的不同基准的尺寸标注，而且每个方向上都会有若干需要标注的尺寸，但应当注意在每一个方向上的尺寸至少会有一个基准，确定零件结构主要尺寸的基准称为主要基准，如图 3-6(b) 中的设计基准和图 3-6(c) 中的工艺基准Ⅰ，同一方向的尺寸基准数量应尽可能少为好；如果在同一方向上的尺寸数据较多，加工时量取不方便，为便于加工与安装，必要时可以增加一些基准，如图 3-6(c) 中的工艺基准Ⅱ，增加的基准便称为辅助基准。

主要基准可以是设计基准，也可以是工艺基准，最好是既是设计基准，又是工艺基准；辅助基准可以是设计基准，也可以是工艺基准，但必须与相应的主要基准有一定的尺寸联系，两相配零件相关的尺寸基准也应该要保持一致，如图 3-6(c) 中的尺寸 a 和 m_2、b 和 n_1 的关系。

二、尺寸的标注

零件图所标注的尺寸数据，可分为定形尺寸与定位尺寸两大类。

（一）尺寸基准的选择

零件尺寸的标注究竟是应当从设计基准开始标注，还是应当从工艺基准开始标注。一般讲没有统一的规定，要根据具体情况具体分析。因为设计基准的确定是为了保证设计要求的实现，而工艺基准的确定则是为了保证加工与安装的精度的需要，两者都很重要，在选择尺寸标注基准时这两个方面的需要都应兼顾到。因此，最理想的情况是使设计基准和工艺基准相重合，这样可以较经济地制造出合格产品。在实际工作中，多数情况下是不可能重合的，这时首先应考虑设计要求，即零件的主要尺寸都应从设计基准开始标注，其他自由尺寸则可以从工艺基准开始标注。

现以图 3-7 所示转子泵泵体的尺寸标注为例，说明尺寸标注的基准选择问题。

泵体是转子泵主要工作部件转子和叶片的支撑机座，为保证转子泵加工与安装的精度，其支撑孔的中心轴线必须与转子的中心轴线保持一致，因此，泵体在高度方向应选择支撑孔的中心轴线为主要基准，以标注泵体支撑孔的主要结构尺寸“$\phi16^{+0.018}_{0}$”。为便于转子泵的安装，再以转子泵的中心高度“$52^{+0.15}_{-0.15}$”确定泵体机座的底面位置。然后以底面作为其他高度方向尺寸的辅助基准，它同时也是零件加工和安装时的基准面。

在长度方向仍可以中心轴线为主要基准来标注泵体内腔中心轴线的偏心距“$1^{+0.012}_{0}$”(其高度与支撑孔的轴线相同)。然后，以其为辅助基准标注内腔直径“$\phi55^{+0.030}_{0}$”，以及相应外形轮廓尺寸和 4 个螺孔的定位尺寸等。而泵体底面长度和 2 个沉孔的中心距，则可选择过内腔轴线的对称面为辅助基准注出。

在宽度方向，可以选择与泵盖直接接触的右端面为主要基准来标注内腔深度“$24^{+0.010}_{-0.010}$”，出油孔的定位尺寸“36”和沉孔的定位尺寸“24”，以及泵体宽度“62”等，为方便加工和测量，其他毛面的定位尺寸可就近选用另外的表面作为辅助基准。

（二）尺寸标注的基本方式

常见的尺寸标注有链式、坐标式和混合式三种基本方式。

(1) 链式　使零件同一方向的尺寸首尾相连，依次标注，形成链状形式的一种标注方法。这种标注形式的优点是，相邻尺寸的数据关系清楚，标注简单易行。尺寸数据的精度要求不高，数据之间的关系明确（如相等）的零部件，常采用这种标注方式。缺点是尺寸数据的基准依次推移，每一个尺寸数据的加工和测量误差，随着尺寸测量位置基准的依次推移，累计误差会不断增大，所以不适用于那些加工与安装精度要求较高的零部件。

（2）坐标式 使零件同一方向的尺寸均从同一基准出发进行标注（见图 3-7 中的宽度方向尺寸“12”、“$24^{+0.010}_{-0.010}$”、“36” 和 “62”）的一种方法。这种标注形式的优点是，能有效保证所注尺寸误差的精度要求，各段尺寸的精度互不影响，不会产生位置误差的累积。缺点是尺寸标注较为烦琐，需占用较多的图纸空间。

（3）混合式 是零件同一方向的尺寸标注既有链式又有坐标式的混合标注方法，这是一种较为常用的标注方式。这种方式能根据需要采用不同的标注方式，既能保证零件部分重要部位的尺寸精度要求，减少关键部位的尺寸误差累积，又不会过多地增加标注工作量和占用过多的图纸空间，图 3-7 就采用了混合尺寸标注方式。

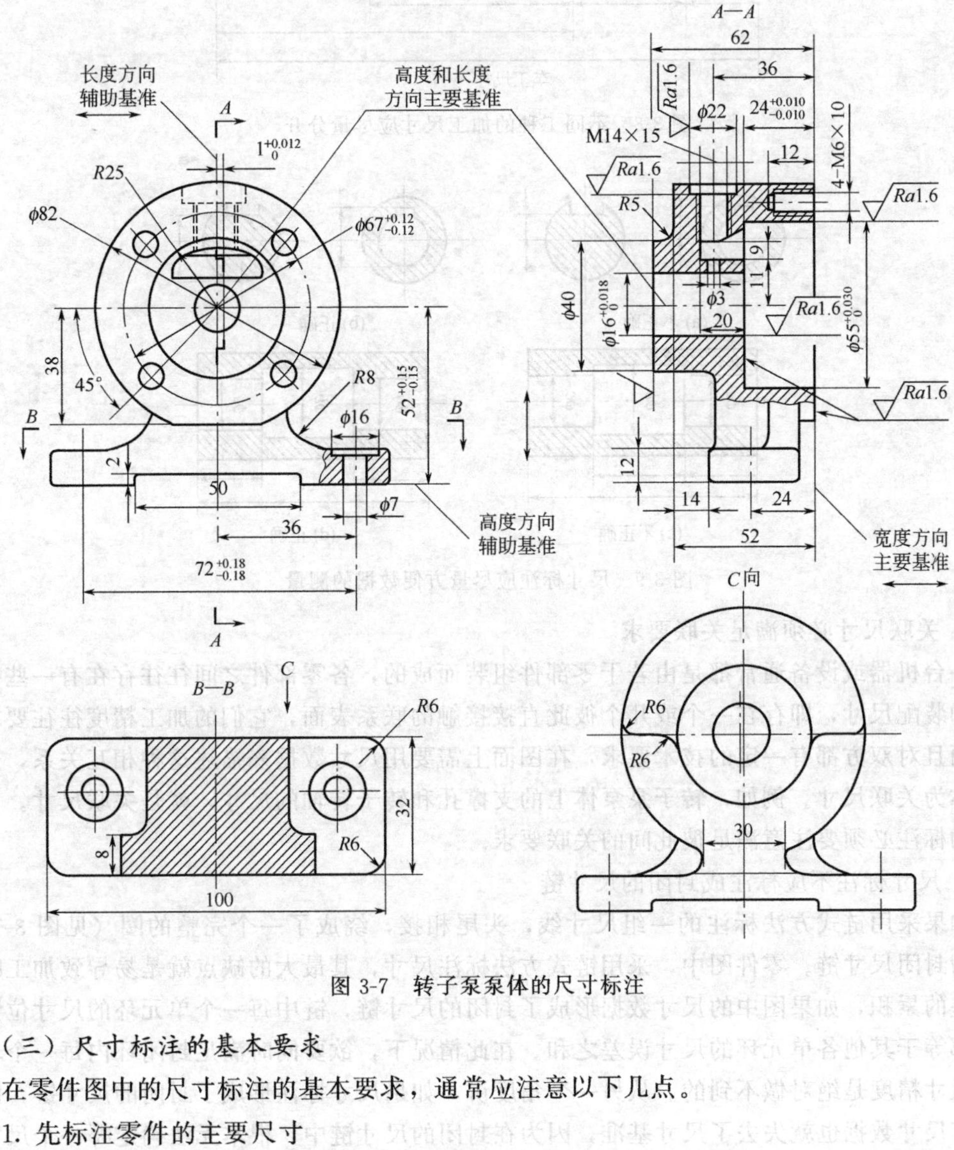

图 3-7 转子泵泵体的尺寸标注

（三）尺寸标注的基本要求

在零件图中的尺寸标注的基本要求，通常应注意以下几点。

1. 先标注零件的主要尺寸

零件的主要尺寸均应单独标注，并从设计基准直接注起，尽量减少尺寸之间的换算，以充分保证加工的零件能达到设计要求。零件的主要尺寸通常包括以下几种。

(1) 直接影响机件传动特性与装配准确性的尺寸。

(2) 直接影响机器或设备性能的结构尺寸。

(3) 与相关零件配合时的有关尺寸。

(4) 确定零件在产品中相对位置的有关尺寸。

2. 尺寸标注应尽量符合零件加工和测量的需要

不同工种的加工尺寸应尽量分开标注，如图 3-8、图 3-9 所示。

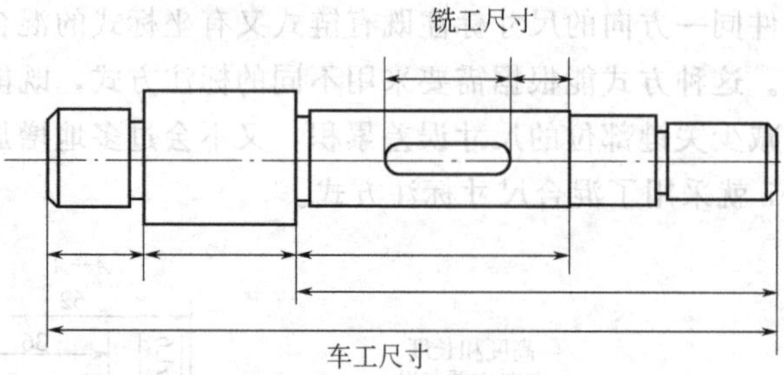

图 3-8 不同工种的加工尺寸应尽量分开

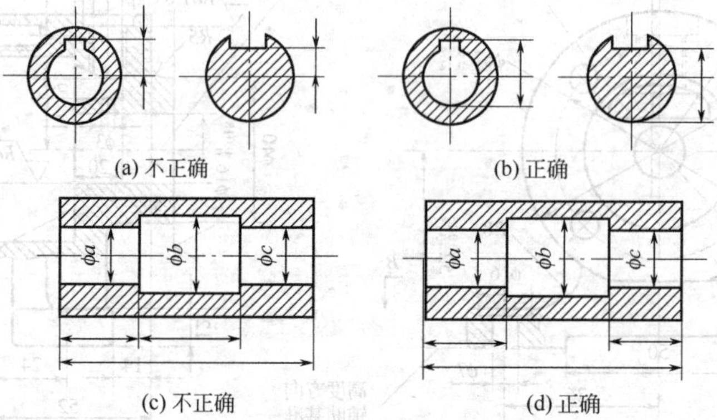

图 3-9 尺寸标注应尽量方便数据的测量

3. 关联尺寸必须满足关联要求

一台机器或设备通常都是由若干零部件组装而成的，各零部件之间往往存在有一些彼此关联的装配尺寸，即存在一个或几个彼此直接接触的联系表面，它们的加工精度往往要求较高，而且对双方都有一定的技术要求，在图面上需要用尺寸数据来描述这种相互关系，这类尺寸称为关联尺寸。例如，转子泵泵体上的支撑孔和转子转轴的尺寸，就是关联尺寸。关联尺寸的标注必须要注意满足彼此间的关联要求。

4. 尺寸标注不应标注成封闭的尺寸链

如果采用链式方法标注的一组尺寸线，头尾相接，绕成了一个完整的圈（见图 3-10），就称为封闭尺寸链。零件图中，采用链式方法标注尺寸，其最大的缺点就是易导致加工时尺寸误差的累积，如果图中的尺寸数据形成了封闭的尺寸链，链中每一个单元环的尺寸位置误差，都等于其他各单元环的尺寸误差之和。在此情况下，欲要同时满足封闭环内每一个单元环的尺寸精度是绝对做不到的。从另一个角度讲，如果尺寸标注形成了封闭的尺寸链，链中的所有尺寸数据也就失去了尺寸基准，因为在封闭的尺寸链中，根本无法确定哪一个尺寸的界线是尺寸的基准，因此，也无法确定零件加工的顺序。为避免出现这种情况，在零件图中

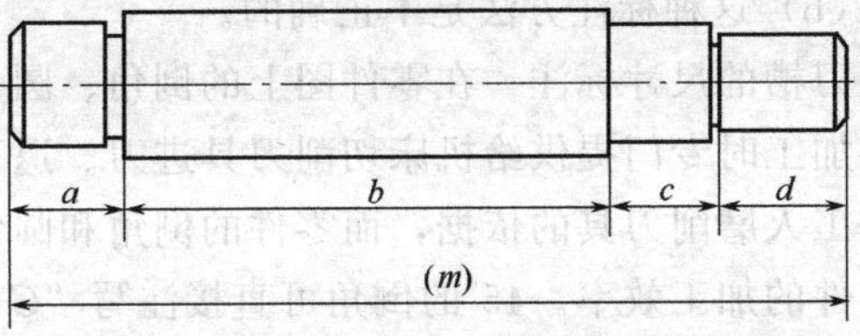

图 3-10　封闭尺寸链与参考尺寸

应尽量不要标注成封闭的尺寸链，即可以在链中选择一段精度要求不太高的尺寸不予标注，有意使封闭的尺寸链转变成开环尺寸链。有时为了方便加工，也可将开环尺寸用圆括号括起来，作为参考尺寸，如图 3-10 中的尺寸数据“(m)”。

5. 特定结构要素的尺寸标注

零件图中一些特定结构要素的尺寸标注，通常都是从方便零件加工来考虑的，但也应考虑尺寸测量的方便。

(1) 铸件、锻件的尺寸标注　为了方便零件的铸模制作和锻模，铸件、锻件的尺寸标注，一般都按零件的形体标注尺寸，即在标注零件定形尺寸的同时，还需要将零件长、宽、高三个方向的总体尺寸注全，如图 3-11 中的 W_2、L_2、H_2。

(2) 加工面和毛面的尺寸标注　零件的表面通常可分为加工面和毛面（不加工面）两类，零件在同一方向上的加工面和毛面的尺寸应以不同的尺寸基准分类标注，在加工面和毛面之间还必须有一个而且只能有一个联系尺寸。如图 3-12(a) 所示，在宽度方向的尺寸“52”、“14”、“32”和“8”都是毛面的尺寸，它们是同一个尺寸基准；而“62”、“20”和“24”等则都是加工面尺寸，它们也是同一个尺寸基准。这两类尺寸之间则是通过联系尺寸“52”来关联的，这样做有利于保证尺寸的加工精度，也便于零件的加工。如果按图 3-12(b) 那样标注，毛面和加工面不分类，全部采用同一尺寸基准，那么在加工零件端面时，与之联系的所有尺寸都将随端面的加工误差而同时发生改变，这将导致零件达不到设计的尺寸精度要求。同时，在制作铸造木模和验收毛坯时，都需要对尺寸加以换算，为零件的加工

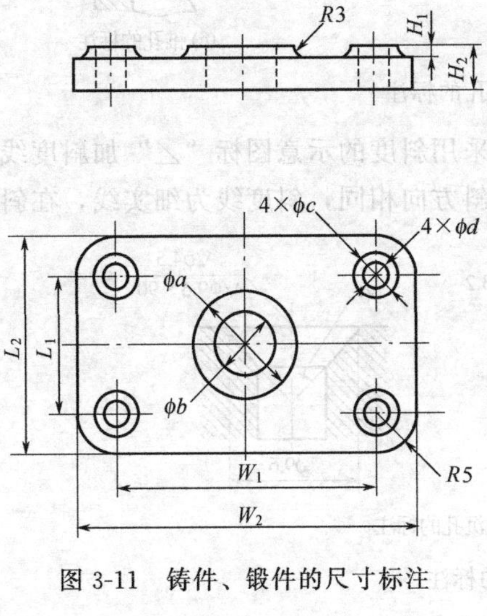

图 3-11　铸件、锻件的尺寸标注

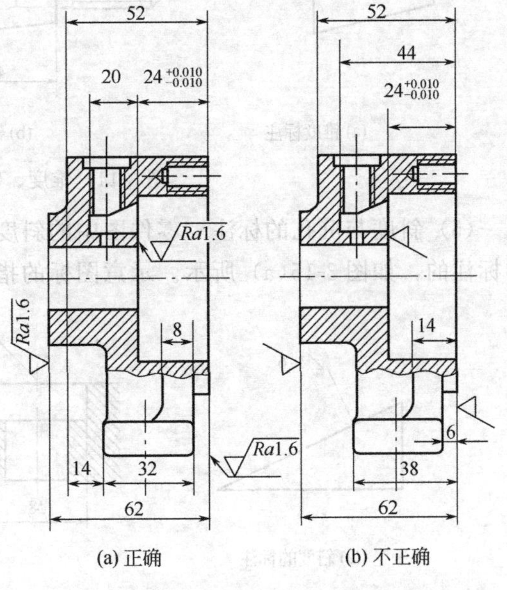

(a) 正确　(b) 不正确

图 3-12　加工面和毛面的尺寸标注

带来不便。因此，图 3-12(b) 这种标注方法是不正确的。

(3) 倒角、圆角和退刀槽的尺寸标注　在零件图上的倒角、圆角和退刀槽的尺寸都应当单独标注。退刀槽是零件加工时专门提供给机床切削刀具进刀、退刀用的通道，其宽度应稍大于刀具刀尖的宽度，是工人磨削刀具的依据，而零件的倒角和圆角则是零件加工时的直接依据，单独标注有利于零件的加工效率。45°的倒角可直接注写“C1”即可，不必注写角度；非 45°的倒角则应注明角度数值。图 3-13(a) 所示的注法是正确的，图 3-13(b) 所示的注法则是不正确的。

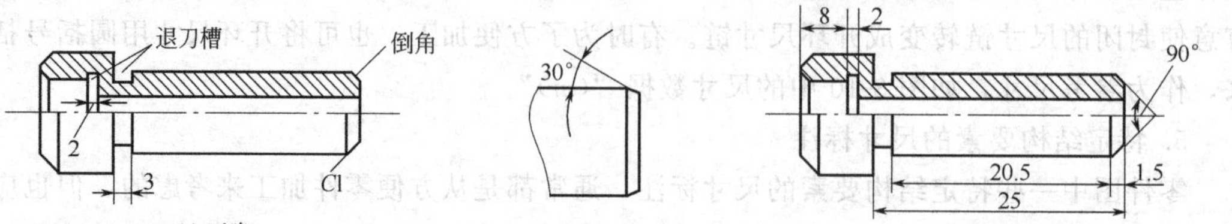

(a) 正确　　(b) 不正确

图 3-13　倒角、圆角和退刀槽的尺寸标注

(4) 锥度、锥轴和锥孔的标注　在零件图中锥度的标注，通常采用如图 3-14(a) 所示的示意图标“◁”空心箭头加锥度线引出标注的，箭头方向指向指引线。锥度线为细实线，且穿过空心箭头的对称轴。在尾部锥度线的上方注写锥度值“$X:Y$”。对于有配合精度要求的锥轴，加工时一般都是按“从大到小”的顺序加工，优先保证锥度，因此，在零件图中只注写大端直径、锥度和配合长度，如图 3-14(b) 所示。对于有配合精度要求的锥孔，加工时一般都是按“从小到大”的顺序加工，优先保证锥度，因此在零件图中只注写小端直径、锥度和配合长度，如图 3-14(c) 所示。

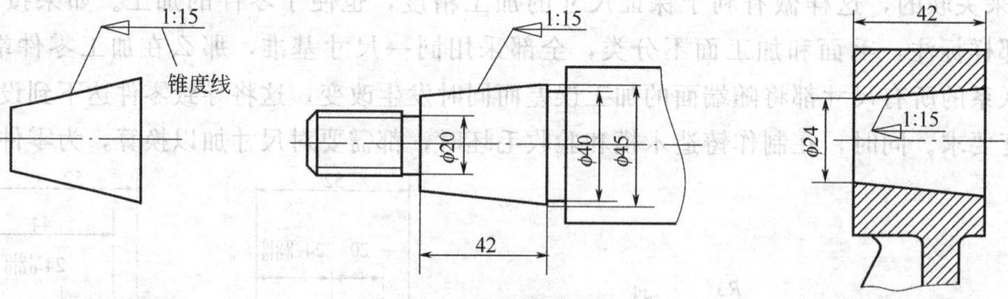

(a) 锥度标注　　(b) 锥轴的标注　　(c) 锥孔的标注

图 3-14　锥度、锥轴和锥孔的标注

(5) 斜度与沉孔的标注　零件图中的斜度尺寸是采用斜度的示意图标“∠”加斜度线引出标注的，如图 3-15(a) 所示。示意图标的指向与倾斜方向相同，斜度线为细实线，在斜度

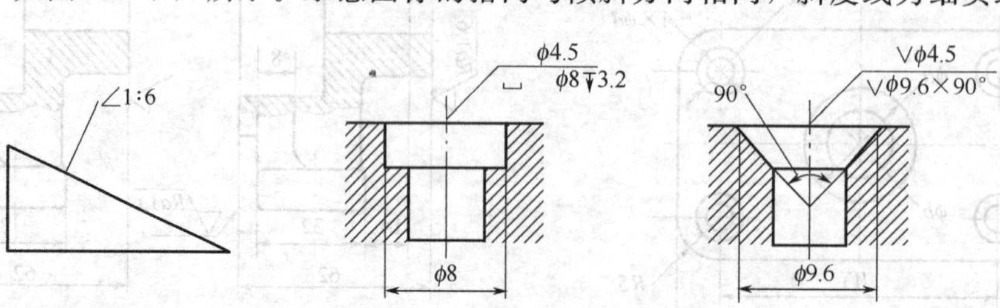

(a) 斜度的标注　　(b) 沉孔的标注

图 3-15　斜度与沉孔的标注

线尾部的上方注写斜度值“$X:Y$”。零件图中沉孔的尺寸标注，则是采用示意图标“⌴”和“∨”来区分直沉孔和斜沉孔，采用图标“↧”表示直沉孔的深度，并在细实线的上方注写孔径，细实线的下方注写沉孔的相关尺寸，如图 3-15(b) 所示。

(6) 零件表面粗糙度的标注　表面粗糙度是评定零件表面加工质量的一项重要技术指标，它对零件的技术特性、装配性能和外观等都有很大影响。

目前，ISO 1302：2002《产品几何技术规范（GPS）技术产品文件中表面结构的表示法》（英文版）的新标准和老标准相比，技术内容上已有很大变化。新国标 GB/T 131—2006 中规定，对经机械加工的零件表面不平整度的技术描述分为表面粗糙度、波（纹）度和宏观几何形状误差三类，一般以波距 λ 值的大小来区分，$\lambda<1$mm，称为表面粗糙度，1mm$\leqslant\lambda\leqslant$10mm 称为波（纹）度，当 $\lambda>10$mm 时则属于几何形状误差；也有以波距 λ 与波峰高度 h 的比值“λ/h”来划分的，$\lambda/h<40$ 属于表面粗糙度，$40\leqslant\lambda/h\leqslant1000$ 属于波（纹）度误差，$\lambda/h>1000$ 属于几何形状误差，如图 3-16 所示。对加工零件的表面有粗糙度的要求时，须在图纸上标明该表面应达到的表面粗糙度参数值和取样长度的要求。

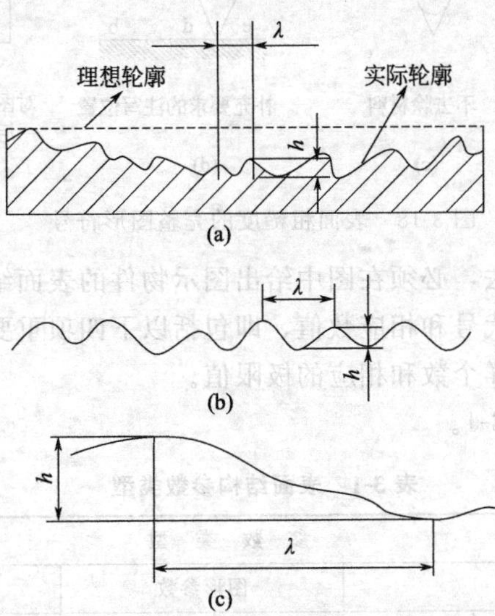

图 3-16　表面粗糙度的基本概念

用于描述表面粗糙度参数及其数值常用的 3 个分别是：轮廓算数平均偏差 Ra、微观不平度十点高度 Rz 和轮廓最大高度 Ry。Ra 是指在取样长度 L 内轮廓偏距绝对值的算术平均值。Rz 是指在取样长度内 5 个最大的轮廓峰高的平均值与 5 个最大的轮廓谷深的平均值之和。Ry 则是指在取样长度 L 内轮廓峰顶线和轮廓谷底线之间的距离。如果图面没标注粗糙度具体选用何种标准的情况下，一般都默认为是 Ra。并规定在相关产品的加工图纸或技术文件中应单独（或组合）使用基本图形符号、扩展图形符号、完整图形符号，加表面（结构）参数和（表面）参数代号来表示对产品表面的结构要求。如图 3-17、图 3-18 所示。

表面结构补充要求的注写位置与方式：新国标 GB/T 131—2006 中规定，在图 3-18(d) 补充要求的注写位置 a，注写表面结构的单一要求，如果需要注写两个或多个表面结构要求，在位置 a 注写第一个表面结构要求（方法同 a)，在位置 b 注写第二个表面结构要求。第三或更多表面结构要求，图形符号应在垂直方向上扩大，以空出足够的空间。位置 c 注写（车、刨、镗、磨、镀等）加工方法、表面处理、涂层或其他加工工艺要求等。位置 d 注写表面纹理和方向，位置 e 注写加工余量（以毫米为单位给出数值）。

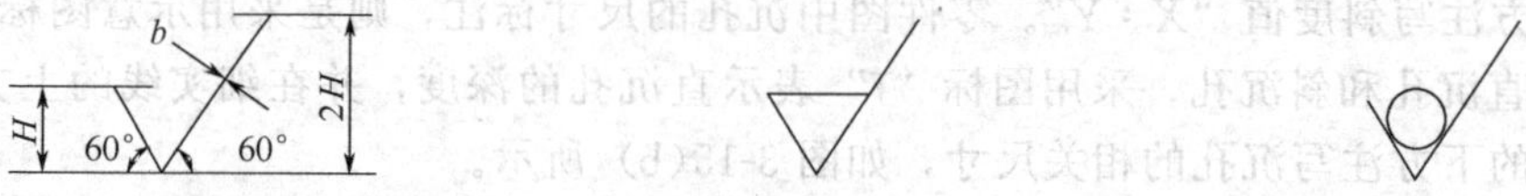

基本图形符号

仅用于简化代号标注，没有补充说明时不能单独使用。如果和补充的或辅助的说明一起使用，则不需要进一步说明为了获得指定的表面是否应去除材料或不去除材料

扩展图形符号

表示指定表面使用去除材料的方法（如通过机械加工、抛光、腐蚀）获得

扩展图形符号

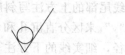

表示指定表面使用不去除材料的方法（如通过铸造、锻压等）获得

图 3-17　表面粗糙度的基本图形符号和扩展图形符号

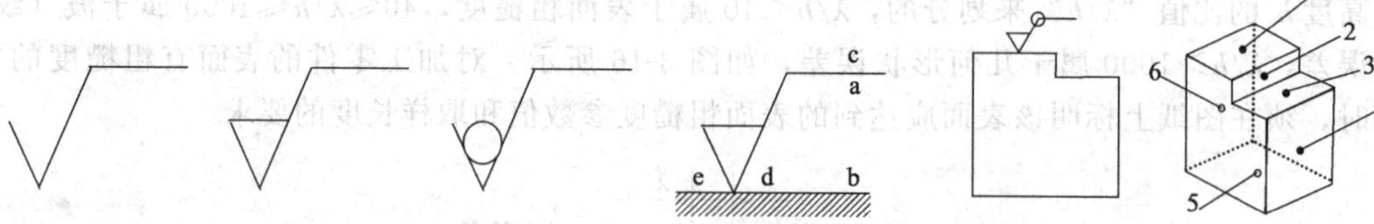

允许任何工艺 (a)　去除材料 (b)　不去除材料 (c)　补充要求的注写位置 (d)　对图形中封闭轮廓的六个面(不包括前后面)有相同表面结构要求的标注 (e)

图 3-18　表面粗糙度的完整图形符号

表面结构参数的标注方法：必须在图中给出图示物件的表面结构要求时，图中应使用完整图形符号，应标注其参数代号和相应数值，即包括以下四项重要信息参数：轮廓种类、轮廓特征、评定长度要求的取样个数和相应的极限值。

表面结构参数类型见表 3-1。

表 3-1　表面结构参数类型

项目	参数类型							
	轮廓参数			图形参数		支承率曲线参数		
符号	*R*	*W*	*P*	*R*	*W*	*R*	*R*	*P*
代号	*Ra*,*Rp*,*Rq*,*Rz*	*Wp*,*Wa*,*Wq*	*Pp*,*Pa*,*Pq*	*R*,*Rx*,*AR*	*W*, *Wx*,*AW*	*Rk*,*Mr*1	*Rpq*,*Rmq*	*Ppq*,*Pmq*
评定长度	默认值为：5 倍取样长度 l	无标准默认值	默认值为：测量长度	16mm	无标准默认值	默认值为：5 倍取样长度 *l*		默认值为：测量长度

表面结构参数标注的图示方法见图 3-19。

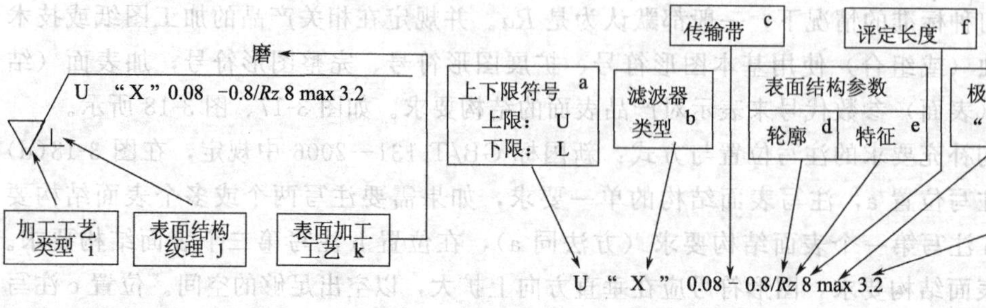

图 3-19　表面结构参数标注的图示方法

表面结构参数标注的说明如下。

① a，上下限符号：上限值 U 或下限值 L，表示在所有的实测值中，仅允许 16％的实测值可以超过该规定值。在图纸上一般只规定上限值，必要时才给出下限值。

② b，滤波器种类：采用电子轮廓仪测量工件表面粗糙度时，一般情况下均默认采用高斯滤波器，如果要求仪器特别配置其他种类滤波器，须标明指定的滤波器种类。

③ c，传输带：是指评定时两个定义的极限值之间的波长范围（见 GB/T 18618），前面为长波截止波长值 λ_c，后面为短波截止波长值 λ_s（见 GB/T 18777），而 λ_f 则表示取样长度。

④ 当采用电动轮廓仪测量工件的表面粗糙度时，其传感器沿工件被测表面作匀速直线运动，其触针会随工件表面的微观不平轮廓形状产生垂直方向的位移，并通过传感器将位移值转换成电信号进行放大，长、短波滤波器进行滤波，再经 DSP 处理，计算出 *Ra*、*Rz* 值并显示。

⑤ 取样长度 *l*，是测量和评定表面粗糙度时所规定的一段基准长度，取样长度一般至少包含 5 个轮廓峰和轮廓谷，且取样长度的方向应与工件表面的几何轮廓走向一致，表面越粗糙，取样长度应越大。

⑥ d，e，表面结构参数：通常有高度特征参数、间距特征参数和形状特征参数 3 种类型。

高度特征参数通常是指沿着垂直于评定基准线的方向，在取样长度内，轮廓偏距绝对值的算术平均值，或称为轮廓算术平均偏差，即 *Ra*；间距特征参数是沿着评定基准线方向，在取样长度内，5 个最大轮廓峰高的平均值与 5 个最大轮廓谷深的平均值之和，称为微观不平度十点高度，即 *Rz*；形状特征参数，通常用轮廓支承长度率表示，即沿着评定基准线方向，在取样长度内轮廓支承长度与取样长度之比，亦称为有效负荷粗糙度，即 *Rk*。轮廓支承长度是指在取样长度内，一平行于中线的线从峰顶线向下移一水平截距 *C*（即中心区峰谷高度）时，与轮廓相截所得的各段截线长度之和。一般情况下，用 *Ra* 参数值表达足以满足要求。

⑦ f，评定长度：是指评定轮廓表面所必需的一段长度。由于被加工表面粗糙度不一定很均匀，为了合理、客观反映加工零件的表面质量，往往评定长度包含几个取样长度。取样长度和评定长度的选用值如表 3-2 所示。

表 3-2 常用取样长度 *l* 和评定长度值 l_n（$l_n=5l$）

Ra/μm	*Rz*,*Ry*/μm	取样长度 *l*/mm	评定长度 l_n/mm
≥0.008～0.02	≥0.025～0.10	0.08	0.4
＞0.02～0.10	＞0.10～0.50	0.25	1.25
＞0.10～2.0	＞0.50～10.0	0.8	4.0
＞2.0～10.0	＞10.0～50.0	2.5	12.5
＞10.0～80.0	＞50.0～320	8.0	40.0

⑧ g，h，极限判断规则与极限值：是指被测工件所有的实测值均不允许（或允许 16％）超过的（最大或最小）规定值，在图纸上一般只规定最大值（max），必要时才规定最小值（min）。

表面结构参数标注示例如图 3-20 所示。

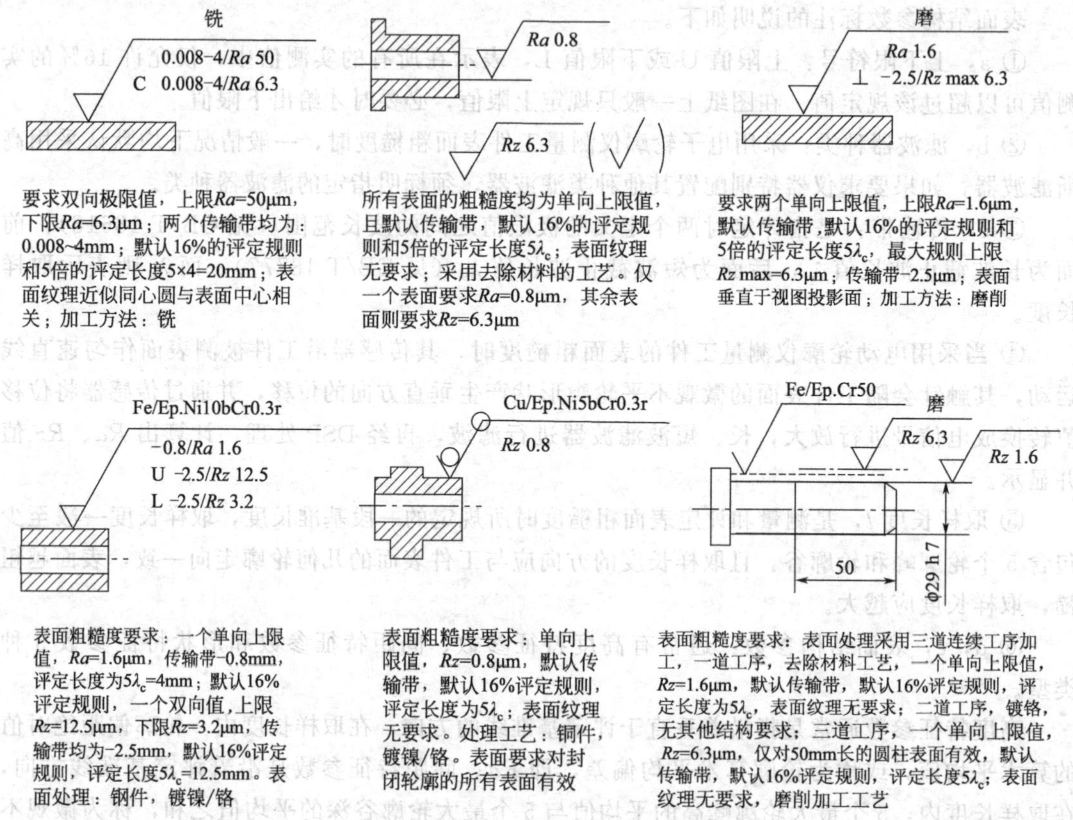
铣
0.008–4/Ra 50
C　0.008–4/Ra 6.3
要求双向极限值，上限Ra=50μm，下限Ra=6.3μm；两个传输带均为：0.008~4mm；默认16%的评定规则和5倍的评定长度5×4=20mm；表面纹理近似同心圆与表面中心相关；加工方法：铣
Ra 0.8
Rz 6.3
所有表面的粗糙度均为单向上限值，且默认传输带，默认16%的评定规则和5倍的评定长度5λc；表面纹理无要求；采用去除材料的工艺。仅一个表面要求Ra=0.8μm，其余表面则要求Rz=6.3μm
磨
Ra 1.6
⊥　–2.5/Rz max 6.3
要求两个单向上限值，上限Ra=1.6μm，默认传输带，默认16%的评定规则和5倍的评定长度5λc，最大规则上限Rz max=6.3μm；传输带–2.5μm；表面垂直于视图投影面；加工方法：磨削
Fe/Ep.Ni10bCr0.3r
–0.8/Ra 1.6
U　–2.5/Rz 12.5
L　–2.5/Rz 3.2
表面粗糙度要求：一个单向上限值，Ra=1.6μm，传输带–0.8mm，评定长度为5λc=4mm；默认16%评定规则，一个双向值，上限Rz=12.5μm，下限Rz=3.2μm，传输带均为–2.5mm，默认16%评定规则，评定长度5λc=12.5mm。表面处理：钢件，镀镍/铬
Cu/Ep.Ni5bCr0.3r
Rz 0.8
表面粗糙度要求：单向上限值，Rz=0.8μm，默认传输带，默认16%评定规则，评定长度为5λc；表面纹理无要求。处理工艺：铜件，镀镍/铬。表面要求对封闭轮廓的所有表面有效
Fe/Ep.Cr50
磨
Rz 6.3
Rz 1.6
50
φ29 h7
表面粗糙度要求：表面处理采用三道连续工序加工，一道工序，去除材料工艺，一个单向上限值，Rz=1.6μm，默认传输带，默认16%评定规则，评定长度为5λc，表面纹理无要求；二道工序，镀铬，无其他结构要求；三道工序，一个单向上限值，Rz=6.3μm，仅对50mm长的圆柱表面有效，默认传输带，默认16%评定规则，评定长度5λc；表面纹理无要求，磨削加工工艺

图 3-20　表面结构参数标注示例

表面粗糙度的常用纹理说明代号见表 3-3。

表 3-3　表面粗糙度的常用纹理说明代号

表面纹理说明	=（平行）	⊥（垂直）	×（相交）	M（多向）	C（同心圆）	R（放射形）	P（呈无向凸起细粒状）

① 表面粗糙度的选用要求。零件表面粗糙度的选用，应优先考虑零件表面的功用要求，但同时也应考虑零件加工的经济性与合理性。一般情况下应注意以下几点。

a. 在满足功用的前提下，尽量选用加工难度较小，即较大的表面粗糙度值。

b. 在同一零件上，工作表面的粗糙度值应小于非工作表面的粗糙度值。

c. 在相同配合要求前提下，零件尺寸小的应比零件尺寸大的粗糙度值小；相同公差等级，小尺寸应比大尺寸、轴比孔的粗糙度值小。

d. 载荷表面比非载荷表面粗糙度值小，应力集中的表面（如圆角、沟槽等处）比一般表面粗糙度值要小。

e. 一般情况下，表面加工精度要求高的，表面粗糙度值通常较小。

f. 单位压力较大的、运动速度高的、摩擦强度大的表面粗糙度值应当较小。

常用表面粗糙度的 Ra 值可参见表 3-4。

② 表面粗糙度标注的注意事项。

a. 在同一图纸上，表面结构要求对每一表面一般只标注一次，并尽可能在相应的尺寸及其公差的同一视图上。除非另有说明，所标注的表面结构要求应是对完整零件表面的要求。

表 3-4　常用表面粗糙度的 *Ra* 值

Ra/μm	表面特征	应　用　示　例
100,50	可见明显刀痕	粗糙度最低的加工面,很少使用
25	可见刀痕	用于不接触或不重要的接触表面,常用于螺钉孔、倒角和机座的底面
12.5	微见刀痕	
6.3	可见加工痕迹	无相对运动的零件接触面,如箱、盖、套筒
3.2	微见加工痕迹	要求紧贴的表面,如键和键槽等,以及相对运动速度不高的接触面,如支架孔、衬套、带轮轴孔等工作表面等
1.6	看不见加工痕迹	压力、转速不高、有密封要求的表面,如轴封装置接触面
0.8	可辨加工痕迹方向	密合要求较高的接触面,如滚动轴承的配合面、锥销孔等
0.4	微辨加工痕迹方向	相对运动速度高的接触面,如滑动轴承的配合面、齿轮轮齿的工作面等
0.2	难辨加工痕迹方向	压力、转速高、密封要求高的轴封表面等
0.1	暗光泽面	精密量具的表面、精密机床的重要表面、重要零部件的摩擦面,以及汽缸的内表面等
0.05	亮光泽面	
0.025	镜状光泽面	
0.012	雾状光泽面	

b. 应使表面结构的注写和读取方向与尺寸的注写和读取方向保持一致。

c. 表面结构要求可标注在轮廓线上，其符号应从材料外指向并接触表面。必要时表面结构符号也可用带箭头或黑点的指引线引出标注，亦可直接标注在尺寸线、延长线上。如图 3-21 所示。

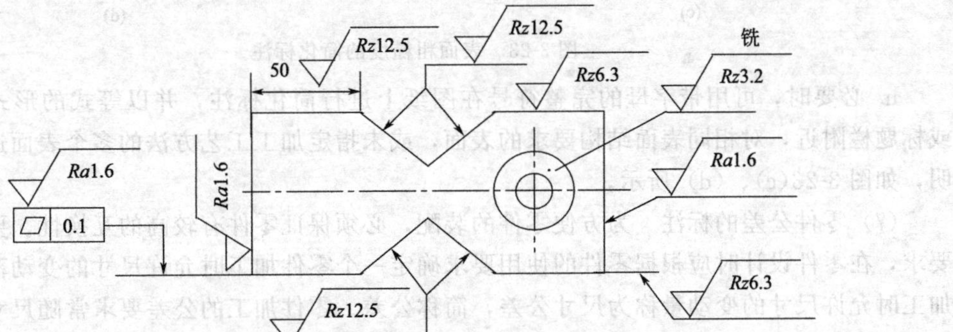

图 3-21　表面粗糙度符（代）号的标注方法

d. 表面结构要求可标注在形位公差框格的上方。

e. 零件不连续的同一表面可用细实线连接，只注一次，如图 3-22(a) 所示。连续的同一表面或重复要素（如孔、槽、齿等）表面，粗糙度符（代）号也只注一次，如图 3-22(c) 所示。

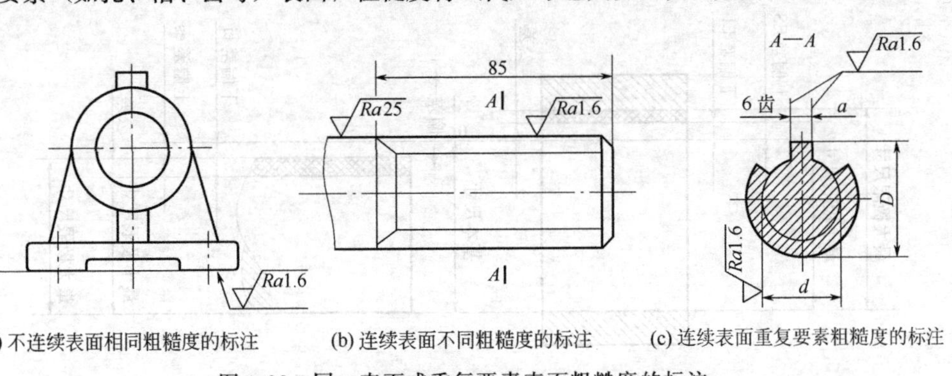

(a) 不连续表面相同粗糙度的标注　(b) 连续表面不同粗糙度的标注　(c) 连续表面重复要素粗糙度的标注

图 3-22　同一表面或重复要素表面粗糙度的标注

f. 零件的同一表面如果有不同的表面粗糙度要求时，须用细实线画出其相应的分界线，并分别标注相应的尺寸数据和表面粗糙度符（代）号，如图 3-22(b) 所示。

g. 在特定情况下表面结构要求可采用简化注法。当工件的多数（包括全部）表面有相同的结构要求，则其结构要求可统一标注在图样的标题栏附近。同时，表面结构要求的符号后面（全部表面结构要求相同情况除外）还应在圆括号内给出无任何其他标注的基本符号，或不同的表面结构要求，如图 3-23 所示。

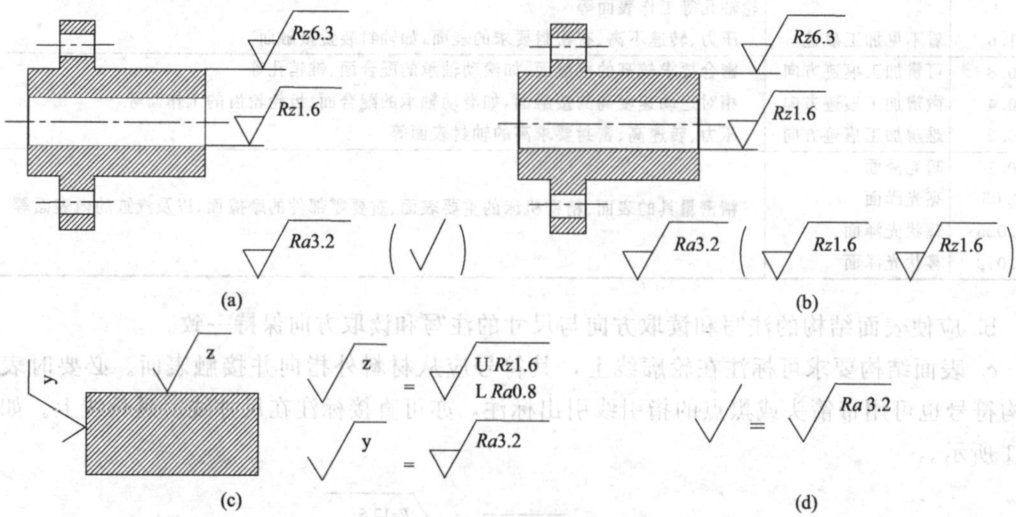

图 3-23 表面粗糙度的简化标注

h. 必要时，可用带字母的完整符号在图纸上进行简化标注，并以等式的形式，在图形或标题栏附近，对相同表面结构要求的表面，或未指定加工工艺方法的多个表面进行标注说明，如图 3-23(c)、(d) 所示。

(7) 零件公差的标注 为方便零件的装配，必须保证零件有较高的互换性。要达到这一要求，在零件设计时应根据零件的使用要求确定一个零件加工时允许尺寸的变动范围，零件加工时允许尺寸的变动量称为尺寸公差，简称公差。零件加工的公差要求常随尺寸标注一起注写在零件图中，与公差标注相关的常用术语（见图 3-24）简介如下。

基本尺寸：根据零件的使用与工艺要求，设计所确定的尺寸。

实际尺寸：提供测量得到的尺寸。

极限尺寸：允许尺寸变动的两个极限值，较大值称为最大极限尺寸，较小值称为最小极限尺寸。

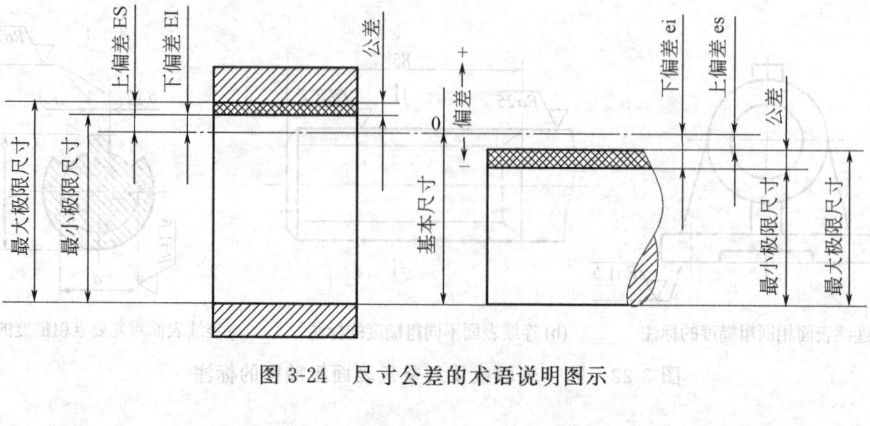

图 3-24 尺寸公差的术语说明图示

上、下偏差：最大、最小极限尺寸与基本尺寸的代数差分别为上偏差、下偏差。国家标准规定：孔的上、下偏差可用ES、SI表示；轴的上、下偏差可用es、ei表示。

尺寸公差：允许尺寸的变动量。它等于最大、最小极限尺寸之差，或上、下偏差之差。

尺寸公差带：在公差图中由代表上、下偏差的两条直线限定的区域。

零线：在公差图中表示基本尺寸或零偏差的一条直线。

标准公差和公差等级：在国标中规定的，用以确定公差带大小的任一公差称为标准公差。标准公差分为20个等级，即IT01、IT0、IT1、IT2、…、IT18，其中IT01公差值最小，精度最高。常用标准公差值见表3-5。

表3-5　常用标准公差值

基本尺寸/mm	公差等级						
	IT5	IT6	IT7	IT8	IT9	IT10	IT11
	/μm						
>3～6	5	8	12	18	30	48	75
>6～10	6	9	15	22	36	58	90
>10～18	8	11	18	27	43	70	110
>18～30	9	13	21	33	52	84	130
>30～50	11	16	25	39	62	100	160
>50～80	13	19	30	46	74	120	190
>80～120	15	22	35	54	87	140	220

基本偏差：用以确定公差带相对于零线位置的上偏差或下偏差，即基本偏差系列中靠近零线的那个偏差，基本偏差系列如图3-25所示。根据实际需要，国家标准相对于孔和轴各规定了28个不同的基本偏差，代号用字母表示，大写表示孔的偏差，小写表示轴的偏差。常用基本偏差值见表3-6、表3-7。

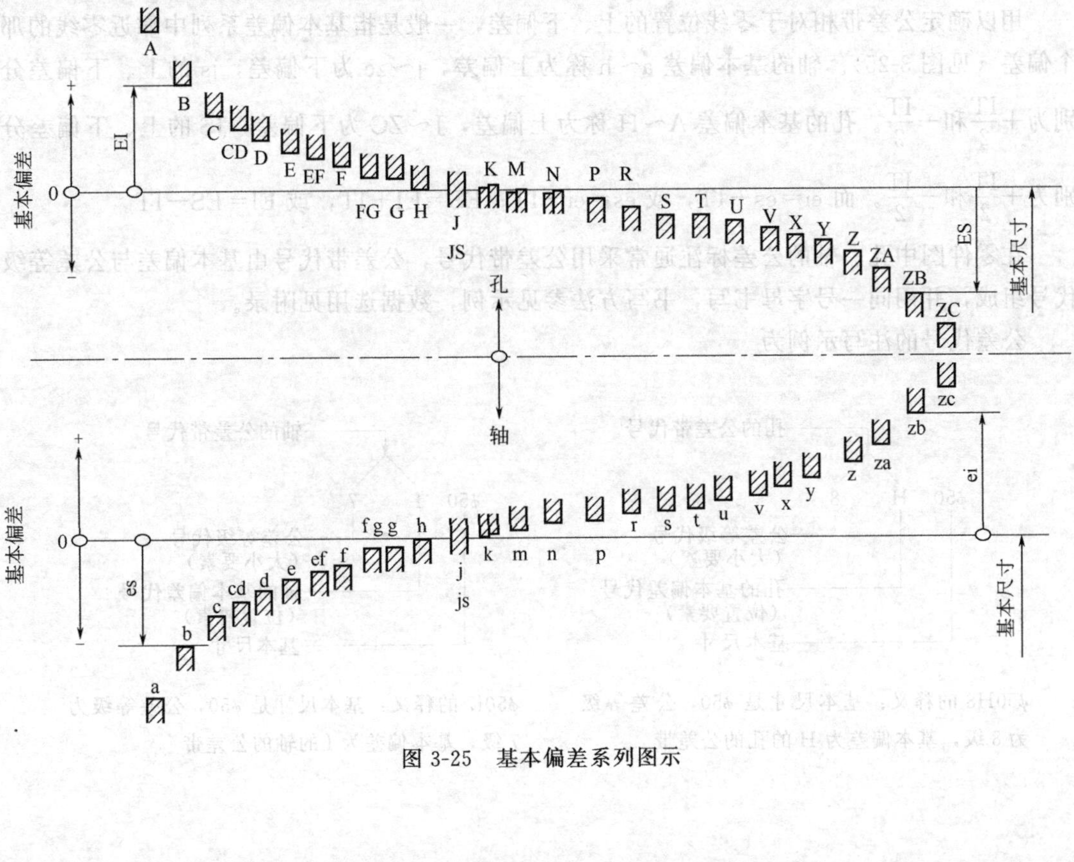

图3-25　基本偏差系列图示

表 3-6 常用轴的基本偏差值 mm

基本偏差	上偏差(es)						下偏差(ei)					
	d	e	f	g	h	js	j		k	m	n	p
公差等级 / 基本尺寸	所有等级						5,6	7	4～7	所有等级		
>3～6	−30	−20	−10	−4			−2	−4	+1	+4	+8	+12
>6～10	−40	−25	−13	−5			−2	−5	+1	+6	+10	+15
>10～18	−50	−32	−16	−6		偏差＝	−3	−6	+1	+7	+12	+18
>18～30	−65	−40	−20	−7	0	$\pm\frac{IT}{2}$	−4	−8	+2	+8	+15	+22
>30～50	−80	−50	−25	−9			−5	−10	+2	+9	+17	+26
>50～80	−100	−60	−30	−10			−7	−12	+2	+11	+20	+32
>80～120	−120	−72	−36	−12			−9	−15	+3	+13	+23	+37

注：公差带 js7～js11，若 ITn（指不同公差等级的 IT）数值是奇数，则取偏差＝$\pm\frac{IT(n-1)}{2}$。

表 3-7 常用孔的基本偏差值 mm

基本偏差	下偏差(EI)				上偏差(ES)						Δ		
	F	G	H	JS	J			K	M	N			
公差等级 / 基本尺寸	所有等级				6	7	8	≤8			6	7	8
>3～6	+10	+4			+5	+6	+10	−1+Δ	−4+Δ	−8+Δ	3	4	6
>6～10	+13	+5			+5	+8	+12	−1+Δ	−6+Δ	−10+Δ	3	6	7
>10～18	+16	+6		偏差＝	+6	+10	+15	−1+Δ	−7+Δ	−12+Δ	3	7	9
>18～30	+20	+7	0	$\pm\frac{ITn}{2}$	+8	+12	+20	−2+Δ	−8+Δ	−15+Δ	4	8	12
>30～50	+25	+9			+10	+14	+24	−2+Δ	−9+Δ	−17+Δ	5	9	14
>50～80	+30	+10			+13	+18	+28	−2+Δ	−11+Δ	−20+Δ	6	11	16
>80～120	+36	+12			+16	+22	+34	−3+Δ	−13+Δ	−23+Δ	7	13	19

用以确定公差带相对于零线位置的上、下偏差，一般是指基本偏差系列中靠近零线的那个偏差（见图 3-25）。轴的基本偏差 a～h 称为上偏差，j～zc 为下偏差，js 的上、下偏差分别为$+\frac{IT}{2}$和$-\frac{IT}{2}$。孔的基本偏差 A～H 称为上偏差，J～ZC 为下偏差，JS 的上、下偏差分别为$+\frac{IT}{2}$和$-\frac{IT}{2}$。而 ei＝es－IT，或 es＝ei＋IT；ES＝EI＋IT，或 EI＝ES－IT。

在零件图中孔、轴的公差标注通常采用公差带代号，公差带代号由基本偏差与公差等级代号组成，并用同一号字母书写，书写方法参见示例，数据选用见附录。

公差代号的注写示例为

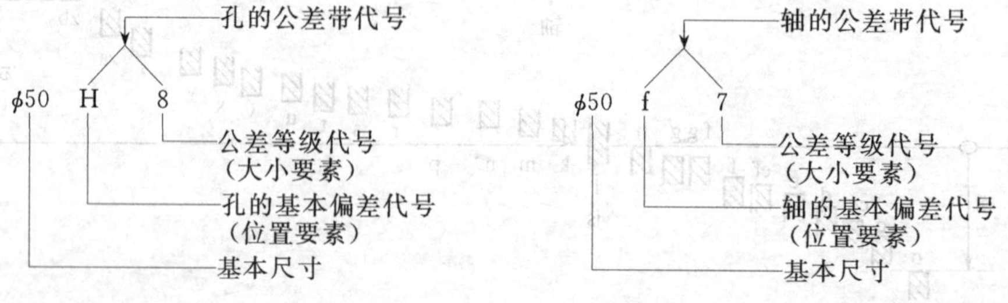

φ50H8 的释义：基本尺寸是 φ50，公差等级为 8 级，基本偏差为 H 的孔的公差带

φ50f7 的释义：基本尺寸是 φ50，公差等级为 7 级，基本偏差为 f 的轴的公差带

(8) 孔、轴配合的尺寸标注　将基本尺寸相同且相互接触的孔和轴公差带之间的关系，称为配合。国家标准将孔与轴的配合关系分为三类。

① 间隙配合。孔的公差带完全在轴的公差带之上，任取其中的一对孔和轴组合形成的配合都会具有间隙（包括最小间隙为零），这种配合称为间隙配合，如图 3-26(a) 所示。

② 过盈配合。孔的公差带完全在轴的公差带之下，任取其中的一对孔和轴组合形成的配合都会过盈（包括最小过盈为零），这种配合称为过盈配合，如图 3-26(b) 所示。

③ 过渡配合。孔和轴的公差带相互交叠，任取其中的一对孔和轴组合形成的配合都可能具有间隙，也可能具有过盈，这种配合称为过渡配合，如图 3-26(c) 所示。

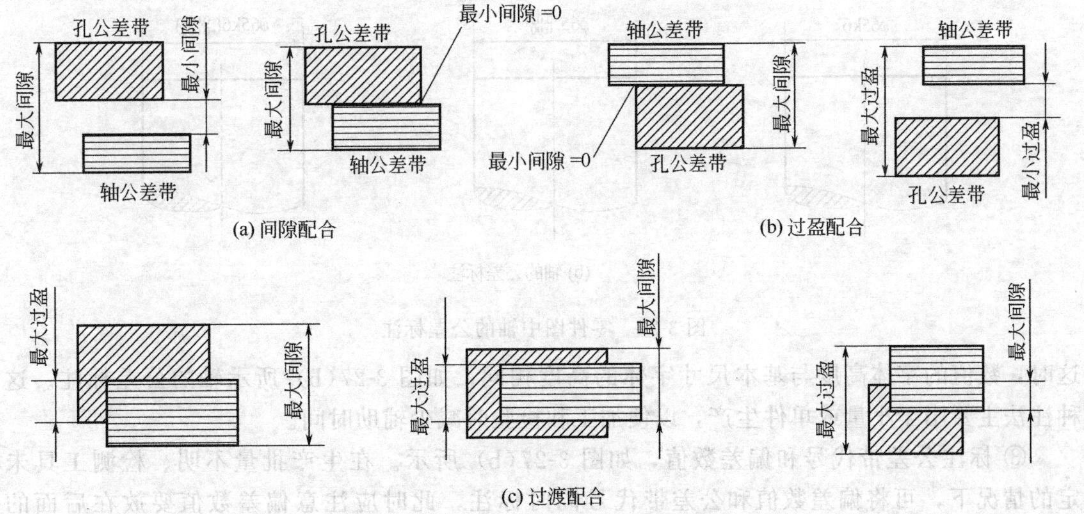

图 3-26　孔与轴公差带之间的配合关系

孔与轴的配合，国家标准规定了两种常用基准制，一般应优先采用基孔制。

① 基孔制。基本偏差为一定的孔的公差带，与不同基本偏差的轴的公差带构成各种配合的一种制度称为基孔制。这种制度在同一基本尺寸的配合中，是将孔的公差带位置固定，通过变动轴的公差带位置，可得到各种不同的配合。

基孔制的孔称为基准孔，其基本偏差代号为“H”，国家标准规定基准孔的下偏差为零。

② 基轴制。基本偏差为一定的轴的公差带，与不同基本偏差的孔的公差带构成各种配合的一种制度称为基轴制。这种制度在同一基本尺寸的配合中，是将轴的公差位置固定，通过变动孔的公差带位置，也可得到各种不同的配合。

基轴制的轴称基准轴，其基本偏差代号为“h”，国家标准规定基准轴的上偏差为零。

从图 3-26 中不难看出：基孔制（基轴制）中，a～h（A～H）用于间隙配合；j～zc (J～ZC) 用于过渡配合和过盈配合。

在零件图中标注的通常是公差，公差的标注有三种形式。

① 标注公差带的代号，如图 3-27(a) 所示。这种标注法和采用专用量具检验零件统一起来，以适应大批量生产的需要。因此，不需标注偏差数值。

② 标注偏差数值，如图 3-27(b) 所示。上偏差注在基本尺寸的右上方，下偏差注在基本尺寸的右下方，偏差的数字应比基本尺寸数字小一号，并使下偏差与基本尺寸在同一底线上。上偏差或下偏差数值为零时，“0”与另一偏差的个位数字“0”对齐，如图 3-27 所示。如果上、下偏差的绝对值相等，则在基本尺寸之后标注“±”符号，再填写一个偏差数值。

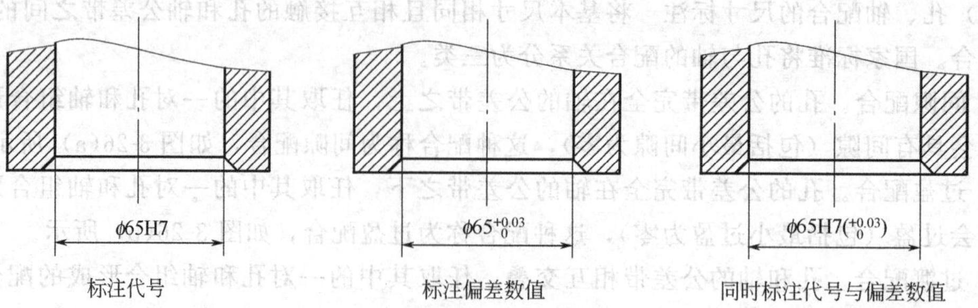

(a) 孔的公差标注

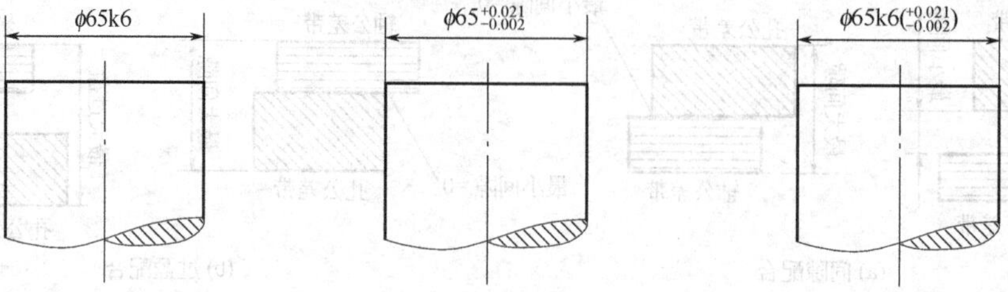

(b) 轴的公差标注

图 3-27　零件图中轴的公差标注

这时，数值的字体高度与基本尺寸字体的高度相同，如图 3-27(b) 所示轴的公差标注。这种注法主要用于小量或单件生产，以便加工和检验时减少辅助时间。

③ 标注公差带代号和偏差数值，如图 3-27(b) 所示。在生产批量不明、检测工具未定的情况下，可将偏差数值和公差带代号同时标注，此时应注意偏差数值要放在后面的括号中。

零件图中有些尺寸公差要求较低，用一般的加工方法就能达到要求，因此，这些尺寸在图上一般不标注公差（未注公差的线性尺寸和角度尺寸的公差可见 GB/T 1804—2000）。

在装配图中标注的通常是配合关系，配合的标注采用代号说明，配合的代号由两个相互结合的孔和轴的公差带的代号组成，用分数形式表示，分子为孔的公差带代号，分母为轴的公差带代号，标注的通用形式为

$$基本尺寸=\frac{孔的公差代号}{轴的公差代号}$$

或　　　　　　基本尺寸　孔的公差带代号/轴的公差带代号

具体的标注方法，如图 3-28 所示。

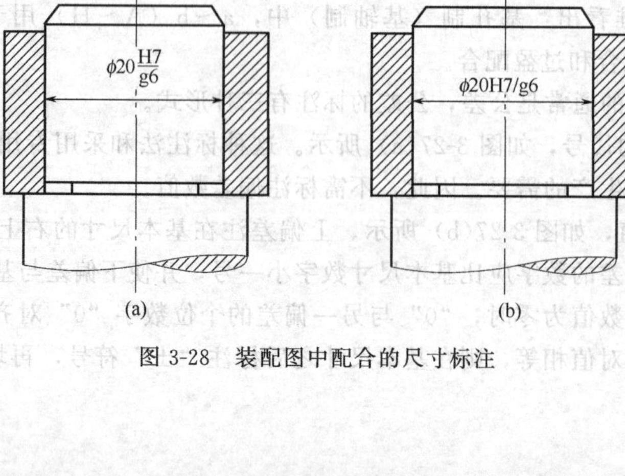

图 3-28　装配图中配合的尺寸标注

(9) 形状和位置公差（简称形位公差）的尺寸标注　要加工出一个绝对准确的零件是不可能的，同样，要加工出一个绝对准确的形状和零件要素间的相对位置也是不可能的。为了满足使用要求，零件的尺寸由尺寸公差加以限制，而零件的形状和零件要素间的相对位置，则需要由形状和位置公差加以限制。

形状误差是指实际形状相对理想形状的变动量。形状公差是指实际要素的形状所允许的变动全量。

位置误差是指实际位置相对理想位置的变动量。理想位置是指相对于基准的理想形状的位置。位置公差是指实际要素的位置相对于基准位置允许的变动全量。

形状公差和位置公差的符号见表 3-8。

表 3-8　形状公差和位置公差的符号

形状公差		形状或位置公差		位置公差			
特征项目	符号	特征项目	符号	特征项目	符号	特征项目	符号
直线度	—	线轮廓度	⌒	平行度	//	同轴(心)度	◎
平面度	▱	面轮廓度	⌓	垂直度	⊥	对称度	⌯
圆　度	○			倾斜度	∠	圆跳度	↗
圆柱度	⌭			位置度	⌖	全跳度	⌰

形状公差和位置公差的标注，常用框格标注。公差框格用细实线画出，可画成水平的或垂直的，框格高度是图样中尺寸数字高度的 2 倍，它的长度视需要而定。框格中的数字、字母和符号与图样中的数字等高。图 3-29 给出了形状公差和位置公差的框格形式，与被测要素相关的基准用一个带正方形框的大写字母表示，并与一个涂黑或空白的基准等边三角形相连以表示基准，见图 3-29(b)。

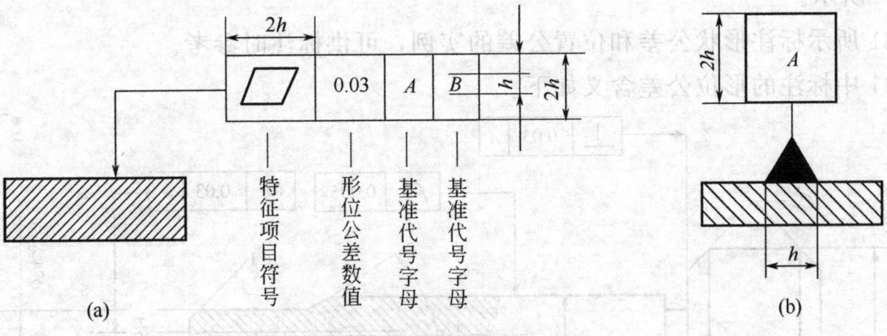

图 3-29　形位公差的标注方法

b—粗实线宽度；h—字体高度

公差框格的一端用带箭头的指引线与被测要素相连，指引线箭头应指向公差带的宽度方向或直径方向。指引线箭头所指部位，应注意以下几点。

① 当被测要素为线或表面时，指引线箭头应指在该要素的轮廓线或其引出线上，并应明显地与尺寸线错开，如图 3-30(a) 所示。

② 当被测要素为轴线、球心或对称平面时，指引线箭头应该与该要素的尺寸线对齐，此时不允许直接指在轴线或对称线上，如图 3-30(b) 所示。

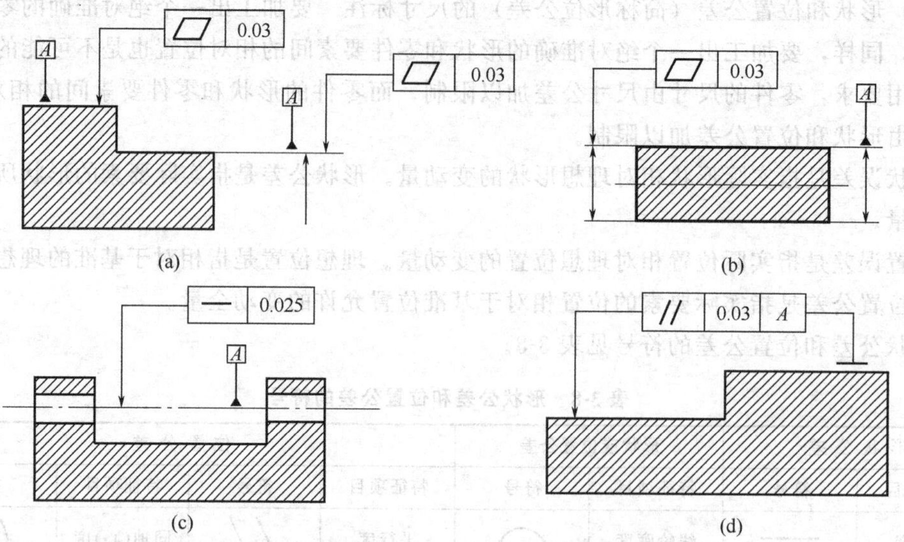

图 3-30 被测要素与基准要素的标注方法

③ 若被测要素为整体轴线或中心平面，指引线箭头可直指轴线或中心线，如图 3-30(c) 所示。

④ 若有可能，应尽量将基准和公差框格相连，如图 3-30(d) 所示。

基准要素要用基准符号标注，基准符号由圆圈、连线、字母和加粗的短线表示；圆圈和连线用细实线绘制，连线必须与基准要素垂直。基准符号的位置如下。

① 当基准要素为素线或表面时，基准符号应靠近该要素的轮廓线或将其引出标注，并应明显地与尺寸线箭头错开，如图 3-30(a) 所示。

② 当基准要素为轴线、球心或对称平面时，基准符号应与该要素的尺寸线对齐，如图 3-30(b) 所示。此时基准符号不允许直接靠近轴线或对称线标注。基准符号的画法和尺寸如图 3-29(b) 所示。

图 3-31 所示标注形状公差和位置公差的实例，可供标注时参考。

图 3-31 中标注的形位公差含义如下。

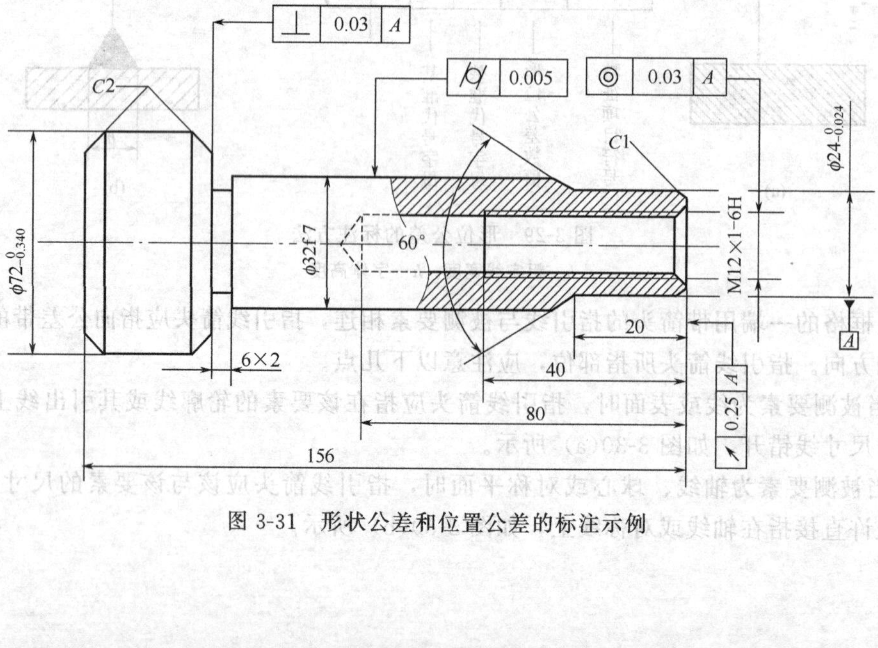

图 3-31 形状公差和位置公差的标注示例

| ⊥ | 0.03 | A | 表示 $\phi72$ 的左端面相对于基准 A 的垂直度公差为 0.03mm，即零件加工时被测表面必须位于距离为公差值 0.03mm，且垂直于基准轴线 A 的两平行平面之间。

| ⌭ | 0.005 | 表示 $\phi32f7$ 圆柱面的圆柱度误差为 0.005mm，即零件加工时被测圆柱面必须位于半径差为公差值 0.005mm 的两同轴圆柱面之间。

| ◎ | 0.03 | A | 表示 M12×1 的轴线相对于基准 A 的同轴度误差为 0.03mm，即零件加工时被测圆柱面的轴线必须位于直径为（公差值）0.03mm，且与基准线 A 同轴的圆柱面内。

| ↗ | 0.025 | A | 表示 $\phi24$ 的右端面相对于基准 A 的圆跳动公差为 0.025mm，即零件加工时被测表面必须位于距离为公差值 0.025mm，且垂直于基准轴线 A 的两平行平面之间。

第三节　零件图中常用材料的标注

制造零件所用的材料很多，有各种钢、铸铁、有色金属和非金属材料，常用的金属材料见表 3-9。数字（字符）表示金属材料牌号是国际上普遍采用的一种形式，这种表示方法便于现代化的数据处理设备进行存贮和检索，对原有符号较繁且冗长的牌号予以简化表示，给生产、使用、统计、设计、物资管理、信息交流和标准化等部门也带来了极大的方便。常用材料的表示方法如下。

表 3-9　常用金属材料牌号及用途

产品牌号	说　明	统一数字代号	应用举例
灰铸铁(GB/T 9439—2010) HT150 HT200 HT250	“HT”表示灰铸铁，数字表示最小抗拉强度(MPa)		中强度铸铁：底座、轴承座、端盖等 高强度铸铁：机座、齿轮、联轴器、箱体、支架、管配件、阀门等
铸钢(GB/T 11352—2009) ZG230-450 ZG310-570	“ZG”表示铸钢，前组数字表示最小屈服强度(MPa)，后组数字表示最小抗拉强度(MPa)		各种形状的机件、齿轮、飞轮及重负荷的机架
碳素结构钢 (GB/T 700—2006) Q215 Q235 Q255 Q275	“Q”表示钢的屈服点，数字为屈服点数值(MPa)，同一牌号的质量等级，可加 A、B、C、D 表示，按序依次下降，如 Q235-A 等		Q215：普通螺钉、轴、焊件等 Q235：普通螺栓、螺母、拉杆、轴、容器等 Q255：普通机件、焊件、拉杆、轴等 Q275：重要机件、拉杆、连杆、轴、销齿轮、法兰、带压容器、焊件等
优质碳素结构钢 (GB/T 699—1999) 30 40 45 65Mn	牌号的数字表示钢中含碳质量分数，数字大小则表示抗拉强度、硬度的大小，但数字越大伸长率越低。当含锰量为 0.7%～1.2% 时，需注写出“Mn”	U20302 U20402 U20452 U21652	U20302：曲轴、轴销、连杆、横梁等 U20402：齿轮、飞轮、拉杆、阀杆等 U20452：搅拌轴、联轴器、衬套等 U21652：各类弹簧、压力容器等
合金结构钢 (GB/T 3077—1999) 15Cr 40Cr 20CrMnTi	符号前数字表示钢中含碳质量分数，符号后数字表示元素含量的百分数，小于 1.5% 不注	A20152 A20402 A26202	主要用于齿轮、皮带轮、小轴、凸轮等

（1）钢铁及合金牌号的数字代号　钢铁及合金牌号的统一数字代号由固定的 6 位符号组

成，其构成为

U　2　0452
- 0452——编组和顺序号（阿拉伯数字）
- 2——细分类（阿拉伯数字）
- U——钢铁及合金类型（字母）

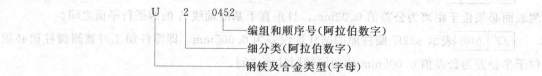

例如，U20452 表示 45 钢；U21652 表示 Mn；A31263 表示 25Cr2Mo1VA；A50183 表示 18CrNiMnMoA。常用金属材料牌号见表 3-9。

钢铁及合金牌号统一数字代号表示法与 GB/T 221—2008 中规定的钢铁产品牌号表示方法同时并行使用，两者均为有效。

（2）变形铝及铝合金牌号的四位数字（或四位字符）　铝合金按四位字符体系牌号命名方法命名。例如，纯铝 L2 应该表示为 1060；铝合金 LY12 应该表示为 ZA12。

第四节　零件图的阅读与绘制

一、阅读零件图的方法和步骤

在前面几章已讨论过看组合体视图的方法，它是看零件图的重要基础。在设计、生产、学习等项活动中，看零件图是一项非常重要的工作。

看零件图时，应该达到以下要求。

（1）了解零件的名称、材料和用途。

（2）了解零件各部分结构形状的特点、功用，以及它们之间的相对位置。

（3）了解零件的制造方法和技术要求。

零件图的阅图步骤如下。

1. 阅读标题栏

阅读零件图一般总是从标题栏开始，因为从标题栏可以了解到零件的名称、材料、图样的比例等。从图 3-32 所示阀体零件图的标题栏中就可以了解到：零件名称是阀体，由 HT200 材料制成，图样的比例为 1∶2 等。

2. 表达方案的分析

开始看图时，必须先找出主视图，然后看用多少视图和采用什么表达方法，以及各视图间的关系。清楚了表达方案，就为进一步看懂图打好了基础，然后可按下列顺序进行更为详细的分析。

（1）首先找出主视图，了解零件的大体结构。

（2）了解共有多少视图，有哪些视图，以及它们的名称、相互位置和投影关系。在阀体零件图中，可以看出共有 4 个视图，它们分别是主视图、*A*—*A* 剖视图、*C*—*C* 剖视图和 *D* 向视图。

（3）找到辅助视图的名称，并找出表示视图投射部位的字母和表达投射方向的箭头，分析剖视图、断面图、向视图的剖切面位置与方向。在阀体零件图中，可以看出 4 个视图的名称分别是主视图（即 *B*—*B* 剖视图）、*A*—*A* 剖视图、*C*—*C* 剖视图和 *D* 向视图，在主视图中可以找到 *A*—*A* 剖视图、*C*—*C* 剖视图剖切面的位置和 *D* 向视图的投影方向，在 *A*—*A* 剖视图中可以找到 *B*—*B* 剖视图剖切面的位置。

（4）有局部视图的地方，要找到局部视图剖切面的确切位置与方向。

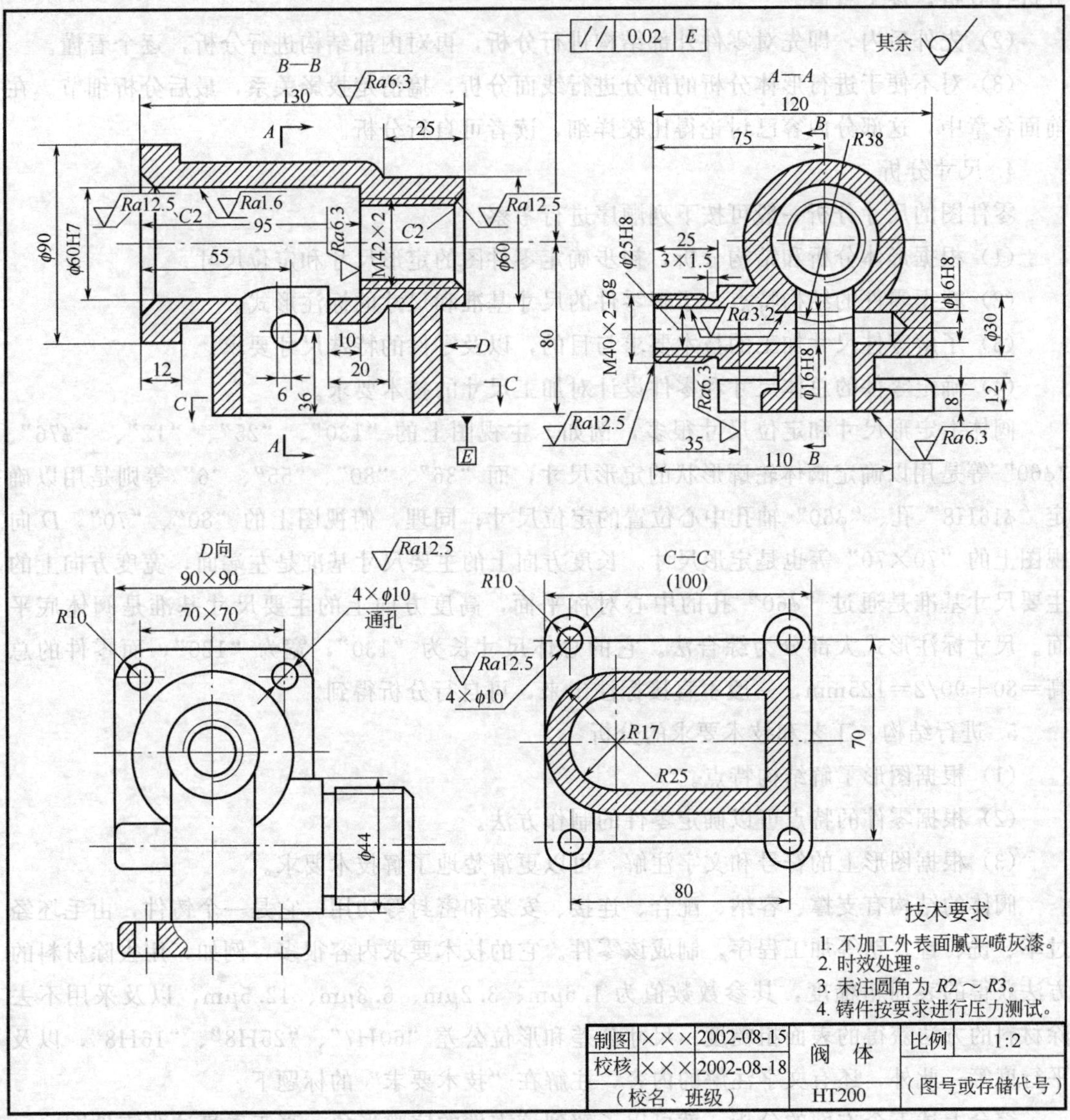

图 3-32 阀体零件图

（5）检查有无局部放大图和简化画法。

（6）总结。

阀体零件图是由 4 个视图组成。主视图采用全剖视（B—B），剖切平面的位置见 A—A 剖视图；A—A 全剖视图（由图面视图位置可看出应是左视图）剖切平面的位置见主视图；全剖视图 C—C（由图面视图位置可看出应是俯视图），剖切平面的位置见主视图；D 向视图采用外形图，为了表达下部的“φ10”孔为通孔，采用了局部剖视。在主视图中标注了 D 向视图的投影部位，并用箭头指明了投影方向。

3. 形体分析、线面分析和结构分析

进行形体分析和线面分析是为了更好地搞清楚投影关系和便于综合想像整个零件的形状。在这里，形体一般都体现为零件的某一特点结构，可按下列顺序逐一进行分析。

（1）先主后辅，即先看主视图，大致了解零件轮廓，再结合辅助视图针对相对独立的部分进行分析，逐个看懂。

(2) 先外后内，即先对零件外部结构进行分析，再对内部结构进行分析，逐个看懂。

(3) 对不便于进行形体分析的部分进行线面分析，搞清楚投影关系，最后分析细节。在前面各章中，这部分内容已讨论得比较详细，读者可自行分析。

4. 尺寸分析

零件图的尺寸分析一般可按下列顺序进行考察。

(1) 根据形体分析和结构分析，初步确定零件图的定形尺寸和定位尺寸。

(2) 根据零件的结构特点，了解零件的尺寸基准和尺寸的标注形式。

(3) 了解零件尺寸加工的技术要求与目的，以及零件的特殊尺寸要求。

(4) 确定零件的总体尺寸和零件设计对加工尺寸的技术要求。

阀体上定形尺寸和定位尺寸很多，例如，主视图上的“130”、“25”、“12”、“ϕ76”、“ϕ60”等是用以确定阀体轮廓形状的定形尺寸，而“36”、“80”、“55”、“6”等则是用以确定“ϕ16H8”孔、“ϕ60”轴孔中心位置的定位尺寸；同理，俯视图上的“80”、“70”，D向视图上的“70×70”等也是定形尺寸。长度方向上的主要尺寸基准是左端面，宽度方向上的主要尺寸基准是通过“ϕ60”孔的中心对称平面，高度方向上的主要尺寸基准是阀体底平面。尺寸标注形式大部分为综合法。它的总体尺寸长为“130”，宽为“120”，而零件的总高＝80＋90/2＝125mm，一般不直接标注出来，可自行分析得到。

5. 进行结构、工艺和技术要求的分析

(1) 根据图形了解结构特点。

(2) 根据零件的特点可以确定零件的制作方法。

(3) 根据图形上的符号和文字注解，可以更清楚地了解技术要求。

阀体的结构有支撑、容纳、配合、连接、安装和密封等功用。它是一个铸件，由毛坯经过车、铣、镗、钻等加工程序，制成该零件。它的技术要求内容很多，例如，用去除材料的方法获得的表面粗糙度，其参数数值为1.6μm、3.2μm、6.3μm、12.5μm，以及采用不去除材料的方法获得的表面粗糙度；尺寸公差和形位公差“60H7”、“25H8”、“16H8”，以及平行度等；此外，还有文字注解的内容，注解在“技术要求”的标题下。

综合上述五个方面的分析，就可以了解到该零件的完整形象，真正看懂这张零件图。

二、零件图的测绘

零件的测绘就是依据实际零件画出它的图形，测量出它的尺寸和制定出它的技术要求。测绘时，首先画出零件草图，然后根据零件草图画出零件图，为各类设备的设计和维修准备提供必要的零配件条件。

(一) 零件草图的绘制

1. 画零件草图的准备工作

工程图纸的绘制一般都需要先绘制草图，草图的画法在第一章中已经讨论过，应当熟练地掌握，这对今后工程制图的学习和工作都是非常重要的。在着手画零件草图前，应该对零件进行详细分析，以便为零件草图的绘制做好准备，需要分析的内容如下。

(1) 了解该零件的名称和用途。

(2) 鉴定该零件是由什么材料制成的。

（3）对该零件进行结构分析。因为零件的每个结构都有一定的功用，所以必须弄清它们的功用。这项工作对破旧、磨损和带有某些缺陷的零件的测绘尤为重要。在分析的基础上，把它改正过来，只有这样，才能完整、清晰、简便地表达它们的结构形状，并且完整、合理、清晰地标注出它们的尺寸。

（4）对该零件进行工艺分析。因为同一零件可以按不同的加工顺序制造，故其结构形状的表达、基准的选择和尺寸的标注也不一样。

（5）拟订该零件的表达方案。通过上述分析，对该零件的认识更深刻一些，在此基础上再来确定主视图、视图数量和表达方法。

2. 零件草图的测绘步骤

经过对零件的详细分析，就可以着手绘制草图，其具体步骤如下。

（1）根据零件的整体尺寸，确定图纸的大致比例与图幅，画出图纸边框线和标题栏。

（2）在图纸上定出各视图的相对位置。画出各视图的基准线、中心线。在安排各个视图的位置时，要考虑到各视图间应留有标注尺寸的地方，并留出必要的文字说明位置。

（3）借助于必要的量具或目测方式徒手画出零件外部及内部的结构形状。

（4）经仔细校核后，擦除图中多余线条，加粗轮廓线，画出剖面线，标注剖面符号。

（5）选择尺寸基准和画尺寸界限、尺寸线及箭头，注出零件各表面粗糙度符号，熟练时，也可一次画好。实际绘图时，最好把零件上的全部尺寸集中一起测量，使有联系的尺寸能够联系起来，这不但可以提高工作效率，还可以避免错误和遗漏尺寸。

（6）测量尺寸，填写尺寸数字、必要的技术要求和标题栏，如图 3-32 所示。

（二）零件图的绘制

这里主要讨论根据测绘的零件草图经整理后绘制零件图的方法步骤。零件草图是现场（车间）测绘的，测绘的时间不允许太长，有些问题只要表达清楚就可以了，不一定是最完善的。因此，在绘制零件图时，需要对零件草图再进行审查校核。有些问题需要设计、计算和选用，如表面粗糙度、尺寸公差、形位公差、材料及表面处理等；也有些问题需要重新加以考虑，如表达方案的选择、尺寸的标注等，经过复查、补充、修改后，才开始画零件图。正式零件图的绘制比零件草图要求更高一些，绘制零件图的具体方法步骤如下。

（1）零件草图的审查与校核　在绘制正式零件图之前，必须认真审核所准备的零件草图。

① 表达方案是否完整、清晰和简便。

② 零件图上表达的结构形状是否充分，是否与实物零件一致，是否有遗漏和错误。

③ 尺寸标注是否完整、合理和清晰。

④ 技术要求是否满足零件的技术要求，而且经济合理。

（2）绘制零件图　零件草图的审查与校核、修改完毕，即可开始绘制正式零件图。其方法与步骤大致与零件草图的绘制相同。

① 选择比例，根据实际零件的复杂程度与加工需要，选择适宜比例（尽量用 1∶1）。

② 选择幅面，根据表达方案、比例，并考虑留出尺寸标注和技术要求的位置，选择相应的标准图幅。

③ 初稿的绘制

a. 用点画线画各视图的基准线或中心轴线，以确定视图的相对位置。

b. 先用细实线画出零件的初步图形轮廓，经检查、校核无误后，画出剖面线，标注剖面符号。

c. 画尺寸界限、尺寸线及箭头，标注尺寸，注出零件各表面粗糙度符号等。

④ 加粗轮廓线，填写标题栏，注写必要的技术要求，画成正式零件图。

⑤ 校核、审核。

第四章　标准件与常用件的规定画法与标记

标准件是结构形式、尺寸大小、表面质量、表示方法均标准化了的零（部）件，例如，在通用机械设备中常用的螺纹紧固件、键、销、滚动轴承和弹簧，在化工设备中常用的各种管配件、法兰等。标准件使用广泛，并有专业厂生产。现介绍它们的规定画法和标记。

在机器或设备中，除一般零件和标准件外，还有一些零件，如齿轮、花键、联轴节和焊接件等，它们应用广泛，结构定型，某些部件的结构形状与尺寸也有统一的标准，这些零件在机械制图中都有规定的表示法，习惯上将它们称为常用件。这里也一并介绍这些常用件的图样画法和尺寸标注。

第一节　螺纹与螺纹连接件

一、螺纹

螺纹是各类机器、设备与仪器仪表中最常见的一种连接、紧固零件，或传递动力、改变运动形式的特定结构。螺纹实际上是由一平面图形（三角形、梯形或矩形）绕一定轴做螺旋运动所形成的具有相同剖面的连续凸起和沟槽，在圆柱外表面加工得到的螺纹称为外螺纹，在圆柱孔内表面加工得到的螺纹称为内螺纹（见图 4-1）。

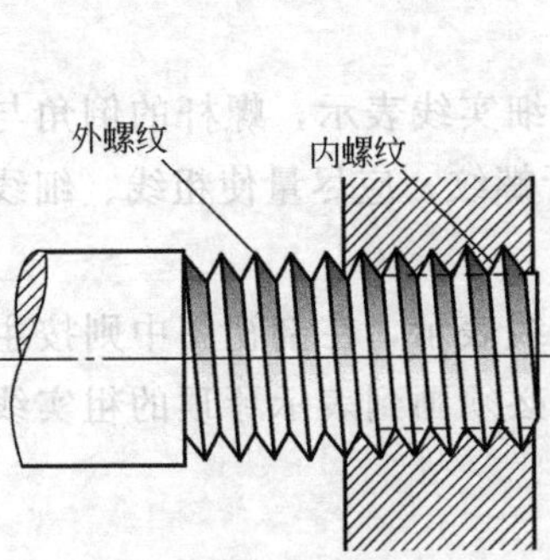

图 4-1　螺纹

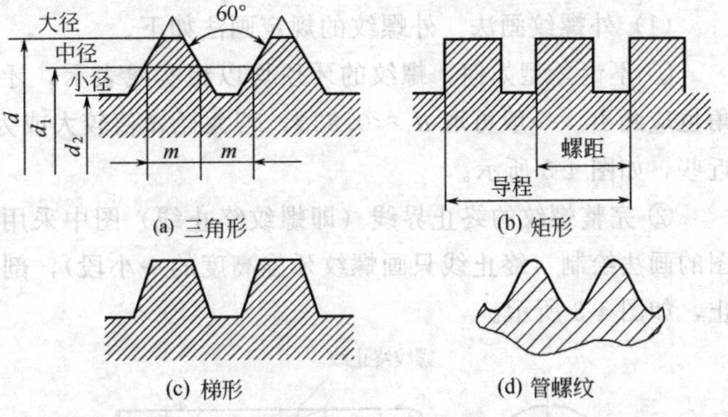

图 4-2　牙型与要素

（一）螺纹的要素

螺纹的结构形状通常都由牙型、公称直径（大径）、螺距、线数和旋向五个要素（见图 4-2）所决定，只有五要素都相同的外螺纹和内螺纹才能相互旋合。

（1）牙型　螺纹轴向剖面的形状称为螺纹的牙型，常见牙型有三角形、梯形和矩形。

（2）大径、中径和小径　与外螺纹牙顶或内螺纹牙底相重合的假想圆柱面直径，称为螺纹大径，与外螺纹牙底或内螺纹牙顶相重合的假想圆柱面直径，称为螺纹小径。在大径与小径之间有一假想圆柱面，在其母线上牙型的沟槽和凸起宽度恰好相等，这一假想圆柱面直径即称为中径。它是控制螺纹加工精度的主要参数之一。外螺纹的大径、中径和小径分别用

d、d_1、d_2 表示，内螺纹则用 D、D_1、D_2 表示。

（3）线数（头数）n　沿一条螺旋线所形成的螺纹称为单线（头）螺纹，沿两条以上轴向等距分布的螺旋线形成的螺纹则称为多线（头）螺纹，线数（头数）用 n 表示。

（4）螺距 P 与导程 S　相邻两牙在中径线上对应两点间的轴向距离称为螺距，以 P 表示。同一螺旋线上的相邻两牙在中径线上对应两点间的轴向距离称为导程，以 S 表示。单线螺纹的导程等于螺距，多线螺纹的导程等于线数乘以螺距，即 $S=nP$。

（5）旋向　螺纹的旋向分为左旋与右旋两种，顺时针方向旋转螺纹沿轴向推进的为右旋螺纹；反之，若逆时针方向旋转螺纹沿轴向推进的则为左旋螺纹。工程上通常使用的都是右旋螺纹。

（二）螺纹的分类

国家标准对螺纹五要素中的牙型、公称直径和螺距做出了统一规定，根据标准对三要素的要求，螺纹可分为三大类。

（1）标准螺纹　牙型、公称直径和螺距三要素均符合国家标准的螺纹。

（2）特殊螺纹　牙型符合国家标准，公称直径和螺距不符合国家标准的螺纹。

（3）非标准螺纹　牙型不符合国家标准的螺纹，如矩形螺纹。

若按用途区分，螺纹可分为连接螺纹与传动螺纹。前者用于机件连接，后者则用于动力传动，如蜗杆螺纹与螺旋给料机的螺纹等。

（三）螺纹的规定画法与标注

在零件图中，螺纹一般不按其真实投影绘图，而是按国家标准 GB/T 4459.1—1995 中规定的螺纹画法与标注要求进行绘制和标注。

1. 螺纹的规定画法

（1）外螺纹画法　外螺纹的规定画法如下。

① 不论牙型如何，螺纹的牙顶均以粗实线表示，牙底用细实线表示，螺杆的倒角与圆角也应画出。一般可取 $d_1 \approx 0.85d$，若大径 d 值较大或为细牙螺纹，应尽量使粗线、细线靠近些，如图 4-3 所示。

② 完整螺纹的终止界线（即螺纹终止线）图中采用粗实线表示，在剖视图中则按主视图的画法绘制（终止线只画螺纹牙型高度的一小段），剖面线必须画到表示牙顶的粗实线为止，如图 4-3 所示。

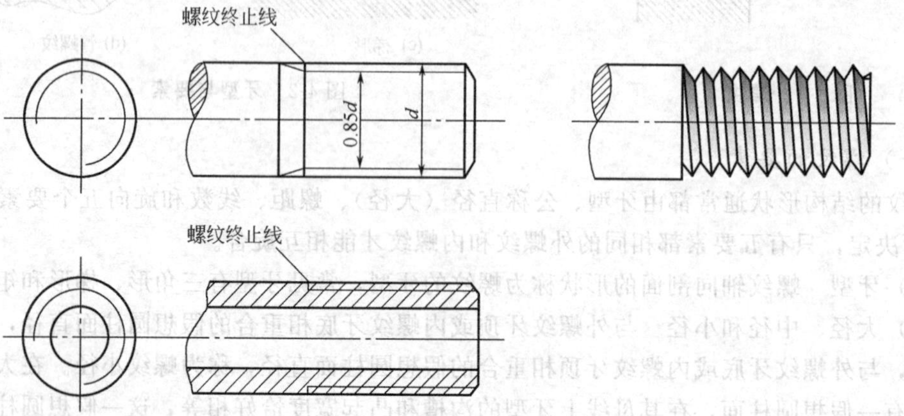

图 4-3　外螺纹的规定画法

③ 在螺纹投影为圆的视图中，牙顶的大径圆需画成粗实线圆，牙底的小径圆只需画出3/4（缺左下角），表示倒角的圆省略不画（见图 4-3）。

（2）内螺纹画法　内螺纹的规定画法如下。

① 不论牙型如何，在剖视图中内螺纹的牙顶均以粗实线表示，牙底用细实线表示。螺纹的终止线采用粗实线表示，无论是外螺纹还是内螺纹，在剖视图或剖面图中的剖面线必须画到表示牙顶的粗实线为止（见图 4-4）。

螺杆的倒角与圆角也应画出。一般可取 $d_1 \approx 0.85d$，若大径 d 值较大或细牙螺纹，应尽量使粗、细线适当靠近些。

② 在螺纹投影为圆的视图中，牙顶大径圆（即小径圆）画成粗实线圆，表示牙底的小径圆（即大径圆）只需画出 3/4（缺左下角），表示倒角的圆省略不画（见图 4-4）。

③ 绘制不穿孔的螺孔时，一般应将钻孔深度与螺纹部分的深度分别画出（见图 4-4）。

④ 当螺纹为不可见时，其相应图线均虚线绘制。

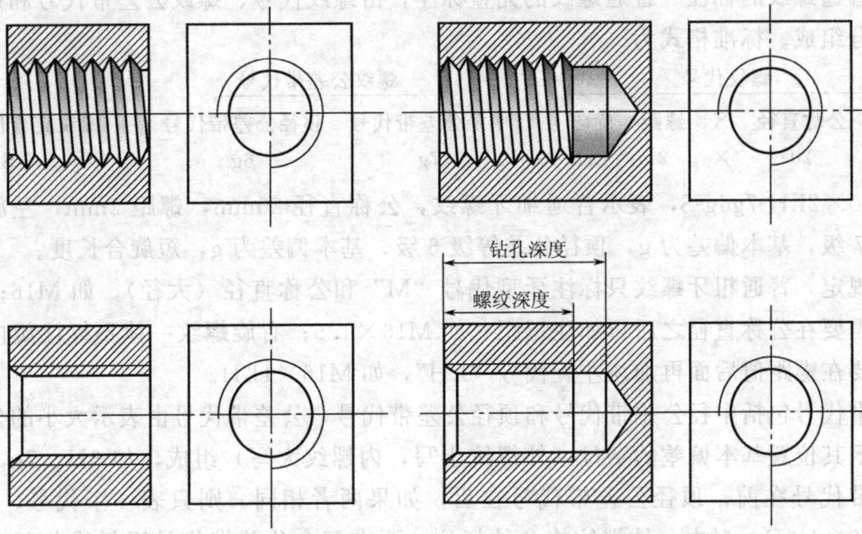

(a) 通孔螺纹画法　　(b) 非通孔螺纹画法

图 4-4　内螺纹画法

（3）内、外螺纹连接的画法　内、外螺纹相互连接在一起的画法如下。

在剖视图中，内、外螺纹连接的旋合部分应按外螺纹画法绘制，其余部分则仍按各自的画法表示（见图 4-5）。但绘图时应注意，外螺纹表示牙顶的粗实线与表示牙底的细实线必须与内螺纹表示牙底的细实线和表示牙顶的粗实线对齐，且与各自的倒角无关，它仅表示内、外螺纹具有相同的大径和小径。

根据规定，实心螺杆通过中心轴线剖切时仍应按不剖处理。

（4）螺纹牙型的画法　在绘制零件图时，标准普通螺纹一般不需要表示牙型。其他螺纹若需要表示牙型时，可在零件图上直接采用局部剖视或局部放大图加以表示，如图 4-6 所示。

2. 螺纹的标注

因为各种螺纹的画法都是相同的，所以国家标准规定标准螺纹应采用统一规定的方法进行标记，并应注写在零件图中螺纹的公称直径上，以区别不同种类的螺纹。各种螺纹的标注方法和示例如下。

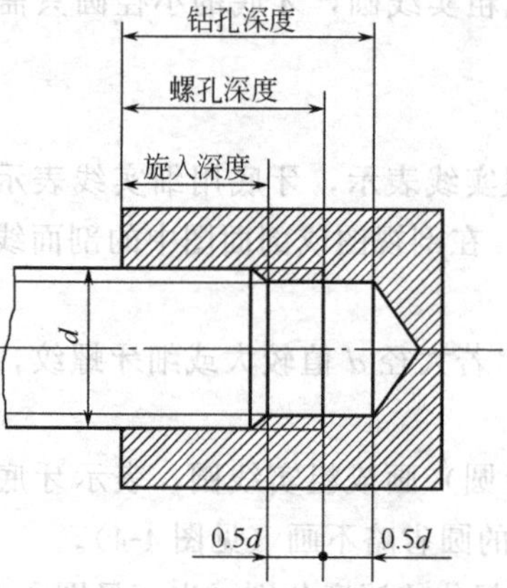

图 4-5 内、外螺纹的连接画法

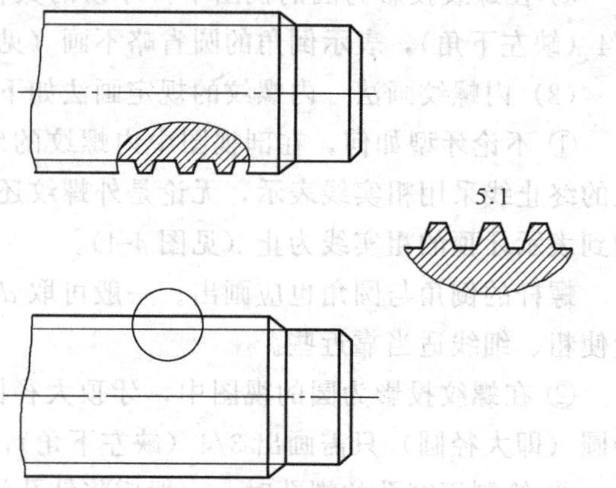

图 4-6 螺纹牙型的画法

(1) 普通螺纹的标注 普通螺纹的完整标注，由螺纹代号、螺纹公差带代号和螺纹旋合长度三部分组成。标准格式为

螺纹代号						螺纹公差带代号			
牙型符号	公称直径	×	螺距	旋向	-	中径公差带代号	顶径公差带代号	-	螺纹旋合长度代号
M	20	×	2	LH	-	7g	6g	-	S

例如，M20×2LH-7g6g-S，表示普通细牙螺纹，公称直径 20mm，螺距 2mm，左旋，中径公差等级 7 级，基本偏差为 g，顶径公差等级 6 级，基本偏差为 g，短旋合长度。

标准规定，普通粗牙螺纹只标注牙型代号“M”和公称直径（大径），如 M16；普通细牙螺纹则需要在公称直径之后再加注螺距，如 M16×1.5；右旋螺纹一律不标注旋向，左旋螺纹则需要在螺距值后面再加注左旋代号“LH”，如 M16×1LH。

公差带代号包括中径公差带代号和顶径公差带代号，公差带代号由表示大小的公差等级数值与表示其位置基本偏差的字母（外螺纹小写，内螺纹大写）组成，如 6H、7g，标注时中径公差带代号在前，顶径公差带代号在后，如果两者相同，则只表一个代号，如 M12-5g6g、M10×1-6H。对内、外螺纹旋合的标注，要求配合公差带代号用斜线分开，分子表示内螺纹公差带代号，分母表示外螺纹公差带代号，如 M16-6H/6g。普通螺纹的公差带见表 4-1、表 4-2。

普通螺纹的旋合长度，国标规定分为短、中、长三组，分别用字母 S（短）、N（中）、L（长）表示。螺纹的旋合长度不同，公差等级的要求也不同。螺纹可分为精密、中等和粗糙三级。常见公差带见表 4-1。一般情况下不标注螺纹的旋合长度，其螺纹公差带按中等旋合长度 N 确定，必要时可在螺纹公差带代号之后加注“S”或“L”字样，也可直接标注旋合长度数值，如 M10-5g6g-S 或 M20-7g6g-40。

表 4-1 内螺纹推荐公差带（GB/T 197—2003）

公差精度	公差带位置 G，基本偏差(EI)为正值			公差带位置 H，基本偏差(EI)为零		
	S	N	L	S	N	L
精密	—	—	—	**4H**	**5H**	**6H**
中等	(5G)	**6G**	(7G)	**5H**	**[6H]**	**7H**
粗糙	—	(7G)	(8G)	—	7H	**8H**

注：表中数据的选用顺序为粗字体公差带、一般字体公差带、括号内公差带，表中带方框的字体公差带用于大量生产的产品。

表 4-2　外螺纹推荐公差带（GB/T 197—2003）

精度	基本偏差(es)为正值									基本偏差(es)为零		
	公差带位置 e			公差带位置 f			公差带位置 g			公差带位置 h		
	S	N	L	S	N	L	S	N	L	S	N	L
精密	—	—	—	—	—	—	—	(4g)	(5g4g)	(3h4h)	**4h**	(5h4h)
中等	—	**6e**	(7e6e)		**6f**	—	(5g6g)	6g（带方框）	(7g6g)	(5h6h)	6h	(7h6h)
粗糙	—	(8e)	(9e8e)	—	—	—		8g	(9g8g)	—	—	—

注：表中数据的选用顺序为粗字体公差带、一般字体公差带、括号内公差带，表中带方框的字体公差带用于大量生产的产品。

(2) **梯形螺纹的标注**　梯形螺纹的完整标注，由螺纹代号、螺纹公差带代号和螺纹旋合长度三部分组成。标注格式分单线和多线两种情况。

单线梯形螺纹的标注

Tr　　32　　×　　6　LH　—　　7e　　—　　L

牙型符号　公称直径　×　螺距　旋向　—　中径公差带代号　—　旋合长度代号

多线梯形螺纹的标注

Tr　　32　　×　　12（*P*6）　　—　　7e　　—　　L

牙型符号　公称直径　×　导程（螺距 *P* 加数值）旋向　—　中径公差带代号　—　旋合长度代号

梯形螺纹的牙型代号为“Tr”，只注中径公差带，旋合长度只分“N”、“L”两组，精度只分中等和粗糙两类。多线螺纹不注螺距，只注导程，如 Tr32×12(*P*6) LH-7e-L。其余要求与普通螺纹相同。

(3) **管螺纹的标注**　管螺纹分为螺纹密封与非螺纹密封两类，标注格式也分两种情况。

密封管螺纹的标注

R_p　　3/8　　—

螺纹特征代号　尺寸代号　—　旋向代号

非密封管螺纹的标注

R_c　　$1\frac{1}{2}$　　B　—　LH

螺纹特征代号　尺寸代号　公差等级代号　—　旋向代号

密封管螺纹的特征代号：R（圆锥外螺纹）；R_c（圆锥内螺纹）；NPT 60°（圆锥管螺纹）；R_p（内、外圆柱管螺纹）。非密封管螺纹的特征代号：G。管螺纹的尺寸代号可由附录查取。管螺纹的公差等级代号只对非螺纹密封的外管螺纹标注，只分 A、B 两个精度等级，内螺纹一般不予标注。

在零件图中，管螺纹的标注一般不直接采用尺寸线注写，而是采用指引线的方式自管螺纹的大径圆柱（或圆锥）的母线上引出标注，如图 4-7 所示。

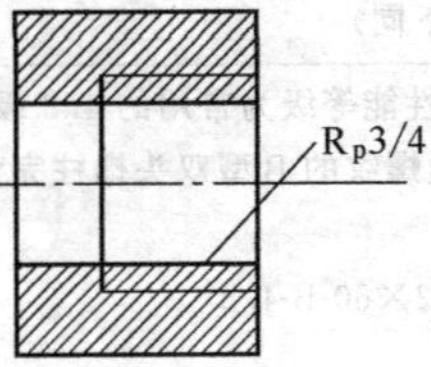

图 4-7　管螺纹的标注

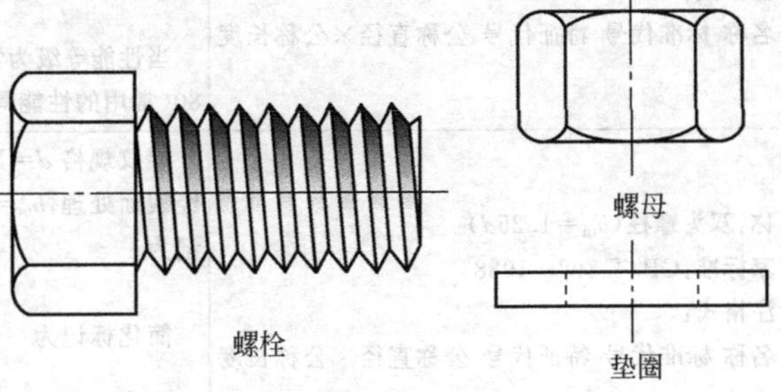

图 4-8　常用螺纹紧固件

二、螺纹紧固件

大多数机械设备、仪器仪表与化工设备零部件的连接均采用螺纹紧固件，因为它加工简单、成本低廉，安装和使用都十分方便。常用的螺纹紧固件有螺栓、双头螺柱、螺母和垫圈等，如图 4-8 所示。

螺栓和螺柱的公称长度 L 是由被连接零件和垫圈的有关厚度决定的。

螺栓一般用于被连接件钻成通孔的情况，有单头螺栓和双头螺栓两种。单头螺栓的一头有固定的螺帽，而另一头为攻有螺纹的螺柱，被连接的两零件通孔内壁不攻螺纹，用同一规格的螺母旋入螺栓的螺纹端紧固，如图 4-9 所示。双头螺栓一般用于较厚或不允许钻成通孔的情况，故两端都有螺纹，旋入被连接零件螺纹孔内的一端称为旋入端，而螺母连接的另一端则称为紧固端。螺母一般是和螺栓（或螺柱）、垫圈等一起进行连接的。垫圈一般放在螺母下面，可避免旋紧螺母时损伤被连接零件的表面，而弹簧垫圈可防止螺母松动脱落，如图 4-10 所示。

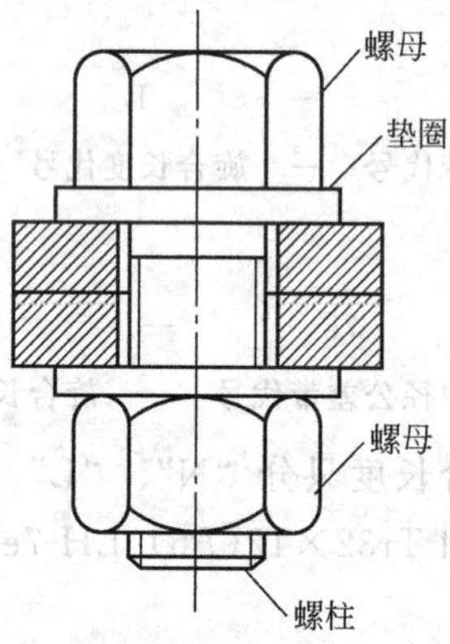

图 4-9 单头螺栓的通孔连接

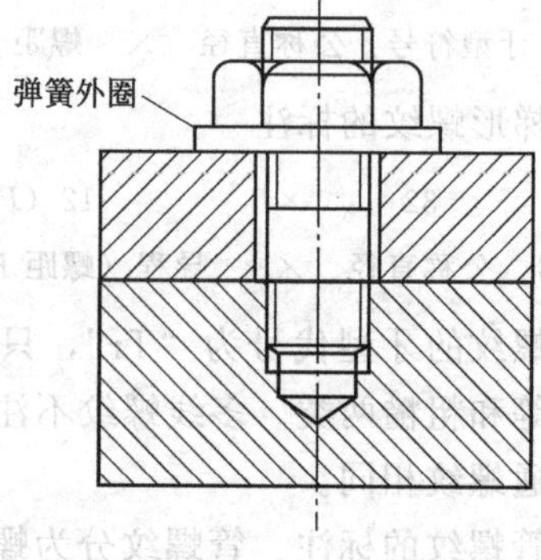

图 4-10 双头螺栓的连接

（一）螺纹紧固件的标记

GB/T 1237—2000 规定，紧固件的标记方法分完整标记和简化标记两种，其标记示例见表 4-3，螺纹紧固件各部分的尺寸可参见附录。

表 4-3 常用螺纹紧固件的标注格式与标记示例

名称、标准编号及标注格式	标记示例与说明
名称：六角头螺栓 国家标准：GB/T 5782—2000 标注格式： 名称 标准代号 特征代号 公称直径×公称长度	螺纹规格 d=M12，公称长度 L=80mm，性能等级为 10.9，表面氧化，产品等级为 A 级的六角头螺栓完整标记为 螺栓 GB/T 5782—2000 M12×80-10.9-A-0 简化标记为 螺栓 GB/T 5782—2000 M12×80-10.9 当性能等级为常用的 8.8 级时，可简化标记为螺栓 GB/T 5782 M12×80（常用的性能等级在简化标记中省略，以下同）
名称：双头螺柱（b_m=1.25d） 国家标准：GB/T 898—1988 标注格式： 名称 标准代号 特征代号 公称直径×公称长度	螺纹规格 d=M12，公称长度 L=60mm，性能等级为常用的 4.8 级，不经表面处理，b_m=1.25d，两端均为粗牙普通螺纹的 B 型双头螺柱完整标记为 螺柱 GB/T 898—1988 M12×60-B-4.8 简化标记为 螺柱 GB/T 898 M12×60 当螺柱为 A 型时，应将螺柱规格大小写成“AM12×60”

续表

名称、标准编号及标注格式	标记示例与说明
名称：1 型六角螺母 GB/T 6170—2000 标注格式： 名称 标准代号 特征代号 公称直径	螺纹规格 D=M16，性能等级为常用的 8 级，不经表面处理，产品等级为 A 级的 1 型六角螺母完整标记为 螺钉 GB/T 6170—2000　M16-8-A 简化标记为 螺钉 GB/T 6170 M16
名称：平垫圈 A 级 国家标准：GB/T 97.1—2002 名称：倒角型平垫圈 A 级 国家标准：GB/T 97.2—2002 标注格式： 名称 标准代号 螺栓直径 性能等级	标准系列、规格为 10mm、性能等级为常用的 140HV 级、表面氧化、产品等级为 A 级的平垫圈完整标记为 垫圈 GB/T 97.1—2002 10-140HV-A-0 简化标记为 垫圈 GB/T 97.1 10 （从标准中查得，该垫圈内径 d_1 为 10.5mm）
名称：标准型弹簧垫圈 国家标准：GB/T 93—1987 标注格式： 名称 标准代号 螺栓直径	规格为 16mm、材料为 65Mn、表面氧化的标准弹簧垫圈完整标记为 垫圈 GB/T 93—1987 16-0 简化标记为 垫圈 GB/T 93 16 （从标准中查得，该垫圈的 d 最小为 16.2mm）

（二）螺纹紧固件的画法

如果螺纹紧固件是标准件，只要根据相应的国家标准查出规定的数据参数，即可画图。例如，欲画螺母 GB/T 6170—2000 M24 的零件图，可先从附录中查出 1 型六角螺母的相关尺寸为 D=24mm、d_w=33.2mm、e=39.55mm、m=21.5mm，然后按以下画图步骤即可画出（见图 4-11）。

（1）画出螺母的中心轴线，为螺母的主、俯视图定位。

（2）以中心轴线的交点为圆心，以 s=36mm 为直径画圆。

（3）作圆外切正六边形，以 m=21.5mm 作六棱柱。

（4）以 D=24mm 画 3/4 圆（螺纹大径），以 D_1=20.752mm（查附录）画圆（螺纹小径）。

（5）以 d_w=33.2mm 为直径画圆，与水平轴线交于 a、b 点。

（6）过 a、b 点作垂线可确定点①、②，找出点①、②，连接点①、②，作弧与水平线相切于①、②、③点。

（7）加粗轮廓线、标注尺寸，绘制、填写标题栏。

所有螺纹紧固件都可用上述方法画出。

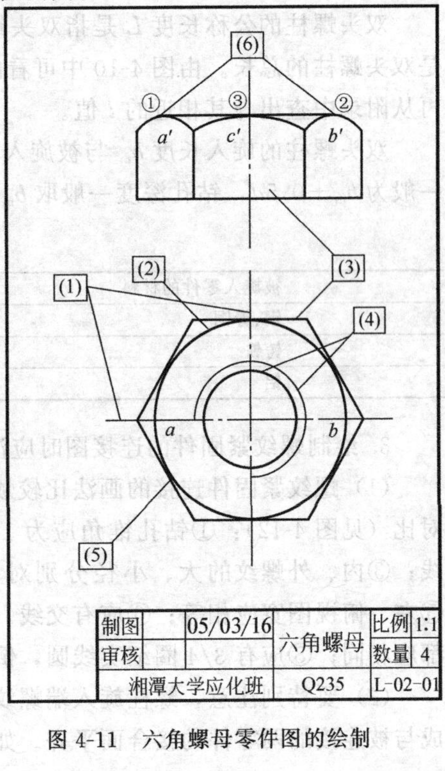

图 4-11　六角螺母零件图的绘制

（三）螺纹紧固件连接的画法

图 4-9、图 4-10 是螺栓连接的基本画法，螺纹紧固件连接的画法有规定画法与简化画法两种。

1. 规定画法

规定画法要求如下。

① 在两零件接触面处画一条粗实线。

② 当剖切平面沿实心零件或标准件（螺栓、螺母、垫圈等）的中心轴线剖切时，在剖面图中这些

零件均按不剖绘制，即仍需画出其外形轮廓线，如图 4-9、图 4-10 所示。

③ 在剖视图中，相互接触的两零件的剖面线方向应相反或间隔不同，而同一个零件在各剖视图中，剖面线的方向和间隔应相同。

画图步骤如下（以螺栓为例）。

① 在图纸上画出被连接两板的剖视图，确定螺孔位置（孔径为 1.1d），如图 4-9 所示。

② 定出螺纹连接件的中心基准线。

③ 画出螺栓在各视图（螺栓为标准件不剖）中的轮廓线（螺纹小径可暂不画）。

④ 画出垫圈（不剖）的三视图。

⑤ 画出螺母（不剖）的三视图，在俯视图中，应画螺栓。

⑥ 画出剖开处的剖面线（注意剖面线的方向和间距），补全螺母表面上的相贯线。

⑦ 全面检查图面与线条，描深，如图 4-9、图 4-10 所示。

2. 螺纹紧固件公称长度 l 的确定

由图 4-9、图 4-10 可看出，螺栓长度 l 的大小可按下式计算，即

$$l>\delta_1+\delta_2+h+m+a$$

式中 a——螺栓末端，一般伸出螺母约 0.3d（d 为螺栓大径）；

δ_1，δ_2——被连接零件的厚度；

h——垫圈厚度，$h=0.15d$；

m——螺母厚度，$m=0.8d$。

设 $d=20$mm，$\delta_1=32$mm，$\delta_2=30$mm，则有

$$l'\approx\delta_1+\delta_2+h+m+0.3d=32+30+0.15d+0.8d+0.3d=62+1.25d$$

$$=62+1.25\times20=87(\text{mm})$$

从附录中即可查出与 l' 最接近的标准数值为 $l=90$mm。

双头螺柱的公称长度 L 是指双头螺柱上无螺纹部分长度与螺柱紧固端长度之和，而不是双头螺柱的总长。由图 4-10 中可看出：$l\approx\delta+h+m+0.3d$，通过初步计算得到近似值 l'，再从附录中查出与其相近的 l 值。

双头螺柱的旋入长度 b_m 与被旋入零件的材料有关（见表 4-4）。被旋入零件的螺孔深度一般为 $b_m+0.5d$，钻孔深度一般取 b_m+d（见图 4-12）。

表 4-4 旋入长度

被旋入零件的材料	旋入长度 b_m
钢、青铜	d
铸铁	1.25d 或 1.5d
铝	2d

3. 绘制螺纹紧固件的连接图时应注意的事项

(1) 螺纹紧固件连接的画法比较烦琐，容易出错。下面以双头螺柱连接图为例进行正误对比（见图 4-12）：①钻孔锥角应为 120°；②被连接件的孔径为 1.1d，此处应画两条粗实线；③内、外螺纹的大、小径分别对齐，小径与倒角无关；④应有螺纹小径（细实线）；⑤左、俯视图宽应相等；⑥应有交线（粗实线）；⑦同一零件在不同图上剖面线方向、间隔都应相同；⑧应有 3/4 圈细实线圆，倒角圆不画。

(2) 要特别注意，螺柱旋入端螺纹要全部旋入螺孔内，因此，要将旋入端螺纹终止线画成与被连接的两零件的接合面平齐。如图 4-9 和图 4-10 所示。图 4-10 中螺纹的终止线要画

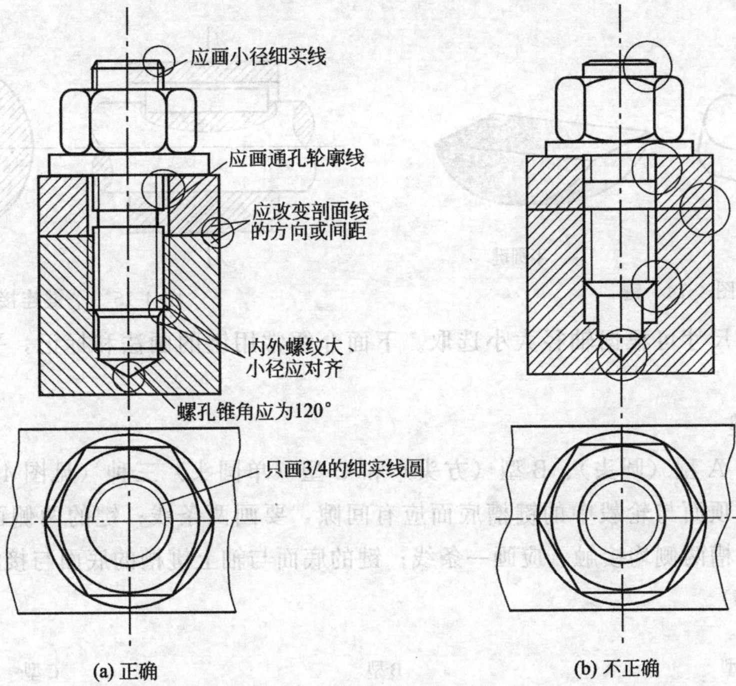

图 4-12　双头螺柱连接画法的正误对比

在高于被连接两零件的接合面的地方。

4. 螺纹紧固件的连接图的简化画法

工程实践中为作图简便，螺纹紧固件连接图一般都采用简化画法，如图 4-13 所示。

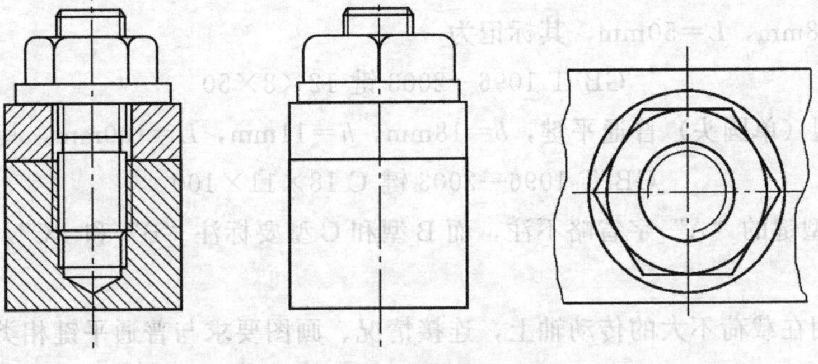

图 4-13　螺纹紧固件连接的简化画法

第二节　键

一、概述

为使轮（带轮、齿轮等）与轴，或联轴节与轴连接在一起转动，常在轴和孔的连接处（孔所在的部位称为轮毂）开一键槽，嵌入一特制的键以传递动力，在反应釜的搅拌装置上经常使用。常用的键有普通平键和半圆键（见图 4-14）。

二、键的画法和标记

键的大小由被连接的轴孔尺寸大小和所传递的扭矩大小决定。附录中给出普通平键的标

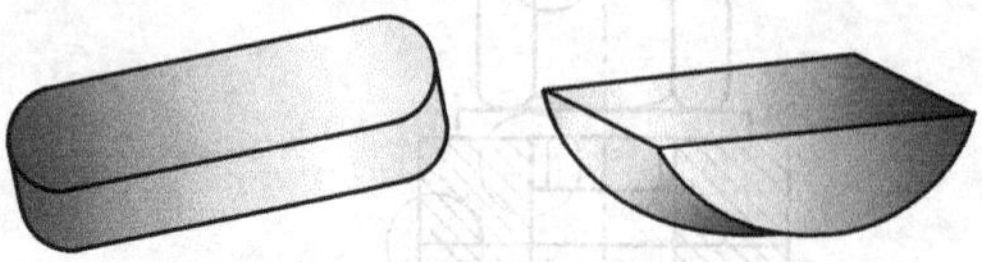

图 4-14 键

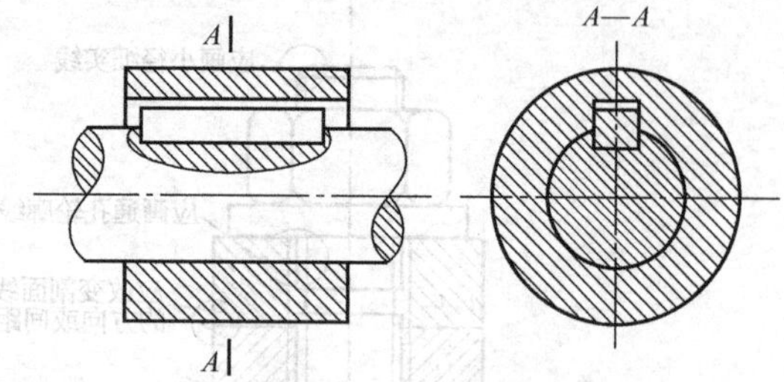

图 4-15 平键连接

准，键及键槽的尺寸可根据轴径大小选取。下面介绍常用键的画法和标记，平键连接如图4-15所示。

1. 普通平键

普通平键有A型（圆头）、B型（方头）和C型（单圆头）三种（见图4-16），用于轴孔连接时，键的顶面与轮毂中的键槽底面应有间隙，要画两条线；键的两侧面与轴上的键槽、轮毂上的键槽两侧均接触，应画一条线；键的底面与轴上键槽的底面与接触，也应画一条线（见图4-15）。

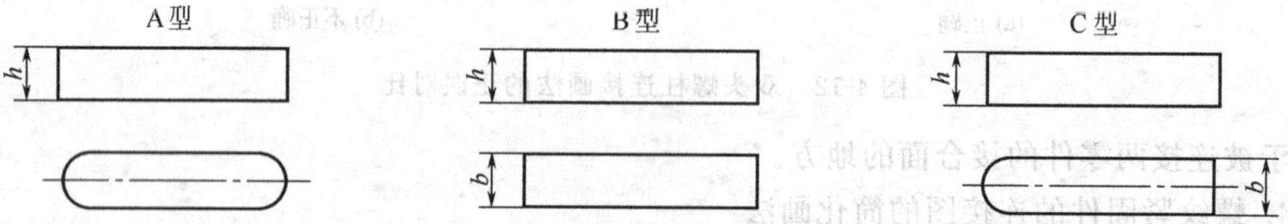

图 4-16 普通平键

键的标记由名称、类型与尺寸、标准编号三部分组成，例如，A型（圆头）普通平键，$b=12$mm，$h=8$mm，$L=50$mm，其标记为

GB/T 1096—2003 键 12×8×50

又如，C型（单圆头）普通平键，$b=18$mm，$h=11$mm，$L=100$mm，其标记为

GB/T 1096—2003 键 C 18×11×100

标记中A型键的“A”字省略不注，而B型和C型要标注“B”和“C”。

2. 半圆键

半圆键常用在载荷不大的传动轴上，连接情况、画图要求与普通平键相类似，键的两侧和键底应与轴和轮的键槽表面接触，顶面应有间隙（见图4-15）。

半圆键的标记，如半圆键，$b=6$mm，$h=10$mm，$d=25$mm，$L=24.5$mm，其标记为

GB/T 1096—2003 键 6×10×25

第三节 滚动轴承

滚动轴承是用来支撑轴的组合件，具有结构紧凑、摩擦阻力小的特点，因此，可减少传动的动力损失，在搅拌装置中得到广泛使用。滚动轴承的类型很多，一般由外圈（座圈）、内圈（轴圈）、滚动体和保持架等组成。下面简介常见的深沟轴承、圆锥滚子轴承和推力球轴承的画法和标记。

一、滚动轴承的画法

（一）规定画法和特征画法

滚动轴承是标准部件，不必画出它的零件图，只需在装配图中根据给定的轴承代号从轴承标准中查出外径 D、内径 d、宽度 $B(T)$ 等几个主要尺寸，按规定画法或特征画法画出。图 4-17(a) 所示为深沟球轴承（GB/T 276—94）的规定画法，图 4-17(b) 所示为特征画法。

（二）通用画法

当不需要确切表示轴承的外形轮廓、载荷特征时，可将轴承按通用画法画出［见图 4-17(b)］。若为圆锥滚子轴承，则上一半按规定画法画出，轴承的内圈和外圈的剖面线方向和间隙均要相同，而另一半按通用画法画出，即用粗实线画出正十字。

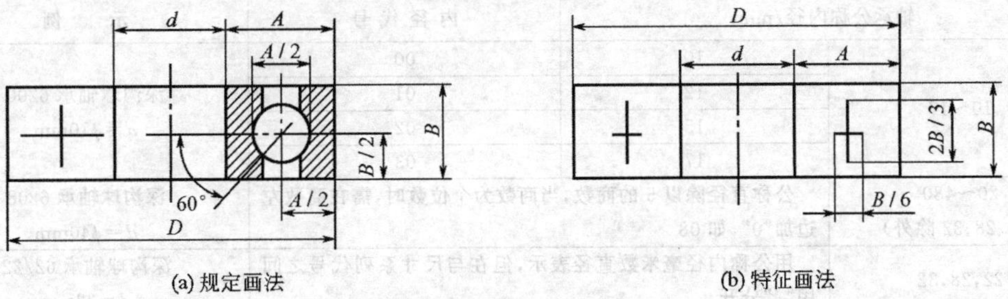

图 4-17　滚动轴承的规定画法和特征画法

二、滚动轴承的标记

滚动轴承的标记由名称、代号和标编号三部分组成。轴承的代号有基本代号和补充代号，基本代号表示轴承的基本结构、尺寸、公差等级、技术性能特征。

滚动轴承的基本代号（滚针轴承除外）由轴承类型代号、尺寸系列代号、内径代号三部分组成。轴承类型代号用数字或字母表示，表 4-5 给出部分轴承的类型代号。

表 4-5　部分轴承的类型代号

代　号	轴承类型	代　号	轴承类型
3	圆锥滚子轴承	6	深沟球轴承
5	推力球轴承	N	圆柱滚子轴承

轴承的标注格式是

名称 类型代号 尺寸系列代号 内径代号

例如，深沟球轴承 6208 $d=\phi 40$mm，示意是深沟球轴承，内径 $d=40$mm，外径 80mm，高度 18mm。

为适应不同的工作（受力）情况，在内径一定的情况下，轴承有不同的宽（高）度和不同的外径大小，它们成一定的系列，称为轴承的尺寸系列。尺寸系列代号由轴承的宽（高）度系列代号和直径系列代号组成，用数字表示。表 4-6 给出深沟球轴承的部分尺寸系列代号。部分轴承公称内径代号见表 4-7。

当轴承在形状结构、尺寸、公差、技术要求等有改变时，可使用补充代号。在基本代号前面添加的补充代号（字母）称为前置代号，在基本代号后面添加的补充代号（字母或字母加数字）称为后置代号。前置代号和后置代号的规定可查阅有关手册。

表 4-6 深沟球轴承的部分尺寸系列代号

类型代号	外形尺寸/mm			尺寸系列代号	组合代号	标准号
	d	*D*	*B*			
6	0.6	2	0.8	17	617	GB 276 GB 4221
6	1.5	3	1.8	37	637	
16	12	28	7	(0)0	16001	
6	20	72	19	(0)2	6204	
6	40	110	27	(0)4	6408	

注：表中括号内的数字在轴承代号中省略。

表 4-7 部分轴承公称内径代号

轴承公称内径/mm		内 径 代 号	示 例
10～17	10	00	深沟球轴承 6200 $d=\phi10$mm
	12	01	
	15	02	
	17	03	
20～480 (20、28、32 除外)	公称直径除以 5 的商数，当商数为个位数时，需在商数左边加“0”，如 08		深沟球轴承 6208 $d=\phi40$mm
22,28,32	用公称内径毫米数直径表示，但在与尺寸系列代号之间用“/”分开		深沟球轴承 62/22 $d=22$mm

第五章 装 配 图

表达机器（或部件）的图样称为装配图。在进行设计、装配、调整、检验、安装、使用和维修时都需要装配图。它是设计部门提交给生产部门的重要技术文件。在设计（或测绘）机器时，首先要绘制装配图，然后再拆画零件图。装配图要反映出设计者的意图，表达出机器（或部件）的工作原理、性能要求、零件的装配关系和零件的主要结构形状，以及在装配、检验、安装时所需要的尺寸数据和技术要求。

第一节 装配图的内容

以图 5-1 所示球阀装配图为例，可以看出装配图的具体内容如下。

(1) 一组图形　用一般表示法和特征表示法，正确、完整、清晰和简便地表达机器（或部件）的工作原理、零件之间的装配关系和零件的主要结构形状。

(2) 几类尺寸　根据由装配图拆画零件图以及装配、检验、安装、使用机器的需要，在装配图中必须标注反映机器（或部件）的性能、规格、安装情况、部件或零件间的相对位置、配合要求和机器的总体大小尺寸。

(3) 技术要求　用文字或符号注出机器（或部件）的质量、装配、检验、使用等方面的要求。

(4) 标题栏、零件序号和明细栏　根据生产组织和管理工作的需要，按一定的格式，将零件、部件逐一编注序号，并填写明细栏和标题栏。

第二节 装配图的绘制

在第三章零件图绘制的各种表示法中，曾讨论了零件的各种图示方法。这些方法，对表达机器（或部件）也同样适用。但是，零件图所表达的是单个零件，而装配图所表达的则是由若干零件所组成的部件。两种图样的要求不同，所表达的侧重面也不同。装配图是以表达机器（或部件）的工作原理和装配关系为中心，采用适当的表示法把机器（或部件）的结构形状和零件的主要结构表示清楚。因此，除了前面所讨论的各种表示法外，还有一些表达机器（或部件）的特征表示法。

一、规定画法

装配图的规定画法在第四章的螺纹紧固件装配连接的画法中已做过介绍，这里再强调如下。

(1) 两个零件的接触表面（或基本尺寸相同且相互配合的工作面），只用一条轮廓线表示，不能画成两条线，非接触面用两条轮廓线表示。

(2) 在剖视图中，相接触的两零件的剖面线方向应相反或间隔不等。三个或三个以上零件相接触时，使其中两个零件的剖面线倾斜方向不同，第三个零件采用不同的剖面线间隔，或者与同方向的剖面线位置错开。在各视图中，同一零件剖面线的方向与间隔必须一致。

（3）为了简化作图，在剖视图中，对一些实心杆件（如轴、拉杆等）和一些标准件（如螺母、螺栓、键等），若剖切平面通过其轴线或对称面剖切这些零件时，则这些零件只画零件外形，不画剖面线，如图 5-1 球阀装配图中件 13（阀杆）。当剖切平面垂直其轴线剖切时，需画出其剖面线。

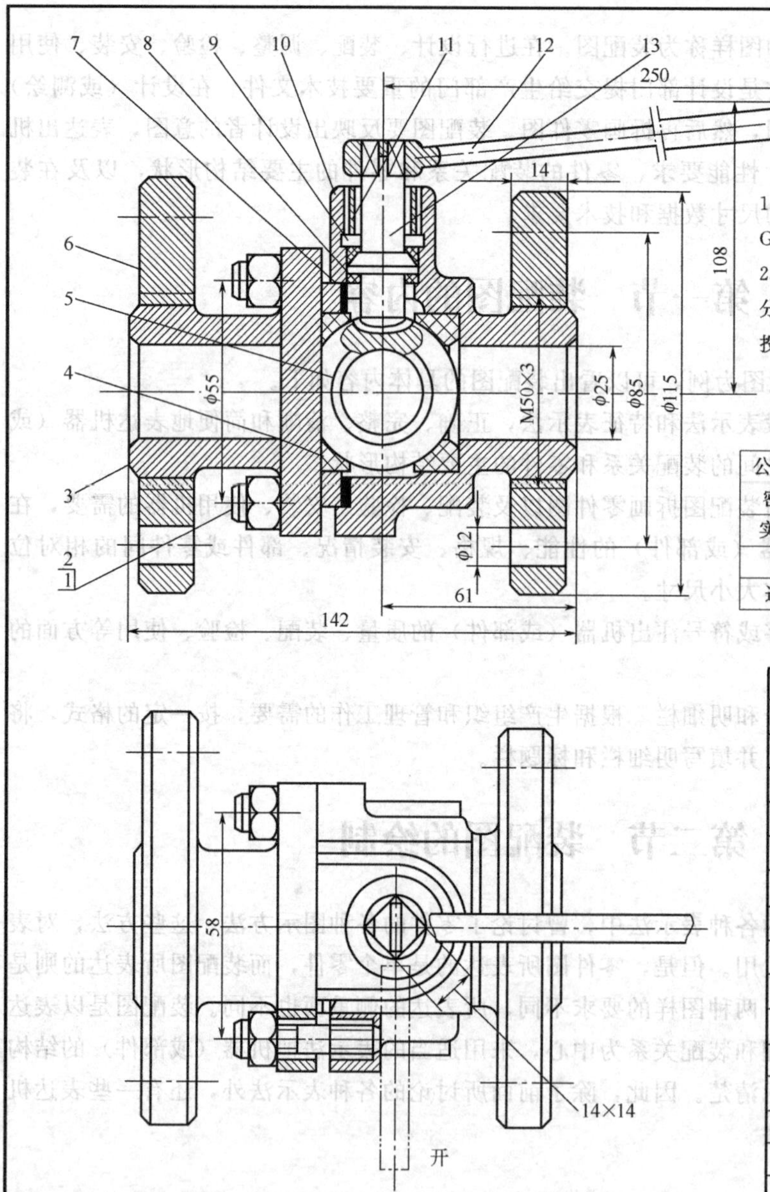

技术要求

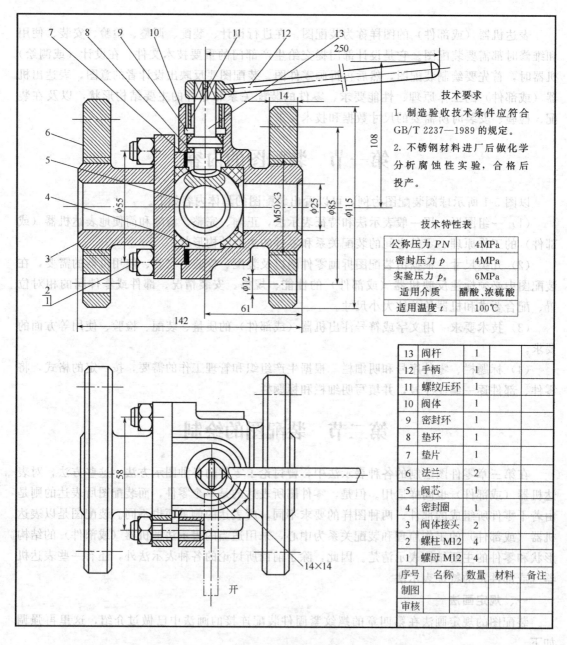

1. 制造验收技术条件应符合 GB/T 2237—1989 的规定。
2. 不锈钢材料进厂后做化学分析腐蚀性实验，合格后投产。

技术特性表

公称压力 PN	4MPa
密封压力 p	4MPa
实验压力 p_s	6MPa
适用介质	醋酸、浓硫酸
适用温度 t	100℃

序号	名称	数量	材料	备注
13	阀杆	1		
12	手柄	1		
11	螺纹压环	1		
10	阀体	1		
9	密封环	1		
8	垫环	1		
7	垫片	1		
6	法兰	2		
5	阀芯	1		
4	密封圈	1		
3	阀体接头	2		
2	螺柱 M12	4		
1	螺母 M12	4		
制图				
审核				

图 5-1　球阀装配图

二、特殊表示法

（一）拆卸画法

当某一个或几个零件在装配图的某一视图中遮住了大部分装配关系或其他零件时，可假想拆去一个或几个零件，只画出所表达部分的视图，这种画法称为拆卸画法。如图 3-7 的转子泵泵体的俯视图就是假想截去泵的壳体后画出的机座视图，画法与此类似。

（二）沿接合面剖切画法

为了表达内部结构，可采用沿接合面剖切画法。图 5-1 所示球阀装配图的俯视图中，下部的螺母、螺栓就是在阀体接头和阀体的接合面之间剖切后画出的。

（三）单一视图画法

当单独图示某个零件的形状未能完全表达清楚而又对理解装配关系会有影响时，可另外单独画出该零件的某个视图或视图的局部，以便作更详细的说明。

（四）夸大画法

在画装配图时，有时会遇到薄片零件、细丝零件、微小间隙等。对这些零件或间隙，无法按其实际尺寸画出，或者虽能如实画出，但不能清楚地表达其结构（如圆锥销及锥形孔的锥度很小时），均可采用夸大画出。图 5-1 中的件 7（垫片）就是夸大画出的。

（五）假想画法

为了表示与本部件有装配关系但又不属于本部件的其他相邻零件、部件时，可采用假想画法，将其他相邻零件、部件用双点画线画出。为了表示运动零件的运动范围或极限位置，可先在一个极限位置上画出该零件，再在另一个极限位置上用双点画线画出其轮廓。图 5-1 中球阀手柄的运动范围（极限位置）都是这样表示的。

（六）简化画法

(1) 在装配图中，零件的工艺结构，如圆角、倒角、退刀槽等允许不画。

(2) 在装配图中，螺母和螺栓头允许采用简化画法。当遇到螺纹紧固件等相同的零件组时，在不影响理解的前提下，允许只画出一处，其余可只用细点画线表示其中心位置。

(3) 在剖视图中，表示滚动轴承时，一般一半采用规定画法，另一半采用通用画法。

第三节　装配图中的尺寸标注和技术要求

一、装配图中的尺寸标注

装配图中应标注出必要的尺寸。这些尺寸是根据装配图的作用确定的，应该进一步说明机器的性能、工作原理、装配关系和安装的要求。装配图上应标注下列五种尺寸。

1. 性能尺寸（规格尺寸）

它是表示机器（或部件）的性能和规格的尺寸，这些尺寸在设计时就确定了，它也是设计机器、了解和选用机器的依据，如图 5-1 球阀装配图中的管口直径“$\phi25$”，就是表示球阀规格的尺寸。

2. 装配尺寸

(1) 配合尺寸　它是表示两个零件之间配合性质的尺寸，由基本尺寸和孔与轴的公差带代号所组成，是拆画零件图时确定零件尺寸偏差的依据。

(2) 相对位置尺寸　它是表示装配机器和拆画零件图时，需要保证的零件间相对位置的尺寸，是装配、调试所需要的尺寸，也是拆画零件图、校核图时所需要的尺寸。

3. 外形尺寸

外形尺寸是表示机器或部件外形轮廓的尺寸，即总长、总宽、总高。当机器或部件包装、运输、安装时，以及厂房设计和安装机器时需要考虑外形尺寸，如图 5-1 球阀装配图中的“142”（总长）、“$\phi115$”（总高或总宽）是外形尺寸。

4. 安装尺寸

机器（或部件）安装在地基上或其他机器（或部件）相连接时所需要的尺寸，就是安装尺寸，如图 5-1 球阀装配图中的“$\phi 85$”（安装孔的位置）、“$\phi 12$”（安装孔径尺寸）和“14”（连接板厚）。

5. 其他重要尺寸

是指在设计中经过计算确定或选定的尺寸，但又未包括在上述四种尺寸之中。这种尺寸在拆画零件图时，不能改变，如图 5-1 球阀装配图中的“$\phi 55$”。

二、装配图中的技术要求

在装配图中，有些信息是无法用图形表达清楚的，需要用文字在技术要求中说明。

(1) 装配体的功能、性能、安装、使用和维护的要求。

(2) 装配体的制造、检验和使用的方法及要求。

(3) 装配体对润滑和密封等的特殊要求。

第四节　装配图中的零件序号及明细栏、标题栏

装配图上对每个零件或部件都必须根据国标 GB/T 4458.2—2003 的规定编注序号或代号，并填写明细栏，以便统计零件数量，进行生产准备工作。同时，在看装配图时，也是根据序号查阅明细栏，以了解零件的名称、材料和数量等，有利于看图和图样管理。

一、零件序号

(1) 装配图中的零件序号（或代号）应注在图形轮廓线外边，并写在指引线的横线上或圆内（指引线应指向圆心），横线或圆用细实线画出。指引线应从所指零件的可见轮廓内（若剖开时，尽量由剖面区域内）引出，并在末端画一小点，序号字体要比尺寸数字大一号［见图 5-2(a)］。序号字体也可比尺寸数字大两号［见图 5-2(b)］，也允许采用图 5-2(c) 所示的标注形式。若在所指部分内不易画圆点时（很薄的零件或涂黑的剖面区域），可在指引线末端画出指向该部分轮廓的箭头（见图 5-3）。但在同一装配图中编排序号的形式应一致。

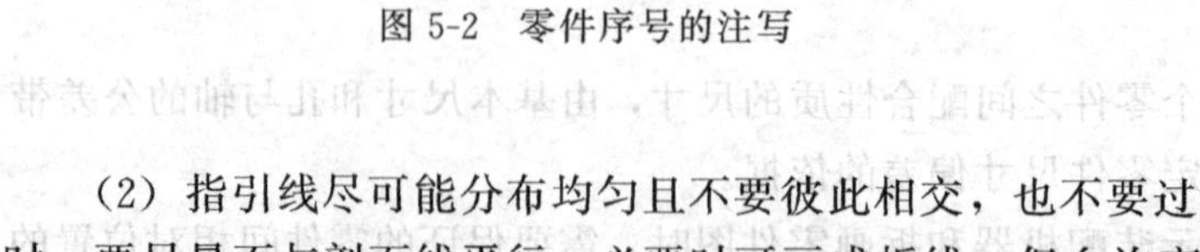

图 5-2　零件序号的注写

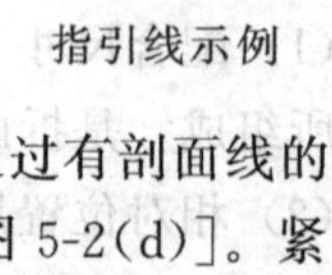

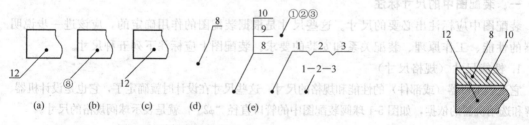

图 5-3　零件序号的箭头指引线示例

(2) 指引线尽可能分布均匀且不要彼此相交，也不要过长。指引线通过有剖面线的区域时，要尽量不与剖面线平行，必要时可画成折线，但允许弯折一次［见图 5-2(d)］。紧固件组成装配关系清楚的零件组，允许采用公共指引线，如图 5-2(e) 所示，公共指引线常用于螺栓、螺母和垫圈零件组。

(3) 每一种零件在各视图上只编一个序号。对同一标准部件（如油杯、滚动轴承、电动机等），在装配图上只编一个序号。多处出现相同零件时，有必要也可重复标注。

(4) 零件序号应从装配图的主视图开始标注，从主视图的左下角开始，按顺时针方向依

次注写，并应大小一致、排列整齐，如图 5-1 所示。如果零件在主视图中表达不清楚，也可以在其他视图上标注，视图注写的顺序一般是从左至右、从上至下。

(5) 编注序号时，要注意以下两点。

① 为了使全图能布置得美观整齐，在画零件序号时，应先按一定位置画好横线或圆，然后再与零件一一对应，画出指引线。

② 序号编排方法通常是将一般件和标准件混合一起编排，如图 5-1 所示。

二、标题栏和明细栏

装配图标题栏与零件图的标题栏类似。装配图的明细栏画在标题栏上方，外框左右为粗实线，内框为细实线，如地方不够，也可在标题栏的左方再画一排。所示格式可供学习时使用。明细栏中，零件序号编写顺序是从下往上，以便增加零件时，可以继续向上画格。在实际生产中，明细栏也可不画在装配图内。按 A4 幅面作为装配图的续页单独绘出，编写顺序是从上到下，并可连续加页，但在明细栏下方应配置与装配图完全一致的标题栏，如图 5-1 所示。

第五节 常用装配结构的图示

为使零件装配成机器（或部件）后能达到性能要求并考虑到拆装方便，对装配结构的设计应有一定的合理性要求。本节讨论几种常见的装配结构及其图示方法。

一、接触面与配合面的结构

(1) 两零件的接触面，在同一方向上只能有一对接触面，如图 5-4(a) 所示，即 $a_1 > a_2$。这样，既保证了零件接触良好，又降低了加工要求。

(2) 如图 5-4(b) 所示轴和孔的配合，由于 ϕA 已形成配合，ϕB 和 ϕC 就不应再形成配合关系，即必须保持 $\phi B > \phi C$。

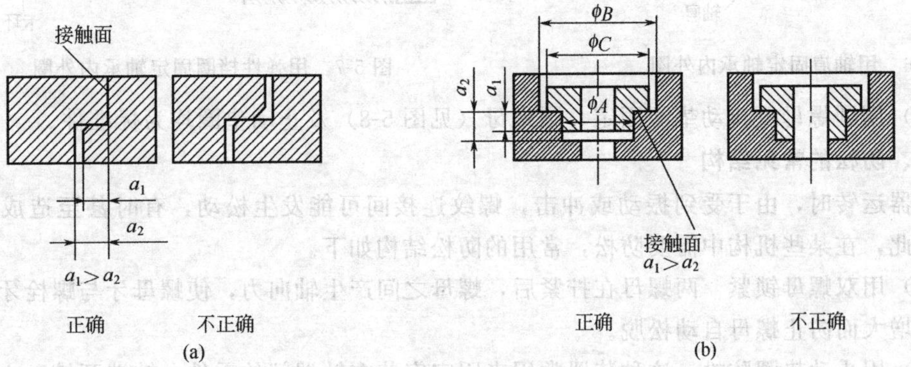

图 5-4 接触面的画法

(3) 为了保证接触良好，接触面需经机械加工。因此，采取合理的措施减少加工面积，不但可以降低加工费用，而且可以改善接触情况。

① 为了保证紧固件（螺栓、螺母、垫圈）和被连接件的良好接触，应在被连接件上做出沉孔、凸台等结构。沉孔的尺寸，可根据紧固件的尺寸，从有关手册中查取。

② 为了使具有不同方向接触面的两个零件接触良好，在接触面的交角处不应都设计成尖角或大小相同的圆角，如图 5-5 所示。

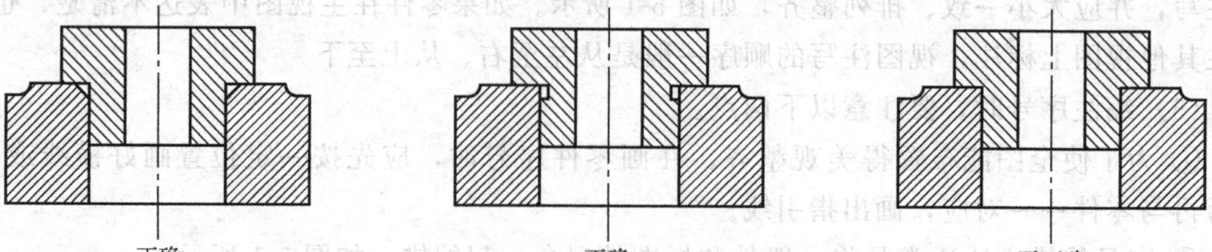

图 5-5 不同方向的接触面设计

二、螺纹连接的合理结构

设计螺纹连接的结构时，为了便于拆装，必须注意留出装、拆螺栓的空间和使用扳手的活动空间。对于化工设备，还需要注意留出保温层的厚度空间。

三、轴向零件的固定结构

为了防止滚动轴承、桨叶等轴上的零件产生轴向窜动，必须采用一定的结构加以固定。以滚动轴承为例，常用的固定结构如下。

（1）用轴肩固定，见图 5-6 所示。

（2）用弹性挡圈（卡环）或轴端挡圈固定，如图 5-7 所示。弹性挡圈、轴端挡圈均为标准件。采用轴端挡圈时，为了使挡圈能够压轴承内圈，轴颈的长度要小于轴承的宽度，否则挡圈起不到固定轴承的作用。

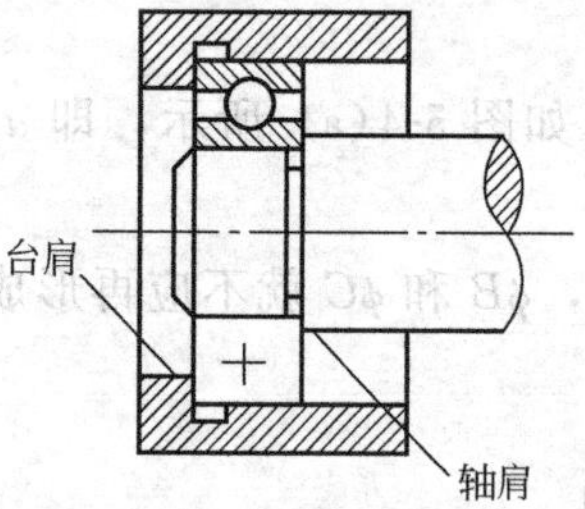

图 5-6 用轴肩固定轴承内外圈

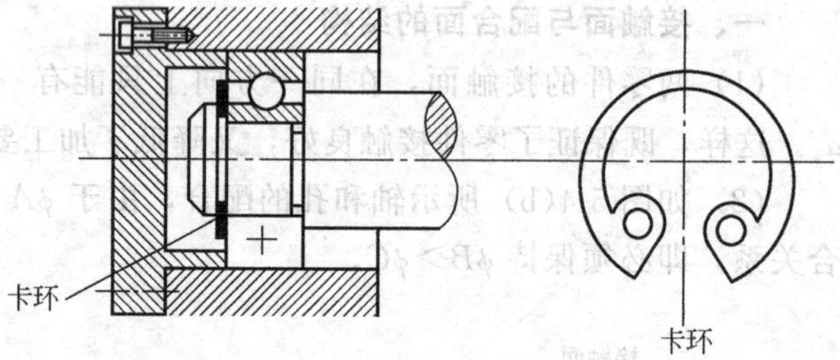

图 5-7 用弹性挡圈固定轴承内外圈

（3）用圆螺母及止动垫圈固定，圆螺母（见图 5-8）及止动垫圈均为标准件。

四、防松的常见结构

机器运转时，由于受到振动或冲击，螺纹连接间可能发生松动，有时甚至造成严重事故。因此，在某些机构中需要防松，常用的防松结构如下。

（1）用双螺母锁紧　两螺母在拧紧后，螺母之间产生轴向力，使螺母牙与螺栓牙之间的摩擦力增大而防止螺母自动松脱。

（2）用止动垫圈防松　这种装置常用来固定安装在轴端部的零件。轴端开槽，止动垫圈与圆螺母联合使用，可直接锁住螺母。

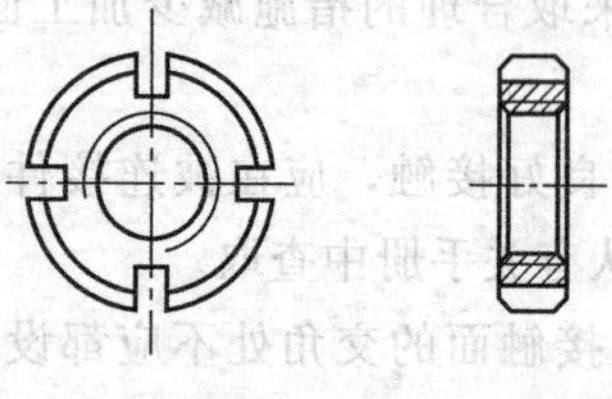

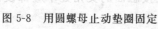

图 5-8 用圆螺母止动垫圈固定

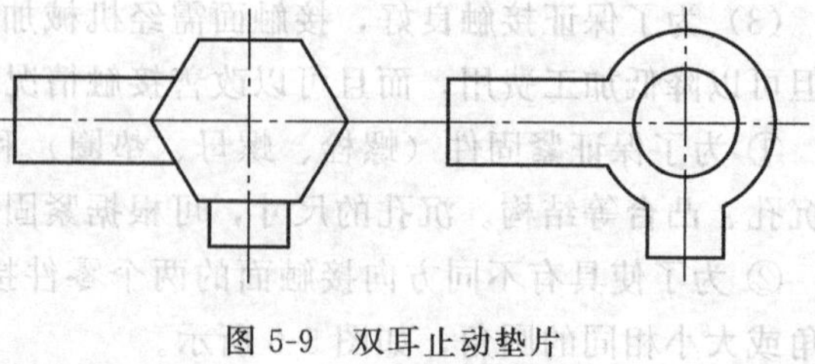

图 5-9 双耳止动垫片

(3) 用双耳止动垫片　锁紧螺母拧紧后再弯倒双耳止动垫片（见图 5-9）的止动边即可锁紧螺母。

五、密封防漏结构

在机器设备或部件中，为了防止内部液体外漏同时防止外部灰尘、杂质和有害气体的侵入，常常需要采用密封防漏措施，图 5-10 是两种常用防漏的典型示例。图 5-10(a) 是常用的填料函密封结构，用压盖或螺母将填料压紧起防漏作用，压盖要画在开始压填料的位置，表示填料刚刚加满。

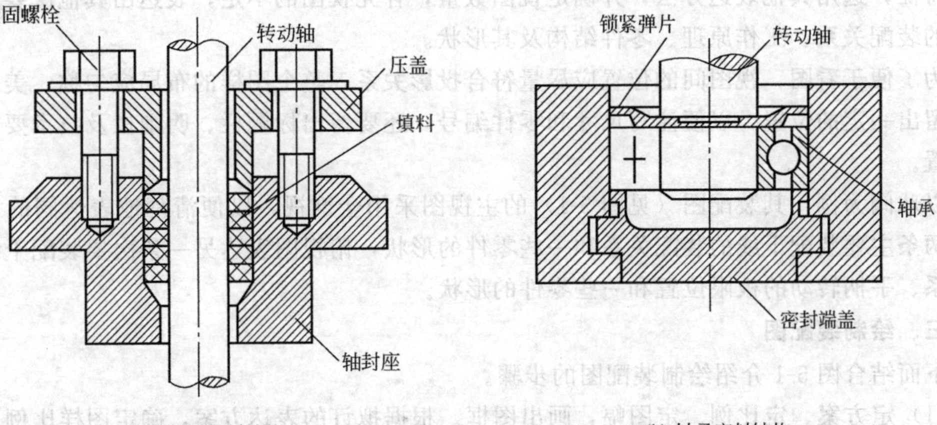

图 5-10　密封防漏结构

图 5-10(b) 所示为轴承密封结构，滚动轴承需要进行密封，一方面是防止外部的灰尘和水分进入轴承，另一方面也要防止轴承的润滑剂渗漏。各种密封方法所用的零件，有的已经标准化，如密封圈和毡圈；有的某些局部结构标准化，如轴承盖的毡圈槽、油沟等，其尺寸要从有关手册中查取。轴承在轴的一侧按规定画法画出，在轴的另一侧按通用画法画出。

第六节　装配图的绘制

正确绘制装配图，不仅需要了解该装配图的使用目的，需要熟悉和了解该产品的功用、工作原理、技术特性、工作环境与要求，需要熟悉和了解与该产品检测相关的技术性能指标和一些重要的装配尺寸，如零件之间的相对位置尺寸、极限尺寸和装配间隙等，还需要熟悉和了解机械加工的工作程序和设备加工性能，以及现有的加工设备与加工技术条件、操作工人的技术水平等。只有充分掌握了图示对象的相关技术资料和必要的结构参数，才能着手开始画图；只有做好了绘图前的各种准备，所绘制的装配图才能真正达到预期的表达目的。画装配图的一般方法和步骤如下。

一、收集资料，做好绘图前的准备

收集图示对象的功能、工作原理、技术特性、工作环境与要求，需要熟悉和了解与该产品检测相关的技术性能指标和一些重要的装配尺寸，如零件之间的相对位置尺寸、极限尺寸和装配间隙等，明确表达目的。

二、确定表达方案

表达方案包括选择主视图、确定视图数量和选择表达方法。

（1）选择主视图能够较多地表达出机器（或部件）的工作原理、传动系统及零件间主要的装配关系和主要零件结构形状的特征。一般在机器（或部件）中，将组装在同一轴线上的一系列相关零件称为装配干线。机器（或部件）是由一些主要和次要的装配干线组成。

如图 5-1 所示，球阀沿阀杆和阀体接头轴向的主、被动轴线组装在一起的相关零件均为主要装配干线，而俯视图的轴向和各螺纹连接部分就是次要装配干线。为了清楚表达这些装配关系，常通过装配干线的轴线将部件剖开，画出剖视图作为装配图的主视图。

（2）确定其他表达方案和视图数量。在确定主视图后，还要根据机器（或部件）的结构形状特征，选用其他表达方法，并确定视图数量，补充视图的不足，表达出其他次要的装配干线的装配关系、工作原理、零件结构及其形状。

为了便于看图，视图间的位置应尽量符合投影关系，整个图样的布局应匀称、美观。视图间留出一定的位置，以便注写尺寸和零件编号，还要留出标题栏、明细栏及技术要求所需的位置。

以球阀为例，其装配图（见图 5-1）的主视图采用全剖视，以便清楚地表达阀的工作原理、两条主要装配干线的装配关系和一些零件的形状，俯视图表达另一条次要装配干线的装配关系、手柄转动的极限位置和一些零件的形状。

三、绘制装配图

下面结合图 5-1 介绍绘制装配图的步骤。

（1）定方案、定比例、定图幅，画出图框。根据拟订的表达方案，确定图样比例，选择标准的图幅，画好图框、明细栏及标题栏，如图 5-1 所示。

（2）合理布图，留出空隙，画出基准线。根据拟订的表达方案，合理美观地布置各个视图，注意留出标注尺寸、零件序号的适当位置，画出各个视图的主要基准线：如图 5-1 所示主视图和俯视图长度方向的基准线选用阀体的右端面；主视图和左视图高度方向的基准线选用阀体接头的中心轴线（或螺杆轴线）；俯视图宽度方向的基准选用球阀的中心对称线。

（3）画图顺序。目前画图顺序有几种不同方案，下列两种供学习时参考。

① 从主视图画起，几个视图相互配合一起画；先画某一视图，然后再画其他视图。

在画每个视图时，还要考虑从外向内画，或从内向外画的问题。从外向内画就是从机器（或部件）的机体出发，依次向里画出各个零件。它的优点是便于从整体的合理布局出发，决定主要零件的结构形状和尺寸，其余部分也很容易决定下来。

② 从内向外画就是从里面的主要装配干线出发，逐次向外扩展。它的优点是从最内层实形零件（或主要零件）画起，按装配顺序逐步向四周扩展，层次分明，并可避免多画被挡住零件的不可见轮廓线，图形清晰。

两种顺序应根据不同结构灵活选用或结合运用，不论运用哪种方法，在画图时都应该注意以下几点。

① 各视图间要符合投影关系，各零件、各结构要素也要符合投影关系。

② 先画起定位作用的基准件，再画其他零件，这样画图准确，误差率小，有利于保证各零件间的相互位置准确。基准间可根据具体机器（或部件）加以分析判断。

③ 先画出部件的主要结构形状，然后再画次要结构部分。

④ 画零件时，随时检查零件间正确的装配关系。哪些面应该接触，哪些面之间应该留有间隙，哪些面为配合面等，必须正确判断并相应画出。还要检查零件间有无干扰和互相碰撞，及时纠正。

球阀装配图由外向内画图的步骤是：在画完各视图的基准线后，先画出球阀阀体的两个视图；再画法兰 6、螺柱 2 和螺母 1；以法兰 6 定位，画出阀杆 13；最后将阀芯 5、密封圈 4、垫片 7、垫环 8、密封环 9、螺纹压环 11、手柄 12 依次画出，俯视图中的手柄可最后画出，从而进一步补充表达了手柄 12 的完整形状。画图过程可参见图 5-1。

球阀装配图由内向外画图的步骤是：在画完各视图的基准线后，先从主要装配干线阀杆 13 开始画起；随之以阀杆中心轴线为基准画阀芯 5 和阀体接头 3；之后密封圈 4、垫片 7、垫环 8、密封环 9、螺纹压环 11、法兰 6 和手柄 12 依次画出；画俯视图中的手柄；最后完成各视图上的剖面符号。注意：同一零件的剖面线在各个视图中的间隔方向必须完全一致，而相邻两零件的剖面线必须不同。

(4) 标注尺寸。

(5) 编零件序号、填写明细栏、标题栏和技术要求。

(6) 检查、描深、完成全图。

第六章　化工设备图

化学工业的产品多种多样，它们的生产方法也各不相同，但所有的化工生产过程都是由各种不同的化工单元操作共同组合而成的。根据单元操作的基本原理，为达到一定的工艺技术要求而专门设计的化工生产装置常统称为化工设备。用以表达化工设备的详细结构、尺寸和技术要求的图样称为化工设备图。

化工设备图是设计、制造、安装、维修及使用的依据，因此，化工行业从事科研开发、工程设计、制造安装，以及化工企业的生产组织与管理的化工工程技术人员必须具有化工设备图的绘制与阅读能力。化工设备图是化工设备装配图的简称，它通常包括以下图样。

设备装配图——表达一台设备的结构、形状、技术特性、各部件之间的相互关系以及必要的加工制造尺寸与检验要求等内容的图样。

部件装配图——表达由若干零件组成的非标准部件的结构形状与装配关系、必要的加工尺寸，以及加工和检验要求等内容的图样。如设备的搅拌装置、密封装置等，主要用作设备部件的制造与装配的依据。

零件图——表达组成设备的各零件的结构形状、尺寸大小，以及加工制造的技术要求等内容的图样，如反应器中的搅拌轴、减速箱的支架等。主要用作零件制造与检验的依据。

所有化工设备的设计和施工图的绘制，都是根据化工工艺的技术要求进行的。首先由化工工艺的技术人员根据工艺要求和计算，确定所需要的化工单元操作类型和相应的化工设备，提出“设备设计条件单”，对设备的大致结构、规格尺寸的大小、材料、管口的数量与方位，以及技术特性和使用环境等列出具体的要求。然后由设备设计人员据此进行设备的结构设计和必要的强度校核计算，选用相关的技术标准，确定设备的详细结构尺寸、加工制造的技术要求和检验要求。最后才绘制化工设备的施工图样。化工设备的图示与一般机械设备的图示有许多相似和相同的地方，因此，化工设备图的绘制需要大量采用机械制图的相关规定和标准，如图幅、图线、比例、投影原理与视图等。但化工设备和机械设备相比较，无论从结构特征和用途上看，还是从结构原理、使用环境和加工制造的技术要求方面看都有较大的差别，因此，图示方法与要求均有不同的规范与标准。

第一节　化工设备的图示特点

一、化工设备的分类及用途

常见的化工设备根据其结构特征和用途，大致可分为塔器、反应器、热交换器和容器四大类型。它们的结构特征与用途可归纳如下。

1. 塔器

塔器是一种直立式的圆柱形设备，其结构特征是：立式，塔高和直径差距较大（高径比一般都在 8 以上）。主要用于精馏、吸收、萃取和干燥等化工分离类单元操作，如精馏塔、吸收塔、萃取塔和干燥塔等；也可用于反应过程，如合成塔、裂解塔等。

2. 反应器

反应器中塔式、釜式和管式的均有，以釜式居多。主要用于化工反应过程，也可用于沉降、混合、浸取与间歇式分级萃取等单元操作，其外形通常为圆柱形，常带有搅拌和加热装置。

3. 热交换器

常见的热交换器为列管、套管和盘管换热器，有立式与卧式之分。主要用于两种不同温度的物料进行热量交换，以达到加热或冷却物料的目的。其结构形状通常以圆柱形为主。

4. 容器

容器通常也称为贮槽或贮罐，有立式与卧式之分，其结构特征通常以圆柱形为主，也有球形和矩形。主要用于贮存原料、中间产品和成品。

二、化工设备的结构特点

化工设备图具有特殊的结构特征，了解和熟悉这些特征，有利于在制图时采用一些特殊的图示方法去表达和图示它们的结构。化工设备明显的结构特征有以下几点。

(1) 设备的壳体一般以回转体为主，即大多为圆柱形、球形、椭圆形和圆锥形。

(2) 化工设备的壳体通常都由筒体、封头、支座和接管等几部分构成。

(3) 化工设备的结构尺寸相差较悬殊，如设备的总体尺寸和某些局部的结构尺寸（如壁厚接管直径等）之间，往往相差悬殊。

(4) 有较多的开孔和接管，如一般设备均有进料口、出料口、排污口，以及测温管、测压管、液位计接管和人（手）孔等。

(5) 大量采用焊接结构。在化工设备的结构设计和制造工艺中均大量地采用了焊接结构，这一结构不仅强度高、密封性能好，能适应化工生产过程的各种环境，而且成本低廉。在化工设备的加工制造过程中，焊接工艺大量应用于各部分结构的连接、零部件的安装连接，甚至许多设备的壳体和管道都是由钢板卷焊而成。

(6) 广泛采用标准化、通用化、系列化的零部件。化工设备上一些常用的零部件的结构与技术要求有许多相似的地方，有很强的通用性。有关部门为其制定了统一的标准、规范与尺寸系列，如法兰、筒体、封头、支座和人（手）孔、液面计、视镜等，以方便选用。

三、化工设备图的图示

由于化工设备具有以上结构特征，从而导致了化工设备图的一些特殊表达方法。

(一) 视图的配置

(1) 因为化工设备以回转体居多，通常都采用两个视图来表达设备的主体。立式设备可采用主视图、俯视图表达，卧式可采用主视图、左视图表达。

(2) 主视图通常采用全剖视或部分剖视表达。

(3) 如果图面确实难以按主视图、俯视图（或主视图、左视图）的投影关系配置时，允许将辅助视图移至图面上的其他空白处，但应标注视图名称，如"×向"字样。

(二) 多次旋转表达

因化工设备的接管众多，且接管有各种不同规格、方位和不同高度，为避免各个位置的接管在投影图上产生重叠和烦琐的投影作图，允许采用多次旋转的表达方法，即将分布在设备周向不同方位的管口或零部件结构，按照在机械制图中有关旋转视图的相关规定，在主视图上集中表达上述各管口结构的真实形状和位置的一种特定画法。一般在俯视图或左视图反应各管口的方位，主视图则表达各管口的高低。在主视图中应将不同方位的管口均分别旋转到与正投影平行的位置，然后画出，以尽可能避免投影重叠。在化工设备图中，按主视图、俯视图或按主视图、左视图配置的视图时，不标注旋转视图，旋转剖的标注符号，如图 6-1 所示。

（三）局部结构的视图表达

由于化工设备的总体与某些局部零部件的尺寸相差悬殊，按总体尺寸选定的绘图比例，往往无法同时将尺寸相差悬殊的局部零部件结构也表达清楚。为解决这一矛盾，化工设备的图示往往会大量采用局部放大图的方式来表达某些局部结构的形状。这类视图也常称为节点图（指设备关键部位的放大图），它的画法和要求与机械制图中的局部放大图的画法与要求基本相同。在化工设备图中的局部放大图可以采用与主视图不同的比例，也可以再采用几个不同的视图来表达同一局部结构，也允许再次改变比例，而与原被放大部分的视图表达方式无关，如图 6-2 所示。

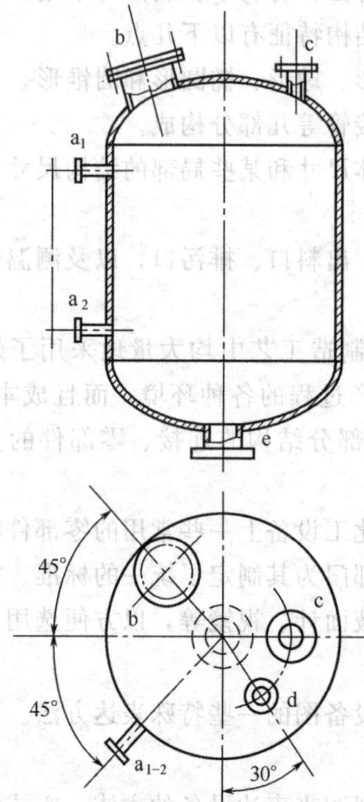

图 6-1 管口的旋转表达方法

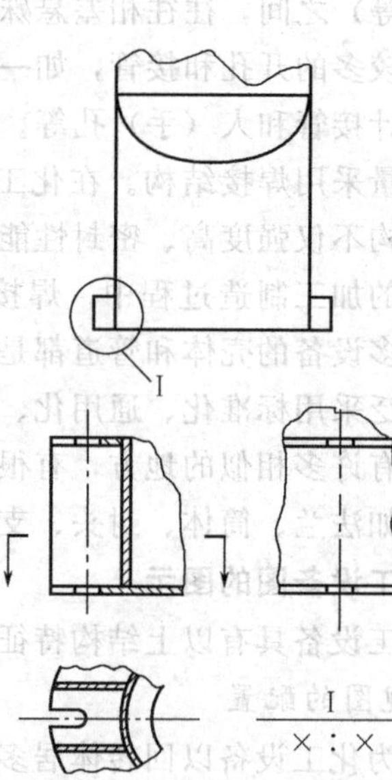

图 6-2 局部放大画法

（四）细微结构的夸大画法

为解决化工设备的总体与某些局部尺寸相差悬殊的矛盾，除了可采用局部放大的画法以外，针对某些细微结构的表达，还常会采用夸大的示意画法，即不按统一的规定比例，适当放大尺寸以便能示意性地表达出设备的某些细微结构，如图 6-1 中的壁厚和液位计的接管等。

（五）断开和分层画法

若设备的总体尺寸很大，用统一的比例难以将总体和局部结构同时表达清楚，而设备又有相当部分的形状与结构完全相同，或部分结构按一定规律变化与重复时，可采用断开，或分层画法来表达。以便使设备的图示尺寸缩短，简化作图，更为合理地利用图幅和选用较大的作图比例，而又不会影响阅图者对图纸的理解。如填料塔的填料层、板式塔的塔板数，以及列管换热器的列管长度等，均可采用断开画法缩短图示尺寸，省略重复结构的图示。采用断开画法的设备图，应当绘制出设备的总体图形，以表达设备的总体尺寸、结构和装配关系，以及设备上各接管的标高、平台和其他附件的位置等。在图面上常采用的断开方式是用间距约为 3~5mm，且互相平行的两条细双点画线，在基本不影响设备图示结构的前提下，从垂直于设备中心轴线的方向，选择适当的断开位置将设备主视图的图线完全断开，如图 6-3(a) 所示。

除采用断开画法来表达超高设备的局部结构外，还常采用分段（或分层）画法来表达超高设备的局部结构，如设备图的主视图选用较小的比例表达出设备的总体结构形状与装配尺寸，然后采用局部放大的画法，采用较大的比例在主视图近旁画出设备主体中重复结构的一段（或一层）的详细结构，如图 6-3(b) 所示。

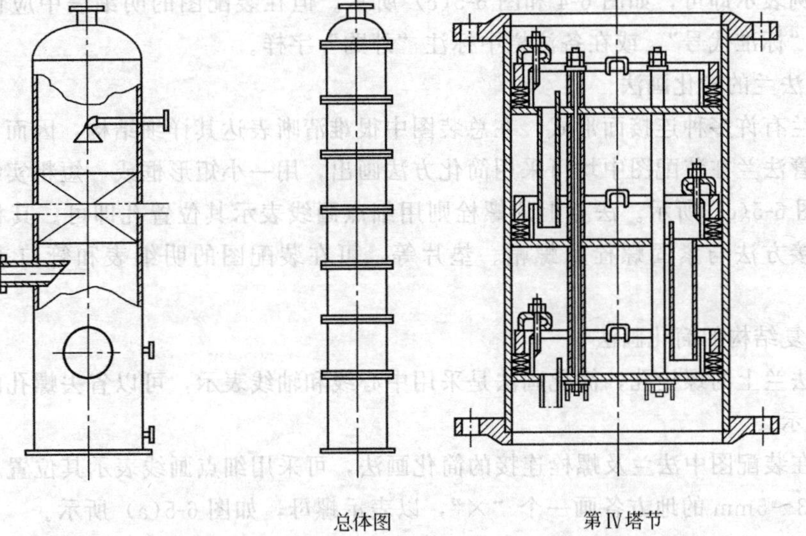

总体图　　第Ⅳ塔节

(a) 断开画法　　(b) 分段 (层) 画法

图 6-3　断开与分段（层）画法

（六）管口的方位表示

化工设备的管口较多，准确地表达出各管口的方位，在设备的制造、安装和使用中都十分重要。在化工设备图中还常常会绘制专门的管口方位图。管口方位图是供制造设备时确定各管口方位、管口和支座、地脚螺栓等零部件的位置，也是设备安装时确定设备安装方位的重要依据。设备的接管如果不是太多，管口方位可在俯视图中加以表示，如图 6-1 所示。如果接管太多，在俯视图中无法表达清楚时，可单独绘制一张专门的管口方位图。单独的管口方位图一般由化工工艺人员绘制，在设备图上只需注明：“管口及支座方位见管口方位图，图号××-××”字样即可。应注意此时设备图中俯视图上画出的管口方位，不一定是管口的真实方位，因此，不能注写表示管口方位的角度尺寸。

当利用化工设备图的俯（左）视图作为设备的管口方位图来表达出各接管的准确方位

时，其俯（左）视图可适当简化，只需画出设备的简单外形轮廓，采用中心轴线和相应的简化管口符号来表达各管口的方位即可，如图 6-1 所示。

（七）化工设备的简化画法

为满足化工设备的设计、制造与生产需要，除采用机械制图中国家标准所规定的简化画法外，还经常采用一些通用的简化画法，以减少不必要的绘图工作量，提高工作效率。通用的简化画法，都是化工行业的广大工程技术人员在长期的工程实践中总结出来并经相关主管部门规范与整理，做出统一规定之后所采用的。简化画法必须针对化工设备的特点，在不影响视图正确、清晰地表达设备的结构形状与装配关系，也不至于使阅图者产生误解的前提下才能采用。同时，简化方法还必须符合行业的统一规定或习惯，以免造成阅图者的误解。

在化工设备图中常采用如下几种简化画法。

1. 有标准件、复用图或外购零部件的简化画法

有标准件、复用图或外购零部件的化工设备，如减速机、电动机、人孔、填料箱和搅拌桨等，可不再绘制它们的零部件图，只需在装配图中按比例画出这些零部件的外形轮廓或采用标准图例表示即可，如图 6-4 和图 6-5(c) 所示。但在装配图的明细表中应详细标注上述零部件的“标准代号”，或在备注栏中标注“外购”字样。

2. 管法兰的简化画法

管法兰有许多种连接面形式，在总装图中很难清晰表达其详细结构，因而，不论什么连接形式的管法兰在装配图中均可采用简化方法画出，用一小矩形框或一短粗实线表示，如图 6-4(a)、图 6-5(c) 所示。法兰上的螺栓则用细点画线表示其位置孔即可。其相应的密封面形式、焊接方法与紧固螺栓及螺帽、垫片等，可在装配图的明细表和管口表中加以详细说明。

3. 重复结构的简化画法

(1) 法兰上的螺栓孔，简化画法是采用中心线和轴线表示，可以省去螺孔的投影，如图 6-4(b) 所示。

(2) 在装配图中法兰及螺栓连接的简化画法，可采用细点画线表示其位置，在靠近点画线两端点 3～5mm 的地方各画一个“×”，以表示螺母，如图 6-5(a) 所示。

(3) 在图样中如果设备或零部件有数量较多的螺孔或螺栓连接，也可只在图纸中详细表达出其中一个或少数几个螺孔或螺栓的结构与位置尺寸，再用引出标注方式说明其分布规律

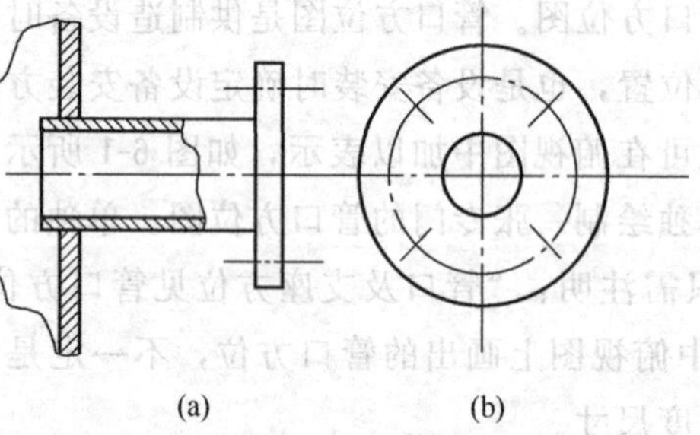

图 6-4　螺栓与螺孔的简化画法

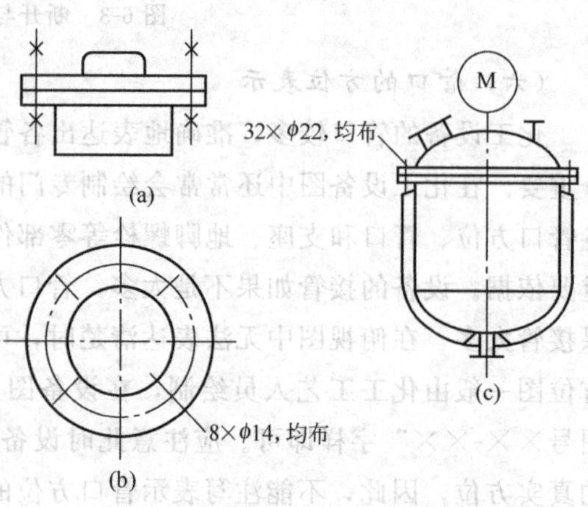

图 6-5　法兰的简化画法

和数量，如图 6-5(b) 所示。

(4) 开孔较多的板式塔的塔板，填料塔的分布板、隔板，热交换器的管板和折流板，以及其他各种类型和用途的开孔板，常采用如下简化画法。

① 开孔若为矩形、三角形或其他几何图形排列，用细实线画出孔眼圆心的连线及孔眼的开孔范围线，并画出其中几个孔眼，详细标注出孔眼的大小、间距、孔径和孔数，如图 6-6(a) 所示。

② 如果对开孔的数目要求不严，也可不必画出孔眼的连心线和准确的开孔范围，只画出孔的排列规律，另用局部放大图表达孔眼的大小、间距、孔径和孔数，如图 6-6(a) 所示。

③ 开孔若为同心圆排列，可用细点画线画出同心圆圆心所在的圆圈位置，每一圈标注一个圆孔的中心轴线与通过圆孔对称中心的水平轴线之间的夹角，同时标注每圈圆孔的数量和直径，如图 6-6(b) 所示，而孔眼的倒角与开槽等加工要求，则需另用局部放大图表达。

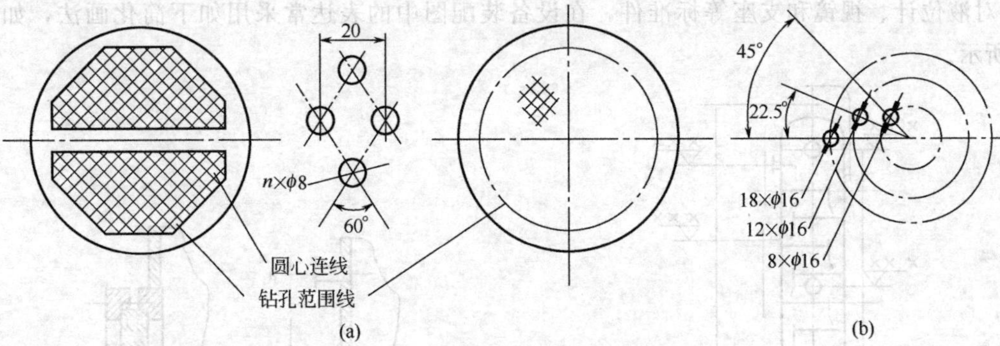

图 6-6 开孔板的简化画法

(5) 化工设备特定结构的简化画法

① 填料塔中的填料层，在装配图的剖视图中可采用一交叉的细实线，标注相关尺寸，同时引出标注填料的规格和堆放要求等，如图 6-7(a) 所示。

② 板式塔的塔板结构在装配图的主视图中可采用图 6-7(b) 所示的简化画法。

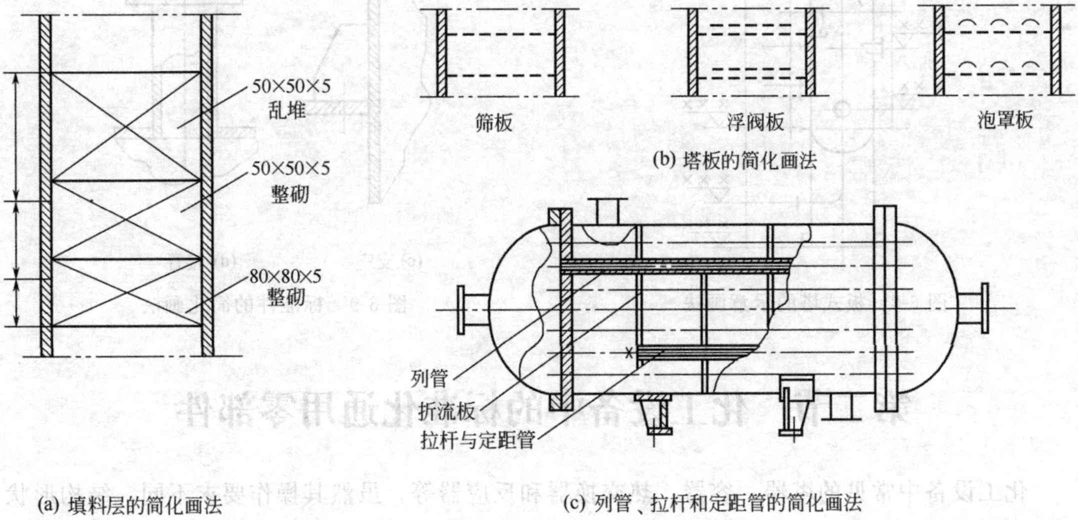

图 6-7 化工设备特定结构的简化画法

③ 热交换器的列管、拉杆和定距管在装配图的剖面图中可在适当的对称位置，按比例画出其中一根列管、拉杆和定距管，其余列管、拉杆和定距管则只需画出相应的中心轴线即可，如图 6-7(c) 所示。

（八）塔结构的示意画法

为了表达塔设备装配后的完整形状，以及各部分结构的相对位置和装配尺寸，可对设备整体采用示意画法。示意画法的方法是采用较大的缩小比例，用粗单实线按比例画出筛板的主要形状和典型结构（如塔板、人孔和重要内件等，整体为外形轮廓时画虚线，整体为剖视图则画实线)，并标注设备的总高、管口的定位尺寸和标高、人（手）孔的位置、塔板（或其他重要构件）的数量、顺序号与间距、塔节总数与标高，以及操作平台、吊杆等附件的标高位置等必要数据，如图 6-8 所示。

（九）标准件的简化画法

对液位计、视镜和支座等标准件，在设备装配图中的表达常采用如下简化画法，如图 6-9 所示。

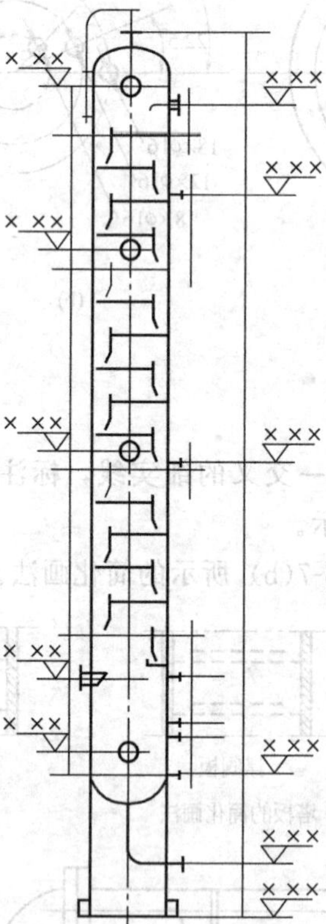

图 6-8　板式塔的示意画法

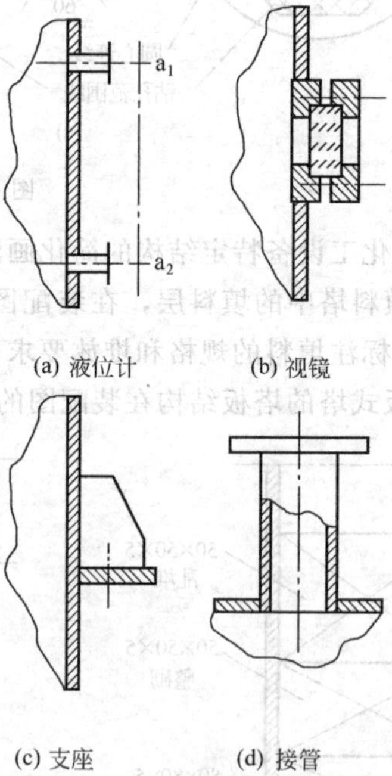

(a) 液位计　(b) 视镜

(c) 支座　(d) 接管

图 6-9　标准件的简化画法

第二节　化工设备中的标准化通用零部件

化工设备中常见的塔器、容器、热交换器和反应器等，虽然其操作要求不同，结构形状也各有差异，但基本上均是由一些结构相同的零部件所组成，如人孔、法兰、支座、筒体、封头等。为了便于设计、制造和检修，降低零部件的加工制造成本，有利于大批量规模化生产，将化工设备上的这些通用零部件的结构形状统一规范成若干种规格，使能相互通用，故称之为通用零部件。对其中结构较为先进，确实符合生产和加工制造要求的通用零部件，进一步进行规格的系列化和结构与加工技术要求的标准化，编制成国家标准或部颁标准后推广执行。已制定并颁布了加工制造标准的零部件，称之为标准化零部件，符合国家标准或部颁标准技术要求的零部件则称为标准件。为降低设备的加工制造成本，在化工设备的设计和加工制造过程中应尽可能采用标准件和通用件。为此，必须了解和熟悉这些零部件的基本结构特征与图示要求。熟悉相关标准与选用要求，以利于提高绘制和阅读化工设备图的能力。

一、标准化通用零部件的图示要求

1. 在装配图中的图示

在化工设备图中选用的标准化通用零部件，大多数情况下均可采用简化画法图示，但必须在明细表中作详细说明。

2. 零部件的结构图示

一般情况下选用的标准化零部件均可从市面上购买，不需要绘制专门的零部件图。如果需要自己加工，可参照相应标准提供的标准图进行加工。如果需要绘制零部件的标准图，则应根据相应的标准尺寸与结构参考图，按照《机械制图》的要求绘制。通用件通常也可从市面上购买，如果需要自己加工，可参考相关的行业资料或相关化工设备机械厂的产品说明书提供的样图与尺寸进行绘制。

二、标准化通用零部件的标注

（一）图号和标准号

在化工设备图中选用的所有标准件都应在装配图明细表的“图号和标准号”一栏中填写该零部件相应的标准号。如果选用了通用件，则应填写该通用件的通用图号。例如，在设备图中按 JB/T 4725—1992 标准为反应釜选用了 B 型 4 号耳式支座，则应在明细表的“图号和标准号”一栏中填写 JB/T 4725—1992。

（二）规格尺寸和技术要求

标准件除需要标注标准号外，还应在装配图明细表的“名称”一栏中填写该零部件相应的名称、主要规格尺寸和技术要求。例如，在设备图中按 JB/T 4725—1992 标准为反应釜选用了 B 型垫板厚度为 10mm 的 4 号耳式支座，则应在明细表的“名称”一栏中填写“耳座，B4，$\delta_3=10$”字样。

（三）其他填写要求

标准件在装配图明细表其他栏目中的填写要求与非标准件相同，如果需要外购的，则应在备注栏中说明。

（四）常用标准件的选用与标注

1. 筒体

筒体是设备的主体部分，以圆柱形筒体应用最广。设备筒体的选用主要是依据该设备设计的公称直径、公称压力、操作温度以及设备所接触的物料特性等因素来确定。

对于卷焊筒体，公称直径系指容器的内径。如果选用无缝钢管作筒体，则公称直径系指钢管的外径。压力容器的公称直径见表 6-1、表 6-2。

表 6-1　卷焊筒体公称直径　mm

300	350	400	450	500	550	**600**	**650**	**700**	**750**	**800**	**900**	**1000**
1300	**1400**	**1500**	**1600**	**1700**	**1800**	**1900**	**2000**	**2200**	**2300**	**2400**	**2500**	**2600**

注：加黑字体为现有钢板的标准宽度。

表 6-2　无缝钢管公称直径　mm

159	219	273	325	377	426

筒体常用的材料有 Q235-A、Q235-A · R、Q235-A · F、16MnR 和不锈钢。

筒体在明细表名称栏内的标注方法是：筒体，$DN1000$，$\delta=10$，$H(L)=2000$。表示筒体公称直径为 1000mm，壁厚 10mm，筒体高度（长度）为 2000mm，立式设备用高度（H），卧式设备用长度（L）。

2. 封头

常见的封头形式有椭圆形、球形、蝶形、锥形和平板等。封头是构成设备的重要零部件，它与筒体连接一起就构成了设备的壳体，如图 6-10 所示。封头和筒体可以直接焊接，形成不可拆卸的连接形式，这一连接方式的优点是连接成本低、密封性能好，不易产生生产过程中的泄漏事故，但设备的维修困难，必须将设备进行切割后才能完成。也可以将封头和筒体分别焊上连接法兰，在法兰之间加上密封垫片，再用螺栓、螺母锁紧，构成可拆卸的连接方式，以便于检修，但可拆卸连接方式的成本较高。

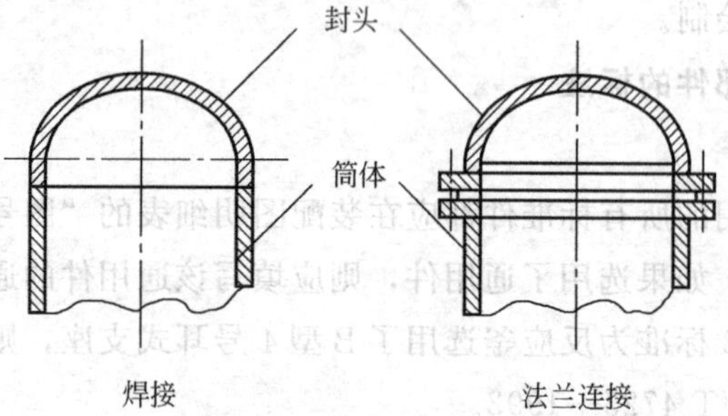

图 6-10　封头的连接方式

封头的选用依据和筒体一样，主要由该设备设计的公称直径、公称压力、操作温度，以及设备所接触的物料特性等因素来确定。球形、椭圆形封头适合较高的操作压力，碟形封头适合中等压力，而锥形与平板形封头一般只用于常压容器。加工成本以球形最高，平板最低。封头一般由两部分构成，即封头与折边，两者可一次冲压成型，较长的折边也可另行焊接，如图 6-11 所示。

封头常用的材料和筒体相同，不同类型的封头均有不同的选用标准，如图 6-11 所示。封头与筒体的标注要求基本相同，但在填写明细表的名称栏时，不同类型的封头均有不同之处。

封头的标注示例如下。

（1）球形封头　公称直径为 1000mm、壁厚 6mm、无折边的球形封头，标注为

球形封头，DN 1000×6，TH 3009—59

如果有折边，需标注折边高度。

（2）椭圆形封头　公称直径为 325mm、名义厚度为 12mm、材质为 16MnR、以外径为准的椭圆形封头标注为：

EHB325×12—16MnR JB/T 4746

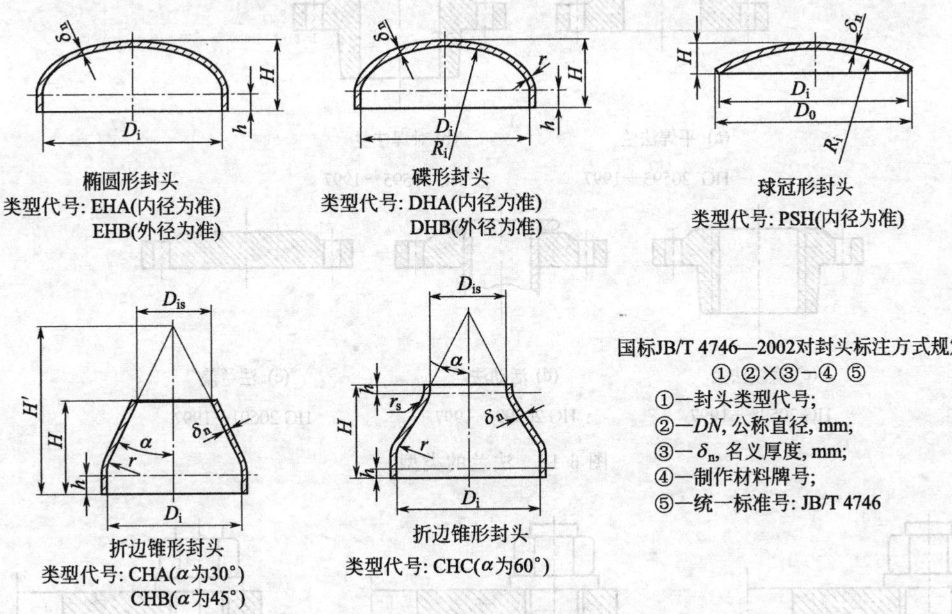

图 6-11　封头的类型与选用标准（JB/T 4746—2002）

（3）碟形封头　公称直径为 2400mm、名义厚度为 20mm、材质为 0Cr18Ni9、以内径为准的碟形封头标注为：

DHA2400×20—0Cr18Ni9 JB/T 4746

（4）折边锥形封头　公称直径为 1000mm，名义厚度为 6mm，锥角 $\alpha=45°$，材质为 16MnR 的折边锥形封头标注为：

CHB 1000×6—16MnR JB/T 4746

（5）椭圆形封头　公称直径为 325mm，厚度为 12mm，材质为 16MnR、以外径为准的椭圆形封头标注为：

EHB 325×12—16MnR JB/T 4746

3．法兰

法兰连接是一种可拆卸的连接方式，而且有较好的强度和密封性，适用范围较广，在化工行业应用极为普遍。法兰是法兰连接的关键部件，通过法兰连接可以将筒体与筒体、封头与筒体、封头与管道、筒体与管道，以及管道与管道等零部件连接在一起。法兰连接通常由一对法兰和密封垫片、紧固螺栓、螺母和垫片等零件组合在一起共同实现。法兰分管法兰和压力容器法兰两大类，管法兰主要用于管道的连接，压力容器法兰则主要用于筒体与封头的连接。法兰连接的密封，主要靠法兰自身的密封面设计和采用的密封垫片来保证。因此，根据生产工艺的要求选用不同特性的法兰结构与密封面形式，以及不同密封材料的垫片对法兰的选用是至关重要的。

（1）管法兰　通常选用的标准法兰有平焊法兰、对焊法兰、螺纹法兰、活动法兰和法兰盖（法兰盲板）五种类型，如图 6-12 所示。常用的法兰材料有 Q235、Q295、20、09Mn2VDR、16MnR、15CrMoR 与不锈钢等。法兰的密封面形式则分平面、榫槽面和凹凸面三种，如图6-13所示。

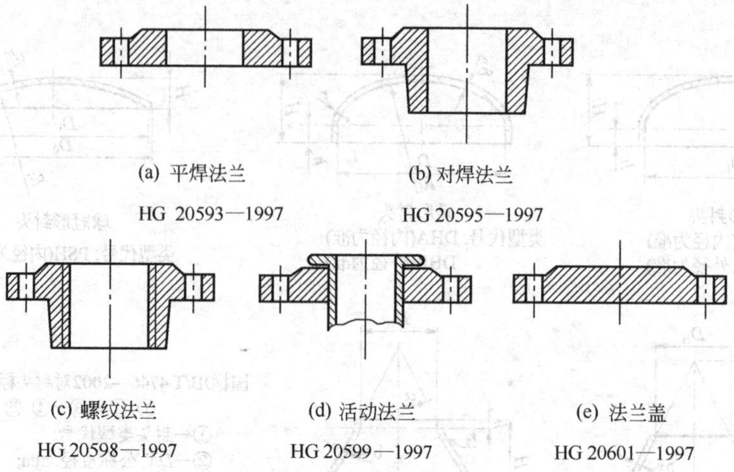

(a) 平焊法兰 HG 20593—1997　(b) 对焊法兰 HG 20595—1997

(c) 螺纹法兰 HG 20598—1997　(d) 活动法兰 HG 20599—1997　(e) 法兰盖 HG 20601—1997

图 6-12　法兰的类型

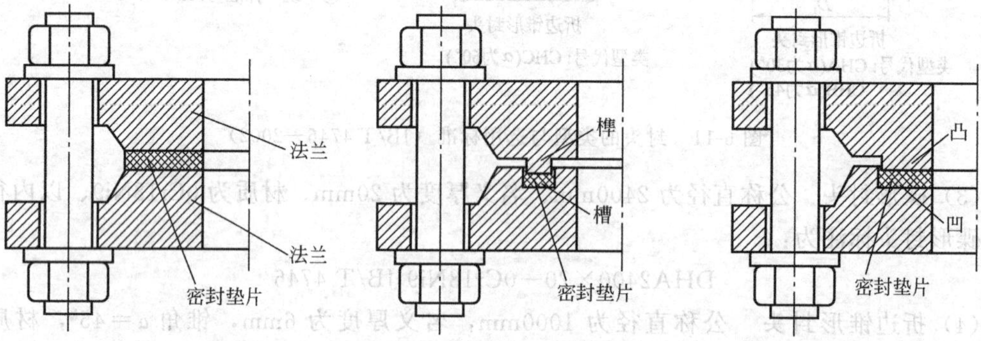

(a) 平面密封　(b) 榫槽面密封　(c) 凹凸面密封

图 6-13　法兰的密封面形式

法兰的标注由 7 部分组成，如图 6-14 所示。若法兰的厚度与总高度均采用标准值时，这两项均可省略不予标注。如果需要修改法兰的厚度与总高度，则均应在法兰的标注中加以标记。

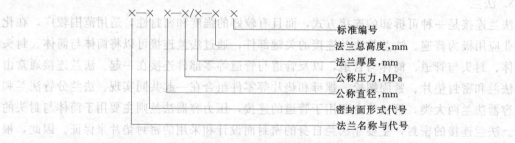

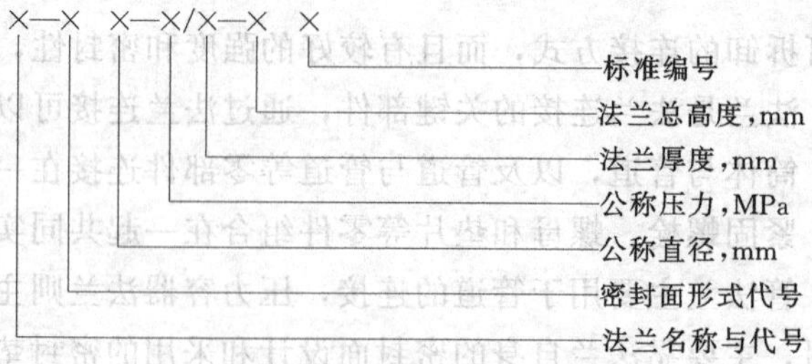

图 6-14　法兰的标注示意

为满足法兰的防腐要求，可采用衬环法兰，衬环法兰的代号为“C”，标注为“法兰 C”。法兰的衬环材料可由设计者确定。衬环材料的种类应在法兰材料后面加以标注，如 16Mn（环 0Cr18Ni9）。

管法兰标注示例如下。

公称压力为 1.6MPa、公称直径为 50mm、采用榫槽密封面的标准带颈平焊管法兰，在标准号和图号栏中标注“HG 20594—1997”，在明细表名称栏中的标注应为“管法兰—T 50—1.60”。公称压力为0.25MPa、公称直径为100mm、法兰厚度为78mm、总高度为155mm、采用平面密封的衬环平焊管法兰，在标准号和图号栏中标注“HG 20593—1997”，在明细表名称栏中的标注应为“管法兰 C—FF 100—0.25/78—155”。

在标注中采用的管法兰类型和密封面代号见表6-3和表6-4。

表 6-3 管法兰的类型与代号

管法兰类型	代号	标准号	管法兰类型	代号	标准号
板式平焊法兰	PL	HG 20593—1997	平焊环松套法兰	PJ/PR	HG 20600—1997
带颈平焊法兰	SO	HG 20594—1997	对焊环松套法兰	PJ/SE	HG 20599—1997
带颈对焊法兰	WN	HG 20595—1997	法兰盖	BL	HG 20601—1997
螺纹法兰	Th	HG 20598—1997	衬里法兰盖	BL/S	HG 20602—1997

表 6-4 法兰密封面代号

密封面形式	代号	密封面形式	代号
突面	RF	榫槽面密封	榫:T 槽:G
凹凸面密封	凹:FM 凸:M	平面密封	FF

(2) 压力容器法兰 压力容器法兰分为平焊和对焊两大类，其中平焊法兰又分为甲型和乙型两类。密封面的形式分为平面密封、凹凸面密封和榫槽面密封三种。相应简图与标准，如图6-15所示。

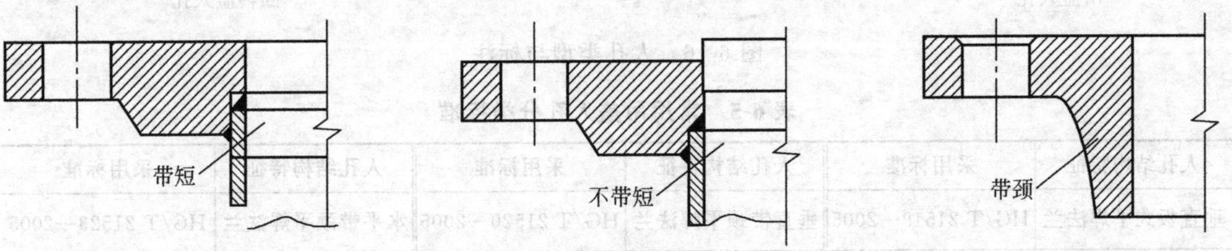

(a) 甲型平焊法兰 JB/T 4701—2000　(b) 乙型平焊法兰 JB/T 4702—2000　(c) 长颈对焊法兰 JB/T 4703—2000

图 6-15 压力容器法兰的分类简图与标准

压力容器法兰的标注与管法兰相似，如公称压力为1.6MPa、公称直径为800mm、采用凹凸密封面的标准甲型平焊容器法兰，在标准号和图号栏中标注“JB/T 4701—2000”，在明细表名称栏中的标注应为“法兰—FM 800—1.60”。

4. 人（手）孔

为了便于安装、检修或清洗设备内部的结构装置，常常需要在设备上开设人（手）孔。人孔与手孔的结构基本上相同，仅有尺寸大小的差异。常见的人（手）孔一般由手柄、孔盖、法兰、短管、密封垫片，以及紧固件螺柱、螺母与垫圈共同组成。从外形结构上看，人孔可分为圆柱形和椭圆柱形两种，圆的内径最小尺寸为 DN400mm，椭圆的内径最小尺寸为400mm×300mm。手孔一般为圆柱形，圆的内径有 DN150mm 和 DN250mm 两种。从工作环境上看，又可分为常压和加压两类。常压人（手）孔的结构较简单，密封面的要求也低；加压盖人（手）孔的结构要复杂些，密封面的要求也高一些。人（手）孔的结构形式很多，但主要的区别在于孔盖的开启方式和方位，其目的是为了适应各种工艺条件、设备开孔的要求与操作的需要。为孔盖开启的方便，孔盖法兰和短管法兰常常会用铰链连接在一起，以方便孔盖的自由回转开启，而不必将孔盖取下，而且孔盖也不再占用维修场地。为孔盖的开启方便，还可采用活节螺栓，其特点是将螺栓的一端挂在一环形圆钢上，而将圆钢又用吊钩与螺钉固定在短管法兰上，当螺栓松开以后，便按各自的位置挂在圆钢上，如图 6-16 所示。常用人（手）孔的分类标准见表 6-5～表 6-10，人（手）孔密封面名称及代号见表 6-11，人（手）孔常用垫片（圈）材质代号见表 6-12。

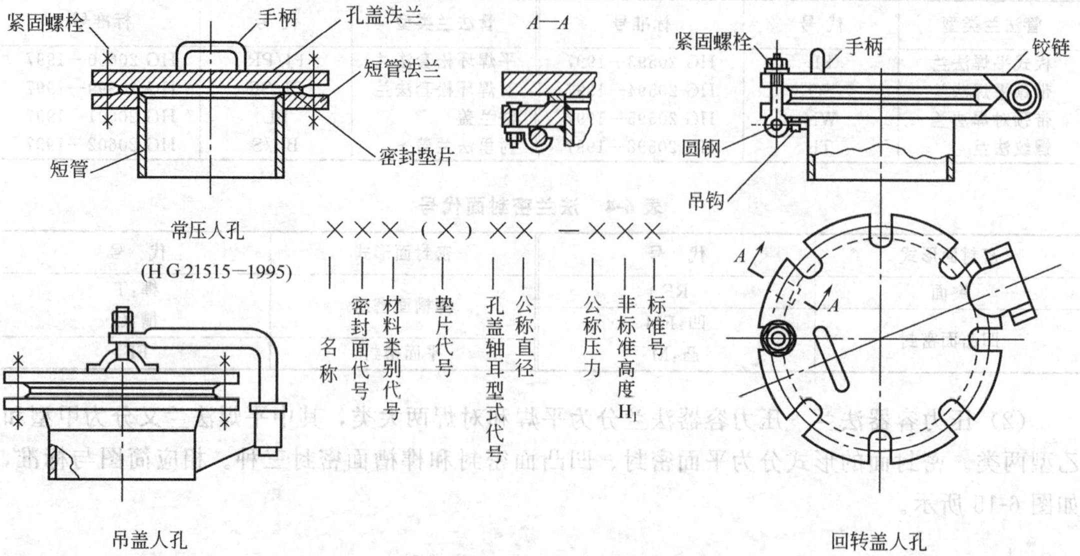

图 6-16 人孔类型与标注

表 6-5 常用吊盖人孔分类标准

人孔结构特征	采用标准	人孔结构特征	采用标准	人孔结构特征	采用标准
垂直板式平焊法兰	HG/T 21519—2005	垂直带颈平焊法兰	HG/T 21520—2005	水平带颈平焊法兰	HG/T 21523—2005
水平板式平焊法兰	HG/T 21522—2005	垂直带颈对焊法兰	HG/T 21521—2005	水平带颈对焊法兰	HG/T 21524—2005

表 6-6 常用回转盖人孔分类标准

人孔结构特征	采用标准	人孔结构特征	采用标准	人孔结构特征	采用标准
板式平焊法兰	HG/T 21516—2005	带颈平焊法兰	HG/T 21517—2005	带颈对焊法兰	HG/T 21518—2005

表 6-7 常用快开人孔标准

人孔结构特征	采用标准	人孔结构特征	采用标准	人孔结构特征	采用标准
常压旋柄圆盖	HG/T 21525—2005	椭圆形回转盖	HG/T 21526—2005	回转拱盖	HG/T 21527—2005

表 6-8 常用不锈钢人孔标准

人孔结构特征	采用标准	人孔结构特征	采用标准	人孔结构特征	采用标准
常压人孔	HGJ 504—1986	回转盖快开人孔	HGJ 506—1986	垂直吊盖人孔	HGJ 508—1986
回转盖人孔	HGJ 505—1986	水平吊盖人孔	HGJ 507—1986	椭圆形快开人孔	HGJ 509—1986

表 6-9 常用手孔标准

手孔结构特征	采用标准	手孔结构特征	采用标准	手孔结构特征	采用标准
常压手孔	HG/T 21528—2005	带颈平焊法兰	HG/T 21530—2005	回转盖带颈对焊	HG/T 21532—2005
常压快开	HG/T 21533—2005	带颈对焊法兰	HG/T 21531—2005	板式平焊法兰	HG/T 21529—2005
旋柄快开	HG/T 21534—2005	回转盖快开	HG/T 21535—2005		

表 6-10 常用不锈钢手孔标准

手孔结构特征	采用标准	手孔结构特征	采用标准	手孔结构特征	采用标准	手孔结构特征	采用标准
平盖手孔	HGJ 511—1986	常压快开	HGJ 510—1986	回转盖快开	HGJ 512—1986	旋柄快开	HGJ 513—1986

表 6-11 人（手）孔密封面名称及代号

密封面名称	代 号	密封面名称	代 号	密封面名称	代 号
全平面	FF	突面	RF	榫槽面	TG
平面	FS	环连接面	RJ	凹凸面	MFM

表 6-12 人（手）孔常用垫片（圈）材质代号

名 称	标 准 号	名称代号	垫片类型	类型代号	材 质	材 质 代 号	垫片(圈)代号
石棉橡胶板垫片	HGJ 69—1991	A	普通型	G	石棉橡胶板	—	A. G
耐油石棉橡胶板垫片	HGJ 69—1991	A	耐油型	O	耐油石棉橡胶板	—	A. O
橡胶板垫片(圈)	非标垫片	R	普通型	G	普通橡胶	1120、1125、1130 1140、1250、1260	R. G(橡胶板代号)
			耐酸、碱型	A	耐酸、碱橡胶	2030、2040	R. A(橡胶板代号)
			耐油型	O	耐油橡胶	3001、3002	R. O(橡胶板代号)
			耐热型	H	耐热橡胶	4001、4002	R. H(橡胶板代号)
柔性石墨复合垫片	HGJ 71—1991	F	突面法兰用	RF	冲齿低碳钢芯板复合膨胀石墨粒子	St	F. RF—St
			凹凸法兰用	MFM			F. MFM—St
			榫槽法兰用	TG			F. TG—St
聚四氟乙烯包覆垫	HGJ 71—1991	T	机加工翅形	PMF	石棉橡胶板嵌入层＋聚四氟乙烯包覆层	—	T. PMF
			机加工矩形	PMS		—	T. PMS
			折包型	PET		—	T. PET
金属环垫片	HGJ 74—1991	M	八角形	H	10	10	M. H—10
					08	08	M. H—08
					0Cr13	410	M. H—410
			椭圆形	B	10	10	M. B—10
					08	08	M. B—08
					0Cr13	410	M. B—410

人（手）孔的标注示例如下：公称直径为 DN450mm，采用 2707 耐酸、碱橡胶垫片的常压人孔，应在标准号和图号栏中标注“HG 21515—2005”，在明细表名称栏中的标注应为“人孔（R. A—2707）450”。公称压力为 $PN$1. 0MPa，公称直径为 DN450mm，A 型盖轴

耳、突面密封，采用Ⅲ类材料和石棉橡胶板垫片的回转盖板式平焊法兰标准（$H_1=220$mm）人孔，在标准号和图号栏中标注“HG 21516—2005”，在明细表名称栏中的标注应为“人孔 RF Ⅲ（A.G）A 450—0.6”。如果短管采用非标准高度 $H_1=250$mm，则在明细表名称栏中的标注应为：“人孔Ⅲ（A.G）A 450—0.6 $H_1=250$”。通常，如果该标准只有一种密封面形式时此项可省略不填写。因人孔是由手柄、孔盖、法兰、短管、密封垫片，以及紧固件螺柱、螺母与垫圈共同组装而成的（见图 6-16），因此，在明细表中应对人孔采用的所有零部件进行详细说明。人孔零部件明细见表 6-13。

表 6-13 人孔零部件明细表（HG 21516—95）

序号	标准号和图号	名称	数量	材料	备注
1		短管，*PN*0.6，*DN*450	1	Q235-A	1. 人孔的材料类别与适用范围 代号 材料 适用压力 适用温度 Ⅰ Q235-A·F ≤0.6MPa 0～200℃ Ⅱ Q235-A ≤0.6MPa 0～200℃ Ⅲ Q235-A ≤1.0MPa 0～300℃ Ⅳ 20R ≤2.5MPa －20～300℃ Ⅴ 20R ≤6.3MPa －20～300℃ Ⅵ 20R ≤6.3MPa －20～400℃ Ⅶ 16MnDR ≤6.3MPa －20～100℃ Ⅷ 16MnR ≤6.3MPa －20～300℃ Ⅸ 16MnR ≤6.3MPa －20～400℃ Ⅹ 15CrMoR ≤6.3MPa 300～500℃ 2. 人孔选用的 *PN* 与 *DN* 不同，在明细表中零部件的配置有区别，具体要求可查相应标准 3. 手孔的零部件配置和人孔相似，但材料的要求不同，选用时应查相关标准
2	HGJ 75—1991	六角螺栓，M20×95	16	—	
3	HGJ 75—1991	六角螺母，M20	16	25	
4	HGJ 45—1991	法兰，*PN*0.6，*DN*450	1	Q235-A	
5	HGJ 69—1991	石棉橡胶板垫片，*DN*450	1	石棉橡胶	
6	HGJ 61—1991	法兰盖，*PN*0.6，*DN*450	1	Q235-A	
7		把手	1	Q235-A·F	
8		轴销	1	Q235-A·F	
9	GB/T 91—2000	销	2	低碳钢	
10	GB 95—1985	垫圈	2	100HV	
11		盖轴耳(1)A	1	Q235-A·F	
12		法兰轴耳(1)	1	Q235-A·F	
13		盖轴耳(2)A	1	Q235-A·F	
14		法兰轴耳(2)	1	Q235-A·F	

5. 支座

支座是用来支撑设备的重力和固定设备位置的，常用的支座根据其用途可分为立式设备支座和卧式设备支座两大类。支座有多种结构形式，以适应于不同设备的结构形状、安放的位置、材料和载荷等情况。下面介绍三种典型支座。

(1) 悬挂式支座　又称耳架，广泛用于立式设备，它的基本结构是由两块筋板、一块底板和一块垫板焊接而成，然后将垫板焊在设备的筒体壁上使用。在筋板与筒体之间，加一垫板，是为了改善支座的局部应力情况，以增加受力部分的面积。悬挂式支架的底板，搁在楼板或钢梁等基础上。通过底板上的螺栓孔和在设备基础中预埋的地脚螺栓，将设备固定在基础上。因为通过此类支座安装的设备均成悬挂状态，所以称为悬挂式支座。悬挂式支座常用于反应釜、蒸发器与小型立式容器的支撑。悬挂式支座一般应焊接在立式设备圆筒的外壁面上，设备支座的支撑面（见图 6-17）约设置在立式容器总高的下 1/3 处。通常，在设备的周边需要安装四个悬挂式支座，小型设备也可只安装三个或两个支座。悬挂式支座通常分为 A 型（短臂）与 B 型（长臂）两种类型，同时各自又有带垫板、不带垫板两种不同形式。A、B 型悬挂式支座按允许载荷的不同，各分 8 个支座号。悬挂式支座一般用于公称直径不大于 4000mm，且高径比不大于 5，总高不大于 10m 的立式圆筒形设备的支撑。公称直径在 900mm 以上的容器，悬挂式支座应配置垫板；公称直径在 900mm 以下的容器，悬挂式支座

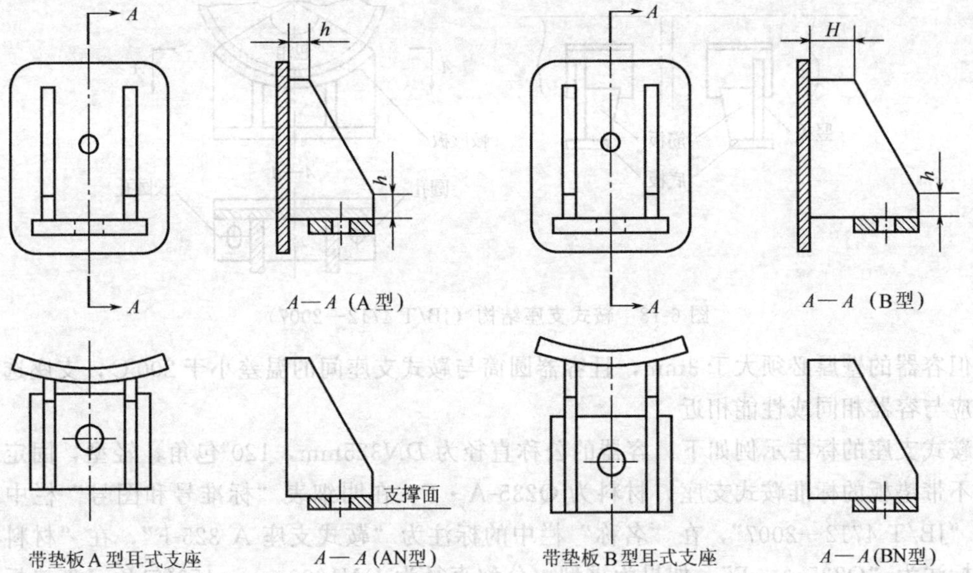

图 6-17　悬挂式支座结构 (JB/T 4725—1992)

可不配置垫板，但筒体的有效壁厚需大于 3mm，且支座应采用与筒体相同的材料。筋板和底板的材料通常采用 Q235-A·F，垫板的材料应与容器筒体材料相同。一般可取筋板 h 为 30mm，H 为 100mm，悬挂式支座结构如图 6-17 所示。

悬挂式支座的标注示例如下。A 型，不带垫板，允许载荷 3t，支座材料为 Q235-A·F 的悬挂式标准支座，在明细表"标准号和图号"栏中的标注为"JB/T 4725—1992"，在"名称"栏中的标注为"耳座 AN3"，在"材料"栏中的标注为"Q235-A·F"。如果为 B 型，带垫板，允许载荷 3t，支座材料为 Q235-A·F，垫板材料为 Cr19Ni9，垫板厚度为 12mm 的悬挂式支座，在明细表"标准号和图号"栏中的标注为"JB/T 4725—1992"，在"名称"栏中的标注为"耳座 B3，$\delta_3=12$"，在"材料"栏中的标注为"Q235-A·F/Cr19Ni9"。

(2) 鞍式支座　鞍式支座是卧式设备中应用最广的一种支座，主要用于热交换器和容器的支撑。它主要是由一块竖板支撑着一块鞍形（与设备外形紧密贴合）板，并将竖板焊在底板上，中间焊接若干块筋板所组成的一种鞍式支架，以承受设备的负荷。鞍形支座实际起着垫板的作用，可改善受力分布情况。但如果设备直径较大、壁厚较薄时，还应另衬加强板。

卧式设备一般用两个鞍式支座支撑。当设备过长，超过两个支座所允许的支撑范围时，应增加支座的数目。鞍式支座分为轻型（A）与重型（B）两种类型，其中根据所适用设备的公称直径的大小重型又分为五种不同的型号，不同型号的鞍式支座均有不同的结构尺寸。鞍式支座分为固定式（代号为 F）和滑动式（代号为 S）两种安装形式，固定式的地脚螺栓孔全为圆孔，安装后会固定不动；滑动式的地脚螺栓孔为长圆孔，安装后在螺栓未紧固之前，支座在基础面上有滑动的余地，使设备可在一定范围内移动位置，便于修正地脚螺栓预埋时造成的相对位置偏移误差，如图 6-18 所示。

鞍式支座的安装应尽可能靠近容器的环焊缝（或容器法兰的密封面），支座底板螺孔中心线到最近环焊缝的距离 $A=D_0$（容器的外径）/4，且 $A\leqslant 0.2L$（L 为容器两端环焊缝之间的距离）。特殊情况下，允许增加到 $0.25L$。公称直径≤900mm 的容器选用鞍式，可不带垫

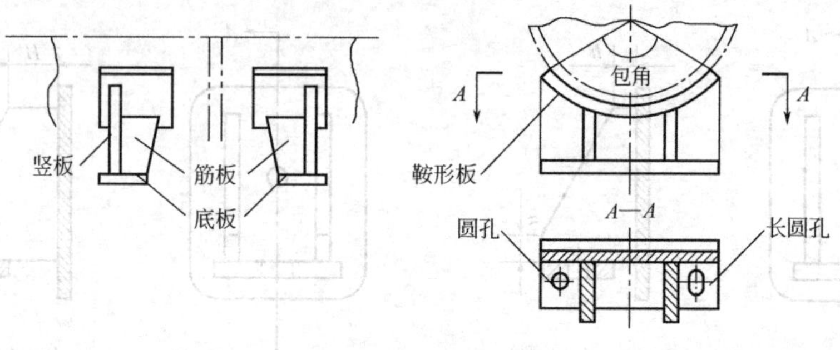

图 6-18　鞍式支座结构（JB/T 4712—2007）

板，但容器的壁厚必须大于3mm，且容器圆筒与鞍式支座间的温差小于200℃，支座选用的材料应与容器相同或性能相近。

鞍式支座的标注示例如下。容器的公称直径为 DN325mm，120°包角，轻型，固定式安装，不带垫板的标准鞍式支座，材料为 Q235-A・F，在明细表“标准号和图号”栏中的标注为“JB/T 4712—2007”，在“名称”栏中的标注为“鞍式支座 A 325-F”，在“材料”栏中的标注为“Q235-A・F”。如果为重型，公称直径为 DN1600mm，150°包角，带垫板，滑动式安装（滑动长孔长度为60mm），支座材料为 Q235-A・F，垫板材料为 0Cr19Ni9，垫板厚度为 12mm，鞍座高度为 400mm（非标），在明细表“标准号和图号”栏中的标注为“JB/T 4712—2007”在“名称”栏中的标注为“鞍式支座 BⅡ600—S，$h=400$，$\delta_4=12$，$l=60$”，在“材料”栏中的标注为“Q235-A・F/0Cr19Ni9”。

（3）支承式支座　支承式支座主要用于公称直径 $DN$800～4000mm，且高径比不大于5，总高不大于10m的立式圆筒形设备的支撑。支承式支座分 A、B 两种类型，其中 A 型支承式支座为钢板焊接制作，带垫板，允许载荷为 2～20t，根据允许载荷的不同分为6个不同的支座序号，适用于支撑 $DN=800$～3000mm 的容器；B 型支承式支座为钢管（代替筋板）焊接制作，带垫板，允许载荷为 10～55t，根据允许载荷的不同分为 8 个不同的支座序号，适用于支撑 $DN=800$～4000mm 的容器。支承式支座一般应焊接在立式设备下封头的外壁面上，支承式支座的高度 h 与安装高度（见图 6-19）随支座的允许载荷和封头的壁厚不同而改变（见表 6-14）。通常，在设备的封头上需要安装 4 个支承式支座，小型设备也可只安装 3 个支座，如果设备的直径较大，则应增加支座的数量。

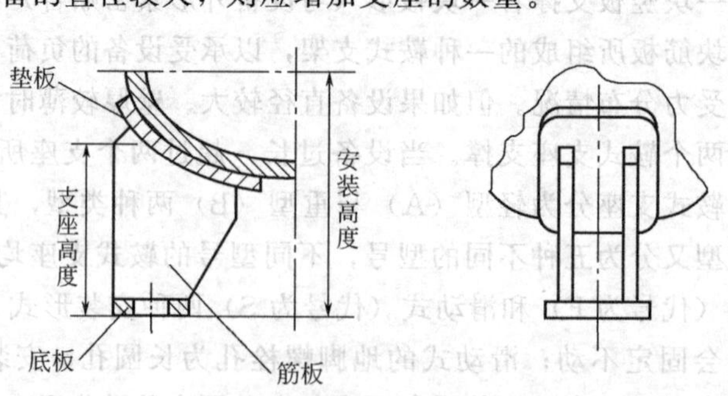

图 6-19　A 型支承式支座结构（JB/T 4724—1992）

支承式支座的标注示例如下。钢板制作的 A 型 3 号，允许载荷 6t，支座和垫板材料均为 Q235-A・F 的标准支承式支座，在明细表“标准号和图号”栏中的标注为“JB/T 4724—1992”，在“名称”栏中的标注为“支座 A3”，在“材料”栏中的标注为“Q235-A・F/Q235-A・F”。

表 6-14 A型支承式支座的安装高度（JB/T 4724—1992） mm

支座号	公称直径 DN	支座高度 h	容器封头的名义厚度（容器筒体的壁厚）δ_n								
			4	6	8	10	12	14	16	18	20
1	800	350	484	487	489	491	493	496	498	500	502
2	1200	420	620	622	624	626	629	631	633	635	637
3	1800	460	728	731	733	735	738	740	742	744	747

钢管制作，允许载荷为 35t，支座高度为 600mm（非标），垫板厚度 12mm（非标），钢管材料为 10 号钢，底板材料为 Q235-A・F 垫板材料为 0Cr19Ni9 的 B 型 4 号支承式支座，在明细表“标准号和图号”栏中的标注为“JB/T 4724—1992”，在“名称”栏中的标注为“支座 B4，$h=600$，$\delta_3=12$”，在“材料”栏中的标注为“10，Q235-A・F/0Cr19Ni9”。

6. 视镜

视镜是用来观察设备内部操作工况的一种可视装置，其基本结构是，供观察用的视镜玻璃被夹在特别设计的接缘和压紧环之间，并用双头螺栓紧固，使之连接在一起构成视镜装置，如图6-20所示。

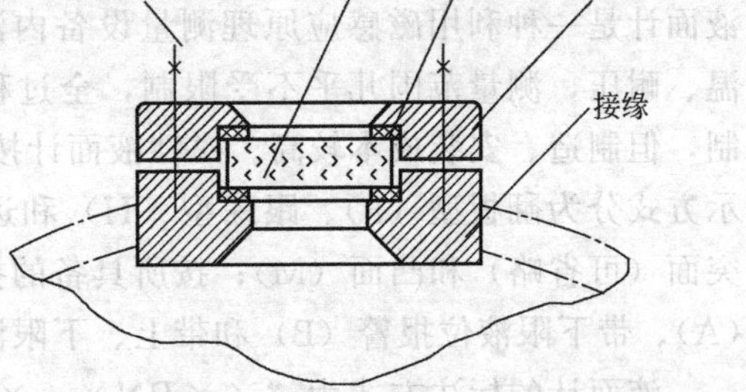

图 6-20 视镜的基本结构

视镜分为一般压力容器视镜、带颈视镜、衬里视镜和带灯视镜 4 种类型。压力容器视镜适用最高压力为 2.5MPa，适用介质温度为 0～200℃。视镜玻璃的材质为钢化硼硅玻璃，耐热急变温差为 180℃，视镜接缘采用的材料为碳素钢（Q235-A，代号为Ⅰ）和不锈钢（1Cr18Ni9Ti，代号为Ⅲ）两种。

视镜标记示例如下。公称压力为 1.0MPa，公称直径为 80mm，材料为不锈钢制的标准视镜，在“名称”栏中的标注为“视镜Ⅱ，PN1.0，$DN$80”，公称压力 1.6MPa，公称直径为 100mm，视镜高度 $h=100$mm，材料为碳素钢制的带颈视镜，在明细表“标准号和图号”栏中的标注为“HGJ 502—86-6”，在“名称”栏中的标注为“带颈视镜Ⅰ，PN1.6，$DN$100，$h=100$”。衬里视镜的标注，则应在名称栏中注明“衬里视镜”或“带颈衬里视镜”（一般不注公称压力）。带灯视镜的标注则有些差别，其标注方法是“××PN×，DN×—×”。其中第一项是带灯视镜的类型代号：A——带灯视镜，B——有冲洗孔带灯视镜，C——有颈带灯视镜，D——有冲洗孔有颈带灯视镜；第二项为视镜衬里代号：Ⅰ——碳钢，Ⅱ——不锈钢和碳钢混合材料，Ⅲ——全不锈钢；最后一项是视镜灯的代号：BJd——防爆型，F2——防腐型。例如，公称压力为 1.0MPa，公称直径为 150mm，无冲洗孔，材料为碳钢的 A 型带灯防爆视镜，在“名称”栏中的标注为“AI PN1.0，$DN$150—BJd”。

视镜的标注应给出相应的标准图号，常用视镜的标准图号见表 6-15。

7. 液面计

液面计是用于观察设备内部液面位置的一种常用装置。常见液面计分为板式液面计、玻璃管液面计、浮子液面计和磁性液面计 4 种类型，尤以玻璃管液面计使用最为广泛。玻璃管液面计结构简单、成本低，但易损坏，只适合用于设备高度在 3m 以下且操作压力和温度不高，物料中没有结晶或其他易堵塞管道的固体物质的一类设备。板式液面计分为透光式和反射式两种类型，一般采用前者较多，后者只用于干净物料的液位观察。板式液面计笨重、制

表 6-15 常用视镜的标准图号 mm

视镜类别	公称压力/MPa	公称直径	标准号和图号		视镜类别	公称压力/MPa	公称直径	衬里材料	标准号和图号
			碳素钢	不锈钢					
一般视镜	1.0	50	HGJ 501—86-1	HGJ 501—86-11	衬里视镜(封头用)	≤0.6	50	橡 胶	HGJ 518.1—90-1
一般视镜	2.5	80	HGJ 501—86-6	HGJ 501—86-16	衬里视镜(封头用)	≤0.3	80	衬 铅	HGJ 518.1—90-2
一般视镜	1.6	100	HGJ 501—86-8	HGJ 501—86-18	衬里视镜(封头用)	≤1.0	100	聚四氟乙烯	HGJ 518.1—90-3
带颈视镜	1.0	50	HGJ 502—86-1	HGJ 502—86-11	衬里视镜(筒体用)	≤0.6	50	橡 胶	HGJ 518.2—90-1
带颈视镜	2.5	80	HGJ 502—86-6	HGJ 502—86-16	衬里视镜(筒体用)	≤0.3	80	衬 铅	HGJ 518.2—90-2
带颈视镜	1.6	100	HGJ 502—86-8	HGJ 502—86-18	衬里视镜(筒体用)	≤1.0	100	聚四氟乙烯	HGJ 518.2—90-3

造、安装的成本高，但耐压也高，且不易堵塞。浮子液面计结构简单、不易堵塞、可耐腐蚀、不需保温、使用可靠，且液面观察的范围大，液位信息可以远传，常用于高腐蚀性的液体液位测量。但承压不高（低于 0.4MPa)，不适合带搅拌和液面波动大的设备使用。磁性液面计是一种利用磁感应原理测量设备内液位的一种新型产品，它具有可靠的安全性，耐温、耐压，测量范围几乎不受限制，全过程不存在盲区，可实现液位信息的远传指示与控制，但制造、安装成本较高。磁性液面计按结构形式分为普通型（A）和夹套型（B)；按显示方式分为翻板型（F)、跟踪型（H）和远传显示型（Y)；按接口法兰的密封面形式分为突面（可省略）和凸面（M)；按所具备的报警功能分为无报警（可省略)、带上限液位报警(A)、带下限液位报警（B）和带上、下限液位报警（C）等若干类型。

液面计的标注方式为“××*PN*×，×”，其中第一项为液面计的名称，第二项为液面计的接缘材料与衬里衬垫（Ⅰ——接缘材料为 Q235-A·F，衬里衬垫为石棉橡胶板；Ⅱ——接缘材料为 1Cr18Ni9Ti，衬里衬垫为耐酸石棉板；Ⅲ——接缘材料为 Q235-A·F，衬里衬垫为耐酸石棉板)，最后一项为衬里尺寸。标注示例：*PN*=0.07MPa，接缘材料为 Q235-A·F 的带衬里宽 18mm、长 304mm 的板式液面计，在明细表“标准号和图号”栏中的标注为“JB 598—1964”，在“名称”栏中的标注为“带衬里板式液面计Ⅲ，*PN*0.07，18×304”。

常用液面计的标准号和标准图号见表 6-16。

表 6-16 常用液面计的标准号和标准图号

液面计类型	标准号和图号	液面计类型	标准号和图号	液面计类型	标准号和图号
板式液面计	JB 597—1964	带颈衬里板式液面计	JB 600—1964	普通玻璃管液面计	HG 21592—1995
带衬里板式液面	JB 598—1964	双面玻璃板液面计	JB/T 9244—1999	保温型玻璃管液面计	HG 5—227—1980
液化气储罐浮子液面计	HG 5—223—1965	磁性浮子液面计	HG/T 21584—1995	磁性液面计	HG/T 21584—1996

第三节 典型化工设备的结构

化工设备图的阅读和绘制，不仅需要掌握绘图的基本技能和相关标准、规范，而且还需要熟悉和了解化工设备的通用结构与技术要求，这样绘图才能做到准确无误和心中有数，阅图才能一览无余、一见如故。在化工设备中除经常采用标准件和通用零部件之外，还会采用一些比较专业化的设备专用零部件，有一些亦已标准化和系列化。熟悉和了解这些典型设备的基本结构和常用零部件的相关标准、规范，有助于更好地阅读和绘制化工设备图样。下面将重点介绍用得比较多的典型容器、反应釜、热交换器和塔器的基本结构和相关零部件的标准、规范。

一、容器

常见的容器分为立式、卧式与球形三类。因常用于贮存物料，所以也被称为贮槽、贮罐。如果增加一些特殊的接管与内构件，则就可构成简单的反应器、热交换器或分离器等设备。在这里重点介绍卧式贮槽的基本结构与相关标准。

常见的卧式贮槽由封头、筒体、人孔、支座、液位计和相关接管构成，如图 6-21 所示。卧式贮槽的结构比较简单，零部件基本上都由标准件组成，而且其相关零部件的尺寸要求也已规范化。

绘制卧式贮槽的设备图纸，只需要根据工艺要求和设计条件单选用相应的标准件，确定零部件的相对位置即可，贮槽筒体的常用壁厚可参见表 6-17。

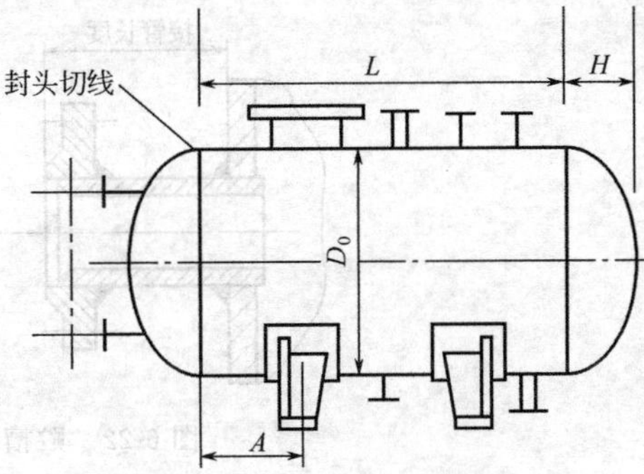

图 6-21　卧式贮槽结构示意

L—封头曲面高度；H—两封头切线间的距离；D_0—筒体外径；A—筒体端面至支座中心的距离，$A=D_0/4$，$A\leqslant 0.2L$

在贮槽的筒体和封头上，常常需外接一些短管，以满足各种不同的工艺需要，如物料的进出口、人孔、液位计、温度计、压力表连接管，以及必要的排污口等。贮槽的外接短管一般都焊接在筒体或封头的外壁面上，管径与外接管长应符合表 6-18 的规定。

接管与筒体或封头的连接通常有固定连接和活动连接两种方式。为避免液体物料进料时沿设备的内壁流动，以减少物料对设备壁面的磨损与腐蚀，减少对液面的冲击而产生泡沫或造成液面的不稳定，可使加料管伸进设备内一段。为防止易燃物料产生静电，管口应设计成

表 6-17　内压圆筒的壁厚　　mm

公称压力/MPa	公称直径	碳　钢	公称直径	碳　钢	不锈钢
≤0.3	400	3	800	4	3
	1000	5	1200	5	4
	1800	6	2200	6	5
1.0	400	4	800	6	4
	1000	8	1200	8	6
	1800	12	2200	12	10
1.6	400	6	800	8	6
	1000	10	1200	12	9
	1800	16	2200	18	16

表 6-18　贮槽接管的长度　　mm

公称直径	公称压力/MPa	不保温	保　温	公称直径	公称压力/MPa	不保温	保　温
≤15	≤4.0	80	130	70～350	≤1.6	150	200
20～50	≤1.6	100	150	70～500	≤1.0	150	200

45°角，并使插入深度适当延长，但卧式容器不宜超过容器内径的 2/3，以避免将贮槽底部的沉淀冲起。为防止液体产生不利的虹吸现象，在接管上端还应开 2～4 个 ϕ5mm 的孔。对于 $DN \leqslant 50$mm 的细长外接管道还需要适当加强，以保证容器在运输和操作中的可靠性，角钢加强的尺寸要求见表 6-19 公称直径较大的接管如人（手）孔，则需要进行开孔补强。容器的接管方式如图 6-22、图 6-23 所示。设备接管的外接管口常用法兰连接，螺纹连接方式主要用于仪表接口。

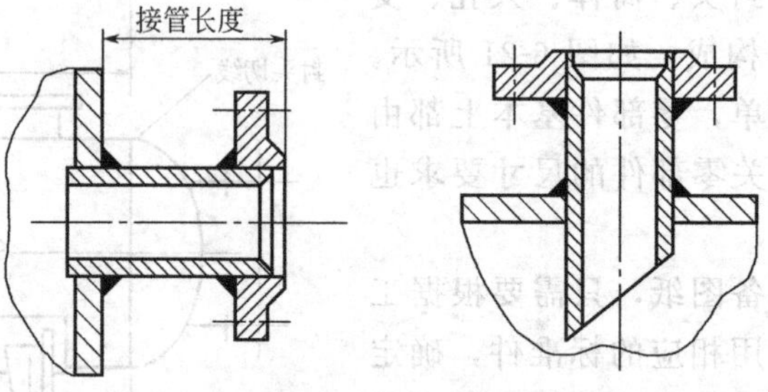

图 6-22　贮槽的固定连接接管方式

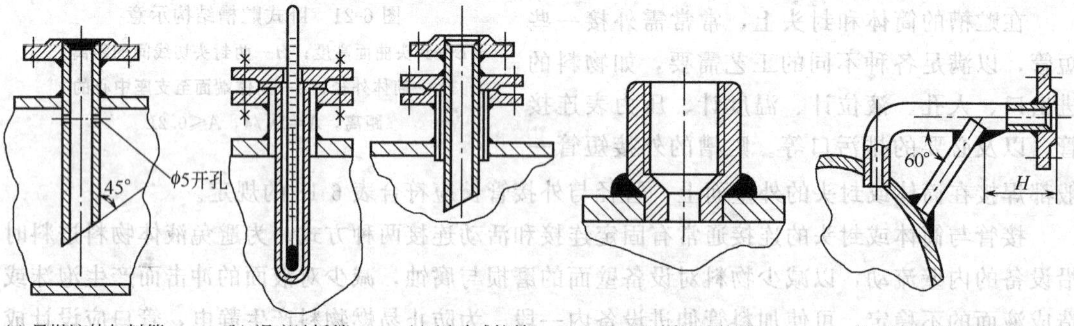

(a) 易燃液体加料管　(b) 温度计插管　(c) 活动式接管　(d) 螺纹连接管　(e) 细长管的接管方式

图 6-23　容器的其他接管方式

表 6-19　角钢加强的尺寸要求

mm

接管直径	角钢规格	悬臂长度 H	接管直径	角钢规格	悬臂长度 H
$DN$20	∠36×4	90	$DN$40	∠50×5	110
$DN$25	∠36×4	90	$DN$50	∠63×6	110
$DN$32	∠50×5	90			

二、反应釜

反应釜是化工行业最常用的典型设备之一，广泛用于各类气液、液液和液固反应过程，尤其在精细化工、聚合反应、制药和生物化工等领域的应用最为普遍。反应釜采用的材料通常有碳钢、不锈钢和钛材。为降低设备成本，提高设备的防腐性能，还常采用搪瓷和陶瓷反应釜，或在碳钢表面用防腐性能较好的有机与无机材料衬里，如铅、辉绿岩和聚乙烯、聚丙烯、橡胶等，也可在碳钢表面加各种防腐涂层以保护设备，延长设备的使用寿命。

钢制机械搅拌反应釜和搪玻璃反应釜已有国家标准和定型产品，其主要结构参数可参见附录。反应釜一般由罐体、夹套、搅拌装置、传动装置和轴封装置，以及视镜和接管等附件组成，如图 6-24 所示。

其中由电动机和减速器组成的传动装置不属于我们专业介绍的范畴，罐体和夹套均由封头和筒体等标准件和相关接管组成，已在第二节中介绍。下面仅对反应釜的搅拌装置和轴封装置重点介绍。

1. 搅拌器

搅拌器的作用是为了强化釜内反应物料的传质、传热效果，以达到强化反应过程、提高反应收率的目的。

由于物料的性质和工艺要求的不同，需要不同的搅拌速度和强度，因而设计了各种不同类型的搅拌器，并已部分标准化。

(1) 搅拌轴 常见的搅拌器由搅拌轴和搅拌桨组成。搅拌轴的轴径已系列化，常用搅拌轴的公称直径（即搅拌轴通过密封部位的轴径）系列见表 6-20。

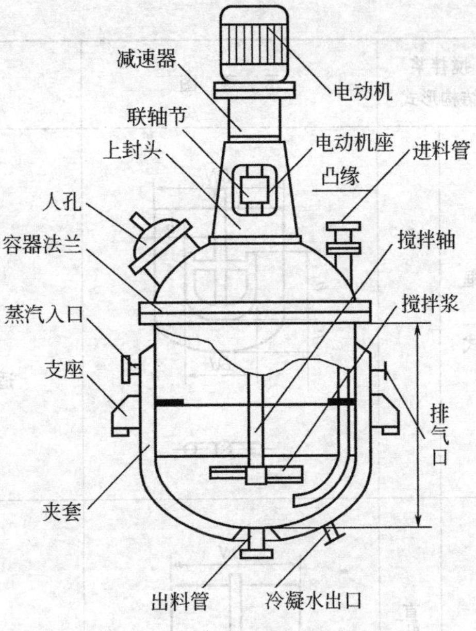

图 6-24 反应釜的基本结构

表 6-20 搅拌轴常用公称直径轴径系列（摘自 HG/T 3796.2—2002） mm

20	30	40	50	60	70	80	90	100	110	120	140

(2) 搅拌桨 搅拌轴下端安装的搅拌桨有桨式、涡轮式、框式、推进式（螺旋桨式）等多种，可适合于不同物料的不同混合程度与反应条件要求。各种不同类型搅拌桨的结构形式、主要结构参数和用途见表 6-21。

表 6-21 搅拌桨结构形式、主要结构参数和用途（摘自 HG/T 3796.1—2005）

搅拌桨结构形式		示意图	结构参数	用途与轴径
桨式	直叶	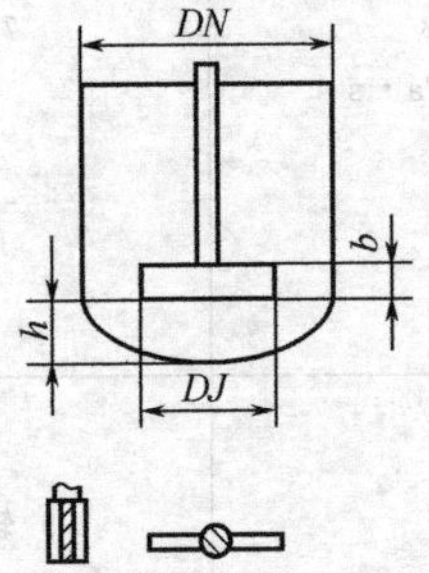 	$DJ=(0.25\sim0.75)DN$ $b=(0.1\sim0.25)DJ$ $h=(0.2\sim1.0)DJ$ 桨端线速度：1～5m/s 适用介质动力黏度 $\mu<20\text{Pa}\cdot\text{s}$ $Z=2$（桨叶数）	用途 物料混合：$<500\text{m}^3$ 料液分散：$<0.3\text{m}^3/\text{min}$ 物料溶解：$<40\text{m}^3$ 颗粒悬浮：含 70%～90% 轴径 d DJ d 400 30 500 40 710 50 900 50 1120 65 1400 80 1800 95 2240 110
	折叶	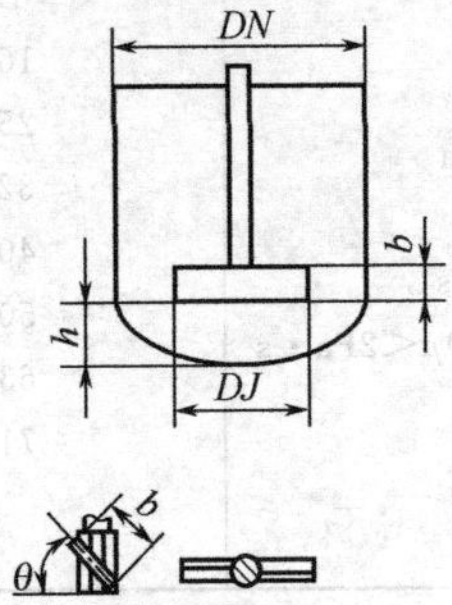 	$DJ=(0.25\sim0.75)DN$ $b=(0.1\sim0.3)DJ$ $h=(0.2\sim1.0)DJ$ $\theta=45°, 60°$ 桨端线速度：1～5m/s 适用介质动力黏度 $\mu<20\text{Pa}\cdot\text{s}$ $Z=2$	

续表

搅拌桨结构形式		示意图	结构参数	用途与轴径
框式		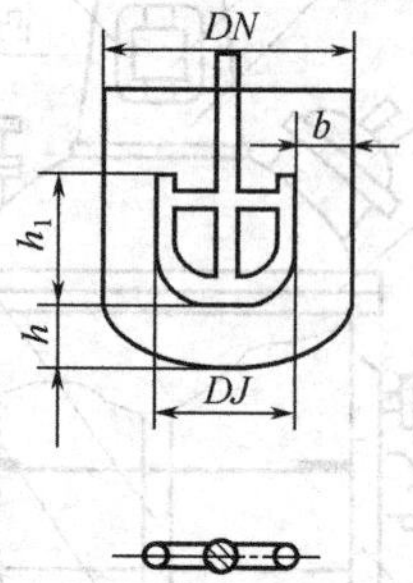	$DJ=(0.8\sim0.98)DN$ $b=(0.06\sim0.1)DJ$ $h=(0.05\sim0.85)DJ$ $h_1=(0.48\sim1)DJ$ 桨端线速度：1～5m/s 适用介质动力黏度 $\mu<100\text{Pa}\cdot\text{s}$ $Z=2$	轴径 d DJ d 470 40 660 50 950 65 1340 80 1730 95 2120 110 2320 110 2520 110
开启涡轮式	直叶（折叶、后弯叶）	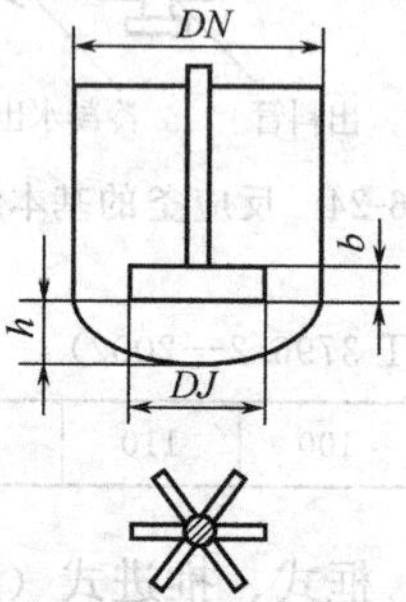	$DJ=(0.2\sim0.5)DN$ $b=(0.125\sim0.25)DJ$ $h=(0.2\sim1.0)DJ$ 桨端线速度：4～10m/s 适用介质动力黏度 $\mu<50\text{Pa}\cdot\text{s}$ $Z\geqslant3$	用途 物料混合：<500m³ 料液分散：<0.3m³/min 物料溶解：<40m³ 颗粒悬浮：含70%～90% 轴径 d
圆盘涡轮式	直叶（折叶、后弯叶）	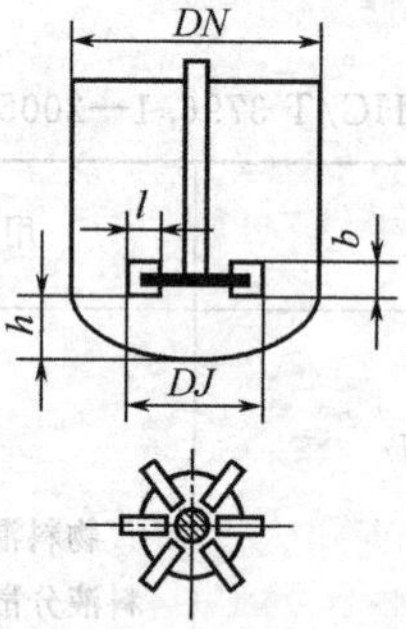	$DJ=(0.2\sim0.5)DN$ $b=0.2DJ$ $h=DJ,l=0.25DJ$ 桨端线速度：4～10m/s 适用介质动力黏度 $\mu<50\text{Pa}\cdot\text{s}$ $Z\geqslant4$	DJ d 160 30 250 40 320 40 400 50 500 65 630 65 710 80
推进式		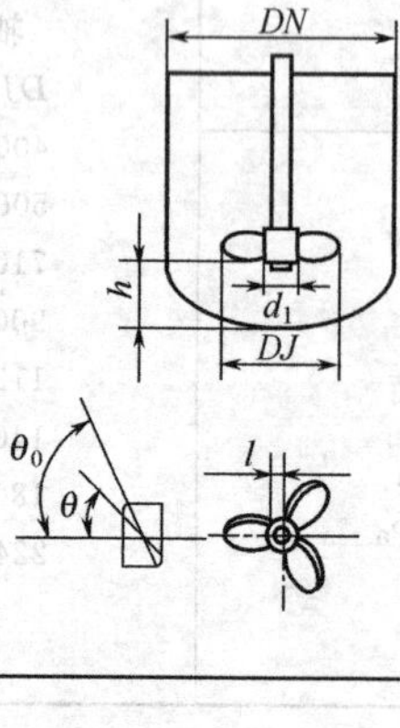	$DJ=(0.15\sim0.5)DN$ $h=(1\sim1.5)DJ$ $\theta=17°40'$ $\theta_0=\arctan0.138DJ/d_1$ $l=0.4DJ$ 桨端线速度：3～15m/s 适用介质动力黏度（>500r/min）$\mu<2\text{Pa}\cdot\text{s}$ $Z\geqslant2$	轴径 d DJ d 160 30 250 40 320 40 400 50 500 65 630 65 710 80

搅拌器常用的直径系列 DJ（单位均为 mm）为：80、100、125、160、180、200、220、250、280、320、360、400、450、500、560、630、710、800、900、1000、1120、1250、1400、1600、1800、2000、2240、2500、2800、3150。

搪瓷反应釜搅拌器直径系列 DJ（单位均为 mm）为：370、470、570、660、760、850、950、1140、1300、1530、1730、1920、2120、2320、2520、2710。

搅拌器标记示例如下。搅拌器直径 DJ630mm，搅拌轴公称直径 $d_0=40$mm，碳钢，直叶桨式搅拌器，在明细表“标准号和图号”栏中的标注为“HG/T 3796.3—2005”，在“名称”栏中的标注为“桨式搅拌器，630—40”。如果是折叶，标注为“桨式搅拌器，$\theta=45°$，630—40”。如果是不锈钢，标注为“桨式搅拌器Ⅱ，630—40”。如果是不锈钢制作的圆盘涡轮式 6 叶搅拌器，标注为“圆盘式搅拌器Ⅱ，$Z=6$，$\alpha=45°$，630—40”。

2. 轴封装置

反应釜的轴封是用于防止釜内物料（包括气体物料）通过搅拌轴和轴承座之间的空隙向外泄漏的一种密封装置。常见的反应釜轴封装置分为液封、填料压盖密封和机械密封三类，其中填料压盖密封，由壳体、填料、压盖、双头螺栓、螺母等零件组成。

因其结构简单，制造要求较低，维护保养简单、方便，因此应用较为普遍。填料压盖密封的典型结构如图 6-25 所示。常用的填料压盖密封有单箱体与双箱体，带衬套和不带衬套，有冷却水套和无冷却水套等多种。反应釜内温度低于 100℃，一般不用冷却水套；如果大于等于 100℃，则应选用带冷却水套的填料压盖密封。采用的填料则有金属填料、纤维填料、复合填料和橡胶与塑料填料四大类。一般在密封压力和转速不高的情况下，可采用橡胶与塑料填料，有一定温度与压力时，可采用纤维填料，再高一点可采用复合填料。如果温度、压力和转速均很高时，则采用金属填料。填料压盖密封装置亦称填料箱密封装置。

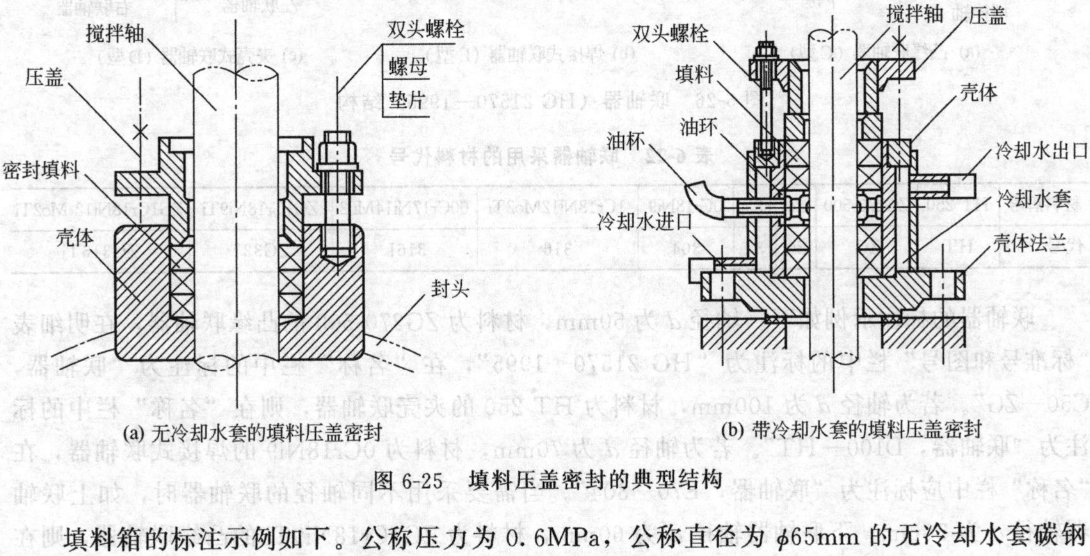

图 6-25 填料压盖密封的典型结构

填料箱的标注示例如下。公称压力为 0.6MPa，公称直径为 ϕ65mm 的无冷却水套碳钢填料箱，在明细表“标准号和图号”栏中的标注为：“HG 5—1411—1981—4”（最后一位数为尺寸序号），在“名称”栏中的标注为“填料箱，PN0.6，$DN$65”。如果带冷却水套，在明细表“标准号和图号”栏中的标注为“HG 5—1410—1981—4”。如果是不锈钢材料的带冷却水套填料箱，公称直径为 ϕ50mm，则在“标准号和图号”栏中的标注为“HG 5—1412—1981—3”。公称直径与相应的尺寸、序号为

公称直径 DN	30	40	50	65	80	95	110	130
尺寸序号	1	2	3	4	5	6	7	8

3．联轴器

联轴器是连接减速机传动轴和搅拌轴的一种机械传动装置。常用联轴器有凸缘联轴器（代号C）、夹壳联轴器（代号D）和焊接式联轴器（代号E）三种（见图6-26）。C型、D型联轴器均为活动式，可与轴分离，便于更换。C型联轴器由上联轴器、下联轴器、轴端挡圈及紧固连接件组成，联轴器与轴通过键与键槽传动，上联轴器、下联轴器再通过紧固连接件连接。联轴器由轴端挡圈与紧固螺钉固定在轴的端部，松开螺钉后可以取出联轴器。D型联轴器由左、右联轴器、吊环及紧固连接件组成，联轴器与轴通过键与键槽传动，两轴端部被嵌入吊环中，并被夹在左联轴器和右联轴器之间，再用联轴器的规格通常应按传动轴的轴头直径 d 确定，且上联轴器、下联轴器的轴径规格一致。如果需要采用不同规格的联轴节，则联轴器的直径应按大直径选用，并应在备注中说明。联轴器采用的材料代号见表6-22。

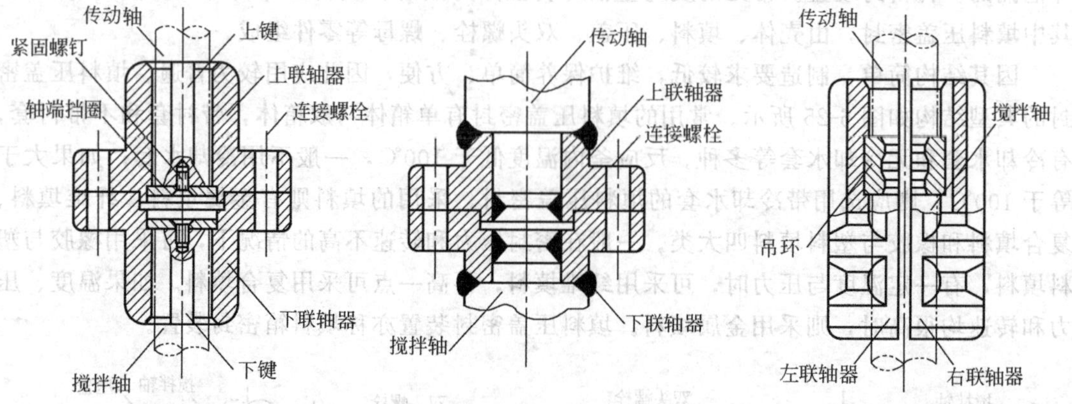

(a) 凸缘联轴器（C型） (b) 焊接式联轴器（E型） (c) 夹壳式联轴器（D型）

图6-26 联轴器（HG 21570—1995）结构

表6-22 联轴器采用的材料代号

材料牌号	HT 250	ZG270-500	20	35	0Cr18Ni9	1Cr18Ni12Mo2Ti	00Cr17Ni14Mo2	ZG1Cr18Ni9Ti	ZG1Cr18Ni12 Mo2Ti
代号	HT	ZG	20	35	304	316	316L	ZG321	ZG316Ti

联轴器的标注示例如下。轴径 d 为50mm，材料为ZG270-500的凸缘联轴器，在明细表“标准号和图号”栏中的标注为“HG 21570—1995”，在“名称”栏中的标注为“联轴器，C50—ZG”。若为轴径 d 为100mm，材料为HT 250的夹壳联轴器，则在“名称”栏中的标注为“联轴器，D100—HT”。若为轴径 d 为70mm，材料为0Cr18Ni9的焊接式联轴器，在“名称”栏中应标注为“联轴器，E70—304”。当需要采用不同轴径的联轴器时，如上联轴器轴径 d 为50mm，下联轴器轴径 d' 为60mm，材料为ZG1Cr18Ni9Ti的凸缘联轴器，则在“名称”栏中可标注为“联轴器，C60/50—ZG321”（大端轴径为分子，小端轴径为分母）。

三、热交换器

热交换器是一种常见的化工设备，主要用于冷热流体之间的热量交换。工厂常用的热交换器分为直接式换热、间壁式换热和蓄热式换热三种类型，其中用得最多的是间壁式换热器。间壁式换热器又可分为套管换热器和列管换热器两大类，而列管换热器是目前应用最广、最具代表性的典型热交换设备。

常见的列管换热器有固定管板式（见图 6-27）、活动管板式、浮头式和U形管式等几种类型。列管换热器的基本结构包括管箱、壳体、管板、列管（换热管）、折流板、隔板，以及支座、拉杆、定距管和冷热流体的进口管、出口管等零部件。管板与封头、隔板、壳体、列管的连接以及列管和定距管、拉杆的连接如图 6-28 所示。

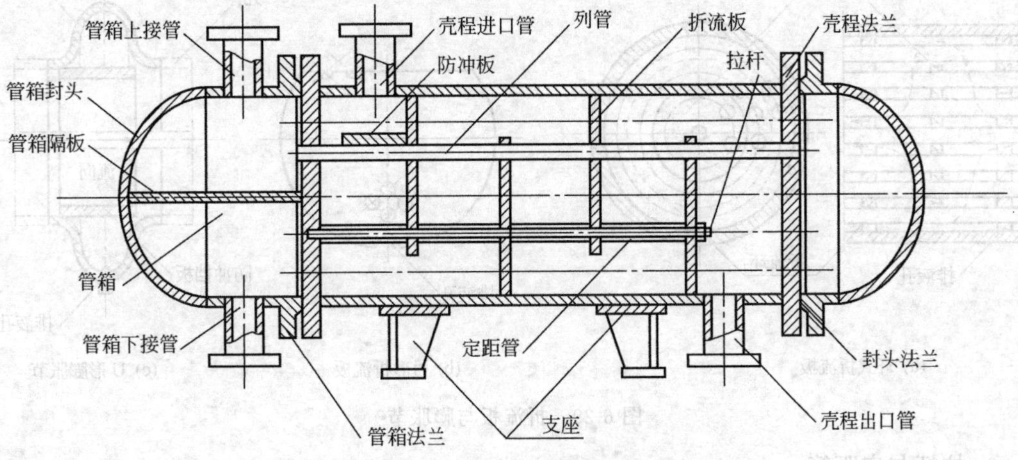

图 6-27 双管程固定管板式换热器

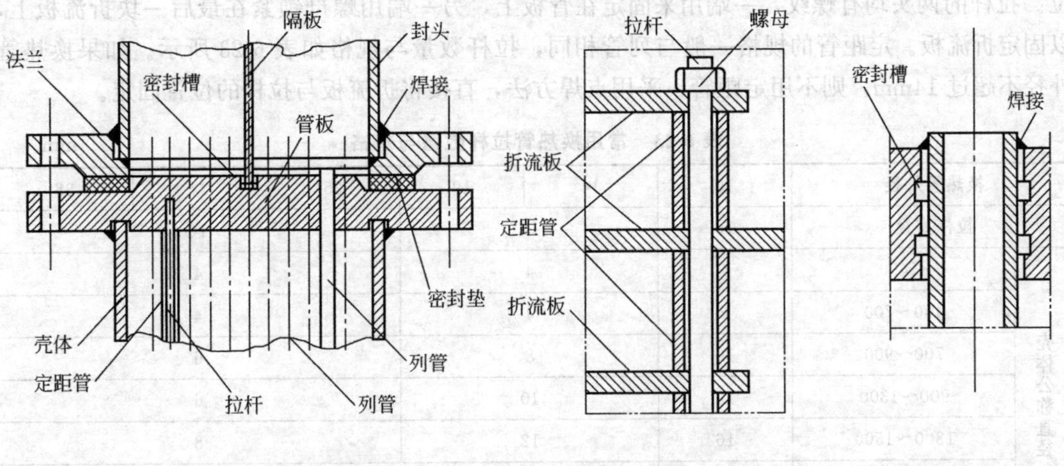

(a) 固定管板与壳体、封头的连接 (b) 折流板、定距管和拉杆的连接 (c) 列管与管板的连接

图 6-28 管板与封头、隔板、壳体、列管及列管与定距管、拉杆的连接

1. 管板

管板是热交换器的主要零部件，固定管板式换热器的管板与壳体是直接焊接在一起的，不可拆卸。管板不仅用来作为列管的固定与定位装置，还与壳体直接焊接在一起，替代壳体法兰与封头法兰配合，具有连接壳体与封头的功能。同时，还可与隔板配合为管束或壳体分程，也可与拉杆、定距管配合为折流板定位。管板的结构以及管板与壳体、封头、隔板、壳体、列管、定距管、拉杆的连接方式如图 6-28 所示。

2. 折流板

热交换器的折流板，主要用于改变壳程流体的流向，强化传热效果，主要有弓形和环形两种。弓形折流板的弓形缺圆高度一般可取壳体内径 DN 的 1/5～1/4。卧式换热器的折流板圆缺口可上下或左右安装，折流板的下部均应开一“∧”形缺口，以排除壳体内的残液，如图 6-29(b) 所示。立式换热器则不必开。折流板与壳体之间是活动的，它兼有支撑列管和为列管定位的功能。

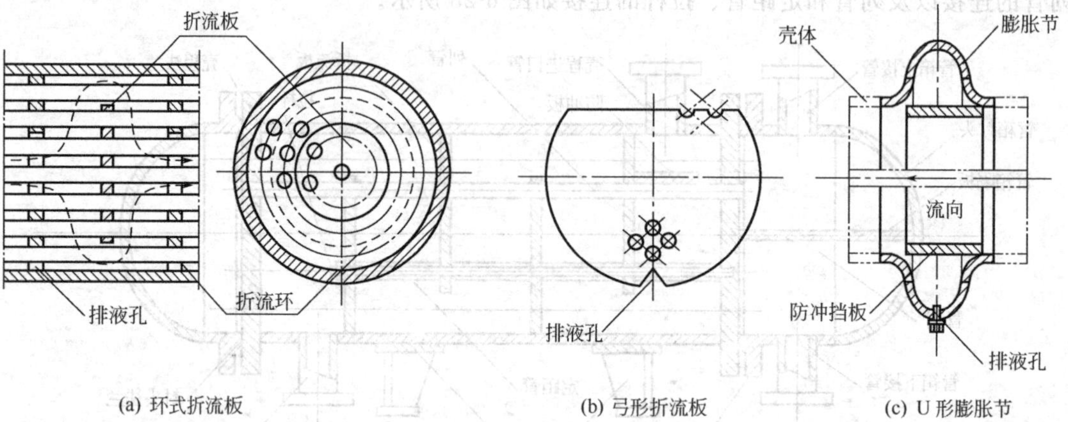

图 6-29 折流板与膨胀节

3. 拉杆与定距管

拉杆的用途是通过螺纹的紧固作用将折流板、定距管与管板连接在一起，为折流板定位。拉杆的两头均有螺纹，一端用来固定在管板上，另一端用螺母锁紧在最后一块折流板上，以固定折流板。定距管的规格一般与列管相同，拉杆数量与规格如表 6-23 所示。如果换热管外径不超过 14mm，则不用定距管，采用点焊方法，直接将折流板与拉杆的位置固定。

表 6-23 常用换热管拉杆数量与规格 mm

	换热管外径	10	14	19	25	32	38
	拉杆直径	10	12		16		
壳体公称直径	<400	4	4		4		
	400～700	6	4		4		
	700～900	10	8		6		
	900～1300	12	10		6		
	1300～1500	16	12		8		
	1500～1800	18	14		10		
	1800～2000	24	18		12		

4. 列管

列管是热交换器换热的主要元件，通常采用无缝钢管，常用规格见表 6-23。列管与管板的连接通常有胀接、焊接与胀接加密封焊等几种方式。在胀接时，管板的管孔内侧需开一条环形槽，管板较厚时则应增加环形槽数量。为满足与管板连接的特殊要求，列管两端一般应伸出管板 1～3mm，列管插入管板和伸出管板的长度均不应计入列管的有效换热长度之内。

5. 膨胀节

对于工作温度差较高的热交换器，应设置膨胀节，以补偿由于温差引起的变形。常用的 U

形膨胀节是与壳体直接焊接在一起的，它由膨胀节、防冲挡板和排液孔组成，如图 6-29 所示。

6. 填料函

活动管板式换热器列管的一端可在壳体内自由伸缩，以消除热应力的影响，适用于温差大的冷热物料之间的换热要求。此类换热器的壳体两端均有法兰，管束两端的管板，一端被夹在壳体法兰、封头法兰和密封垫片之间，与壳体、封头固定在一起；而另一端管板则通过填料函与壳体、封头内壁密封接触，可在壳体内自由滑动，同类型的填料函滑动管板与固定端管板结构如图 6-30 所示。填料函是活动管板与壳体之间的密封装置，一般由填料函、压盖与紧固螺栓等组成。常见的填料函有单填料函、双填料函与外填料函式浮头等几种类型，单填料函又有带检漏环填料函和不带检漏环填料函等结构。

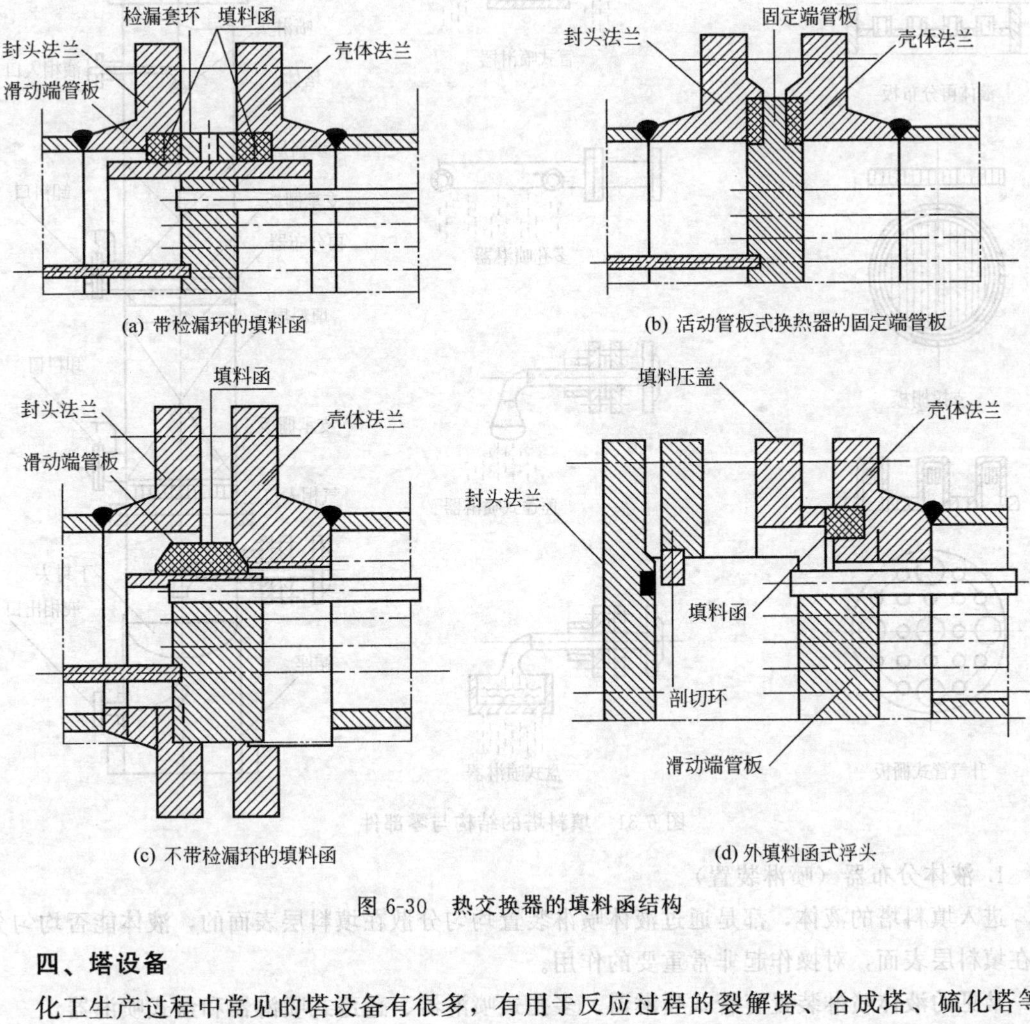

(a) 带检漏环的填料函　(b) 活动管板式换热器的固定端管板

(c) 不带检漏环的填料函　(d) 外填料函式浮头

图 6-30 热交换器的填料函结构

四、塔设备

化工生产过程中常见的塔设备有很多，有用于反应过程的裂解塔、合成塔、硫化塔等，也有用于分离过程的精馏塔、吸收塔、萃取塔和洗涤塔，还有干燥塔、喷淋塔、造粒塔等。其中，干燥塔、喷淋塔、造粒塔、洗涤塔等，塔内基本上没有代表性的通用零部件，其结构类似于立式容器。用于反应过程的塔设备，一般都需要根据工艺要求特殊设计，从而使用于不同物料的反应过程的塔设备会具有不同的结构，属于专用塔设备。而板式塔和填料塔，以及用于萃取过程的转盘塔、脉冲筛板塔则为通用塔设备，可广泛用于不同物系的分离过程。这里重点介绍板式塔和填料塔的具有代表性的基本结构。

(一) 填料塔

填料塔结构简单、传质性能良好，且造价低廉、检修方便，在化工生产过程中常被采用。填料塔通常由塔体、封头、容器法兰、裙座、填料层、填料支撑板、液体分布器、液体再分布器、卸料口（即手孔或人孔）、除雾器，以及气液相的进口管、出口管等零部件组成，如图 6-31 所示。

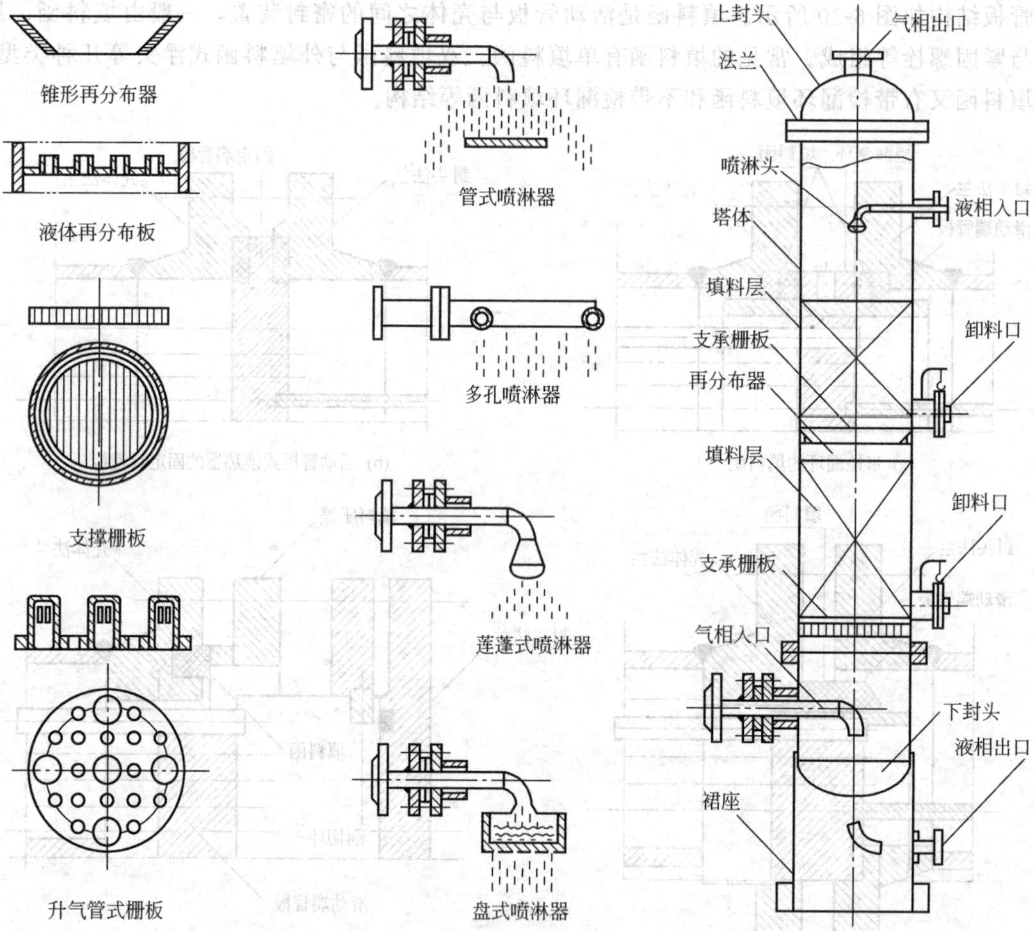

图 6-31 填料塔的结构与零部件

1. 液体分布器（喷淋装置）

进入填料塔的液体，都是通过液体喷淋装置均匀分散在填料层表面的，液体能否均匀分布在填料层表面，对操作起非常重要的作用。

常见的液体喷淋装置有管式喷淋器、多孔式喷淋器、莲蓬式喷淋器和盘式喷淋器。

2. 填料支撑板

填料塔的支撑栅板不仅要满足支撑塔内填料的重力的要求，同时还兼有改善气体分布、保证气液两相顺利流通的功能。常用的填料支撑板有栅板、十字网格板和升气管式支撑板等几种。其中以栅板型支撑板使用最多，当塔径较大时为强化栅板的支撑能力可采用十字网格板，为减少气液相通过栅板的阻力，可采用升气管式支撑板。但无论采用何种支撑板，都必须保证支撑板的平面空隙率大于填料层的平面空隙率（空隙面积与塔截面积之比）。栅板和升气管式支撑板的结构如图 6-31 所示。

3. 除雾器

为减少填料塔出口气体中所夹带的液相量，在填料塔气体出口管的下方需要安装除雾器，以捕集出口气体中夹带的微小雾沫，所以除雾器也被称为捕沫器。常见的除雾器有折流板式除雾器、填料除雾器和丝网除雾器三类。折流板式除雾器，也称为机械除雾器，它结构简单、制作容易，阻力小、效力高，且不易堵塞，使用较广，其结构如图 6-32(a) 所示。填料除雾器即在出口气体离开填料塔之前，在通过一层规格较小的填料，以捕集出口气体中夹带的雾沫。填料除雾器的捕集能力比机械式除雾器大，但阻力和占用的空间也大，其结构如图 6-32(b) 所示。

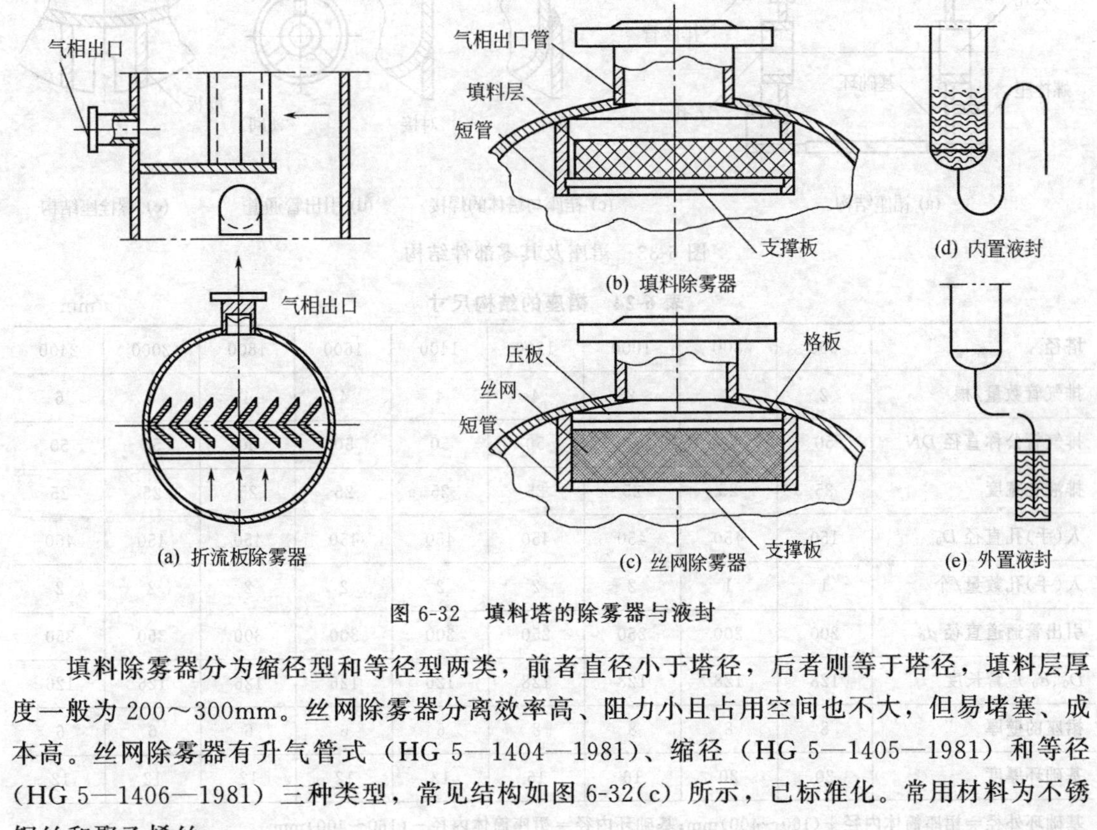

图 6-32　填料塔的除雾器与液封

填料除雾器分为缩径型和等径型两类，前者直径小于塔径，后者则等于塔径，填料层厚度一般为 200～300mm。丝网除雾器分离效率高、阻力小且占用空间也不大，但易堵塞、成本高。丝网除雾器有升气管式（HG 5—1404—1981）、缩径（HG 5—1405—1981）和等径（HG 5—1406—1981）三种类型，常见结构如图 6-32(c) 所示，已标准化。常用材料为不锈钢丝和聚乙烯丝。

4. 液封装置

塔设备常用的液封装置有两种，如图 6-32(c) 所示。一种是外置液封，用于以水为液相的常压塔设备，塔内残液可以排尽；另一种是内置液封，排液管出口可与输液泵直接相连，用于带压的塔设备。

5. 裙座

裙座是支撑塔设备重力，并将塔设备固定在塔础上的重要部件。常见裙座有圆柱形（A）和圆锥形（B)，因圆柱形裙座制作方便、成本低，在塔设备的支撑设计中应用极为广泛。若圆柱形裙座无法满足细高塔地脚螺栓的配置要求时，可采用圆锥形裙座。裙座由裙座筒体、基础环、螺栓座、人孔、引出管通道和排气口、排液孔以及地脚螺栓等组成，如图 6-33 所示。裙座的筒体与封头是通过焊接连接在一起的，焊接方式有搭接与对接两种，如图 6-33(c) 所示。搭接时裙座筒体的内径稍大于塔体下封头的外径。裙座的结构尺寸见表 6-24。

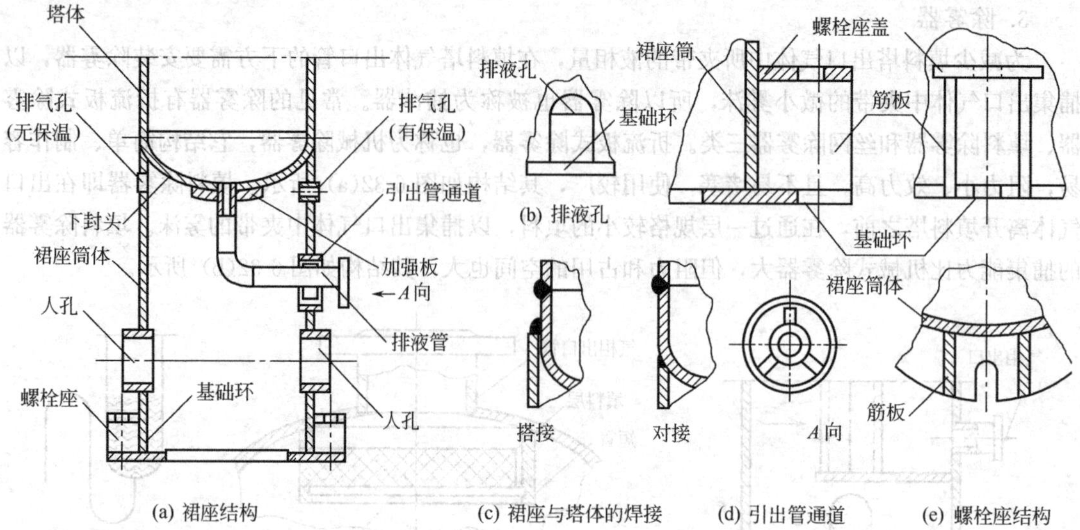

图 6-33 裙座及其零部件结构

表 6-24 裙座的结构尺寸 mm

塔径	600	800	1000	1200	1400	1600	1800	2000	2400
排气管数量/根	2	2	2	4	4	4	4	4	6
排气管公称直径 DN	50	50	50	50	50	50	50	50	50
排液孔宽度	25	25	25	25	25	25	25	25	25
人(手)孔直径 D_0	150	450	450	450	450	450	450	450	450
人(手)孔数量/个	1	1	2	2	2	2	2	2	2
引出管通道直径 d_0	200	200	250	250	300	300	300	350	350
D_0、d_0 短管长度	128	128	128	128	126	126	126	126	126
裙座的壁厚	8	8	8	8	6	6	6	6	6
基础环厚度	20	20	16	16	12	12	12	12	12
基础环外径＝裙座筒体内径＋(160～400)mm;基础环内径＝裙座筒体内径－(160～400)mm									
地脚螺栓规格	M48	M48	M36	M36	M30	M30	M30	M30	M30
螺孔直径	56	56	42	42	36	36	36	36	36
基础环螺孔直径	60	60	48	48	42	42	42	42	42
地脚螺栓数量/个	12	12	16	16	16	16	16	16	16
螺栓座筋板高	400		350		300				
筋板间距	200		160		120				
筋板厚度	16		12		8				
盖板宽度	270		220		170				
盖板厚度	40		32		28				
裙座外加筋板:如果地脚螺栓的间距超过 220mm,可外加 1～2 块支撑筋板,若超过 700mm 则不加支撑筋板									

(二) 板式塔

板式塔具有结构简单、传质性能良好、设备性能稳定可靠、检修方便的优点，在化工生产过程中被广泛采用。板式塔通常由塔体、封头、容器法兰、塔盘、人孔、除雾器、裙座以及气液相的进口管、出口管等零部件组成，如图 6-34(a) 所示。

板式塔的塔盘一般分为整块式和组装式两类，塔径不大于 800mm 一般采用整块式塔盘，若干块塔盘组装在一起整体放入预制好的、带法兰的筒体内，再通过法兰连接方式将封头与筒体组装成塔体。塔径超过 800mm 则采用组装式塔盘，采用组装塔盘的板式塔的筒体通常采用焊接方式组成塔体，安装好塔体后，再通过人孔进入塔内逐块安装塔盘。塔盘通常由塔板、降液管、受液盘和溢流堰和支撑与密封装置等几部分组成。常见的板式塔塔板有筛板、浮阀板、泡罩板、旋流板和舌形板等多种类型，其中浮阀板、泡罩板已经标准化。

(1) 整块式塔盘　整块式塔盘由塔板和塔盘圈构成盘形。塔盘与塔壁之间通过填料和特制的压板与紧固螺栓构成密封装置，若干塔盘通过拉杆固定在一起，安装时整体放入预制好的塔节内，如图 6-34(b) 所示。

(2) 组装式塔盘　组装式塔盘由塔板、受液盘、降液管和支撑构件组成，塔板分为若干块，塔板和降液管均可从人孔进入塔内。分块式塔盘，按结构又可分为平板式、自身梁式和槽式三种类型，其中，平板式因刚性差极少使用。自身梁式塔盘沿长边有一垂直于板面的折

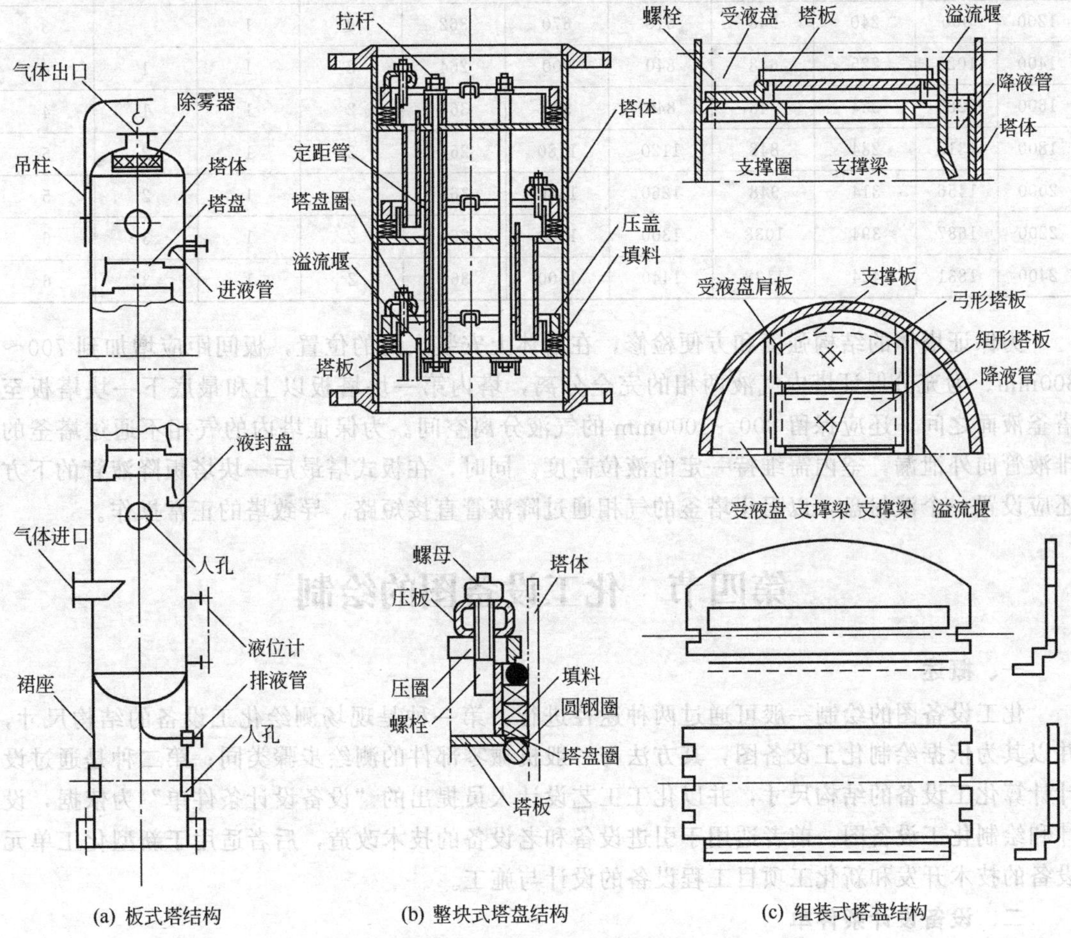

(a) 板式塔结构　(b) 整块式塔盘结构　(c) 组装式塔盘结构

图 6-34　板式塔及其塔盘结构

边（即自身梁）和比板面低一个板厚的凹肩，以便与相邻塔盘搭接。在每一层塔盘上均有一块无折边的通道板，以方便检修。每块塔板两端均开有矩形缺口，以便于螺栓的安装紧固和方便拆卸，如图 6-34(c) 所示。采用组装式塔盘的板式塔的塔体为整体焊接圆筒，不再分段，分块塔盘均通过人孔送入塔内后再安装。整块式和分块式塔盘的结构参数见表 6-25、表 6-26。

表 6-25 整块式塔盘的结构参数　　mm

塔径	板间距	塔节高	堰长	降液管宽 W_d	拉杆直径	塔盘圈外径	盘圈高	压圈高	圆钢直径	螺柱规格	压板规格	压板数	定距管
600	350	1200	428	90	$\phi16$	$D-20$	70	20	$\phi10$	M10×75	32×30×20	6	$\phi25\times2.5$
700	350	1500	500	105	$\phi16$	$D-20$	70	20	$\phi10$	M10×75	32×30×20	6	$\phi25\times2.5$
800	450	2000	581	125	$\phi16$	D−20	80	20	$\phi10$	M10×75	32×30×20	8	$\phi25\times2.5$
900	450	2500	662	145	$\phi16$	D−20	80	20	$\phi10$	M10×75	32×30×20	8	$\phi25\times2.5$

表 6-26 分块式塔盘的结构参数　　mm

塔径 D	堰长 l_w	受液盘最大宽度 W_d	支撑圈		塔板长度 M	弓形板最大宽度	每层塔盘的塔板件数			
			内半径 R_i	弦长 l			弓形板	通道板	矩形板	合计
800	570	125	348	440	500	162	2	1		3
1200	960	240	548	610	670	362	2	1		3
1400	1029	225	648	840	900	264	2	1	1	4
1600	1286	324	748	840	900	364	2	1	1	4
1800	1313	284	848	1120	1180	267	2	1	2	5
2000	1456	314	948	1260	1320	367	2	1	2	5
2200	1687	394	1038	1300	1360	260	2	1	3	6
2400	1831	424	1138	1440	1500	360	2	1	3	6

为保证塔体的结构强度和方便检修，在塔体上安装人孔的位置，板间距应增加到 700～800mm。为充分保证塔内气液两相的完全分离，塔内第一块塔板以上和最底下一块塔板至塔釜液面之间，还应保留 800～1000mm 的气液分离空间。为保证塔内的气相不通过塔釜的排液管向外泄漏，釜内需维持一定的液位高度。同时，在板式塔最后一块塔板降液管的下方还应设置一个液封盘，以阻止塔釜的气相通过降液管直接短路，导致塔的正常操作。

第四节 化工设备图的绘制

一、概述

化工设备图的绘制一般可通过两种途径进行：第一种是现场测绘化工设备的结构尺寸，并以其为依据绘制化工设备图，其方法与一般机械零部件的测绘步骤类同；第二种是通过设计计算化工设备的结构尺寸，并以化工工艺设计人员提出的“设备设计条件单”为依据，设计和绘制化工设备图。前者适用于引进设备和老设备的技术改造，后者适用于新型化工单元设备的技术开发和新化工项目工程设备的设计与施工。

二、设备设计条件单

常见“设备设计条件单”的内容包括：设备的技术特性与要求、设备结构简图和设备管口表，以及设备的其他相关数据与资料，如表 6-27 所示。

根据“设备设计条件单”的要求，设备设计人员可对设备进行机械设计和相关的强度计算，以及必要的零部件选型工作。在此基础上便可绘制该设备的装配图和全套零部件图。完成的化工设备图，一般应由化工工艺设计人员会签。

三、化工设备图的绘制步骤

绘制化工设备图的具体方法和步骤与绘制机械装配图基本相似，但化工设备图的内容与要求有不同于普通机械的特殊之处，从而其绘制方法与步骤也会有相应差别。图 6-35 所示贮槽的装配图便是以表 6-27 所示的“×××设备设计条件单”的设计结果为依据绘制的，现将其步骤简述如下。

(1) 仔细阅读“设备设计条件单”提供的各项设计条件与相关技术资料，初步设计和确定该设备的主要结构及相关结构数据，并确定相关零部件的型号、规格及连接方式，如筒体与封头采用焊接、人孔与接管采用法兰连接、选用鞍式支座等。

(2) 根据“设备设计条件单”的结构简图，确定视图的表达方案、绘图比例和图幅。

表 6-27　×××设备设计条件单

设备名称	液氨贮槽	设备结构简图
规格尺寸	$DN$2600×9962	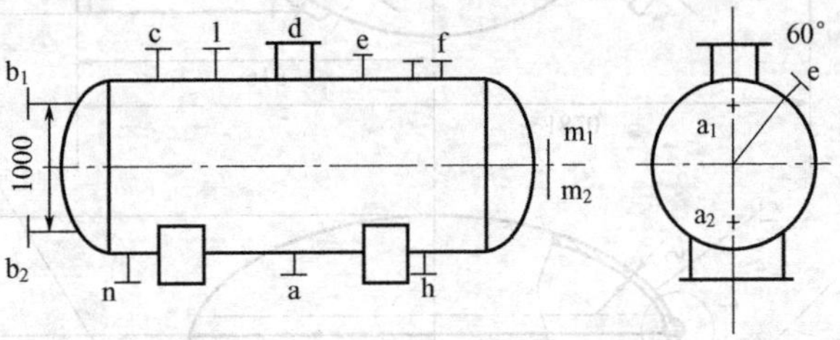
设计阶段	施工图	
设备技术特性		
物料名称	液氨、气氨	
组分	$NH_3$98%，油水 2%	
相对密度	0.5795(40℃)	
物料特性		
黏度		
安全阀位置	容器⊥	
安全阀规格	弹簧/$DN$50	
密度/(kg/m³)		
爆膜规格/数量		

设　备　技　术　要　求

设计压力	2.40MPa	工作压力	2.16MPa	爆破压力	2.30MPa	地震烈度	
设计温度	50℃	工作温度	40℃	环境温度	−15℃	基本风压	
操作容积	42.5m³	全容积	50m³	腐蚀速率	0.20mm/年	静电接地	
腐蚀速率	0.20mm/年	场地类别	Ⅱ类	防腐要求		安检要求	
壳体材料	16MnR	密闭要求	较密闭	操作要求	连续压力波动 0.05～0.1MPa		

接管表	管口符号	a	b_{1-2}	c	d	e	f	h	l	m_{1-2}	n
	公称尺寸	70	25	50	500	50	50	50	25	40	25
	公称压力	25	40	25	25	25	25	25	25	25	25
	连接面形式	凹面	凹面	凹面	—	凹面	凸面	凹面	凹面	凹面	凸面
	用途	氨出口	液面计	氨进口	人孔	放空管	安全阀	平衡管	压力表	变送器	排液口

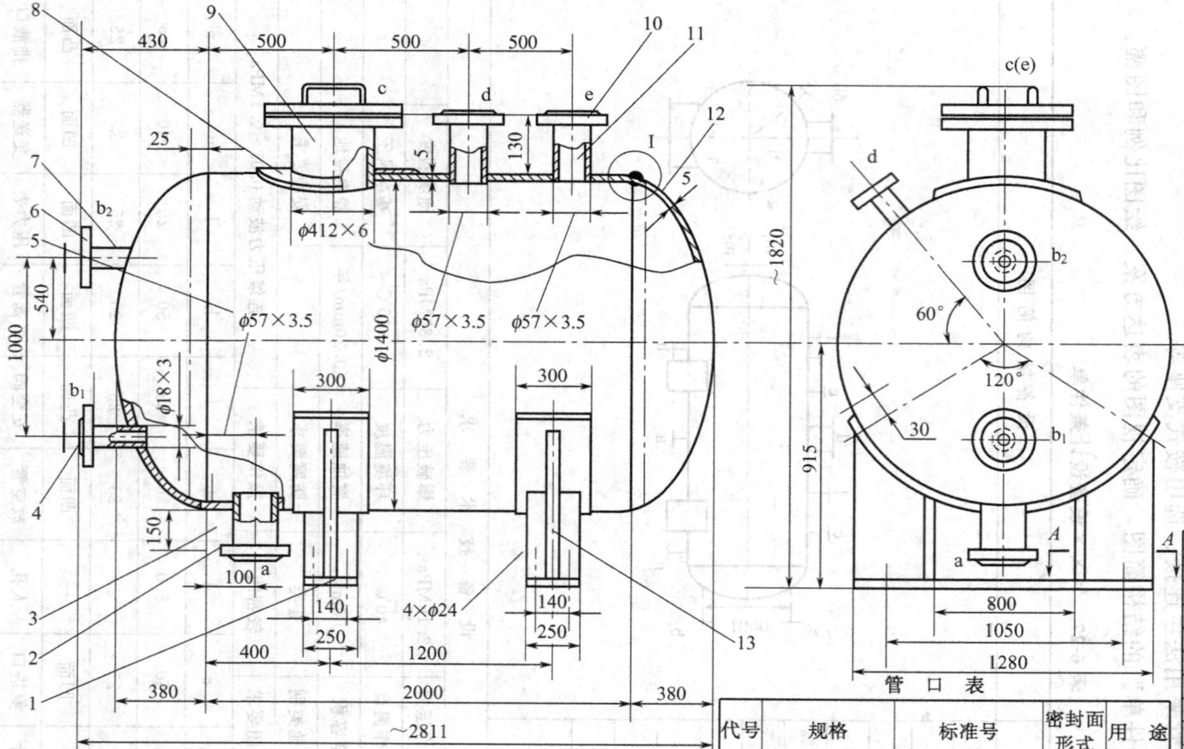

技术要求

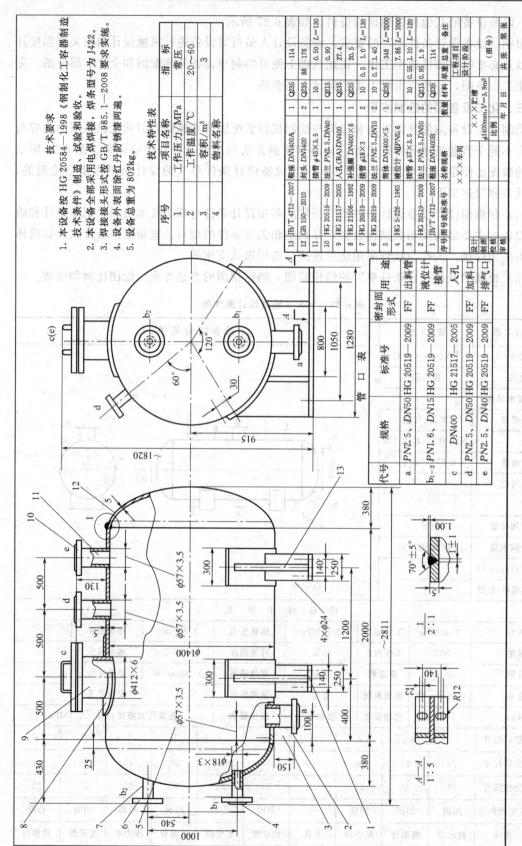

1. 本设备按 HG 20584—1998《钢制化工容器制造技术条件》制造、试验和验收。
2. 本设备全部采用电焊焊接，焊条型号为 J422。
3. 焊接接头形式按 GB/T 985.1—2008 要求实施。
4. 设备外表面涂红丹防锈漆两遍。
5. 设备总重为 802kg。

技术特性表

序号	项目名称	指　标
1	工作压力/MPa	常压
2	工作温度/℃	20～60
3	容积/m^3	3
4	物料名称	

管　口　表

代号	规格	标准号	密封面形式	用　途
a	PN2.5、DN50	HG 20519—2009	FF	出料管
b_{1-2}	PN1.6、DN15	HG 20519—2009	FF	液位计接管
c	DN400	HG 21517—2005		人孔
d	PN2.5、DN50	HG 20519—2009	FF	加料口
e	PN2.5、DN40	HG 20519—2009	FF	排气口

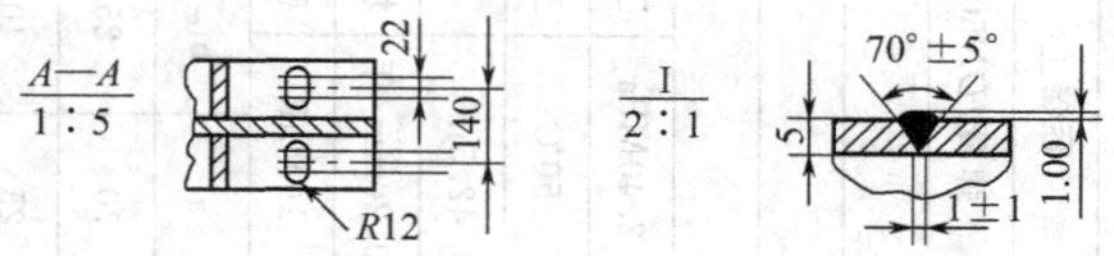

13	JB/T 4712—2007	鞍座 DN1400A	1	Q235		114	
12	GB 150—2010	封头 DN1400	2	Q235	88	176	
11		接管 φ45×3.5	1	10		0.50	L=130
10	HG 20519—2009	法兰 PN2.5，DN40	1	Q215		0.90	
9	HG 21517—2005	人孔(RA)DN400	1	Q235		27.4	
8	HG 21506—1992	补强圈 DN400×6	1	Q235		20.5	
7	HG 20519—2009	接管 φ18×3	2	10	0.5	1.0	L=130
6	HG 20519—2009	法兰 PN2.5，DN15	2	10	0.7	1.40	
5		筒体 DN1400×5	1	Q235		348	L=2000
4	HG 5-226—1965	液位计 AⅡPN0.6	1			7.86	L=1000
3		接管 φ57×3.5	2	10	0.55	1.10	L=120
2	HG 20519—2009	法兰 PN2.5，DN50	2	Q215	0.95	1.9	
1	JB/T 4712—2007	鞍座 DN1400B	1	Q235		114	
序号	图号或标准号	名称规格	数量	材料	单重	总重	备注

	×××车间		工程项目
			设计阶段
设计		×××贮槽	
制图		φ1400mm，V=3.9m^3	（图号）
校核		比例	
审核		年 月 日	共 张　第 张

图 6-35　×××贮槽装配图

(3) 参考设备的结构简图，绘制设备草图。

(4) 草图经检查无误后，绘制正式的化工设备图。

四、化工设备图的绘制方法

(一) 视图的表达

化工设备零部件图的绘制与一般机械制图的要求与方法相同，装配图的绘制原则上与普通机械的装配图相同，但更注重于化工设备的主体特征。

1. 基本视图的选择

化工设备的主视图通常应按设备工作时的方位、外观形状和工作原理，选择适宜的视图以充分表达设备主体和各零部件的结构形状与装配关系。通常情况下，设备的主视图采用全剖视图，或带若干局部剖视的正视图。为准确表达设备各零部件及管口的轴向位置、装配关系与连接方法，正视图会常采用多次旋转的画法。选用俯（左）视图与管口方位图的目的，则是用以准确表达设备各零部件及管口的周向位置、装配关系与连接方法。

2. 辅助视图的选择

在化工设备图中还会大量采用局部放大图、×向视图，以及局部剖视和剖面图等各种表达方法来补充表达设备各零部件的详细结构、管口和法兰的连接、焊缝结构，以及其他因尺寸过小而无法在基本视图中表达清楚的各种装配关系和特殊结构形状。

图 6-35 中，基本视图选用了主视、左视两个视图，主视图表达了贮槽内外的主要结构特征和装配关系，左视图则表达了贮槽各接管、液位计和支座的周向方位，以及与贮罐的装配关系。另外，还选用了“A—A”局部剖视图和“Ⅰ”局部放大图，以表达支座地脚螺栓螺孔的形状和对焊缝的结构要求。这一组视图的表达方案，达到了完整、清晰地表达贮槽结构特征和装配关系的目的。

(二) 绘图比例、图幅的选择和图面设计

确定视图的表达方案，还需要选择适宜的绘图比例与图幅，并进行图面设计之后才能着手画图。

1. 绘图比例与图幅

化工设备图常采用的比例是 1∶5、1∶10、1∶20，必要时可采用 1∶6、1∶15 和 1∶30。同一张图纸中的视图，一般应采用相同的比例，如果有与基本视图比例不同的辅助视图，则必须注明该图所采用的比例。其标注方法是在相应的视图名称下方画一细实线，在细实线的下方标注所采用的比例，如“$\frac{\text{I}}{5:1}$”、“$\frac{A—A}{2:1}$”等。通常卧式设备采用横向图纸，可按设备的总长＋左视图总宽＝3/4(长边)；立式设备采用竖向图纸，可按设备的总高＋俯视图高度＝2/3（短边）来选用合适的绘图比例与图幅。选用绘图比例和图幅时，还应注意：为达到图面美观的目的，在图面上塔设备的高径比一般为 $6\leqslant H/D\leqslant 8$ 才比较合适，如果 $H/D\geqslant 8$，塔体可考虑采用断开画法；而贮槽、热交换器一类的卧式设备，长径比则不应超过 4，否则应考虑壳体采用断开画法。

2. 图面设计

图面设计是绘制化工设备图的关键步骤，图面设计的质量好坏直接关系到图纸的外观和视图的表达质量。因此，在绘制正式的化工设备图时都应精心进行图面设计。图面设计，即对视图的表达方案，以及图纸各视图的选用比例和位置的精心安排。常规图纸的表达方案如下。

（1）采用横向图纸，主绘图区（即主、左视图区）宽，一般宜低于3/4（图幅长边）；采用竖向图纸，实际主绘图区（即主、俯视图区）宽，一般宜低于2/3（图幅短边）。定位时应注意实际绘图区域与图框线的空白距离需超过10mm。以充分保证技术特性表、技术要求、明细表和标题栏等内容填写的空间，如图6-36所示。

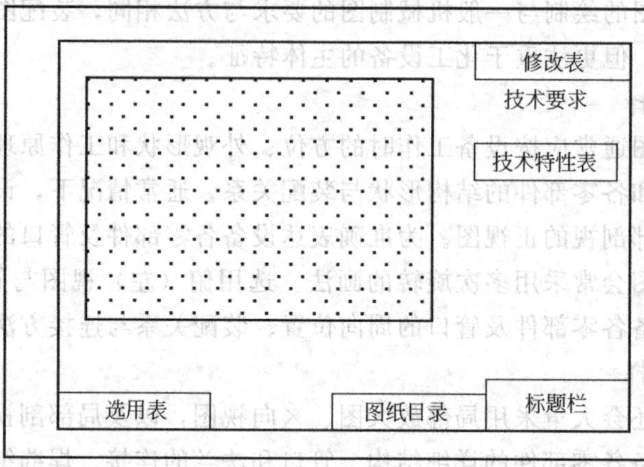

图6-36　图纸的图面布置

（2）主绘图区应安排在图纸的左边，主视图、左视图之间需保留20mm左右的间距，且主视图、左视图的中心轴线应安排在同一水平线上。在图纸的右边，从下至上的顺序为标题栏、明细表、管口表、技术特性表和技术要求。图纸目录一般安排在标题栏（或附加明细表）的左边，修改表可安排在图纸内框的右上角，或图纸上方的空白处。选用表则常安排在图纸的左下角。

（3）横向图纸，辅助视图一般安排在左视图的下方；竖向图纸，辅助视图可安排在主视图的右侧，或放在技术要求、技术特性表、管口表与明细表之间。

（三）化工设备图的绘制

（1）用细实线绘制图框与标题栏。

（2）确定容器主视图、左视图筒体中心轴线的位置，用细实线画出容器的筒体与封头的中心轴线。

（3）参照草图，用细实线依次绘制容器主视图的筒体→封头→人孔→支座→接管→液位计。经检查无误后，用细实线依次绘制容器左视图的筒体→人孔→支座→接管→液位计。

（4）参照草图，用细实线绘制容器必要的辅助视图。

（5）检查全部图纸无误后，加粗图面上相关的轮廓线，加画剖面线。

（6）为设备管口编写管口代号，为零部件编写索引序号。

（7）标注设备的结构尺寸、装配尺寸和安装尺寸，以及必要的文字说明。

（8）编写技术特性表、技术要求、明细表和标题栏等内容。

（9）校核、审定图纸。

五、化工设备图的尺寸标注

化工设备图的尺寸标注要求与普通机械制图基本相同，但也有自己的一些特殊要求。在进行尺寸标注时，应尽量做到完整、清晰、合理，符合机械制图的国家标准和相关的规定，以满足化工设备制造、检验和安装的要求。

（一）设备尺寸的分类

化工设备图需标注的尺寸，包括结构尺寸、装配尺寸和安装尺寸，以及不再绘图的零部件的相关尺寸和外形规格尺寸等。

（1）结构尺寸　反映设备主要性能、规格与基本结构的尺寸，如设备的总长、总高、筒体内径、塔节高度、封头顶部高度、壁厚，以及不再绘制零件图的零部件结构与形状尺寸等。

（2）装配尺寸　表示设备各零部件之间的装配关系和相对位置的尺寸，如接管的管径和伸出长度、安装方位、支座至封头环焊缝的距离、各接管的安装位置和液位计在封头上的安装位置等。

（3）安装尺寸　说明设备安装在基座或其他构件上的具体位置所需的尺寸，如支座螺栓孔的中心距及螺栓孔的孔径与形状尺寸，液位计上下接管之间的距离等。

（二）尺寸基准

标注化工设备的尺寸，还应注意既要保证设备在制造和安装时能达到设计的预期要求，又要便于现场测量和检验，这就需要选择合理的尺寸基准。在化工设备制图中常用的尺寸基准如下。

（1）设备筒体和封头的中心轴线。

（2）设备筒体和封头焊接时的环焊缝。

（3）设备或管口法兰的密封面。

（4）设备支座的底面。

（5）设备筒体的内外表面。

（6）人（手）孔、接管和螺孔的中心轴线。

（三）典型设备的尺寸标注

在化工设备制图中，经过长期实践的总结，一些典型设备及零部件的尺寸标注通常都是比较规范的，下面介绍一些典型设备及零部件尺寸的标注方法。

1. 结构尺寸的标注

（1）封头　通常标注的结构尺寸是封头高（包括折边高度在内）、壁厚和直边高度，如图6-35中件号12封头，所标注的尺寸是“380”（封头高）、“5”（壁厚）和“25”（直边高）。

（2）筒体　通常标注的结构尺寸是直径（采用卷焊筒体标注内径，采用钢管作筒体时标注外径）、壁厚和长度（高度），如图6-35中件号5筒体，所标注的尺寸是“1400”（内径）、“5”（壁厚）和“2000”（长度）。

（3）接管　通常标注的结构尺寸是直径（采用卷焊钢管标注内径，采用无缝钢管时标注外径）、壁厚和管长，如图6-35中件号11接管，所标注的尺寸是“ϕ57×3.5”（外径×壁厚）和“130”（长度，法兰密封面至接管中心轴线与筒体外表面的交点的距离）。对于要求安装接管比较多的设备，若所有接管的伸出长度都相等时，可在技术要求中统一说明“所有管口伸出长度为×××mm”，而不必在图中一一标注尺寸。如果仅有少数接管伸出长度尺寸不同，其余伸出长度均相同时，可在图中标注少数不同的接管长度尺寸，其余相同长度的接管集中在技术要求中标注“除图中注明者外，其余管口的伸出长度为×××mm”字样。

（4）人孔　通常标注的结构尺寸是直径（采用卷焊钢管标注内径，采用无缝钢管时标注外径）、壁厚与接管长度。如图6-35中件号9人孔，所标注的尺寸是“412”（外径）、“6”（壁厚）和“130”（接管长度）。

(5) 鞍式支座　通常标注的结构尺寸是圆弧形垫板宽度、圆心夹角、底板长度与宽度、地脚螺孔的形状尺寸、螺孔中心距、螺孔规格与螺孔数量等。如图6-35中件号1鞍座（鞍式支座），所标注的尺寸是“300”（圆弧形垫板宽度）、“120°”（圆心夹角）、“800”（筋板间距）、“250”（底板宽度）和“1280”（底板长度）、“22”和“*R*12”（地脚螺孔的形状尺寸）、“140”（螺孔中心距）、“4×”（螺孔规格与螺孔数量）。

(6) 液位计　通常标注的结构尺寸是液位计接管规格和液位计的玻管长度。如图6-35中件号4液位计，所标注的尺寸是“18×3”（接管外径×壁厚）、“1000”（玻璃管长度）。

2. 装配尺寸的标注

(1) 人孔　图中为人孔标注的装配尺寸有“500”（人孔中心轴线至筒体环焊缝线的距离）和“1820”（人孔盖顶部到支座底部的总高度），它们确定了人孔在筒体顶部的准确安装位置。

(2) 接管　图中为接管d标注的装配尺寸有“500”（接管中心轴线至人孔中心轴线的距离）、“130”（法兰密封面至筒体外表面的高度）和“60°”（接管中心轴线和筒体中心轴线之间的夹角），它们确定了接管d在筒体外表面的准确安装位置。其他接管与筒体中心轴线没有夹角，所以通常只给出两个装配尺寸即可为其定位，如接管a的“100”（接管中心轴线至筒体环焊缝线的距离）和“120”（法兰密封面至筒体外表面的高度）。

(3) 支座　图中为支座标注的装配尺寸有“400”（支座中心线至环焊缝的距离）、“1200”（两支座中心线之间的距离）和“120°”（圆心夹角），由它们确定了支座在筒体底部的准确安装位置。

(4) 液位计　液位计的安装位置是由其接管位置确定的，因接管b_1、b_2的对称特性，在图中只用了“540”（接管b_2的中心轴线至筒体中心轴线之间的距离）一个尺寸即确定了液位计的位置。

3. 安装尺寸的标注

设备的安装，一般都是通过支座的定位来完成的，因此，设备的安装尺寸主要是标注支座螺孔的准确位置和形状，以便为预埋地脚螺栓提供依据。如图6-35中件号1鞍座，所标注的安装尺寸是“140”和“1050”（螺孔的中心距）、“22”和“*R*12”（螺孔的形状尺寸）以及“1200”（两支座中心线之间的距离）。

4. 其他特殊尺寸的标注

图6-35中除以上三类尺寸外，还采用了局部放大方法，在Ⅰ视图中标注了环焊缝的尺寸“70°±5°”（焊缝夹角及允许误差）、“1±1”（焊缝底部宽度及允许误差）和“1.00”（底部预留高度）。因在化工设备的设计与制造中，常常需要大量采用焊接结构，从而焊缝的强度与密封性能对于化工设备至关重要，一些特别重要的焊缝，必须标注焊缝的结构尺寸。

在设备的装配和安装过程中，有一些尺寸是难以精确设计与估计的，例如，容器的总长度，在封头与筒体的焊接未完成之前就很难精确估计到毫米级，因为焊缝的实际宽度和筒体与封头的结合处也并非绝对在同一平面上所带来的误差等，均会给容器的总长度带来一定的误差。同时，在化工设备图中和普通机械制图的要求一样，不允许标注成封闭尺寸链。在化工设备图中为避免尺寸标注的尺寸链，常常采用标注参考尺寸的方式给出对于设备的总长和总高，通常常用的方法是在这些尺寸数字之前加一个“～”符号以示参考近似之意，如图6-35的“～2811”（总长）和“～1820”（总高）。

六、管口代号的标注

在化工设备上各种管口（包括人孔、手孔、视孔、液面计接管、仪表插入接管和各类工艺物料与公用工程管口，如蒸汽、给排水、压缩空气、排污管等）数量很多，而且在主视图中习惯采用多次旋转画法，为能清晰地表达各管口的方位与相关数据，在化工制图中规定：必须为化工设备上安装的各管口编注顺序代号，并依次将相关数据填写到管口表中，如图6-35中的管口a、b。在为各管口编写顺序代号时，应遵循以下规定。

（1）管口代号一律采用小写的汉语拼音字母（a、b、c、d、…、z）按序编写，字体的大小一般与装配图中的零部件编号相同。

（2）管口代号的编写顺序，应从主视图的左下方开始，按顺时针方向依次编写，如图6-35中的a、b、c、d、e各管口。其他各视图与管口方位图中的各管口，也应填写与主视图中完全一致的管口代号。

（3）管口代号一律注写在各视图中相应管口的投影旁，通常注写在相应管口的尺寸线的内侧（即视图外轮廓线与尺寸线之间），如图6-35中的管口c、d、e。如果内侧空间太小，可注写在离管口最近的空白处，如图6-35中的管口a和b_1、b_2。

（4）规格、用途或连接面形式不同的管口，必须单独编写管口代号，如图6-35中的管口d、e。规格、用途与连接面形式完全相同的管口，应编写同一个代号，但必须在代号的右下角加注不同的阿拉伯数字，以示区别，如图6-35中的管口b_1、b_2。

七、焊缝的画法与标注

焊接是化工设备中广泛采用的一种连接工艺，如筒体、封头、管口、法兰和支座等零部件的连接，大都采用焊接。在化工设备图中焊缝结构形式的画法，以及对焊接方法和焊缝技术要求的标注均已有国家标准。现将焊缝的图示方法与标注说明如下。

1. 焊接方法

在化工设备的制造中采用的焊接方法很多，常用的有电弧焊、氩弧焊、电渣焊、接触焊、等离子焊、超声波焊、激光焊、电子束焊和气焊等，以电弧焊应用最为广泛，电弧焊又可分为手工电弧焊和自动、半自动电弧焊几种类型。电弧焊是利用高压电弧产生的高温来熔化金属焊口（即钢板的焊缝结合处），使之与焊条（补充金属）融合，待冷却后让焊件紧紧连接在一起。不同的焊接方法格局焊接的工艺要求，可单独使用，也可以组合使用。

2. 焊件接头的基本形式

两个焊件通过焊接连接在一起，焊件接口（即接头）的连接方式通常有以下几种基本形式：对接、搭接、角接和T形接头，如图6-37所示。

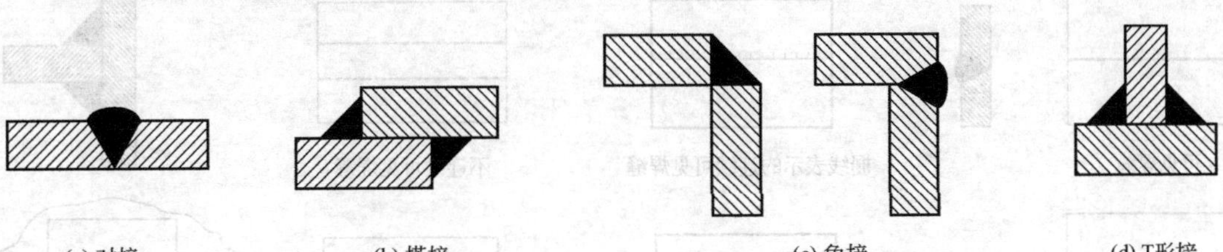
(a) 对接　(b) 搭接　(c) 角接　(d) T形接头

图6-37　焊件的接头

对接接头常用于筒体与筒体的连接、筒体与封头的连接；搭接接头常用于塔体与裙座的连接、支座垫板与塔体的连接；角接接头常用于接管与法兰、法兰与筒体、接管与筒体等的连接；而T形接头则常用于鞍式支座的底板与筋板、悬挂式支座的筋板与底板的连接等。

3. 焊接接头的坡口形状

为了保证焊接的质量，通常需要将焊件的接边处预制成各种不同的形状，工程上称为坡口。坡口通常由三部分组成，即坡口角度 α、焊缝间隙 c 和钝边高度 H，如图 6-38 所示。预留钝边高度是为了防止电弧烧穿焊件；焊件间保留一定的间隙，是为了使两个焊件能完全焊透；预制成坡口形状，是为了让焊条能伸入焊件的底部。常见坡口的形状有单面 V 形、U 形、Y 形和双面 K 形、X 形等不同形状，它们分别适用于不同厚度和不同接头形式的焊件连接（见图 6-39），搭接焊件则一般不开坡口。

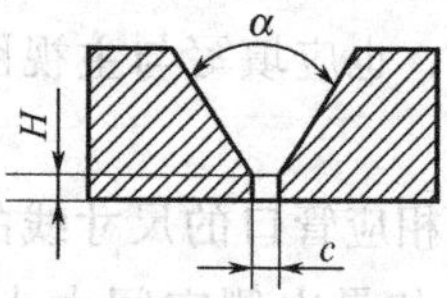

图 6-38 坡口形状

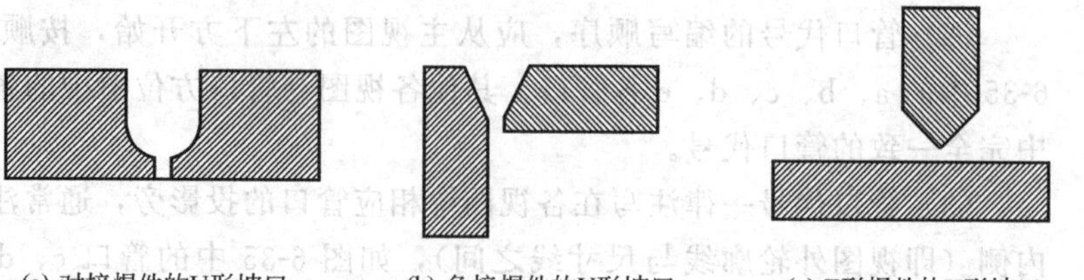

(a) 对接焊件的U形坡口　(b) 角接焊件的V形坡口　(c) T形焊件的K形坡口

图 6-39 不同形式的坡口形状

4. 焊缝的画法

（1）在化工设备装配图的剖视图中，对于一般常低压设备的焊缝，按焊接接头形式将焊缝涂黑表示即可，如图 6-35 中的Ⅰ视图所表示的焊缝。其他没有剖切的视图中，一般不予画出。

（2）对于中、高压设备，或低压设备中的重要焊缝，或一些特殊的、非标准型的焊缝，则需要采用局部放大的方法，详细表达焊缝的结构形状和相关尺寸要求，如图 6-35 中Ⅰ的局部放大图所表示的焊缝。

需要图示的局部焊缝常称为节点，相应的局部放大图则称为节点放大图。在化工设备图中常见的节点部位有筒体与封头的环焊缝、补强圈与筒体（或封头）的焊缝、管板与壳体的焊缝、筒体与裙座的焊缝，以及支座垫板与筒体（或封头）的焊缝等。

（3）若焊缝的分布比较复杂，在标注焊缝代号的同时，在设备图的焊缝处可采用粗于设备轮廓线的粗线表示可见焊缝，虚线表示不可见焊缝。采用连续的栅线表示连续的可见焊缝，断续的栅线则表示不连续的可见焊缝。在一些特殊的地方，用栅线表示焊缝比采用粗实线表示更有助于理解结构形状，如图 6-40 所示。

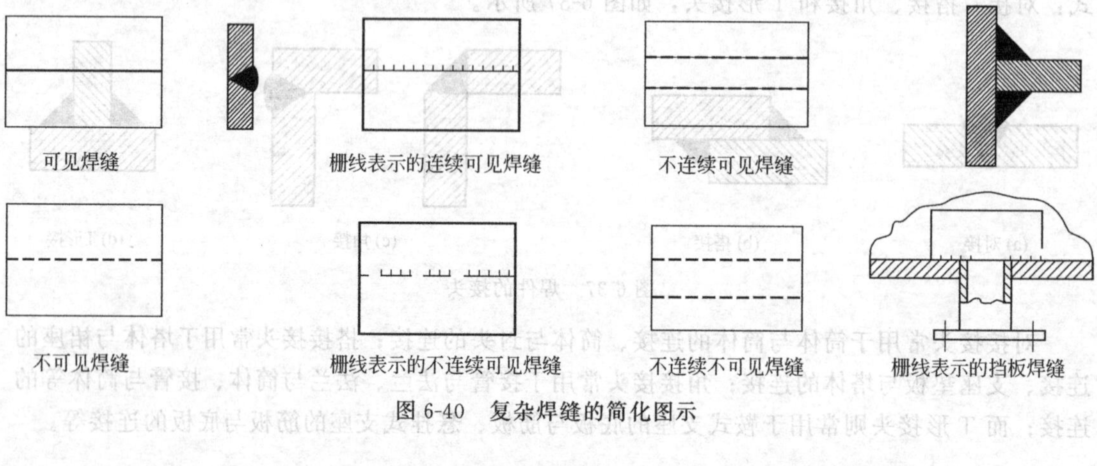

图 6-40 复杂焊缝的简化图示

5. 焊缝的标注

化工设备图中如果需要说明的焊缝较少时，可直接采用图示的方法，如果较多则可在图中对焊缝用规定的焊缝符号标注。焊缝符号一般可标注焊接接头的形式、焊接方法、焊缝的结构尺寸与焊缝数量，必要时还可标注辅助与补充符号以及焊缝尺寸符号等。常用的标注方法有以下几种。

(1) 对于常低压设备，一般只需在图纸的技术要求中对图示设备所要求采用的焊接方法、焊件的接头形式，以及要求采用的焊条等，统一说明即可。如图 6-35 的技术要求中所示“2. 本设备全部采用电焊焊接，焊条型号为 J422”与“3. 焊接接头形式按 GB/T 985.1—2008 要求实施”等。

(2) 如果在设备图中某些焊缝的结构尺寸与焊接要求，未包括在技术要求的统一说明中，或一些特殊焊缝需要单独说明时，可在图纸相应的焊缝结构处，通过焊缝符号加注焊缝、接头、坡口与焊接方法代号，以及相关的尺寸说明等详细内容。

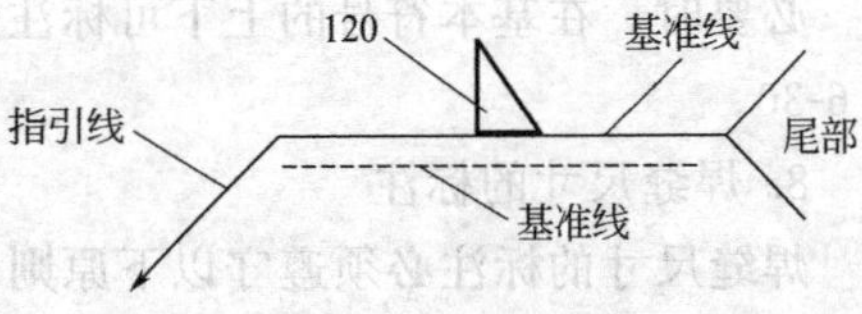

图 6-41 焊缝符号的构成

6. 焊缝符号

焊缝符号由基准线、基本符号（辅助符号）、指引线和尾部四部分组成（见图 6-41），根据国家标准 GB/T 324—2008 和 GB/T 12212—1990 的相关规定，在化工设备图中，焊缝图形符号和焊缝符号的线宽、字体、字形和字高等，应与图样中的尺寸符号的线宽、字体、字形和字高保持一致。当在图样中采用简化图示方法绘出焊缝时，也应同时标注焊缝符号（已标注焊缝详细尺寸与要求的除外），如图 6-35 所示。如果焊缝的图形符号和焊缝符号的线宽接近时，允许将焊缝图形符号加粗表示。

(1) 基本符号 基本符号是表示焊缝横截面形状特征的符号，常用基本符号见表 6-28。

表 6-28 常用焊缝的基本符号（GB/T 324—2008）

焊缝名称	焊缝形式	图形符号	焊缝名称	焊缝形式	图形符号	焊缝名称	焊缝形式	图形符号
I形		‖	Y形		Y	角焊缝	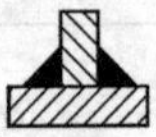	
单边V形			单边Y形			点焊缝		○
V形		V	U形			封底焊缝		

(2) 辅助符号 辅助符号是表示焊缝表面形状特征的符号，常用辅助符号见表 6-29。

表 6-29 常用焊缝的辅助符号（GB/T 324—2008）

焊缝名称	焊缝形式	图形符号	焊缝名称	焊缝形式	图形符号	焊缝名称	焊缝形式	图形符号
平面焊缝		—	凸面焊缝		⌒	三面焊缝	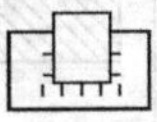	
凹面焊缝		⌣	带垫板焊缝		□	周边焊缝	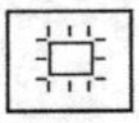	○
现场焊缝			双面断续交错		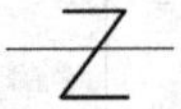	槽焊缝		

（3）指引线　是一根带箭头的细实线，无箭头的一端与基准线的端点相连，带箭头的一端则指向焊缝可见面所在的位置。指引线的箭头相对焊缝的位置一般没有特殊规定，但对于V形、Y形、U形焊缝，箭头应指向带有坡口的一侧。在必要时，指引线允许转折一次，如图6-42所示。

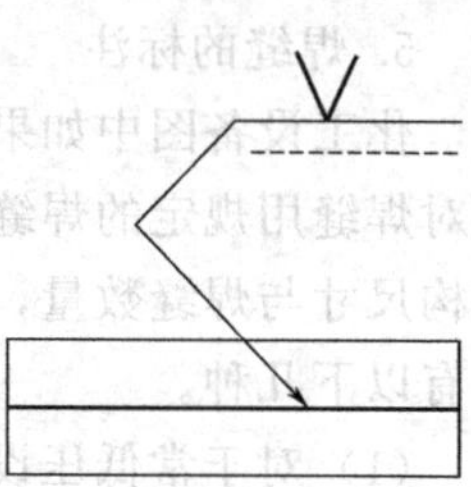

图6-42　指引线的转折

（4）基准线　基准线是一条细实线（可见面）和与其平行的虚线（不可见面），一般与图样标题栏的长边平行，必要时也可与图样标题栏的长边垂直。

7. 焊缝尺寸符号

必要时，在基本符号的上下可标注焊缝的尺寸符号及相关数据，焊缝常用的尺寸符号见表6-30。

8. 焊缝尺寸的标注

焊缝尺寸的标注必须遵守以下原则。

（1）焊缝横截面上的尺寸应标注在基本符号的左侧。

（2）焊缝长度方向上的尺寸应标注在基本符号的右侧。

（3）坡口角度、坡口面角度、根部间隙等尺寸应标注在基本符号的上侧或下侧。

（4）说明焊缝数量的符号，应标注在尾部。

（5）当需要标注的尺寸数据较多又不易分辨时，可在数据前面增加相应的尺寸符号。

当箭头方向改变时，以上原则不变。焊缝尺寸符号见表6-30。

表6-30　焊缝尺寸符号（GB/T 324—2008）

符号	名　称	示意图	符号	名　称	示意图	符号	名　称	示意图
δ	工件厚度	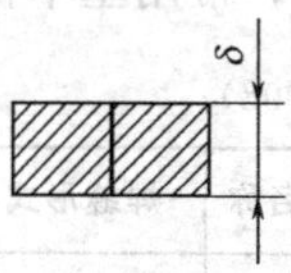	P	钝边高度	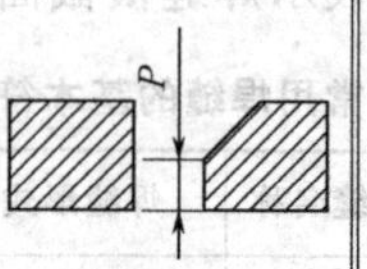	e	焊缝间距	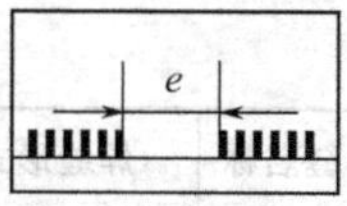
α	坡口角度	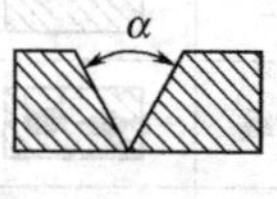	C	焊缝宽度	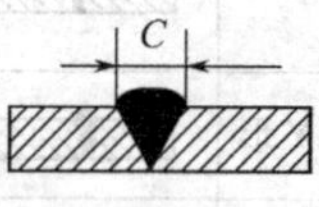	K	焊角高度	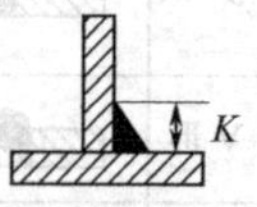
β	坡口面角度	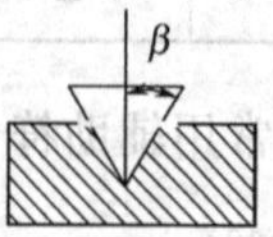	l	焊缝长度	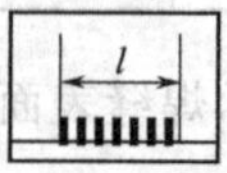	S	焊缝有效厚度	
b	根部间隙	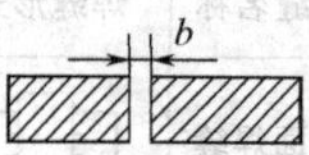	R	根部半径	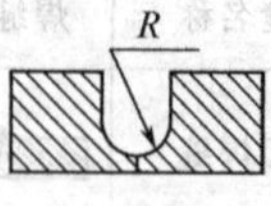	H	坡口深度	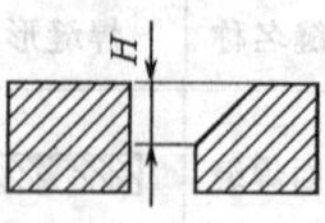
h	余高	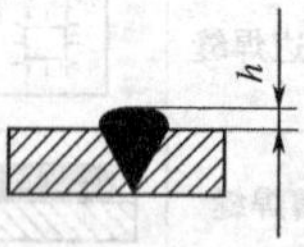	d	熔核直径	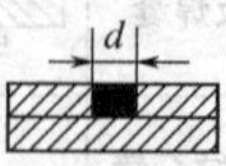	N	相同焊缝数量符号	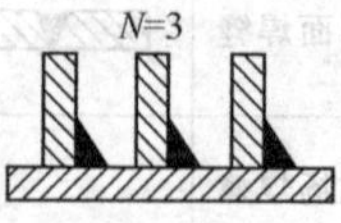

焊缝尺寸符号只表示焊缝的结构尺寸，确定焊缝位置的尺寸则不应在焊缝符号中给出，而是将其直接标注在图样上。如果在基本符号的右侧无任何标注且又无其他说明时，即意味着在工件的整个长度上焊缝是连续的。如果在基本符号的左侧无任何标注且又无其他说明时，即表示所指向的对接焊缝应完全焊透。

9．焊接方法及其数字代号

在化工设备图中，焊接方法采用数字代号标注在焊接符号的尾部。常用的焊接方法及数字代号见表 6-31。

表 6-31　常用的焊接方法及其数字代号（GB/T 5185—2005）

焊接方法	数字代号	焊接方法	数字代号	焊接方法	数字代号	焊接方法	数字代号
无保护的电弧焊	11	等离子弧焊	15	氧-乙炔焊	311	电子束焊	76
手工电弧焊	111	点焊	21	氢-氧焊	313	激光焊	751
埋弧焊	12	缝焊	22	氧-乙炔堆焊	33	超声波焊	41
烙铁软钎焊	952	高频电阻焊	291	电渣焊	72	红外线焊	753

10．焊缝尺寸符号及数据的标注示例

焊缝尺寸符号及数据的标注方法，可参见图 6-43 与图 6-44。

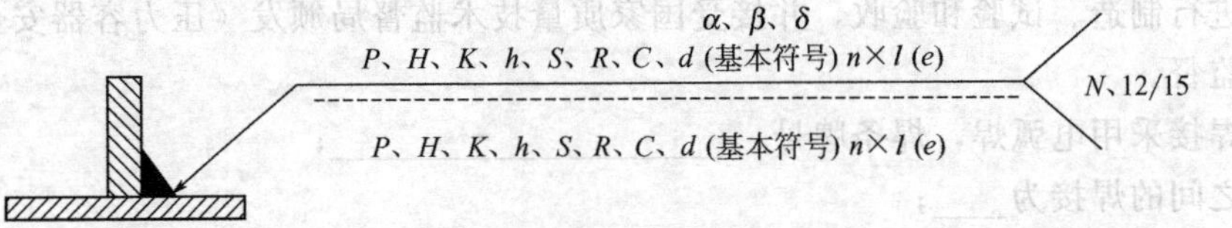

图 6-43　焊缝尺寸符号及数据的标注方法

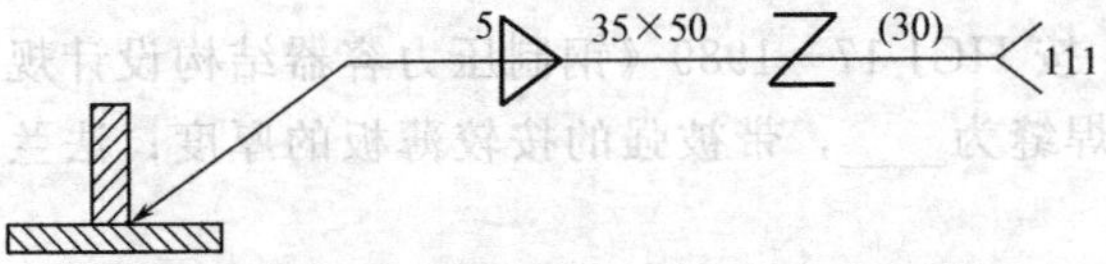

表示对称角焊缝，焊角高5mm，交错断续焊缝，焊缝段数35、焊缝长度50mm、间距30mm，采用手工电弧焊

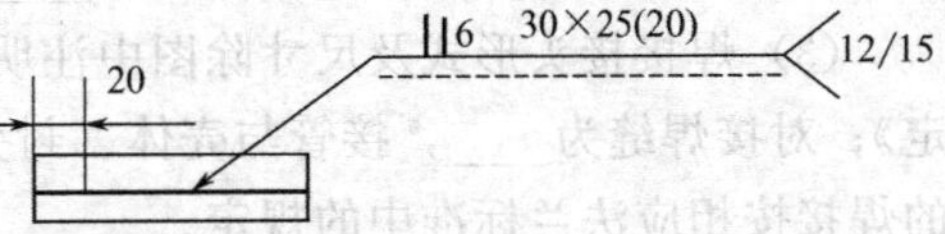

表示单面断续I形焊缝，焊缝有效厚度6mm，焊缝段数30、焊缝长度25mm、间距20mm，焊缝起始位置在靠左端20mm处，焊缝要求先用等离子焊打底，后用埋弧焊盖面

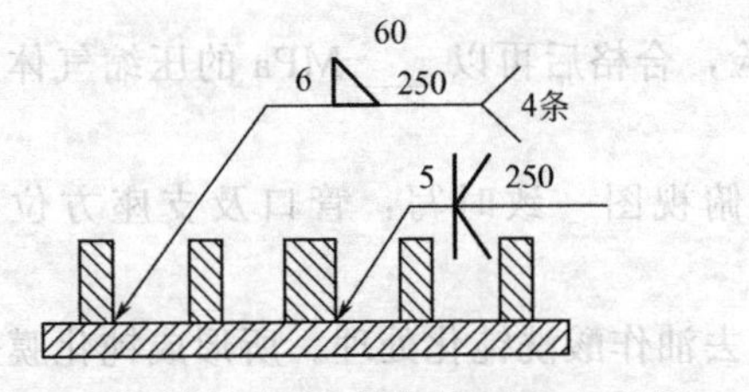

表示有4条焊缝均为单面角焊缝，焊角高5mm、连续焊缝长度250mm，坡口角度60°，另一条焊缝为K形焊缝，焊角高5mm，连续焊缝长度250mm(焊接方法已集中标注)

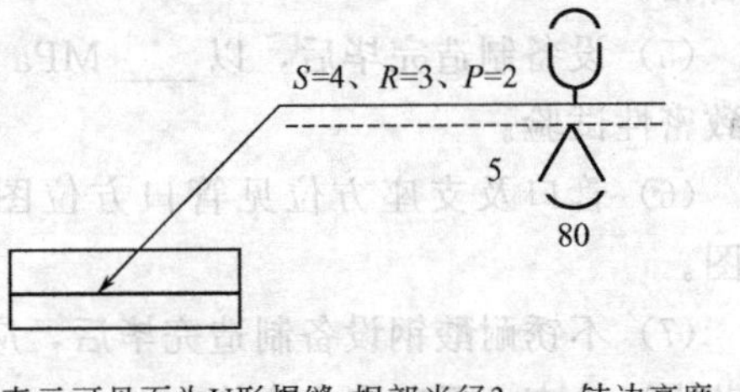

表示可见面为U形焊缝，根部半径3mm，钝边高度2mm焊缝有效厚度4mm，凸型焊缝，不可见面为V形焊缝，焊缝有效厚度5mm，坡口角度80°，凸型焊缝。两侧均为连续焊缝，焊件两端均有焊缝

图 6-44　焊缝的标注示例

八、文字标注

化工设备的文字标注主要指在“技术要求”中的各项说明，其内容包括：设备的制作与加工方面的要求，设备的安装、检验和验收要求，设备的防腐和包装、运输方面要求等。在

同类化工设备的加工、制造、焊接、装配、检验、包装、运输与防腐等方面的通用技术要求，现已形成较详尽的技术规范，并制定了相关的国家标准，可在技术要求中直接引用。通常选用的相关标准有：

HGJ 15—1989《钢制化工容器材料选用规定》；
HGJ 16—1989《钢制化工容器强度计算规定》；
HGJ 17—1989《钢制化工容器结构设计规定》；
HGJ 18—1989《钢制化工容器制造技术要求》；
HG 20584—1998《钢制化工容器制造技术条件》；
GB/T 985—1988《气焊手工电弧焊焊接坡口的基本型式和尺寸》；
JB 2532—80《热套压力容器技术条件》；
JB/T 4709—2007《钢制压力容器焊接规程》；
JB 4730—2005《压力容器无损检测》；
JB/T 4710—2005《钢制塔式容器》；
GB 150—1998《钢制压力容器》；
GB 151—1998《钢制管壳式换热器》；
GB 12337—1998《钢制球形储罐》；
JB 4735—1997《钢制焊接常压容器》。

几种典型化工设备“技术条件”的注写方法与规范，可参见以下示例。

1. 钢制（包括不锈耐酸钢制）焊接压力容器

(1) 本设备按 GB 150—1998《钢制压力容器》和 HGJ 18—1989《钢制压力容器制造技术要求》进行制造、试验和验收，并接受国家质量技术监督局颁发《压力容器安全技术监察规程》的监督。

(2) 焊接采用电弧焊，焊条牌号：____________；
碳钢之间的焊接为____；
不锈耐酸钢之间的焊接为____；
不锈耐酸钢与碳钢之间的焊接为____。

(3) 焊接接头形式及尺寸除图中注明外，按 HGJ 17—1989《钢制压力容器结构设计规定》；对接焊缝为____，接管与壳体、封头的焊缝为____，带被强的按较薄板的厚度；法兰的焊接按相应法兰标准中的规定。

(4) 容器上的 A 类和 B 类焊缝应进行无损探伤检查，探伤长度为____%，且不小于 250mm。射线探伤或超声波探伤应符合 JB 4730—2005《压力容器无损检测》规定中____级为合格。

(5) 设备制造完毕后，以____ MPa 进行液压试验，合格后再以____ MPa 的压缩气体进行致密性试验。

(6) 管口及支座方位见管口方位图，若方位与俯视图一致时写：管口及支座方位见本图。

(7) 不锈耐酸钢设备制造完毕后，应清除污垢、去油作酸洗钝化处理。所形成钝化膜采用蓝点法检查，无蓝点为合格。

2. 钢制焊接常压容器（包括立式圆筒形贮罐等）

(1) 本设备按 JB/T 4735—1997《钢制焊接常压容器》进行制造、试验和验收。

(2)、(3) 两条参照“钢制焊接压力容器”(2)、(3) 条填写。

(4) 对接焊接接头，凡符合下列条件之一者，需进行局部射线或超声波无损检测，其长度不少于焊接接头长度的____%，无损检测按 JB 4730—2005《压力容器无损检测》进行，其检查结果____级为合格。

(5) 容器制造完工后，应进行（以下几条按图样要求任选）

盛水试漏；

以____MPa 进行液压试验；

以____ MPa 进行气密性试验；

先以____ MPa 进行液压试验，合格后再以____MPa 压缩空气进行气密性试验；

煤油渗漏试验。

(6) 管口及支座方位，同“钢制焊接压力容器”(6) 条的填写。

3. 管壳式换热器装配图

(1) 本设备按 GB 151—1998《钢制管壳式换热器》中的____级进行制造、试验和验收，并接受劳动部颁发《压力容器安全技术监察规程》的监督。

(2) 换热管的标准为____，其外径偏差为____mm，壁厚偏差为____%。

(3) 焊接及探伤要求按“钢制焊接压力容器”的有关规定填写。

(4) 管板密封面与壳体轴线垂直，其公差为 1mm。

(5) 列管和管板的连接采用____。

(6) 设备制造完毕后，进行试压检验：

壳程以____ MPa、管程以____ MPa 进行压力试验。合格后壳程再以____ MPa、管程再以____ MPa 的压缩空气进行致密性试验。

(7) 管口及支座方位参照“钢制焊接压力容器”有关条款填写。

4. 板式塔装配图

(1) 根据不同材质按“钢制焊接压力容器”中有关内容填写。

(2) 焊接及无损探伤等要求也按“钢制焊接压力容器”规定填写。

(3) 塔体直线度允差为____ mm。塔体安装垂直度允差为____。

(4) 裙座（或支座）螺栓孔中心圆直径允差以及相邻两孔和任意两孔弦长允差均为 2mm。

(5) 塔盘的制造、安装按 JB 1205—2001《塔盘技术条件》进行。

(6) 压力和致密性等试验要求，按“钢制焊接压力容器”有关规定填写。

(7) 管口及支座方位，按“钢制焊接压力容器”第 (6) 条填写。

5. 填料塔装配图

(1)、(2) 条同“板式塔装配图”。

(3) 塔体直线度允差____ mm。塔体安装垂直度允差为____ mm。

(4) 同“板式塔装配图”。

(5) 栅板应平整，安装后的平面度允差 2mm。

(6)、(7) 两条同“板式塔装配图”。

(8) 喷淋装置安装时平面度允差 3mm，标高允差±3mm，其中心线与塔体中心线同轴度允差 3mm。对于波纹填料塔在第 (2) 条后增加下列各条：

① 塔体在同一断面上的最大直径与最小直径之差≤0.5%D_i；

② 接管、人孔、视镜等与筒体焊接时，不能突出与塔体内壁；

③ 塔体表面焊缝应修平，焊疤、焊渣应清除干净；

④ 塔节两端法兰与塔体焊后一起加工，其法兰密封面与筒体轴线应垂直，其允差为 1mm。

说明

(1) 塔总高20m以下，塔体直线度允许误差为2/1000塔高，最大直线度允许误差为20mm；塔总高20m以上，塔体直线度允许误差为1/1000塔高，最大直线度允许误差为30mm。

(2) 对填料只有一层或有几层填料的最低一层栅板可不提平面度的要求。

6. 搅拌设备装配图

(1) 设备上减速机支架凸缘应在组焊后一起加工。

(2) 设备组装后，在搅拌轴上端密封处测定轴的径向摆动量不得大于____mm；搅拌轴轴向串动量不得大于____mm；搅拌轴下端摆动量不大于____mm。

(3) 组装完毕后，以水代料并使设备内达到工作压力；进行试运转，严禁空运转，时间不少于4h，在试转过程中，不得有不正常的噪声［≤85dB(A)］和振动等不良现象。

(4) 搅拌轴旋转方向应和图示相符，不得反转。

九、各种表格的编制与填写

（一）标题栏

在化工设备图中采用的标题栏和机械制图的标题栏一致。常用的标题栏一般有两种：主标题栏和简单标题栏。前者主要用于A0、A1和A2幅面的装配图，后者则用于零部件图纸。

1. 主标题栏

主标题栏通常都放在图纸的右下角，紧接图框线。在化工设备图中采用的主标题栏格式如图6-45所示。

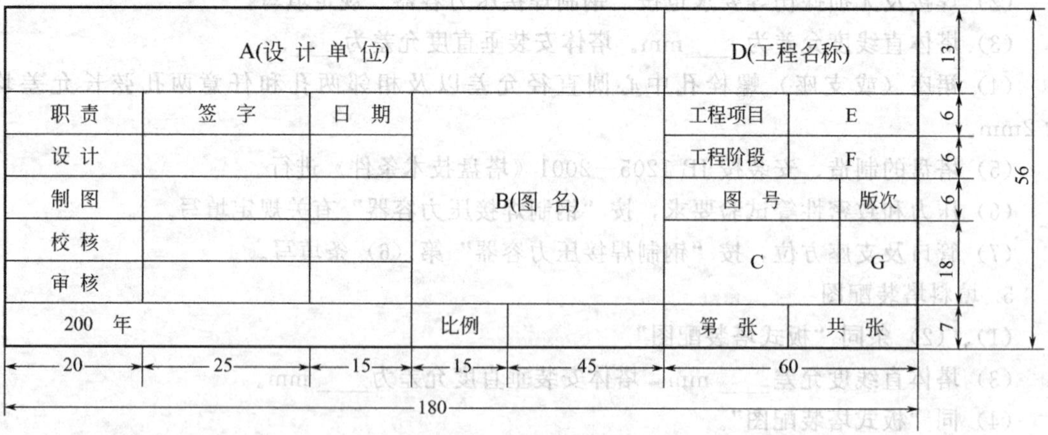

A(设 计 单 位)
D(工程名称)
职 责
签 字
日 期
设 计
制 图
校 核
审 核
B(图 名)
工程项目
E
工程阶段
F
图 号
版次
C
G
200 年
比例
第 张
共 张
13
6
6
6
18
7
56
20
25
15
15
45
60
180

图6-45　主标题栏格式

主标题栏的填写要求如下。

(1) A栏　填写设计单位名称，推荐采用7号字。

(2) B栏　填写图样名称，推荐采用5号字。该栏一般分三行填写。第一行为设备名称，第二行为设备的主要规格尺寸，第三行为图样或技术文件的名称，如图6-46所示。

化工设备的名称，通常均以化工单元设备的名称作为基本名称，如图6-46中的冷凝器、精馏塔、反应罐等。为使设备名称能如实地表达图示设备，常常在基本名称前面冠以必要的设备特性或用途，如"MA提纯塔冷凝器"、"浮头式换热器"、"硫酸贮槽"、"乙苯精馏塔"和"氨合成塔"、"氯乙烯聚合反应釜"等。化工设备的规格数据，对贮槽、反应釜，一般注

MA提纯塔冷凝器 *PN*4.0，*F*=15m^2 装 配 图	××反应罐 *VN*=5m^3 零部件图	××精馏塔 *PN*4.0，*DN*600，*H*=6349 装 配 图

图 6-46 设备名称与规格数据的填写

写设备的公称容积“*VN*=××m^3”；对热交换器、蒸发器，一般注写设备的公称压力和换热面积“*PN*4.0，*F*=15m^2”；塔设备则应标注公称压力、公称直径和塔高“*PN*4.0，*DN*600，*H*=6349”。另外，如果是电解槽、电除尘器等设备，还应标注电流大小“*I*=××A”。

(3) C栏 填写图号，推荐采用5号字。图号编写的格式是“××-××××-××”，前一项是设备的分类代号，原石油化工部化工设计院编制的设备设计文件中，将化工设备及其他机械设备和专用设备分为0～9共10大类，常见的有3大类，每大类中又分为0～9种不同的规格，均有不同的代号，见表6-32～表6-34。

表 6-32 1类——容器（包括贮槽、高位槽、计量槽、气瓶、液氨瓶）

代号	规 格	代号	规 格
10	压力<0.1MPa,*VN*≤50m^3	15	不锈钢（复合钢板）制作的容器
11	压力<0.1MPa,*VN*>50m^3	16	有色金属（铜、铝、钛等）制作的容器
12	压力为0.1～1.6MPa	17	带衬里的容器
13	1.6MPa<压力<10MPa	18	非金属容器
14	铸铁铸钢容器及加热浓缩锅	19	其他特殊容器（如水封）

表 6-33 2类——热交换设备

代号	规 格	代号	规 格
20	列管式换热器、U形管热交换器	25	不锈钢（复合钢板）制作的热交换器
21	套管式、淋洒式、蛇管式、浸流式热交换器	26	有色金属（铜、铝、钛等）制作的热交换器
22	螺旋式、板式、翅片式或其他热交换器	27	带衬里的热交换器
23	废热锅炉或载热体锅炉	28	非金属热交换器
24	蒸发器（包括蒸汽缓冲器和蒸馏器）	29	其他（如大气冷凝器、电加热器等）

表 6-34 3类——塔设备

代号	规 格	代号	规 格
30	泡罩塔、浮阀塔	35	不锈钢（复合钢板）制作的塔
31	填充塔、乳化塔	36	有色金属（铜、铝、钛等）制作的塔
32	筛板、泡沫和膜式塔	37	带衬里的塔
33	空塔	38	非金属塔
34	铸铁塔	39	其他（如排气筒等）

中间“××××”是设计文件的顺序号，即本单位同类设备文件的顺序号。最后尾号“××”是图纸的顺序号，可按“设备总图→装配图→部件图→零部件图→零件图”的顺序编排。如果只有一张图纸时，则不加尾号，即只保留设备文件号。如贮罐的分类号为12，

图示设备所在单位的顺序号为 16（即该设备本单位已经设计 15 台，图示设备为第 16 台），本图为全套贮罐图纸中的第一张，则本图纸的图号应编写为“12-0016-01”。

（4）D 栏　一般情况可不填写，在绘制初步设计总图时应填写图示项目的工程名称。

（5）E 栏　一般情况可不填写，在绘制初步设计总图时应填写图示项目所在的车间名称或代号。

（6）F 栏　填写完成该图纸所处的设计阶段，一般填写“初步设计图”或“施工图”。

（7）G 栏　一般填写图纸的修改标记，即填写修改次数的符号：第一次修改填 a，第二次修改时可划去 a 另填 b，依此类推。

2. 简单标题栏

简单标题栏与装配图和部件图中明细表注写的内容一致，如图 6-47 所示。简单标题栏的填写与明细表要求相同。如果直属零件和部件中的零件，或不同的部件中都用同一个零件图时，在标题栏的件号栏内应分别填写各零件的件号，当不按比例绘制零件图时，在比例栏中需用细斜线表示。

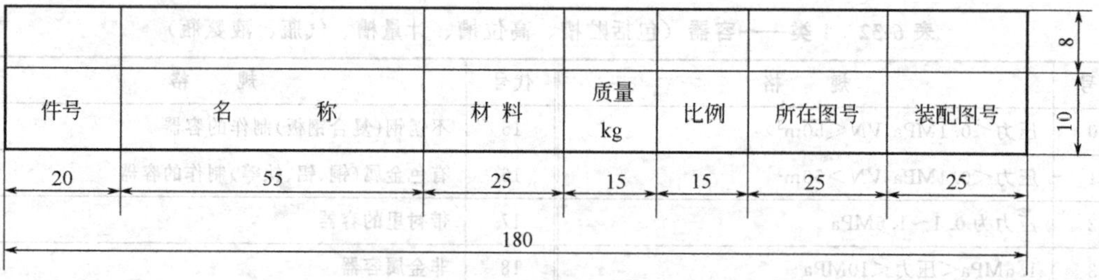

图 6-47　简单标题栏

（二）明细表

在化工设备图上的明细表是用来说明图示设备中各种零部件的名称、规格、数量、材料和质量等内容的清单。在化工设备图中常用明细表的格式与机械制图相同，明细表的位置在装配图标题栏的上方，按由下而上的顺序填写。如果由下而上延伸的位置不够时，可紧靠在标题栏的左边，以完全相同的格式由下而上延伸。当在装配图中在标题栏的上方无法配置明细表时，也可按 A4 幅面作为装配图的续页单独给出，但在明细表的下方应配置标题栏，并在标题栏中填写与装配图完全一致的设备名称与代号。常见的明细表有详细明细表和简单明细表两种形式，如图 6-48 和图 6-49 所示。

明细表的填写与机械制图基本相同，但也有自己的要求。

1. 序号

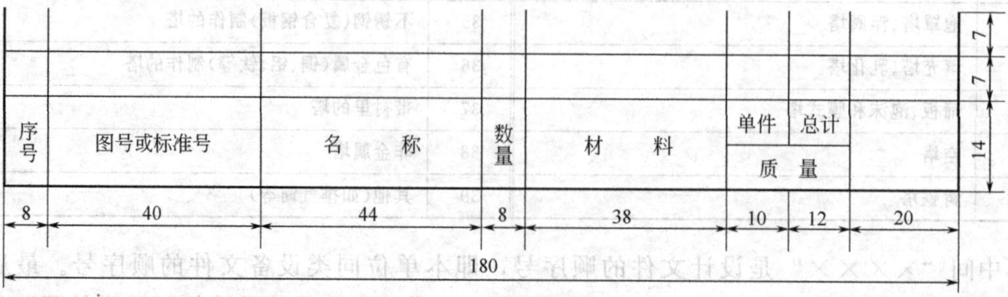

图 6-48　详细明细表格式

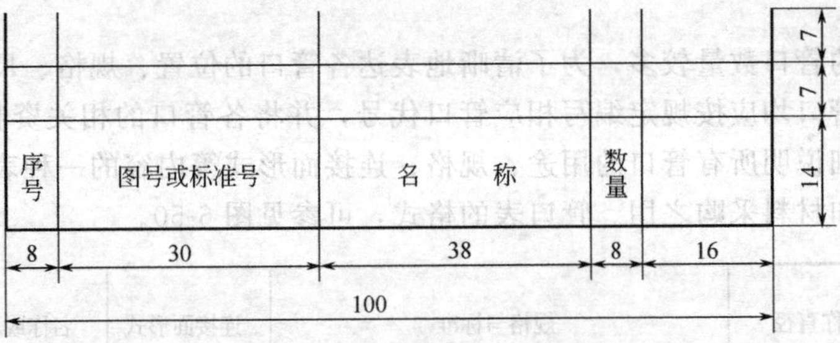

图 6-49　简单明细表格式

本栏填写图示设备各零部件的顺序号。在表中填写的序号应与图中序号完全一致，且应由下而上按序填写。

2. 图号或标准号

本栏填写各零部件相应的“图号或标准号”。凡已绘制了零部件图的零部件都必须填写相应的图号（没有绘制图样的零部件，此栏可不填）；若为标准件，则必须填写相应的标准号（材料不同于标准时，此栏可不填），若为通用件，则必须填写相应的通用图图号。

3. 名称栏

本栏填写零部件的名称与规格。填写时零部件的名称应尽可能采用公认的称谓，并力求简单、明确。同时，还应附上该零部件的主要规格。如果是标准件，则必须按规定的标注方法填写，如“法兰 C—T 800—1.60”；如果是外购件，则需按商品的规格型号填写，如“减速机 BLC125-5 Ⅰ”；如果是不另绘图的零件，在名称之后应给出相关尺寸数据，如“接管 57×3.5，$L=120$”（L 也可在备注栏内说明）、“角钢∠50×50×5，$L=500$”、“筒体 $DN1000$，$\delta=10$，$H=2000$”等。

4. 数量栏

本栏填写图示设备上归属同一序号的零部件的全部件数，如在设备上设计了 a、b、c、d、e 5 个管径相近的管口，它们采用了相同规格的连接法兰，在装配图上这 5 个相同规格的法兰只需占用一个序号，但在明细表该序号相应的数量栏中则需要填写 5 件。对于大量使用的填料、木材、耐火材料等可采用 m^3 计，而大面积的衬里、防腐、金属丝网等，则可采用 m^2 计，其采用的单位，在备注栏内可加以说明。

5. 材料栏

本栏填写各零部件所采用的材料名称或代号。材料名称或代号必须按国家标准或部颁标准所规定的名称或代号填写；无标准规定的材料，则应按工程习惯注写相应的名称；由国外企业或国内企业生产的有系列标准的定型材料，应同时注写材料名称和相应的材料代号，并在备注栏内作附加说明。如果该件号的部件由不同材料的零件构成，本栏可填写组合件，如果该件号的零部件为外购件，本栏可不填，或在本栏画一短细斜线表示。

6. 质量栏

本栏填写零部件的真实质量，一般零部件准确到小数点后两位，贵重金属可适当增加小数点后的位数，以 kg 为单位。非贵重金属，且质量小、数量少的零件也可不填，或在本栏画一短细斜线表示。

7. 备注栏

本栏仅对需要说明的零部件附加简单的说明，如：对外购件可填写“外购”字样；采用了特殊的数量单位，可填写“单位 m^3”；对接管可填写接管长度“$L=120$”；对采用企业标准的零部件可填写“××企业标准”等字样。一般情况下，不予填写。

（三）管口表

化工设备上的管口数量较多，为了清晰地表达各管口的位置、规格、尺寸、用途等，在装配图上的所有管口均应按规定编写相应管口代号，并将各管口的相关资料列入管口表中。管口表是一种详细说明所有管口的用途、规格、连接面形式等内容的一种表格，可供设备制造、安装、检验和材料采购之用。管口表的格式，可参见图 6-50。

代号	公称直径	规格与标准	连接面形式	名称或用途	12
a	100	*PN*2.5，*DN*100, HGJ 49—1991	RF	变换气入口	8
b_{1-2}	500	*PN*0.6，*DN*450, HGJ 506—1986—3	—	人孔	8
c	25	*PN*1.6，*DN*25, HGJ 45—1991	FF	水进口	8
d	椭圆80×40	*PN*0.25，*DN*150, HG 21534—2005	A. G	手孔	8
10	20	50	15	25	

120

图 6-50 管口表格式

管口表一般放在明细表的上方，通常按管口顺序由上而下填写。在表的上方应注写“管口表”字样，字体需大于表中字体。如果在明细表和“技术要求”之间无法安排时，也可放在标题栏的左边空白处。

（四）技术特性表

技术特性表是表明图示设备的重要技术特性和设计依据的一览表，一般放在管口表的上方。如果在明细表和“技术要求”之间无法安排时，也可放在标题栏的左边空白处。

常见的技术特性表有两种不同的格式，可分别用于不同类型的化工设备。在技术特性表中需填写的内容，因设备类型的不同会有不同的要求。

(1) 一般的化工设备常包括设计压力、工作压力（一般填写表压，单位是 MPa，如果是绝对压力应标注“绝对”字样）、设计温度、工作温度（℃）、焊缝系数、腐蚀裕度（mm）和容器类别，专用设备则还需填写物料名称、介质特性等内容。

(2) 对容器类设备，应增加全容积和操作容积（m^3）。

(3) 对热交换器，应按管程、壳程分栏填写，并增加换热面积（m^2，以换热管外径计算）。

(4) 对塔器，应填写设计的地震烈度（级）、设计风压（N/m^2）等。对填料塔还需填写填料体积（m^3）、填料比表面积（m^2/m^3）、处理气量（Nm^3/h）和喷淋量（m^3/h）等内容。

(5) 对带夹套（蛇管）和搅拌的反应釜，应按釜内、夹套（蛇管）内分栏填写，同时还需填写全容积、操作容积，搅拌桨转速，电动机功率（kW）、换热面积和操作物料及特性等内容。

(6) 其他专用设备，可根据设备的结构与操作特性，填写图示设备需特别说明的技术特性内容。

技术特性表的格式如图 6-51 和图 6-52 所示。

	管　程	壳　程	
工作压力/MPa			8
工作温度/℃			8
设计压力/MPa			8
设计温度/℃			8
物料名称			8
换热面积/m^2			8
焊缝系数			8
腐蚀裕度/mm			8
容器类别			8
40	40	40	
120			

图 6-51　技术特性表格式（热交换器）

工作压力/MPa		工作温度/℃		8
设计压力/MPa		设计温度/℃		8
物料名称		介质特性		8
焊缝系数		腐蚀裕度/mm		8
容器类别				8
40	20	40	20	
120				

图 6-52　技术特性表格式

（五）修改表

化工设备图的图样修改，要求是非常严格的，而且均有相应的规定。并且，对图纸所做的每一次修改，都必须在图纸上的修改表中留下详细记录。修改表的位置一般安排在图纸内框的右上角，或内框上边的空白处。相关单位对化工设备图纸修改所做的规定如下。

(1) 对图纸中的视图或文字说明所进行的修改，应分别按序用小写的英文字母 a、b、c 等表示，即它们分别表示对该处所进行的第一次、第二次、第三次修改等。

(2) 对图纸中需要修改的尺寸数字、文字或图线，修改时应先用细实线划掉（必须保证被划掉的部分仍可清晰地看出修改前的情况），然后在附近空白处重新标注修改后的尺寸数字、文字或者图线，如图 6-53 所示。

(3) 在图纸中已进行修改的地方，必须标记修改的符号，在修改符号之外还应加画一直径为 5mm 的细实线小圆圈以醒目。同时，还要从小圆圈画一细实线的指引线指向被修改处，如图 6-53 所示。

(4) 修改表及其填写。常见的修改表格式如图 6-54 所示。

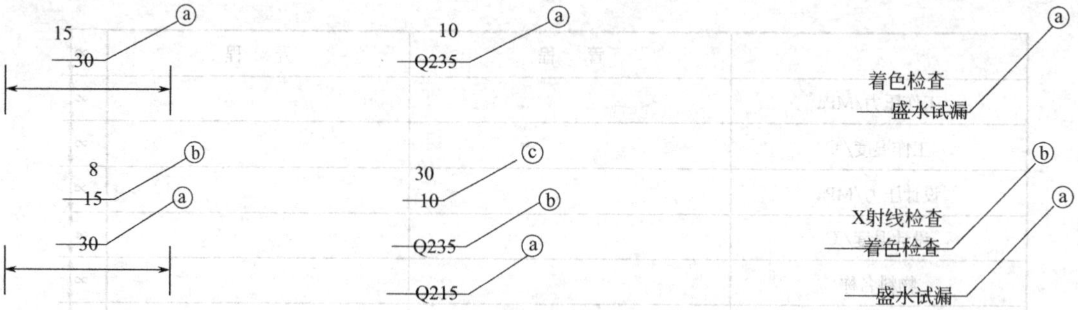

图 6-53　图纸的修改符号与标示

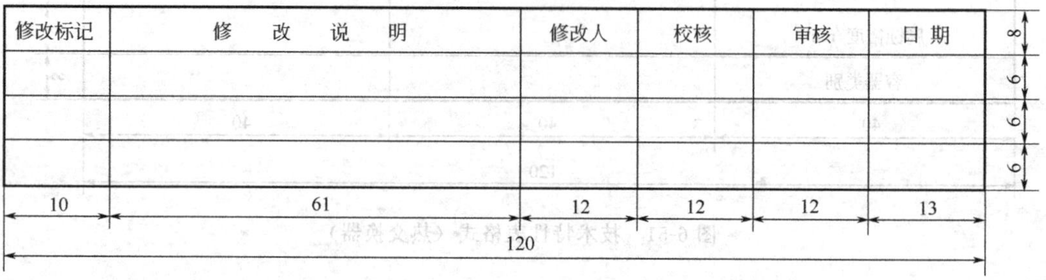

图 6-54　修改表格式

在修改标记栏需填写标记修改次数的符号；修改说明栏内应填写每次修改的原因和内容，对于因此而引起的相关修改则只需列出被修改的件号，其相应的尺寸、文字及图形的修改不必列出，如“件号 10 的尺寸 1000mm 修改为 950mm，件号 11、12 进行相应的修改”；由于修改而取消图中某件号时，图中和明细表中的件号顺序号允许空号；对于修改某部位引起其他部位的修改，及引起明细表和单标题栏中质量等的修改，均不注写修改符号；在日期栏应填写图纸修改的相应日期。

第五节　化工设备图的阅读

一、概述

化工设备图是化工设备设计、制造、使用和维护中重要的技术文件，是技术思想交流的工具。因此，作为专业的技术人员，不仅要求具有绘制化工设备图样的能力，而且应该具有阅读化工设备图样的能力。

化工设备图的阅读，其目的就是期望从图样所表达的全部内容来认识和理解所表达的设备（或零部件）结构、形状、尺寸和技术要求等信息。这种阅图的能力，在引进国外技术、参考、仿造国内外先进装置时，在设备的制造、安装、检修和使用操作过程中，在对设备进行技术革新和改造过程中，都是必须具备的。通过读图训练，不仅可以帮助学习和掌握先进的设计思想和理念，还有利于培养和发展空间思维和想象能力，丰富设计思想。

对化工设备图而言，通过阅读应该达到下列要求。

(1) 了解设备的基本结构、性能、作用和工作原理。

(2) 了解各零部件之间的装配与连接关系。

(3) 了解各主要零部件的结构形状与作用。

(4) 了解设备上的接管情况、用途与管口的方位。

(5) 了解设备在设计、制造、检验和安装等各方面的技术要求。

阅读化工设备图的方法和步骤，基本上与阅读机械装配图一样，一般可分为概括了解、详细分析、总结归纳三个步骤，但必须着重注意化工设备图样的各种表达特点、常用简化和习惯表示方法、管口方位的图示和技术要求等方面的不同地方。

二、阅读化工设备图的一般方法

这里介绍的阅读方法步骤，主要是针对化工设备装配图而言的。当然，为了弄清该设备的有关内容，辅以阅读所附的零部件图，也是完全必要的。阅读化工设备图，一般可按下列方法步骤进行。

(一) 图样的概括了解

(1) 通过阅读图样的主标题栏，了解设备的名称、规格、材料、质量、绘图比例以及图纸张数等。

(2) 了解图面上各部分内容的布置情况，如图形、明细栏、表格及技术要求等在幅面上的位置。

(3) 概括了解图上采用的视图数量和表达方法，如判断采用了哪些基本视图、辅助视图、剖视、剖面图等，以及它们的配置情况。

(4) 概括了解该设备的零部件序号数目，判断有哪些零部件图纸，哪些是标准件或外购件等。

(5) 概括了解设备的管口表、技术特性表以及有关材料、数量、施工要求等的基本情况。

(二) 视图的初步分析

阅读化工设备图，一般可从主视图入手，以初步了解设备的大致结构特点和工作原理。如判断该设备是属于容器、热交换器、反应器，还是塔器。如果是热交换器，那么判断其是立式，还是卧式；是固定管板式，还是活动管板式，或其他形式；以及该设备的总长和总高等基本情况。同时，还可结合其他视图、辅助视图和明细表、技术特性表和管口表，详细了解设备的基本结构特征和工作原理、装配方式与要求，以及所采用的零部件类型、形状结构与装配关系、管口的数量、用途和安装方位等局部细节。视图的初步分析，可为下一步的详细了解打下良好的基础。

(三) 零部件的结构分析

化工设备图的详细阅读，一般要对组成设备的各零部件的结构特征与装配关系进行深入考察与分析，包括零部件的结构形状、相关尺寸、材料和制造、安装和检验的技术要求等几个方面进行详细分析，以了解和掌握该零部件的结构特征与设计原理。下面分别介绍它们的阅图方法和要求。这一步是化工设备图阅读的重要步骤，必须认真学习与理解。在分析阅读化工设备图中的零部件时，在基本了解和掌握了设备的结构特征和工作原理基础上，还必须从图示内容中弄清楚下列几个问题。

(1) 构成设备的零部件的基本类型、用途和主要结构形状。

(2) 各零部件之间的主要连接方式、密封面形式，以及装配方法和顺序等。

(3) 各零部件的主要规格、材料、数量和标准型号等。

(4) 设备管口的数量、规格、材料、连接面形式、密封要求，以及管口代号、安装方位和用途等。

在掌握了上述内容的相关信息之后，再通过下列途径和方法对零部件进行详细分析。

(1) 通过零部件的序号，对应明细栏，逐个找出零部件在视图中的位置和所表示的结构形状。

(2) 根据视图间的投影联系，找出同一零部件在其他视图上的位置和所表示的结构形状。

(3) 根据各视图的图示特征（包括化工设备图中的特殊画法、习惯画法和规定的简化画法等），在看懂图纸的基础上，总结、分析图示零部件的实际形状与结构特征。

(4) 根据图纸上或明细栏中的尺寸数据，以及相关文字、代（符）号、标准号等标注与说明，全面了解和掌握图示零部件所表达的全部信息。

(5) 必要时，可配合阅读相关的零部件施工图，或相应的通用图、标准图等，以达到上述目的。

(四) 尺寸的分析

对化工设备图的尺寸分析，是深入了解和掌握化工设备的结构特征与设计原理的必要手段。化工设备图的尺寸分析，主要是通过该图纸上各视图、表格和文字说明中所标注的尺寸数值与代（符）号所提供的信息，通过分析比较，达到详细了解和掌握设备的结构特征与设计原理的目的。进行尺寸分析通常需弄清设备以下几个方面的尺寸。

(1) 设备的主要规格尺寸、总体尺寸及一些主要零部件的结构与加工制造用的尺寸与相关标准。

(2) 设备中主要零部件之间的装配与连接尺寸及尺寸基准。

(3) 设备与基础或构筑物的安装、定位尺寸及尺寸基准。

(4) 设备上所有管口的规格尺寸、周向方位和轴向距离。

(五) 阅读技术特性表和技术要求

(1) 认真阅读技术特性表，可以深入了解设备的工艺特性和设计参数（物料的种类和特性、工作压力与温度，以及设备的溶剂、换热面积等特征参数），以便了解该设备的设计与选材依据、结构原理和工作原理等信息，是全面掌握设备资料的必要环节。

(2) 对技术要求各项内容的了解，以掌握设备在制造、安装、验收、包装等方面的要求和说明，根据读图者的不同工作要求，可以着重注意相关的部分内容。

(六) 其他相关内容的阅读

对化工设备图上的一些其他项目，如图纸目录、附注、修改表等内容，亦必须注意了解，不应疏忽和遗漏。

三、阅图后的总结和归纳

经过对图样的详细阅读后，有必要将所有获取的信息资料进行归纳和总结，从而对设备获得一个完整、全面、正确的认识和印象。要求这一步骤进行的深度和广度，将根据读图者的工作性质、实践经验、读图的目的和阅图者的阅图能力而定。一般情况下，大致可在以下几个方面进行归纳与分析。

(1) 设备的工作特性、用途和设计原理。

(2) 设备的主要结构特征和主要零部件。

(3) 各种物料的进出流向和物料特性，设备管口的布置和结构特点等。

(4) 设备在制造、安装、使用中可能存在的问题。

(5) 在可能条件下，对设备的结构、设计以及表达方法等做出深入分析和评价。

阅读化工设备图的方法步骤，常因读图者的工作性质、实践经验和习惯的不同而各有差异。一般地说，如能在阅读化工设备图的时候，适当地了解该设备的相关设计资料，了解设备在工艺过程中的作用和地位，则将有助于对设备设计结构的理解。此外，如能熟悉各类化工单元设备典型结构的有关知识，熟悉化工设备常用零部件的结构和有关标准，熟悉化工设备的表达方法和图示特点，必将有助于提高读图的速度和深广度。因此，对初学者来说，应该有意识地学习和熟悉上述各项内容，逐步提高阅读化工设备图的能力和效率。

四、化工设备图样的阅读示例

（一）带搅拌的反应罐阅读举例

图 6-55 是一张在化工生产中常用的带搅拌水解反应罐装配图，现应用上述的读图方法步骤，逐一看懂该图样所表示的全部内容。

1. 概括了解

（1）从主标题栏知道该图为水解反应罐（反应罐的一种具体名称）的装配图，设备容积为 $1m^3$，绘图比例为 1∶20。

（2）视图以主、俯两个基本视图为主。主视图基本上采用了全剖视（电动机及传动部分未剖，管口采用了多次旋转剖视的画法），另外有 4 个局部剖视图“*A—A*”、“*B—B*”、“*C—C*”、“*D—D*”。图纸的右上方有明细栏、技术特性表、管口表、技术要求等项内容。

（3）该设备共编了 31 个零部件序号。从明细栏的图号及标准号项内，可知该设备除装配图外尚有 7 张零部件图（图号为 50-012-2～50-012-8）。

（4）从管口表知道该设备有 a、b、…、i 个管口符号，在主、俯图上可以分别找出它们的位置。从技术特性表可了解该设备的操作压力、操作温度、操作物料、电动机功率、搅拌转速等技术特性数据。

2. 详细分析

带搅拌器的反应罐的基本结构，在本章中已有介绍，阅读分析图 6-55 时，可结合参考。

（1）零部件结构形状

① 图 6-55 中，筒体（件号 6）和顶、底两个椭圆形封头（件号 4），组成了设备的整个罐体。筒体周围焊有耳座（件号 8）四只，全部管口均开在封头与夹套上。

② 搅拌轴（件号 9）直径为 60mm，材料为 45 钢，用 4kW 的电动机（件号 20），经蜗轮减速器（件号 19）带动搅拌轴运转，其转速为 63r/min。搅拌轴与减速器输出轴之间用联轴器连接。传动装置安装在机座（件号 21）上，底座用双头螺栓和螺母等固定在顶封头和填料函座（件号 26）上。搅拌轴下端装有两组桨式搅拌器（件号 7），每组间距为 400mm。桨叶为斜桨，长 600mm。

③ 该设备的传热装置采用夹套，用水进行冷却。水由管口 b 加入，由管口 e 引出。

④ 搅拌轴与筒体之间采用填料函（件号 16）密封，其具体结构必须参阅图号“50-012-05”的零部件图（书中从略）。在总图上只提供了它的外形。

⑤ 该设备的人孔（件号 15），基本上采用椭圆形回转盖式，它的主要结构形状，从主视图和俯视图上可以看出，其开口方位应以俯视图为准。

⑥ 出料管（管口代号 a）为公称尺寸 40mm 的无缝钢管（材料为 10 钢），沿设备内壁伸入锅底中心，以便出料时尽可能排净。

另外，“*A—A*”剖视表示了测温管的详细结构；“*B—B*”、“*C—C*”剖视表示了备用管

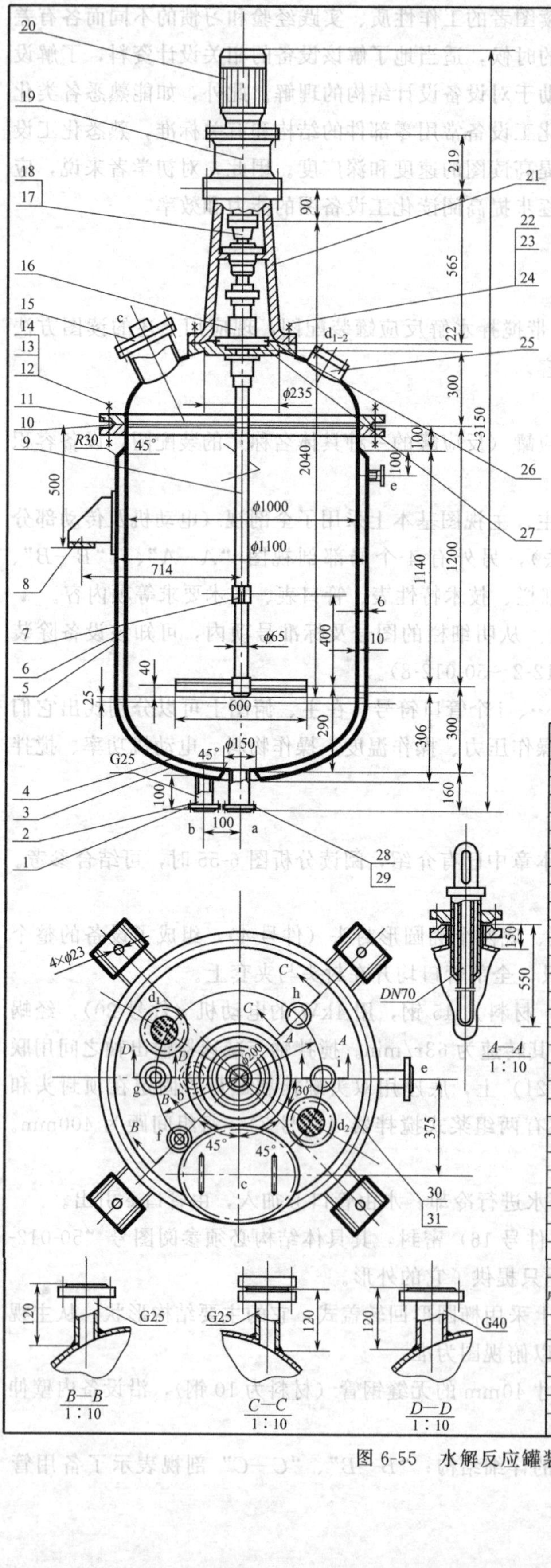

技 术 要 求

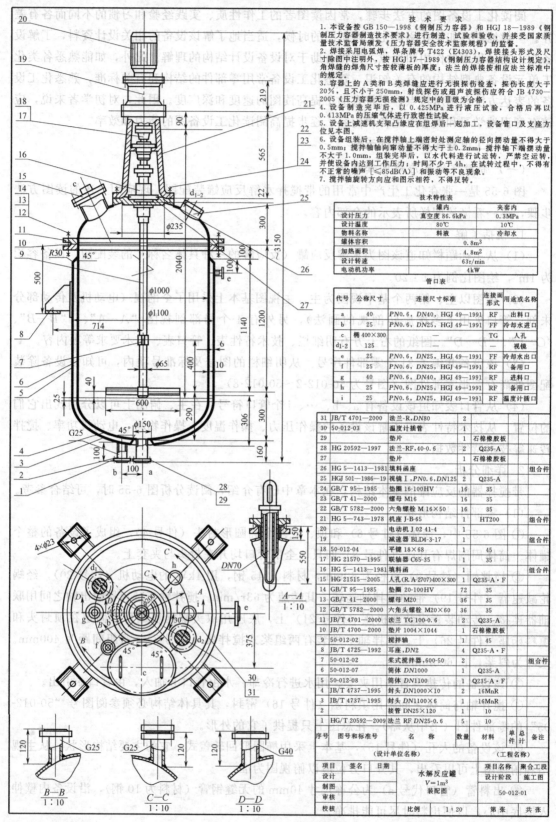

1. 本设备按 GB 150—1998《钢制压力容器》和 HGJ 18—1989《钢制压力容器制造技术要求》进行制造、试验和验收，并接受国家质量技术监督局颁发《压力容器安全技术监察规程》的监督。
2. 焊接采用电弧焊，焊条牌号 T422（E4303），焊接接头形式及尺寸除图中注明外，按 HGJ 17—1989《钢制压力容器结构设计规定》，角焊缝的焊角尺寸按较薄板的厚度；法兰的焊接按相应法兰标准中的规定。
3. 容器上的 A 类和 B 类焊缝应进行无损探伤检查，探伤长度大于 20%，且不小于 250mm，射线探伤或超声波探伤应符合 JB 4730—2005《压力容器无损检测》规定中的Ⅲ级为合格。
4. 设备制造完毕后，以 0.425MPa 进行液压试验，合格后再以 0.413MPa 的压缩气体进行致密性试验。
5. 设备上减速机支架凸缘应在组焊后一起加工，设备管口及支座方位见本图。
6. 设备组装后，在搅拌轴上端密封处测定轴的径向摆动量不得大于 0.5mm；搅拌轴轴向窜动量不得大于±0.2mm；搅拌轴下端摆动量不大于 1.0mm，组装完毕后，以水代料进行试运转，严禁空运转，并使设备内达到工作压力；时间不少于 4h，在试转过程中，不得有不正常的噪声［≤85dB(A)］和振动等不良现象。
7. 搅拌轴旋转方向应和图示相符，不得反转。

技术特性表

	罐内	夹套内
设计压力	真空度 86.6kPa	0.3MPa
设计温度	80℃	10℃
物料名称	料液	冷却水
罐体容积	0.8m³	
加热面积	4.8m²	
设计转速	63r/min	
电动机功率	4kW	

管口表

代号	公称尺寸	连接尺寸标准	连接面形式	用途或名称
a	40	PN0.6，DN40，HGJ 49—1991	RF	出料口
b	25	PN0.6，DN25，HGJ 49—1991	FF	冷却水进口
c	椭 400×300	—	TG	人孔
d_{1-2}	125	—	—	视镜
e	25	PN0.6，DN25，HGJ 49—1991	FF	冷却水出口
f	25	PN0.6，DN25，HGJ 49—1991	RF	备用口
g	40	PN0.6，DN40，HGJ 49—1991	RF	进料口
h	25	PN0.6，DN25，HGJ 49—1991	RF	备用口
i	25	PN0.6，DN25，HGJ 49—1991	RF	温度计插口

序号	图号和标准号	名　　称	数量	材料	单件	总计	备注
31	JB/T 4701—2000	法兰-R，DN80	2				
30	50-012-03	温度计插管	1				
29		垫片	1	石棉橡胶板			
28	HG 20592—1997	法兰-RF，40-0.6	2	Q235-A			
27		垫片	1	石棉橡胶板			
26	HG 5—1413—1981	填料函座	1				组合件
25	HGJ 501—1986—19	视镜Ⅰ，PN0.6，DN125	2	Q235-A			
24	GB/T 95—1985	垫圈 16-100HV	16	35			
23	GB/T 41—2000	螺母 M16	16	35			
22	GB/T 5782—2000	六角螺栓 M 16×50	16	35			
21	HG 5—743—1978	机座 J-B-65	1	HT200			组合件
20		电动机 J 02 41-4	1				
19		减速器 BLD4-3-17	1				组合件
18	50-012-04	平键 18×68	1	45			
17	HG 21570—1995	联轴器 C65-35	1	35			
16	HG 5—1413—1981	填料函	1				组合件
15	HG 21515—2005	人孔(R.A-2707)400×300	1	Q235-A·F			
14	GB/T 95—1985	垫圈 20-100HV	72	35			
13	GB/T 41—2000	螺母 M20	36	35			
12	GB/T 5782—2000	六角头螺栓 M20×60	36	35			
11	JB/T 4701—2000	法兰 TG 100-0.6	2	Q235-A			
10	JB/T 4700—2000	垫片 1004×1044	1	石棉橡胶板			
9	50-012-02	搅拌轴	1	45			
8	JB/T 4725—1992	耳座，DN2	4	Q235-A·F			
7	50-012-02	桨式搅拌器，600-50	2				组合件
6	50-012-07	筒体 DN1000	1	Q235-A			
5	50-012-08	筒体 DN1100	1	Q235-A·F			
4	JB/T 4737—1995	封头 DN1000×10	2	16MnR			
3	JB/T 4737—1995	封头 DN1100×6	1	16MnR			
2		接管 DN25×120	1	10			
1	HG/T 20592—2009	法兰 RF DN25-0.6	5	10			

（设计单位名称）				（工程名称）	
项目	签名	日期	水解反应罐 $V=1m^3$ 装配图	项目名称	聚合工段
设计				设计阶段	施工图
制图				50-012-01	
审核					
校核			比例　1：20	第　张	共　张

图 6-55　水解反应罐装配图

口 h、f 的伸出长度和结构形状；"D—D"剖视则表示了进料口 g 的结构形状。

(2) 尺寸的阅读

① 装配图上表示了各主要零部件的定形尺寸。如筒体的直径"ϕ1000"，高度"1200＋40"和壁厚"6"，内封头的高度"290-40"，外封头高度"306-6"和折边高度"25"，以及搅拌轴、桨叶、夹套和各接管的形状尺寸等。

② 图上标注了各零件之间的装配连接尺寸。例如，桨叶的装配位置，最低一组桨叶的水平中心线离锅底 290mm，共两组，水平中心线间隔 400mm；出料管连接法兰的密封面和罐底间距为 160mm，冷却水进口管与出料管的中心距为 100mm，管长为 100mm；夹套顶部的环焊缝到容器法兰密封面的距离为 100mm；冷却水出口管中心离夹套顶部的环焊缝距离为 100mm。各管口的装配尺寸，除主视图、俯视图外，尚需各局部剖视图配合阅读，如温度计插管从"A—A"剖视图可看出，温度计套管长为 550mm，插入管长为 150mm 等。

③ 设备上 4 个支座的螺栓孔中心距为"714×2"，这是安装该设备需要预埋地脚螺栓所必需的安装尺寸。从图上还可读出减速器输出轴至搅拌轴底部的总高度为"2040"，设备的总安装高度约为 3150mm 等。

(3) 管口的阅读　从管口表知道，该设备共有 a、b、…、i 个管口，它们的规格、连接的形式、用途等均由接管表中可知。各管口与筒体、封头的连接结构，a、b、c、d_1、d_2、e 等 6 个管口情况，可在主视图看懂，而 f、g、h、i 等另外 4 个管口，则需要分别在"A—A"、"B—B"、"C—C"、"D—D"等剖视图中才能看清楚。

各管口的方位，从技术要求第 5 条可知，以本图的主视图、俯视图为准。从俯视图可看出，人孔 c 在正下方、支座中心线与反应罐中心线的夹角为 45°，备用管口 h、f 分别左下和右上 45°处，加料口 g 在正左方，温度计插管 i 在正右方，视镜 d_1、d_2 分别左上和右下 30°处，且人孔 c 和管口 d_1、d_2、f、g、h、i 等 7 个管口均在罐体上封头上，而冷却水出口在罐体夹套的右上方，出料口在罐体正下方，冷却水进口与出料口左侧的夹套相连，这些相对位置必须认清。

(4) 对技术特性和技术要求的阅读　技术特性表提供了该设备的技术特性数据，例如，设备的设计压力和设计温度分别为：设备内 86.6kPa 的真空度、80℃，夹套内为 0.3MPa、10℃；操作物料设备内为反应物料，夹套内为 10℃的冷却水等。

从图上所注的技术要求中可以了解到以下内容。

① 该设备制造、试验、验收的技术依据是 GB 150—1998《钢制压力容器》和 HGJ 18—1989《钢制压力容器制造技术要求》和国家质量技术监督局颁发《压力容器安全技术监察规程》。

② 焊接方法为电弧焊，焊条型号为 T422 (E4303)。焊接结构形式，按 HGJ 17—1989《钢制压力容器结构设计规定》，角焊缝的焊角尺寸按较薄板的厚度；法兰的焊接按相应法兰标准中的规定。焊缝总长的 20%以上要进行无损探伤检查。如果采用射线探伤或超声波探伤，应符合 JB 4730—2005《压力容器无损检测》规定中的Ⅲ级才为合格。

③ 设备除需以 0.425MPa 进行液压试验外，设备尚需再以 0.413MPa 的压缩空气进行致密性试验。

④ 在技术要求中还对设备电动机和搅拌轴的安装与调试提出了严格要求。

3. 归纳总结

① 该设备应用于物料的反应过程，且过程需在真空条件下进行，并需用冷却水降温至

80℃条件下搅拌反应。

夹套内的冷却水温度仅为10℃，压力为0.3MPa，冷却水由管口b进入，管口e引出。

② 从这个图例的阅读，结合教材的有关内容可以看出，带搅拌反应罐的表达方案，一般是以主、俯两个基本视图为主，主视图一般采用全剖视以表达反应罐的主要结构，俯视图主要表示各接管口的周向方位，然后，采用若干局部剖视，以表示各管口和内件的不同结构。

③ 结合上述情况也可归纳出，对于一般的带搅拌反应罐，除了罐体形状（类同于容器的要求）及所附的通用零部件外，主要抓住传热装置、搅拌器形式、传动装置及密封装置四个方面，就能掌握一般反应罐的主要结构特点了。

（二）塔设备阅图举例

现以脱丁烷浮阀精馏塔为例，进行阅读讨论，如图6-56所示（见插页）。

1. 概括了解

(1) 从标题栏知道该图为脱丁烷塔的装配图，公称直径为*DN*1800mm、总高为25952mm、壁厚10mm、绘图比例为1∶20。

(2) 从明细栏知道该设备共有45个零部件编号。从图号或标准号一栏中可查知，除总图外，另附20张零部件图（图号为311-02-01、311-02-02、311-03-01～311-03-06、311-04-01～311-04-03、311-05-01～311-05-09）。

(3) 用主视图表达了整个塔体主要内外结构形状。俯视图主要表示设备各管口的方位。另外采用了一个局部放大图Ⅰ和*A*、*B*、*C*、*E*、*H*共5个向视图，以及*D*、*G*、*F*共3个剖视图。

(4) 图幅右方有技术特性表、管口表、技术要求等，标题栏左旁有图纸目录。从管口表中知道，从a、$b_{1\text{-}2}$、…、m，共有26个管口符号。

2. 详细分析

对图样中的一般内容，可按前述的阅读方法步骤，由读者自行参照阅读，仅对下列几个内容做一些说明。

(1) 塔体由筒体（件号11）及顶、底两个椭圆形封头（件号7）所组成，公称直径1800mm，塔高25952mm，全塔共30块浮阀塔盘，板间距800mm的4块，500mm的26块。塔体上还有6个人孔。

(2) 塔盘为分块式组装塔盘，另有附图（图号为311-02-01、311-02-02）。

(3) 从图6-56中还可看出降液管为弓形结构。降液管的详细形状，应察看塔盘装配图（图号为311-02-01、311-02-02）。在塔下部的最底下一块塔板降液管的下方有一受液盘，其结构可察看剖视图“*D*—*D*”和剖视图“*F*—*F*”。

(4) 在塔底部的排液管上方有一破涡器，其结构可从*E*向视图和剖视图“*G*—*G*”得知。

(5) 在回流管的出口处的正前方有一挡板，其结构可从*A*向视图和*K*—*K*剖视图了解。

(6) 从图6-56的主视图左下角开始，按顺时针方向，可逐一找得各管口的符号和位置，并对照管口表获知有关内容。管口的方位以俯视图为准［见技术要求第（12）条］，从俯视图可见：回流口c在塔的正右方，压差计接口$k_{1\text{-}2}$在左下角55°处，压力表的接管h_1、h_2分别在俯视图的正右方和右下55°处，玻璃液面计的管口j_1、j_3在俯视图的左下方15°处，j_2、j_4在俯视图左下方的15°＋20°处等。

(7) 阅读图中标注的尺寸

① 该塔的总高约为25952mm、塔径ϕ1800mm、筒体壁厚为10mm以及其他主要外形

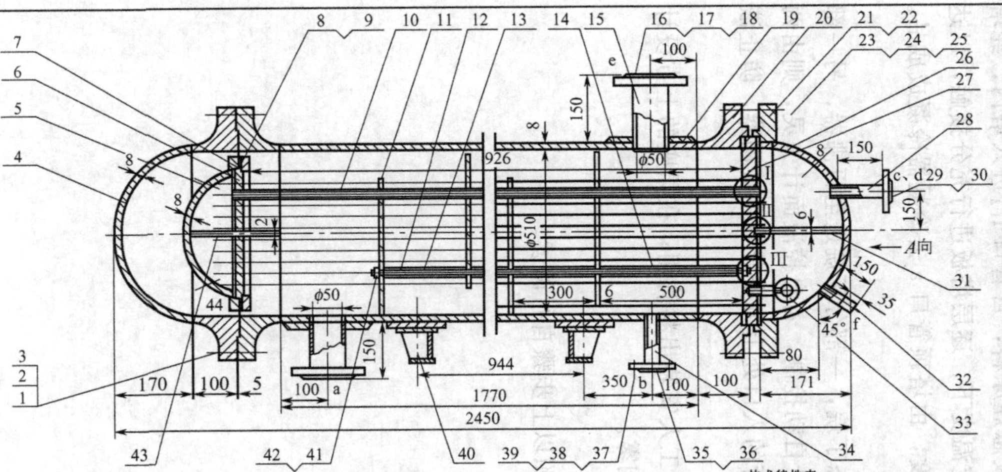

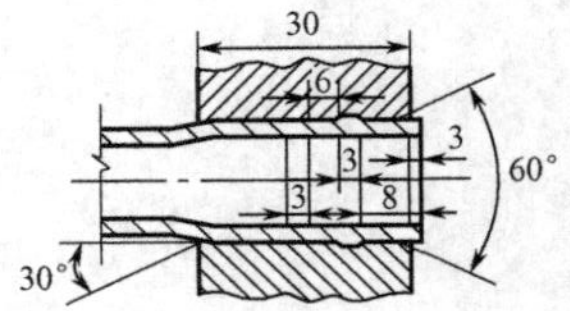

I
1∶5

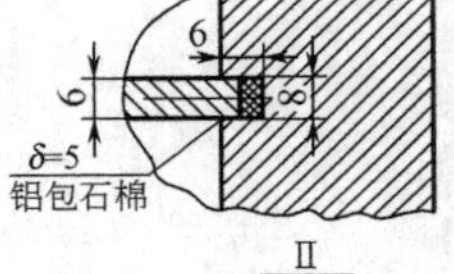

II
1∶5

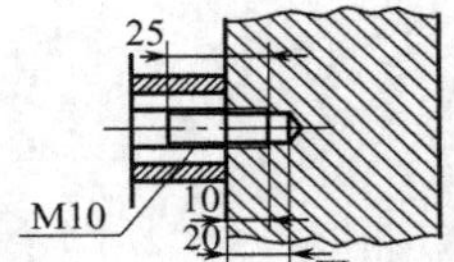

III
1∶5

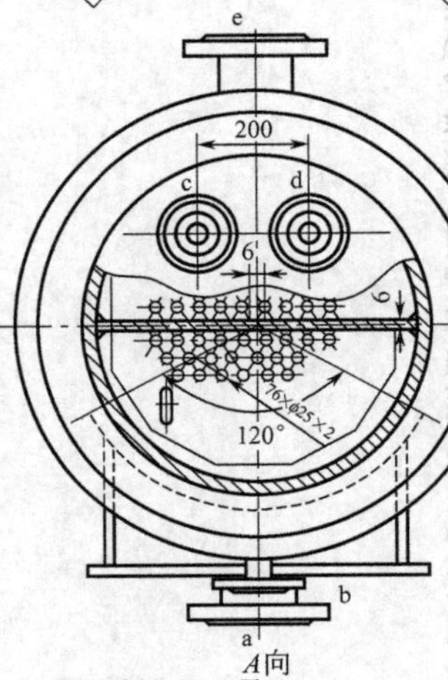

A向

图 纸 目 录

1. 乙烯气体换热器装配图 402-101H-01 8张
2. 乙烯气体换热器零件图 402-101H-10 4张
3. 榫槽面法兰零件图 402-101H-21 4张
4. 带环螺钉零件图 402-101H-31 1张

(合计：17张，统一发放)

技术要求

1. 本设备按 GB 151—1999《钢制管壳式换热器》中的Ⅱ级进行制造、试验和验收，并接受劳动部颁发《压力容器安全技术监察规程》的监督。
2. 换热管的标准为 $\phi25\times2$ 无缝钢管，其外径偏差为 0.5mm，壁厚偏差为 10%。
3. 焊接采用电弧焊，焊条牌号 J507（ES015），容器上 A 类与 B 类焊缝应进行无损检测探伤，探伤长度≥25%射线探伤符合 GB 3323—2005 规定的Ⅲ级为合格，超声波探伤符合 JB 1152—82 规定的Ⅱ级为合格。
4. 列管和管板的连接采用胀接，管板密封面与壳体轴线垂直，其公差为 1mm。
5. 焊接接头型式除图中注明者外，按 HGJ 17—1989 规定执行，搭接焊缝较薄板厚度。
6. 设备制造完毕后，进行试压检验：壳程以 3.25MPa，管程以 1.3MPa 进行压力试验。合格后壳程再以 2.63MPa 管程再以 10.5MPa 的压缩空气进行致密性试验。
7. 管口及支座方位参照本图。

技术特性表

序号	项目名称	项目指标	
		管程	壳程
1	工作压力/MPa	0.2 (A)	1.8 (A)
2	设计压力/MPa	1.0 (A)	2.5 (A)
3	物料名称	轻柴油	乙烯气
4	操作温度/℃	100～120	−43～−10
5	设计温度/℃	−70	
6	换热面积	12m²	管程数 4

接管表

代号	公称直径	规格或标准	密封面形式	用途
a	DN50	PN2.5，HG 20592—2009	TG	乙烯气进口
b	DN25	PN2.5，HG 20592—2009	TG	乙烯备用口
c	DN25	PN1.0，HG 20592—2009	TG	轻柴油进口
d	DN25	PN1.0，HG 20592—2009	TG	轻柴油出口
e	DN50	PN2.5，HG 20592—2009	TG	乙烯气进口
f	DN20	PN1.0，HG 20592—2009	螺纹	放液口

序号	图号或标准号	名称	数量	材料	单件	总计	备注
					质量		
43	402-101H-11	隔板	1	09MnNiD			
42	GB/T 97.2—2002	垫圈 DN10	4	09MnNiD			
41	GB/T 6171—2000	六角螺母 M10	4	09MnNiD			
40	402-101-12	鞍座 BI 550-S	2	Q235/09MnNiD			
39	GB/T 97.2—2002	垫圈 12-100HV	8				
38	GB/T 6171—2000	六角螺母，M12	4				
37	GB/T 5782—2000	六角头螺栓	4				
36	402-101H-24	法兰-T 25-2.5	1	09MnNiD			
35	402-101H-23	法兰-G 25-2.5	1	09MnNiD			
34		接管 DN25	1	09MnNiD			
33	402-101H-31	带环螺钉	2	09MnNiD			
32	402-101H-03	接管 G20	1	09MnNiD			
31	402-101H-10	隔板	1	09MnNiD			
30	HG 20592—2009	法兰-T 25-2.5	2	09MnNiD			
29	HG 20592—2009	法兰-G 25-2.5	2	09MnNiD			
28		接管，DN25					
27	402-101H-08	右管板	1	09MnNiD			
26	402-101H-07	封头 DN550	1	09MnNiD			
25	GB/T 97.2—2002	垫圈 24-Al40	48	35CrMoA			
24	GB/T 6170—2000	六角螺母	48	35CrMoA			
23	GB/T 900—1988	双头螺栓 M24×130	24	35CrMoA			
22		垫片	2	铝包石棉			
21	JB/T 4701—2000	法兰-T 550-2.5	1	09MnNiD			
20	JB/T 4703—2000	法兰-FN	1	09MnNiD			
19	HG 21506—1992	加强圈 60×130×8	2	09MnNiD			
18		垫片，57×107	2	耐油石棉橡胶板			
17	402-101H-22	法兰-T 50-2.5	2	09MnNiD			
16	402-101H-21	法兰-G 50-2.5	2	09MnNiD			
15		接管 DN50	2	09MnNiD			
14		定距管，$\phi25\times2$，$L=500$	4	Q235-A			
13	402-101H-06	拉杆，$\phi10$，$L=7464$	4	Q235-A			
12		定距管，$\phi25\times2$，$L=300$	12	Q235-A			
11	402-101H-05	折流板，$\phi545$	4	Q235-A			
10		列管，$\phi25\times2$	76	09MnNiD			
9		垫片 503×539 $\delta=5$	1	铝包石棉			
8	402-101H-03	浮头钩圈	1	09MnNiD			
7	JB/T 4701—2000	浮头法兰-RF 500-2.5	1	09MnNiD			
6	402-101H-03	左管板	1	09MnNiD			
5	402-101H-02	浮头内盖，DN500	1	09MnNiD			
4	JB/T 4737—1995	浮头外盖，DN550	1	09MnNiD			
3		垫片 553×589	1	铝包石棉			
2	JB/T 4703—2000	法兰-FM 550-2.5	1	09MnNiD			
1	JB/T 4703—2000	法兰-M 500-2.5	1	09MnNiD			

(设计单位名称)				(工程名称)	
项目	签名	日期	乙烯气体 浮头式换热器 换热面积 12m² (装配图)	项目名称	
设计				设计阶段	施工图
制图				402-101H-01	
审核					
校核		比例	1∶10	共 8 张	第 1 张

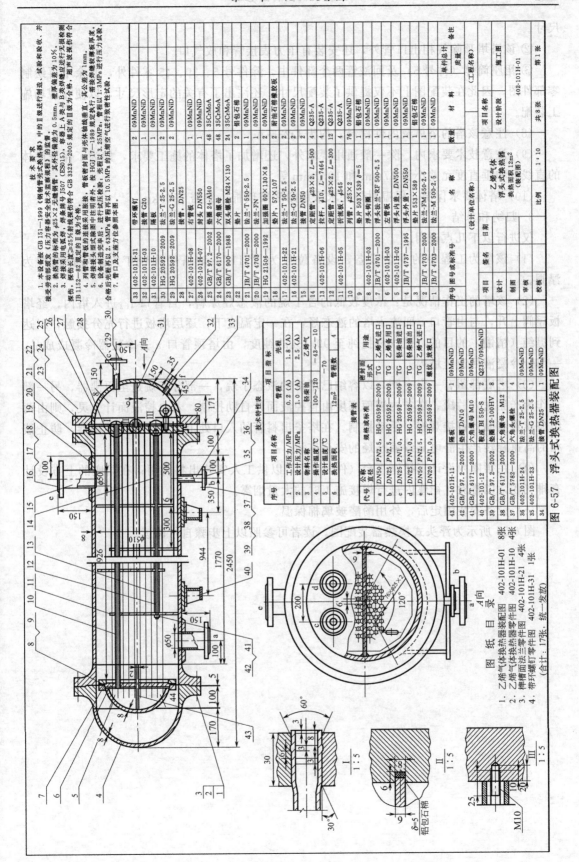

图 6-57 浮头式换热器装配图

尺寸。

② 该塔塔顶除气相出口管外，还安装有压力表接管和放气口。

③ 裙座筒体（件号 5）及回液管两个部件中，除件号 5、39、45 零件外，其余不再绘制零部件图，因此在装配图上不仅提供了装配尺寸，还注出了有关的定形尺寸，以便在现场施工装配。

(8) 注意该塔的塔体及内件材料，均为 Q235-A。

(9) 注意技术要求内，除一般通用要求外，还增加了塔体的施工要求，如为了保证塔体的直线度和垂直度允差小于 17mm 和 19.7mm 等。

(10) 塔体要求保温，保温材料要求采用酚醛玻璃棉，共需 1500kg。

3. 归纳和总结

仅进行以下几点说明。

(1) 该塔为工程中的一个设备，设备位号为“311”，该塔用作脱丁烷。塔板结构为浮阀。

(2) 该塔的工作情况是：浓度较低的含丁烷的液态烃原料，自管口 f_{1-3} 进入塔内，经塔板浮阀上升，与由管口 c 回流入塔的液态烃，在一定温度下，逐层塔板进行充分接触，以达到提纯（精馏）的目的，使气相提纯至 99.5%的纯度，由塔顶管口 a 去冷凝器冷凝成成品。一部分冷凝液回流至塔内。

(3) 塔底部留有一定空间，以容纳已增浓的液态丁烷，一部分丁烷送至再沸器，另一部分作为产品送入贮罐。塔釜内液面高度由自控液面计自动控制，若自控液面计失灵，则由两组玻璃管液面计直接观察，手动控制。在塔釜出料管的入口处上方安装有一破涡器，防止液相的高速旋转产生静电导致液态烃的安全事故。

(4) 在裙座内设计了裙座平台（件号 45），以供工人安装出料管用；在裙座的上方设计有排气孔，以排除在裙座内进行焊接施工时的大量烟雾。

(5) 设备安装固定后，外用酚醛玻璃棉保温。

图 6-57 所示为浮头式换热器装配图，读者可参照以上步骤自行阅读。

下篇　化工工艺制图

第七章　化工工艺制图概述

一、化工工艺制图及其应用

化工生产装置的建设是一项需要多专业工程技术人员共同配合、相互交流与协作才能完成的庞大的系统工程。但无论是设计、制造，还是安装与施工，均离不开化工工艺图，化工生产装置的开停车、设备检修、技术改造，以及生产过程的组织与调度，也离不开化工工艺图，而化工产品与化工生产过程的科研开发，也同样离不开化工工艺图。化工工艺图是进行化工过程研究，化工生产装置的设计与制造，以及化工生产装置的安装与施工必需的技术文件和法律依据，是化工工艺技术人员与其他专业人员进行技术合作与协调的交流语言，同时也是化工企业的生产组织与调度、技术改造与过程优化，以及工程技术人员与管理人员熟悉和了解化工生产过程必需的技术参考资料。因此，化工工艺制图与视图是从事化工产品与过程开发的科研人员与工程技术人员一种必不可少的工具。

化工行业常见的工程图纸包括化工机器图、化工设备图和化工工艺图三大类。其中化工机器图基本上是采用机械制图的标准与规范，属于机械制图的范畴，而化工设备图和化工工艺图虽然与机械制图有着紧密的联系，但却有十分明显的专业特征，同时也有自已相对独立的制图规范与绘图体系，属于化工工艺制图范畴。化工工艺制图是在机械制图的基础上形成和发展起来的，是专门研究化工生产装置工程图样的绘制与阅读的年轻学科，在化工领域的各相关院校、设计院所、科研单位以及各厂矿企业的教学、科研、设计与长期生产实践中正日趋完善。

本书重点介绍和讨论化工工艺制图的常用表达方法和阅读的相关知识，同时配合化工设备图还介绍了机械制图的基本原理与方法，可满足没有机械制图基础的化学化工类专业学生，以及相关工程技术人员与管理人员系统学习化工工程制图与阅图知识的要求。

二、化工工艺制图在化工过程开发与建设中的地位

任何一个化工产品的生产过程，从实验室研究到工业化生产，都包括过程开发、过程设计和过程优化三个部分。其中，过程开发又包括实验室小试与中试；过程设计则包括初步设计、扩大初步设计和施工图设计三个阶段；过程优化包括过程设计的优化和实际过程的优化两类。产品实验室小试的任务，主要是解决产品的合成原理、合成方法、合成条件以及合成的工艺路线等技术问题；中试则可初步解决工艺控制指标的优化、设备的定型、过程控制和系统配套等过程放大的工程问题。从小试到中试，从中试到工业化生产和过程的优化，都必须通过过程设计，并依靠化工工程图纸为载体来表达科技开发人员的意图，才能最后付诸实施，这就要求科技人员必须掌握化工制图的基本技能。其中，化工工艺图又是从事化工科研、设计和生产的工程技术人员使用最多也是最重要的一类化工工程图纸，在化工领域有十

分重要的地位。

化工工艺图是化工科研和工程技术人员用以详细描述化工产品的生产过程与控制要求，所需设备的种类、数量、规格型号和相互之间的关系，厂区或车间的设备布置状况与安装要求，厂区或车间的管路布置状况与安装要求，以及相关的工艺技术指标与参数的一种可视化语言和工具。它既可作为设计制造与施工安装的法律依据，也可作为与其他专业技术人员交流的技术参考，同时也是供工程技术人员进行系统物料与热量衡算、过程设计与分析，以及过程技术改造和优化的重要技术参考资料。化工制图与化工过程设计之间的关系，以及在化工项目设计中各专业间的信息交流如图 7-1、图 7-2 所示。

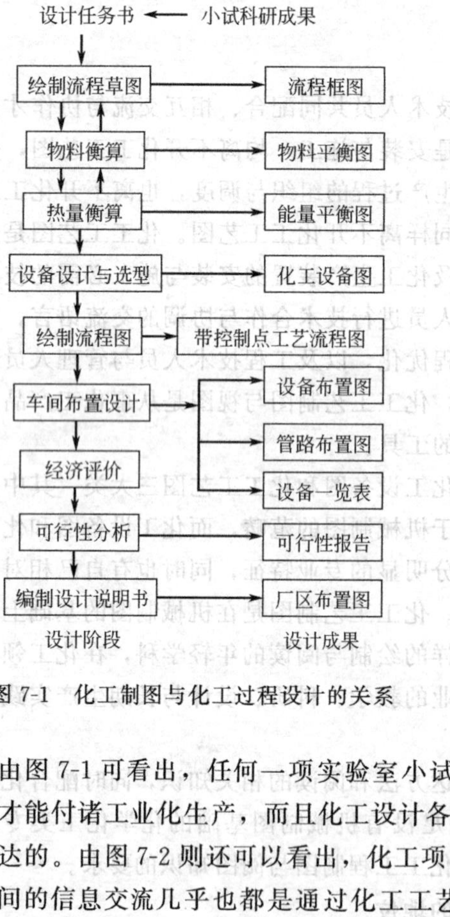

图 7-1　化工制图与化工过程设计的关系

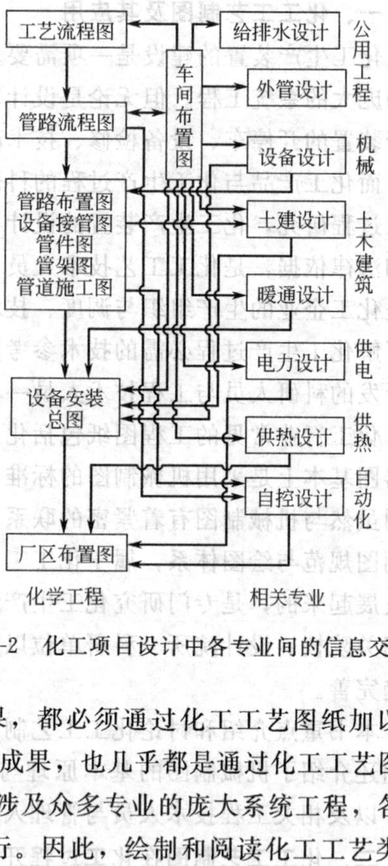

图 7-2　化工项目设计中各专业间的信息交流

由图 7-1 可看出，任何一项实验室小试的科研成果，都必须通过化工工艺图纸加以表达，才能付诸工业化生产，而且化工设计各阶段的设计成果，也几乎都是通过化工工艺图纸来表达的。由图 7-2 则还可以看出，化工项目设计这一涉及众多专业的庞大系统工程，各专业之间的信息交流几乎也都是通过化工工艺图纸来进行。因此，绘制和阅读化工工艺类图纸，不仅是化学化工类工程技术人员的必备能力，也是其他相关专业工程技术人员的必修课程。

三、化工工艺制图表达的内容与深度

化工工艺设计的施工图是化工工艺设计的最终成品，它由文字说明、表格和图纸三部分组成，HG 20519.1—2009 标准对各部分设计应表达的内容与深度的规定见表 7-1。

该标准从法律上规定了化工工艺施工图设计的全部内容，相关图纸、表格和文字标注的编制方法与规范，各类设备位号、物料代号、图例符号与常用英文缩写词的规定，是化工行业工程技术人员必须执行的指令性文件，也是化工工艺制图必须遵循的标准与规范。

表 7-1　HG 20519.1—2009 对各部分应表达的内容与深度的统一规定

序号	标准号	标准内容	主 要 表 达 内 容
1	HG 20519.1—2009	总 则	图纸目录、设计说明、设计规定、首页图、图纸图线与文字的相关规定
2	HG 20519.2—2009	工艺系统	工艺管道及仪表流程图的内容与深度、辅助及公用系统管道及仪表流程图、设备一览表、管道特性表、特殊阀门与管道附件数据表、常用设备与机器图例、管道、管件、阀门及管道附件图例、设备名称和位号、物流代号、管道的标注方法等
3	HG 20519.3—2009	设备布置	分区索引图、设备布置图、设备安装材料一览表、设备布置图、常用图例
4	HG 20519.4—2009	管道布置	管道布置图、管道轴测图、管道轴测图索引与管段表索引、管段材料表、管架表、伴热系统、夹套加热系统、设备管口方位图、管道布置图中管架的表示与编号，管道布置图和轴测图上管道、管件、阀门及特殊管件图例等
5	HG 20519.5—2009	管道机械	特殊管架图索引、特殊管架图、弹簧支吊架汇总表、波纹膨胀节数据表、管道应力分析与计算要求等
6	HG 20519.6—2009	管道材料	管道材料等级代号的规定、管道材料等级表、管道分支表、管道壁厚表、管道材料等级索引表、管道防腐材料表、设备防腐材料表、管道隔热材料表、设备隔热材料表、综合材料表、阀门技术统计表、特殊管件表、特殊管件样图等

第八章　工艺流程图

第一节　概　　述

在化工行业通常应用的流程图有很多种，如物料流程图、能量流程图、工艺流程图、仪表流程图和管道流程图等。

（一）物料流程图

物料流程图（见图 8-1）是在完成系统的物料和能量衡算之后绘制的，它以图形与表格相结合的方式来反映物料与能量衡算的结果。主要是用来描述界区内主要工艺物料的种类、流向、流量以及主要设备的特性数据等。它在工程设计中的主要作用是为设计审查提供资料，并作为进一步设计的重要依据，也可作为日后生产操作的参考。这类图纸的主要特征如下。

（1）图面由带箭头的物流线与若干表示车间、工段（或设备、装置）的方框构成。

（2）在物流线上方需标注物料的种类、组成、流向与流量。

（3）需标注主要设备的名称、位号与特性参数。

（二）能量流程图

能量流程图（见图 8-2）主要是用来描述界区内主要消耗能源的种类、流向与流量，以满足热量平衡计算和生产组织与过程能耗分析的需要。这类图纸的主要特征如下。

（1）图面由带箭头的物流线与若干表示车间（工段）的方框构成。

（2）在物流线上方需标注能源的种类、流向与流量。

（三）工艺流程图

工艺流程图是用来表达一个工厂或生产车间工艺流程与相关设备、辅助装置、仪表与控制要求的基本概况，可供化学工程、化工工艺等各专业的工程技术人员使用与参考，是化工企业工程技术人员和管理人员使用最多、最频繁的一类图纸。工艺流程图的设计与绘制涉及面很广，包括化工工艺、化工机械、化工仪表，以及自动化、建筑工程、公用工程等各方面的专业人员都将涉及到。在化工项目的工程设计过程中，它往往是最先开始，以便为各专业的相关设计工作提供技术要求与参考，但也往往会最后才能完成。因为它需要随着设计工作的进展不断修改，由浅入深、由定性到定量，逐步分阶段地进行与完善，所以工艺流程施工图的绘制，往往需要在项目设计的最后阶段才能完成。常见工艺流程图按其内容及使用目的的不同可分为以下几种。

1. 全厂总工艺流程图（或物料平衡图）

如图 8-3 所示，主要用来描述大型联合企业（或全厂）总的流程概况，可为大型联合企业的生产组织与调度、过程的经济技术分析，以及项目初步设计提供依据。通常由工艺技术人员完成系统的初步物料平衡与能量平衡计算之后绘制。对于一般的综合性化工厂，常称之为物料平衡图。图纸的基本特征如下。

（1）图面由带箭头的物流线与若干标明车间（工段），以及物料名称的方框构成。

（2）方框内需标明车间的名称，在物流线上方需标注物流的种类、来源、流向与流量。

2. 方案流程图

如图 8-4 所示，它通常是在物流平衡图的基础上绘制的，主要用来描述化工过程的生产

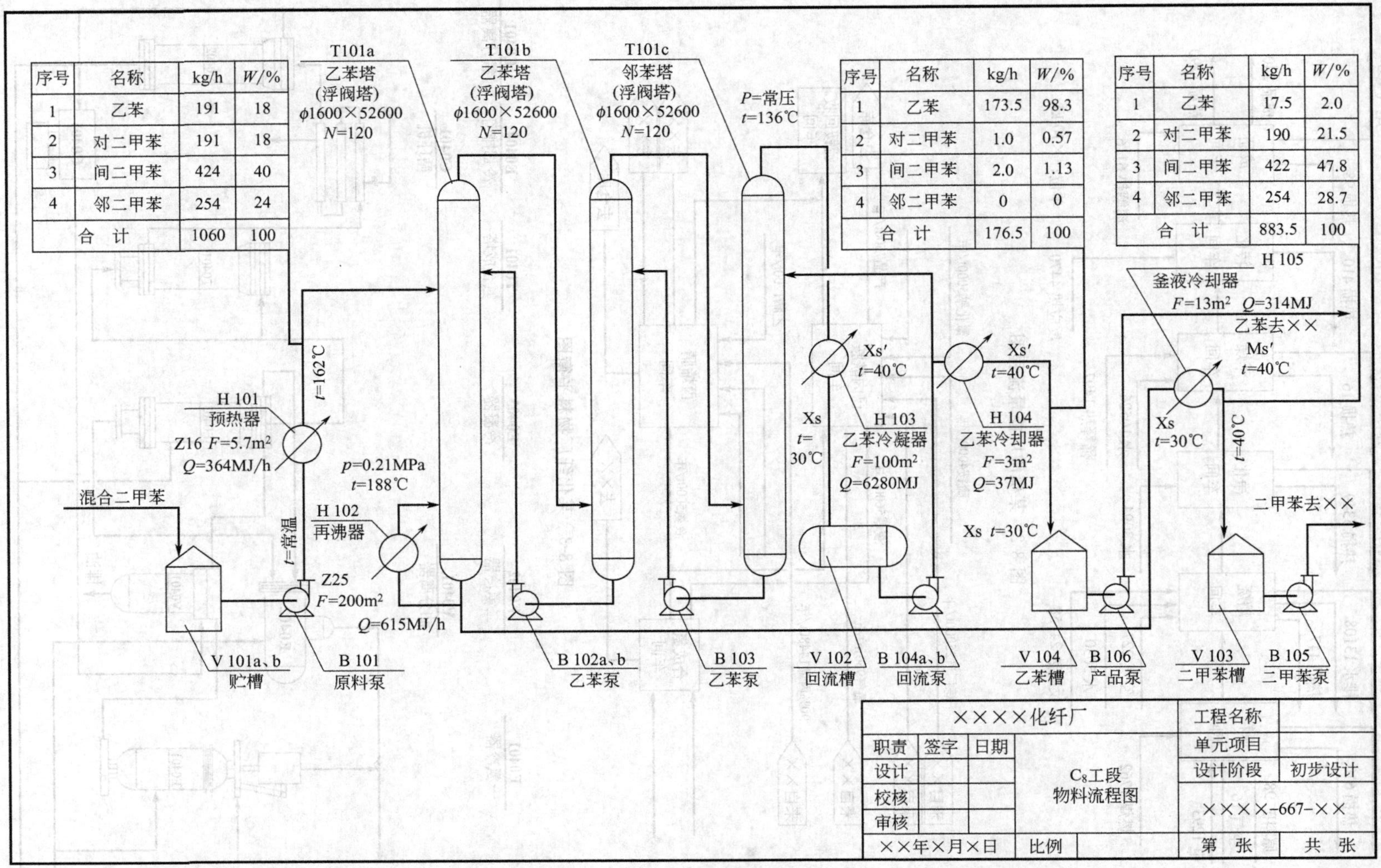

序号	名称	kg/h	W/%
1	乙苯	191	18
2	对二甲苯	191	18
3	间二甲苯	424	40
4	邻二甲苯	254	24
	合 计	1060	100

序号	名称	kg/h	W/%
1	乙苯	173.5	98.3
2	对二甲苯	1.0	0.57
3	间二甲苯	2.0	1.13
4	邻二甲苯	0	0
	合 计	176.5	100

序号	名称	kg/h	W/%
1	乙苯	17.5	2.0
2	对二甲苯	190	21.5
3	间二甲苯	422	47.8
4	邻二甲苯	254	28.7
	合 计	883.5	100

图 8-1 某聚苯乙烯厂 C_8 工段物料流程图

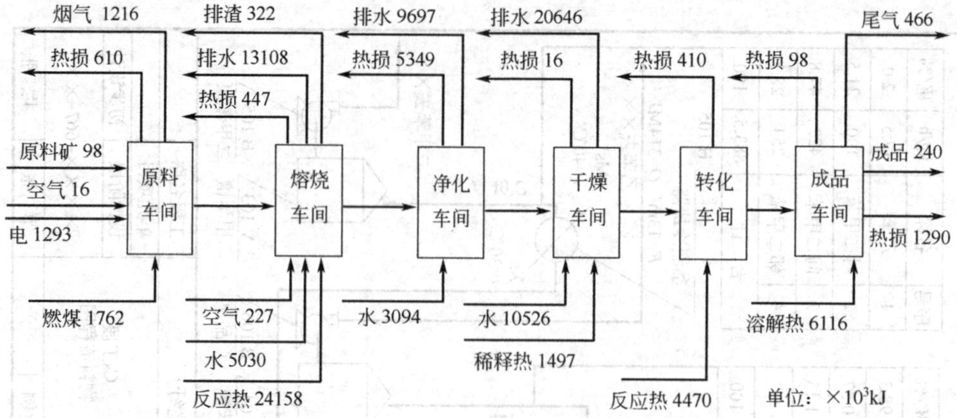

图 8-2 某硫酸厂能量流程图

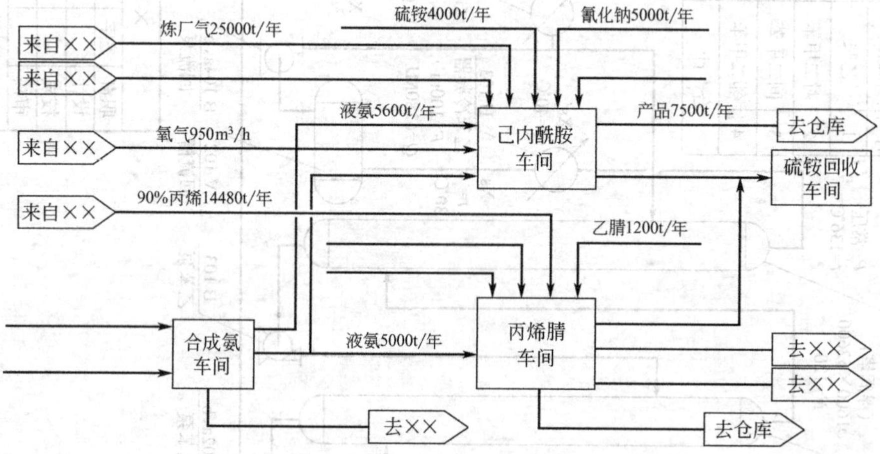

图 8-3 某化纤厂物料平衡图

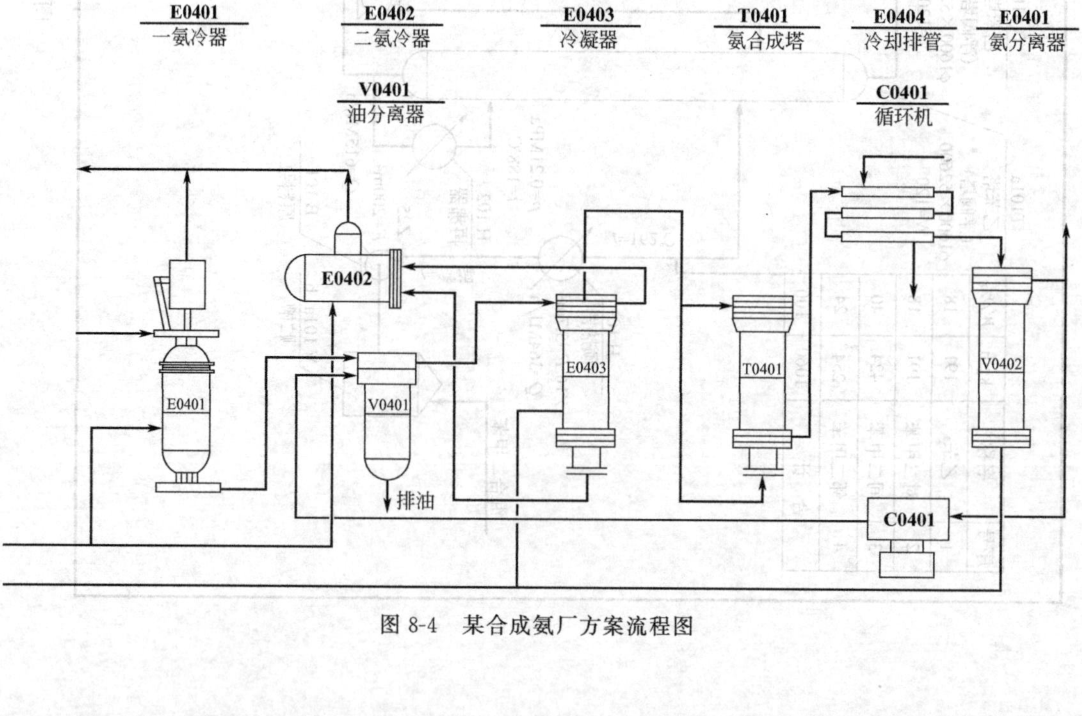

图 8-4 某合成氨厂方案流程图

流程和工艺路线的初步方案。常用于化工过程的初步设计，也可作为进一步设计的基础。此类图纸的基本特征如下。

(1) 表达的内容比物流平衡图更为详细，是实际化工过程与系统生产装置的一种示意性展开，主要用以表达各车间内部的工艺流程，所表达的界区范围较小。

(2) 常采用图形与表格结合的形式，按工艺流程次序自左至右展开画出一系列设备的图形和相对位置，并配以物料流程线，同时在流程上标注出各物料的名称、流量以及设备特性数据等。

(3) 初步设计时，可不加控制点、边框与标题栏，对图幅无严格要求，也不必按图例绘制流程图，但必须加注设备名称与位号。

3. 带控制点的工艺流程图

带控制点的工艺流程图由物料流程、控制点和图例三部分组成，如图 8-5 所示。它是在工程技术人员完成设备设计而且过程控制方案也基本确定之后绘制的。与方案流程图一样，但其内容更为详细，主要反映各车间内部的工艺物料流程。它是以方案流程图为依据，并综合各专业技术人员相关的设计结果，是在方案流程图的基础上经过进一步的修改、补充和完善而绘制出来的图样。此类图纸的基本特征如下。

(1) 按工艺流程次序自左至右展开，按标准图例详细画出一系列相关设备、辅助装置的图形和相对位置，并配以带箭头的物料流程线，同时在流程图上需标注出各物料的名称、管道规格与管段编号、控制点的代号、设备的名称与位号，以及必要的尺寸、数据等。

(2) 在流程图上按标准图例详细绘制需配置的工艺控制用阀门、仪表、重要管件和辅助管线的相对位置，以及自动控制的实施方案等有关图形，并详细标注仪表的种类与工艺技术要求等。

(3) 图纸上常给出相关的标准图例、图框与标题栏，以及设备位号与索引等。

(四) 管道与仪表流程图（施工流程图）

管道与仪表流程图，也常称为施工流程图。它是采用图示的方法将化工工艺装置的流程和所需要的全部设备、机器、管道、阀门、管件和仪表表示出来。它是以带控制点的工艺流程图为依据，通过和各相关专业技术人员的反复协商，并综合各相关专业技术人员提供的最终设计结果，经过对已有工艺流程图的进一步修改、补充和完善而绘制出来的图样和工艺设计的最后成品。它是设计和施工的依据，也是操作运行及检修的指南。此类图纸的基本特征如下。

(1) 按工艺流程次序自左至右展开，按标准图例详细画出全部设备、机器、辅助装置，以及管道和仪表的图形和相对位置，并详细标注设备的名称与位号和接管口的位置。一般以工艺装置的主项（工段或工序）为单元绘制，也可以装置为单元绘制。

(2) 按标准图例详细绘制需配置的工艺控制和取样用的阀门，各类仪表与流量计，所需的全部物流管线、管件、辅助管线和公用工程管线的相对位置，以及自动控制的实施方案等有关图形，并详细标注管道号和仪表的种类、物流方向与工艺技术要求，以及必要的尺寸、数据等。

(3) 给出相关的标准图例说明、图框与标题栏，以及不同流程图的衔接代号与索引等。

(五) 辅助管道系统图和蒸汽伴管系统图

辅助管道系统图和蒸汽伴管系统图是管道与仪表流程图的一种附加说明图纸，如图 8-6

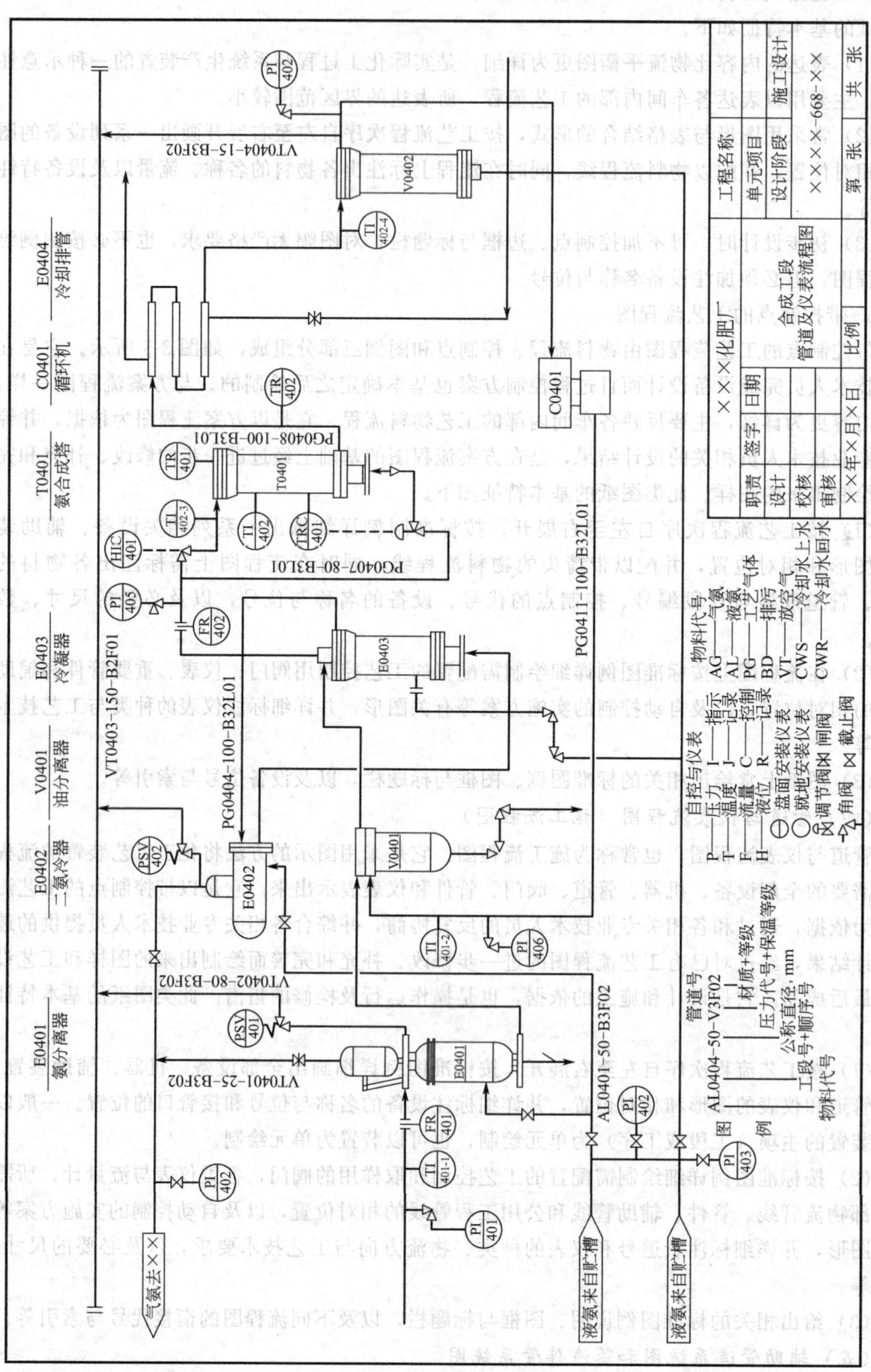

图 8-5 某化肥厂合成工段管道及仪表流程图

和图 8-7 所示。由于管道与仪表流程图一般辅助管道分支多、管径改变多等原因，若在同一张图纸上一并表示，往往会使图面变得更为复杂，不利于阅读。工程上常以辅助管道系统图和蒸汽伴管系统图作为流程图的补充，这样既可使流程图图面清晰，易于阅读，又可使辅助管道在图样上自成系统，一目了然。此类图纸的基本特征如下。

（1）图样按各配置系统（或介质类型）分别绘制，表达方法与工艺流程图有些相似，用粗实线绘制辅助管道系统，用细实线画出管道上的全部阀门、控制点的符号。

（2）可不按比例用细实线画出蒸汽分配站，在支管引向设备处应画一细线长方形框，框内注明设备位号。如图 8-6 所示。

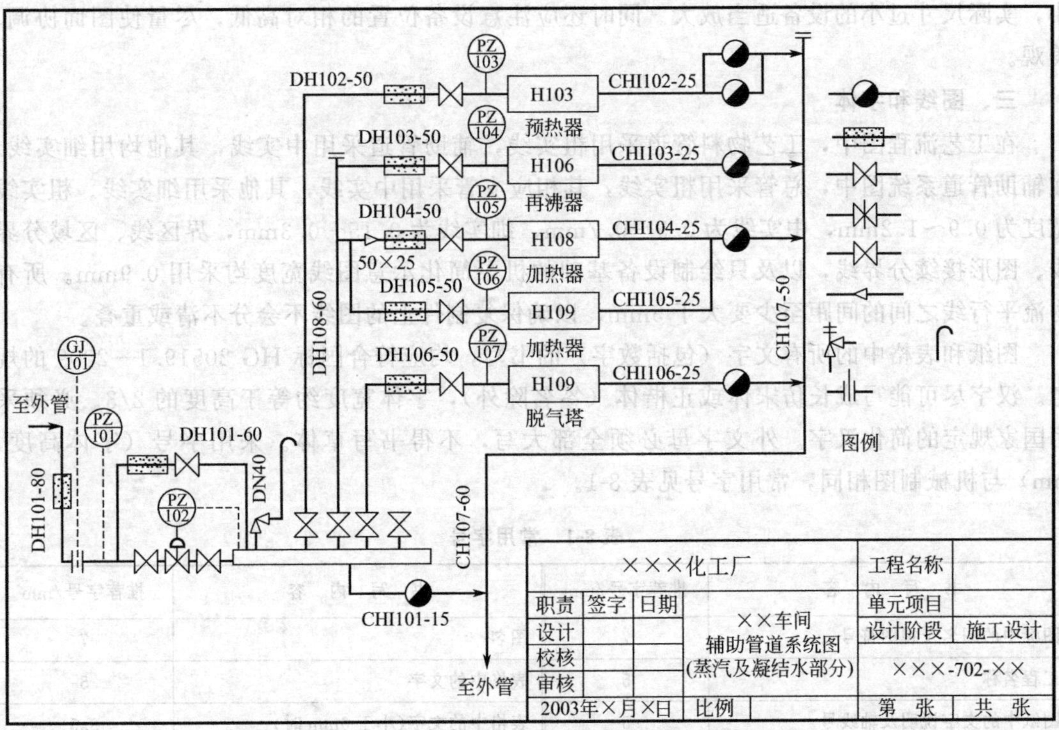

图 8-6　某化工厂蒸汽及凝结水部分辅助管道系统图

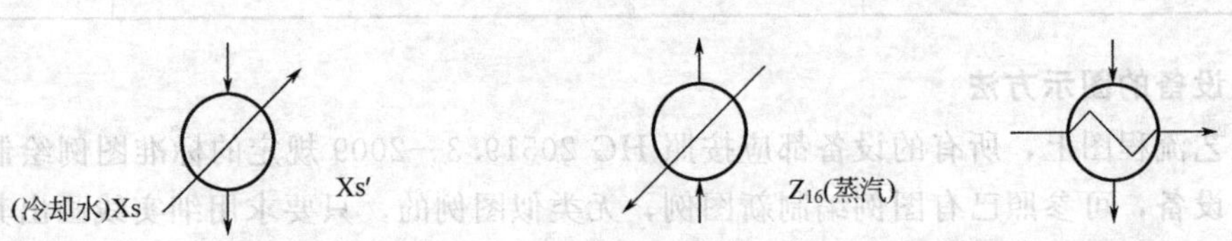

图 8-7　热交换器的简化符号

（3）需对所有辅助物料管线进行编号及标注。

（4）当蒸汽伴热管道较多的时候，常常还单独绘制蒸汽伴管系统图，以表示各工段所有蒸汽分配管和冷凝水收集管的配置系统，具体表达方式见 HG/T 20519.2—2009。

第二节　工艺流程图的一般规定

工艺流程图一般分流程草图、设计流程图和施工流程图三个阶段进行。其中，流程草图属于非正式的图纸，一般由代表设备的矩形框和带箭头的物流线组成，用文字直接标注设备与物流名称，仅供工艺技术人员工艺流程图的原始设计，或在生产装置的现场测绘工艺流程图时使用，绘制时可随意，没有统一的规范与要求。其他正式工艺流程图的绘制，均应遵循以下规定。

一、图幅

一般采用 A1 图幅横幅绘制，数量不限，必要时可加长。流程简单时，可采用 A2 图幅。

二、比例

一般可不按比例绘制，但设备图例应保持相对比例。允许将实际尺寸过大的设备适当缩小，实际尺寸过小的设备适当放大。同时还应注意设备位置的相对高低，尽量使图面协调、美观。

三、图线和字体

在工艺流程图中，工艺物料管道采用粗实线，辅助管道采用中实线，其他均用细实线。在辅助管道系统图中，总管采用粗实线，其相应支管采用中实线，其他采用细实线。粗实线宽度为 0.9～1.2mm，中实线为 0.5～0.7mm，细实线为 0.15～0.3mm，界区线、区域分界线、图形接续分界线，以及只绘制设备基础的机泵简化示意图线宽度均采用 0.9mm。所有物流平行线之间的间距至少要大于 5mm，以确保复制件上的图线不会分不清或重叠。

图纸和表格中的所有文字（包括数字）的书写，均应符合国标 HG 20519.1—2009 的规定。汉字尽可能写成长仿宋体或正楷体（签名除外），字体宽度约等于高度的 2/3。必须采用国家规定的简化汉字。外文字母必须全部大写，不得书写草体。采用字号（字体高度，mm）与机械制图相同，常用字号见表 8-1。

表 8-1 常用字号

书写内容	推荐字号/mm	书写内容	推荐字号/mm
图标中的图名及视图符号	7	图名	7
工程名称	5	表格中的文字	5
图纸中的文字说明及轴线号	5	表格中的文字(小于 6mm 时)	3.5
图纸中的数字及字母	3,3.5		

四、设备的图示方法

在工艺流程图上，所有的设备都应按照 HG 20519.3—2009 规定的标准图例绘制，未列入标准的设备，可参照已有图例编制新图例，无类似图例的，只要求用细实线画出其简单的外形轮廓和其内部的主要特征。对过于复杂的机器设备，允许用一细实线绘制的矩形框表示，在框内注明位号与名称。常用的标准设备图例见表 8-2 。其中热交换器的图形在必要的时候可简化成符号形式，如图 8-7 所示。

五、设备的标注

在工艺流程图中所画的设备都应给出标注，设备的标注方法如图 8-8 所示，它由设备位号、位号线、和设备名称三部分组成，分上、中、下三层排列。最上面给出的代号称为设备位号，设备位号由设备分类代号、工段（分区）序号和同类设备序号，以及相同设备序号四部分构成。设备分类代号的统一规定见表 8-3。设备序号应分类编制，完全相同的设备应采用相同的位号，但在位号的尾端应加注小写字母“a”、“b”、“c”等字样以示区别。如果在

表 8-2 常用的标准设备图例

类别	名称	图例	内件			类别	名称	图例	名称	图例
塔（T）	填料塔	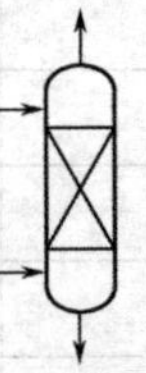	喷淋器分配器	升气管	格栅板	反应器（R）	固定床反应器	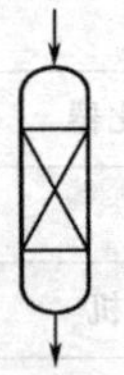	列管式反应器	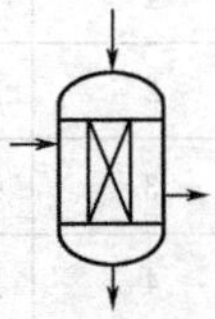
			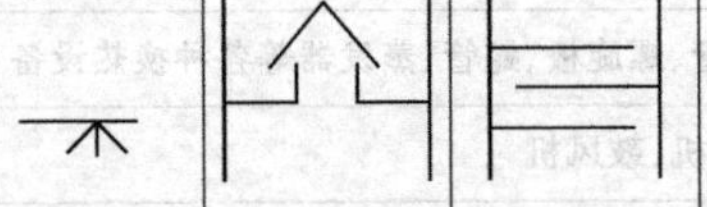							
	板式塔	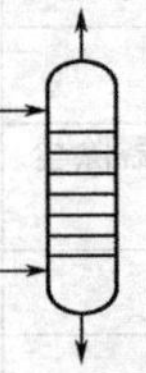	浮阀板	泡罩板	筛板		反应釜		流化床反应器	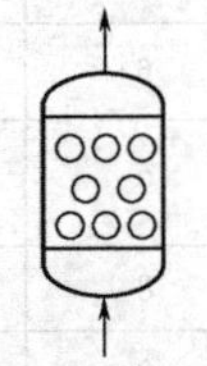
			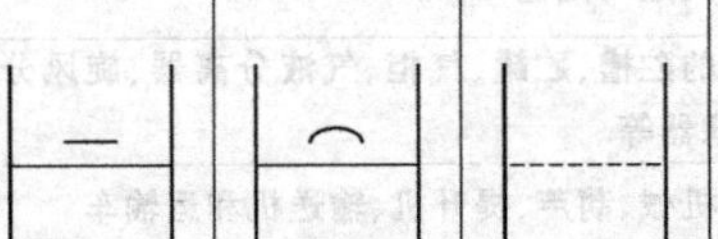							
	喷淋塔		湍球	丝网除沫器	填料除沫器	容器（V）	锥顶罐		平顶罐	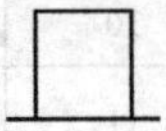
			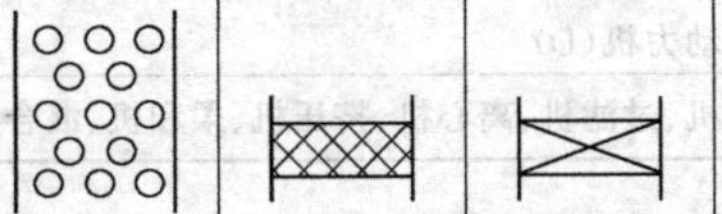				立式		卧式	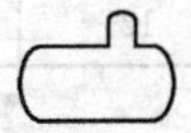

类别								
换热器（E）	名称	固定管板	浮头式	U形管式	套管式	釜式	螺旋板式	蛇管式
	图例	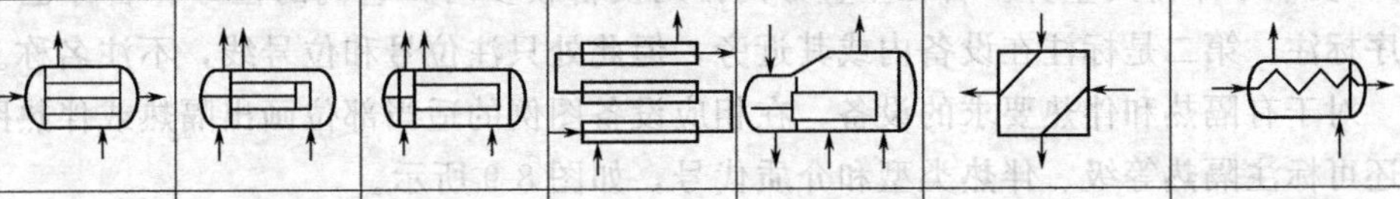						
泵（P）	名称	离心泵	往复泵	齿轮泵	喷射泵	水环真空泵	液下泵	旋涡泵
	图例	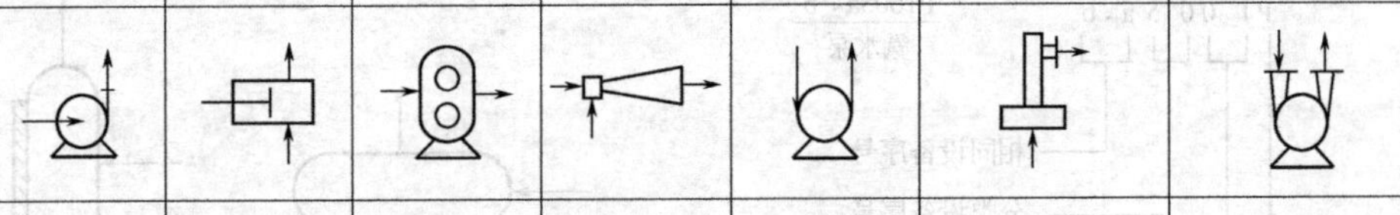						
常用机械（M）	名称	压滤机	转鼓过滤机	壳体离心机	带运输机	透平机	混合机	挤压机
	图例	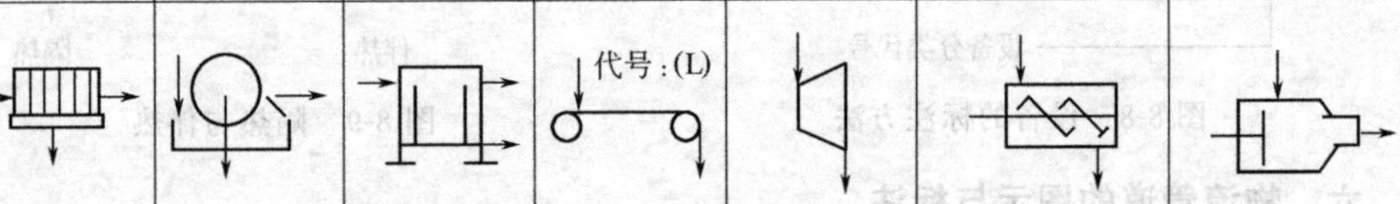						
压缩机（C）	名称	电动机	内燃机	汽轮机	旋转压缩机	往复压缩机	鼓风机	离心压缩机
	图例	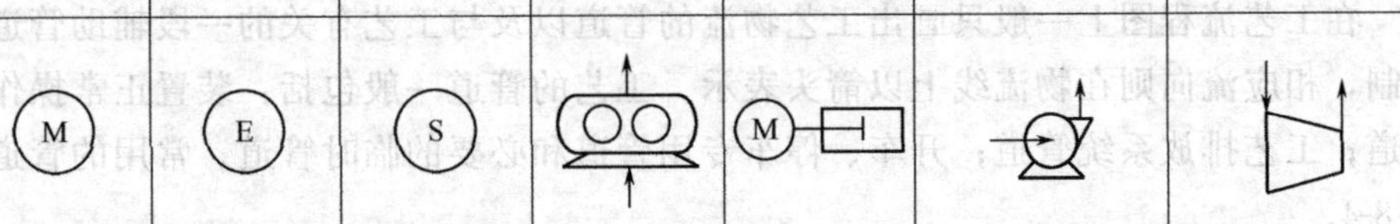						

流程图上只画出其中一台时，在标注该设备的位号时应全部注出，如“P1002a、b、c”以表示该设备的共有三台。在设备位号的下方需注明所表示设备的名称，设备的名称应尽量反映该设备的用途，例如，乙苯塔、甲醇罐、氨冷凝器、脱硫塔等，不能写成精馏塔、贮槽、换热器、吸收塔。在设备位号和名称之间用一水平细实线表示位号线。

表 8-3 设备分类代号（HG/T 20519.2—2009）

序 号	分 类	范 围	代 号
1	泵	各种类型泵	P
2	反应器和转化器	固定床、流化床、反应釜、反应罐(塔)、转化器、氧化炉	R
3	换热器	列管、套管、螺旋板、蛇管、蒸发器等各种换热设备	E
4	压缩机、鼓风机	各类压缩机、鼓风机	C
5	工业炉	裂解炉、加热炉、锅炉、转化炉、电石炉等	F
6	火炬与烟囱	各种工业火炬与烟囱	S
7	容器	各种类型的贮槽、贮罐、气柜、气液分离器、旋风分离器除尘器、床层过滤器等	V
8	起重运输机械	各种起重机械、葫芦、提升机、输送机和运输车	L
9	塔设备	各种填料塔、板式塔、喷淋塔、湍球塔和萃取塔	T
10	称量机械	各种定量给料称、地磅、电子秤等	W
11	动力机械	电动机(M)、内燃机(E)、汽轮机、离心透平机(S)、活塞式膨胀机等其他动力机(D)	M,E,S,D
12	其他机械	各种压滤机、过滤机、离心机、挤压机、柔和机、混合机	M

在工艺流程图中一般要在两个地方标注设备位号，第一是标注在设备的正上方（或正下方），要求水平排列整齐。若在垂直方向排列设备较多时，它们的位号和名称也可由上而下按序标注。第二是标注在设备内或其近旁，但此处只注位号和位号线，不注名称。

对于有隔热和伴热要求的设备，在相应设备图例的适当部位画出隔热或伴热图例，必要时还可标注隔热等级、伴热类型和介质代号，如图 8-9 所示。

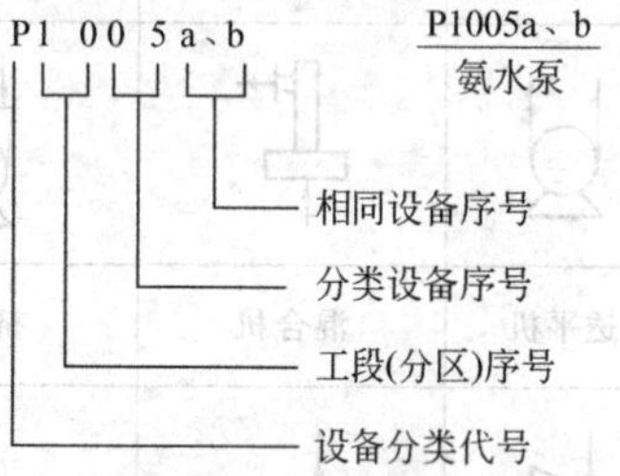

图 8-8 设备的标注方法

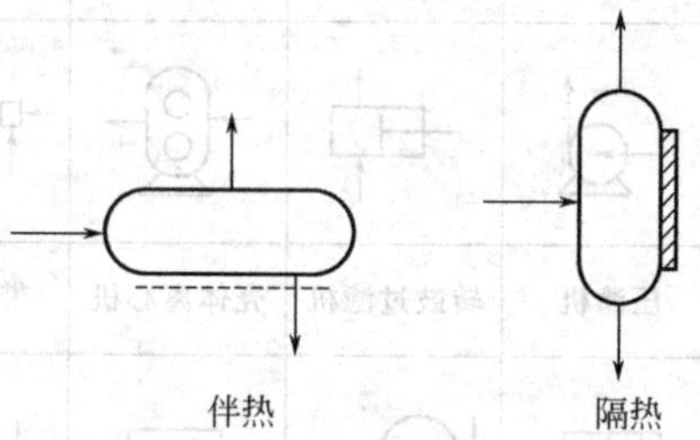

图 8-9 隔热与伴热

六、物流管道的图示与标注

1. 管道的图示

在工艺流程图上一般只画出工艺物流的管道以及与工艺有关的一段辅助管道，用粗实线绘制，相应流向则在物流线上以箭头表示。工艺的管道一般包括：装置正常操作所用的物料管道；工艺排放系统管道；开车、停车专用管道和必要的临时管道。常用的管道符号标记见表 8-4。

2. 管道标注

对于带控制点的工艺流程图，每一根管道都必须按照 HG/T 20519.37—1992 标准进行编号和标注。管道（管段）的标注采用管道组合号，由管道（管段）号、管径和管道技术要求（包括管道等级、隔热与隔声）三编号组成，分为前、后两组，两组之间留一定的空隙。

表 8-4　管道符号标记

管道符号	标记示意	管道符号	标记示意	管道符号	标记示意
带箭头粗实线	主要工艺物流	双点画线	原有管道		电伴热管 蒸汽伴热管
	隔热管	i=××	安装坡度		同心异径管 不同心异径管
	管道交叉且相连		管道交叉不相连		管道相连不交叉
××× 框内为图纸序号	去往其他图纸	××× 框内为图纸序号	来自其他图纸		放空管
×× 框内为装置图号	去往其他装置	×× 框内为装置图号	来自其他装置		软管、波纹管

前面一组由管道号和管道的公称直径组成，两者之间用一短线隔开；后面一组由管道等级和管道的隔热或隔声代号组成，两者之间用一短线隔开。一般标注在管道线的上方，必要时也可将前、后两组分别标注在管道线的上方、下方，标注方法可如图 8-10 所示。

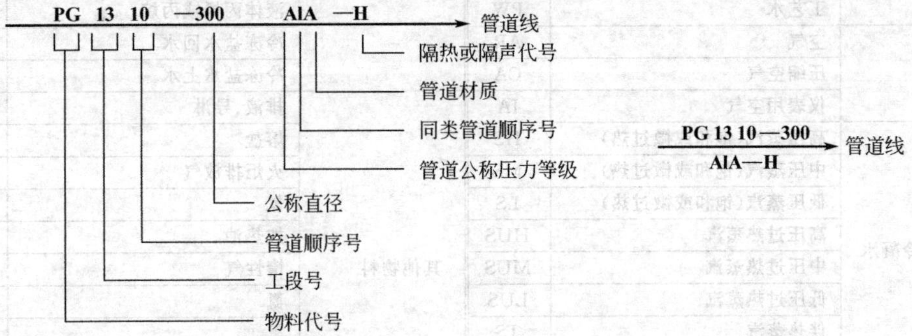

(a) 前、后标注　　(b) 上、下标注

图 8-10　管道标注

其中压力等级代号见表 8-5，隔热与隔声代号见表 8-6，管道材质代号见表 8-7，物料代号见表 8-8。

表 8-5　压力等级代号（HG 20519.6—2009）

压力范围/MPa	代号	压力范围/MPa	代号
$p\leqslant1.0$	L	$10.0<p\leqslant16.0$	S
$1.0<p\leqslant1.6$	M	$16.0<p\leqslant20.0$	T
$1.6<p\leqslant2.5$	N	$20.0<p\leqslant22.0$	U
$2.5<p\leqslant4.0$	P	$22.0<p\leqslant25.0$	V
$4.0<p\leqslant6.4$	Q	$25.0<p\leqslant32.0$	W
$6.4<p\leqslant10.0$	R		

表 8-6 隔热与隔声代号（HG 20519.6—2009）

功能类型	备 注	代号	功能类型	备 注	代号
保温	采用保温材料	H	蒸汽伴热	采用蒸汽伴管和保温材料	S
保冷	采用保冷材料	C	热水伴热	采用热水伴管和保温材料	W
人身防护	采用保温材料	P	热油伴热	采用热油伴管和保温材料	O
防结露	采用保冷材料	D	夹套伴热	采用夹套管和保温材料	J
电伴热	采用电热带和保温材料	E	隔 声	采用隔声材料	N

表 8-7 管道材质代号（HG 20519.6—2009）

材质类别	代号	材质类别	代号
铸铁	A	不锈钢	E
碳钢	B	有色金属	F
普通低合金钢	C	非金属	G
合金钢	D	衬里及内防腐	H

表 8-8 物料代号（HG 20519.2—2009）

类别	物料名称	代 号	类别	物料名称	代 号
工艺物料代号	工业空气	PA	制冷剂	气氨	AG
	工艺气体	PG		液氨	AL
	工艺液体	PL		气体乙烯或乙烷	ERG
	工艺固体	PS		液体乙烯或乙烷	ERL
	工艺物料(气液两相流)	PGL		氟里昂气体	FRG
	工艺物料(气固两相流)	PGS		氟里昂液体	FRL
	工艺物料(液固两相流)	PLS		气体丙烯或丙烷	PRG
	工艺水	PW		液体丙烯或丙烷	PRL
空气	空气	AR		冷冻盐水回水	RWR
	压缩空气	CA		冷冻盐水上水	RWS
	仪表用空气	IA	其他物料	排液、导淋	DR
蒸汽及冷凝水	高压蒸汽(饱和或微过热)	HS		熔盐	FSL
	中压蒸汽(饱和或微过热)	MS		火炬排放气	FV
	低压蒸汽(饱和或微过热)	LS		氢	H
	高压过热蒸汽	HUS		加热油	HO
	中压过热蒸汽	MUS		惰性气	IG
	低压过热蒸汽	LUS		氮	N
	伴热蒸汽	TS		氧	O
	蒸汽冷凝水	SC		泥浆	SL
水	锅炉给水	BW		真空排放气	VE
	化学污水	CSW		放空	VT
	循环冷却水回水	CWR	油料	污油	DO
	循环冷却水上水	CWS		燃料油	FO
	脱盐水	DNW		填料油	GO
	饮用水、生活用水	DW		润滑油	LO
	消防水	FW		原油	RO
	热水回水	HWR		密封油	SO
	热水上水	HWS	增补代号	气氨	AG
	原水、新鲜水	RW		液氨	AL
	软水	SW		氨水	AW
	生产废水	WW		转化气	CG
燃料	燃料气	FG		天然气	NG
	液体燃料	FL		合成气	SG
	固体燃料	FS		尾气	TG
	天然气	NG			

同一管道号管径不同时，可只注管径；异径管的标注为大端管径乘小端管径，标注在异径管代号“▷”的下方；同一管道号管道等级不同时，应标注等级分界线，并标注管道等级，如图 8-11 所示。

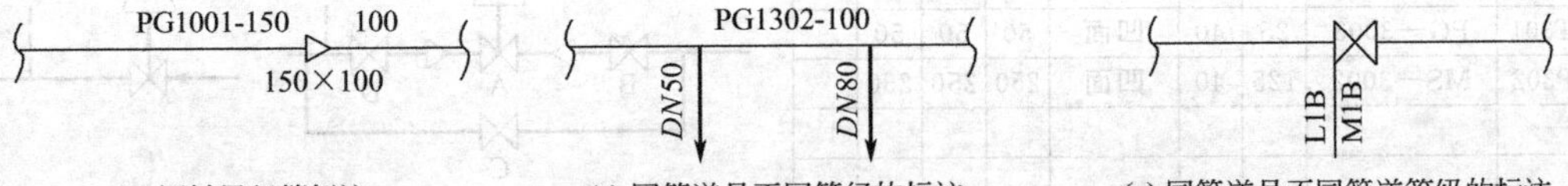

(a) 同轴异径管标注　(b) 同管道号不同管径的标注　(c) 同管道号不同管道等级的标注

图 8-11　同一管道号不同管径、等级时的标注

管道上的阀门、管件、管道附件的公称直径与管道相同时，可不标注。若公称直径与管道不同时，应当标注它们的尺寸，必要时还应标注型号、分类编号或文字。

管线的伴热管要全部绘出，夹套管可在两端只画出一小段，隔热管则应在适当位置画出过热图例（见图 8-6）。

七、阀门、主要管件和管道附件的图示与标注

在带控制点的工艺流程图上，除需要绘制工艺管道线外，同时还应按 HG/T 20519.32—1992 标准图例绘出和标注管道线上相应的阀门、主要管件和管道附件，常用图例见表 8-9、表 8-10。

表 8-9　常用阀门图例（HG 20519.2—2009）

阀门	截止阀	闸阀	蝶阀	球阀	旋塞阀	角阀	升降止回阀	旋启止回阀	安全阀	减压阀	疏水阀
图例	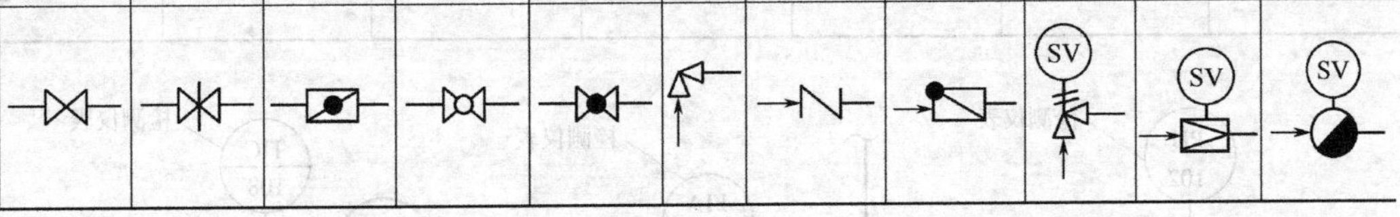										

表 8-10　常用管件图例（HG 20519.2—2009）

管件	8 字形盲板	管帽	管端法兰	管端盲板	敞口漏斗	闭口漏斗	防雨帽	焊接式管口
图例	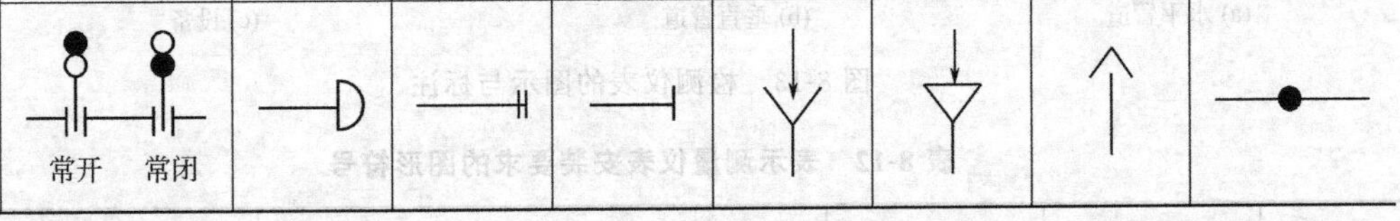							

其他一般的连接管件，如法兰、三通、弯头、管接头、活接头等，若无特殊要求均可不予画出。绘制阀门时，其宽度约为物流线宽度的 4～6 倍，长度为宽度的 2 倍，在流程图上所有阀门的大小应一致，水平绘制的不同高度阀门应尽可能排列在同一垂直线上，而垂直绘制的不同位置阀门应尽可能排列在同一水平线上，且在图上表示的高低位置应大致符合实际高度。在实际生产工艺流程中使用的所有控制点（即在生产过程中用以调节、控制和检测各类工艺参数的手动或自动阀门、流量计、液位计等）均应在相应物流线上用标准图例、代号或符号加以表示。

在工艺流程图上，所有控制阀组一般可不予画出，但在施工图上的左下角应给出控制阀表，分项详细列出相关数据。若控制阀组较少，也可在流程图上直接画出，如图8-12 所示。

控　制　阀　表

仪表号	管段号	各阀尺寸						备注
		A			B	C	D	
		DN	PN	法兰面				
T301	PG－3003	25	40	凹面	50	50	50	
P302	MS－3002	125	40	凹面	250	250	250	

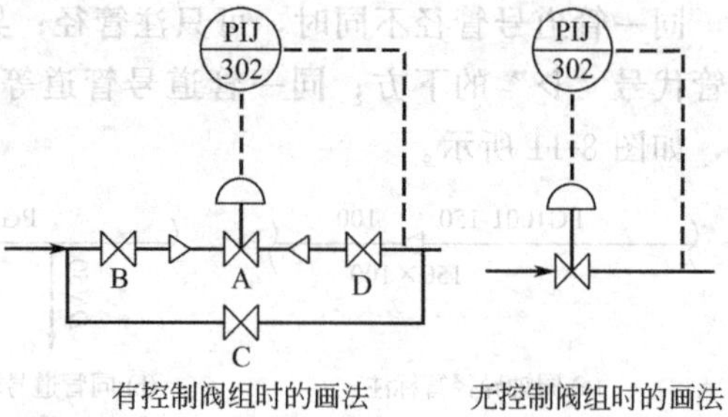

图 8-12　控制阀组的图示

八、检测仪表、调节控制系统的图示与标注

1. 检测仪表与安装要求的图示

在工艺流程图上，应按标准图例画出和标注全部与工艺有关的检测仪表、调节控制系统和取样点和取样阀（组），常用测量仪表图例见表 8-11，检测仪表在工艺流程图上的图示与标注如图 8-13 所示，相应安装要求的图示见表 8-12。

表 8-11　常用测量仪表图例（HG 20519.2—2009）

测量仪表	孔板流量计	转子流量计	文氏流量计	电磁流量计	靶式流量计	液位计
图　例	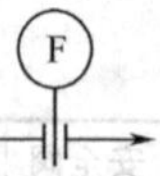 F				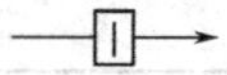	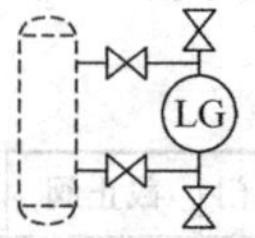 LG

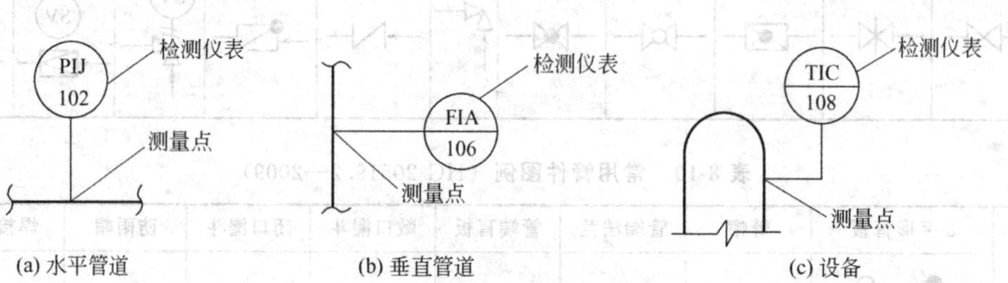

图 8-13　检测仪表的图示与标注

表 8-12　表示测量仪表安装要求的图形符号

安装要求	就地盘面安装	就地盘后安装	就地安装	就地嵌装	集中盘面安装	集中盘后安装	集中进计算机系统
图　例	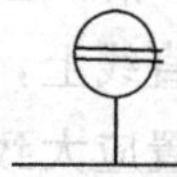			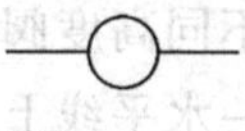			

2. 检测仪表的标注

检测仪表的标注，一般由表示检测仪表的小圆圈、指引线和文字说明三部分组成。小圆圈的直径约为 10mm，用细实线表示。指引线是连接仪表与被测管道（设备）并穿过小圆圈中心的一条细实线，与管道（或设备）线垂直，必要时可转折一次，指引线和管道（设备）线的交点为测量点的相对位置，如图 8-13 所示。

检测仪表的文字，均标注在表示仪表的小圆圈内，分上、下两层，上层是大写字母表示的检测仪表检测参数和功能代号，下层为阿拉伯数字表示的仪表位号（见图 8-13）。

HG 20519.2—2009 规定的常用检测参数代号和仪表功能代号见表 8-13、表 8-14。

表 8-13　仪表常用检测参数代号

测量参数	代号	测量参数	代号	测量参数	代号	测量参数	代号
物料组成	A	压力或真空	P	长度	G	放射性	R
流量	F	温度	T	电导率	C	转速	N
物位	L	数量或件数	Q	电流	I	重力或力	W
水分或湿度	M	密度	D	速度或频率	S	未分类参数	X

表 8-14　仪表功能代号

功能	代号	功能	代号	功能	代号	功能	代号	功能	代号	功能	代号	功能	代号
指示	I	扫描	J	控制	C	连锁	S	检出	E	指示灯	L	多功能	U
记录	R	开关	S	报警	A	积算	Q	变送	T	手动	K	未分类	X

常用仪表位号由前、后两部分构成，第一部分为工段号，通常是 1 位数（必要时可为 2 位数）；第二部分为仪表分类序号，通常是 2 位数（必要时可为 3 位数），不同被测参数的仪表位号不得连续编号。

3. 调节与控制系统的图示

在工艺流程图上的调节与控制系统，一般由检测仪表、调节阀、执行机构和信号线四部分构成。常见的执行机构有气动执行、电动执行、活塞执行和电磁执行四种方式，其图示如图 8-14 所示。

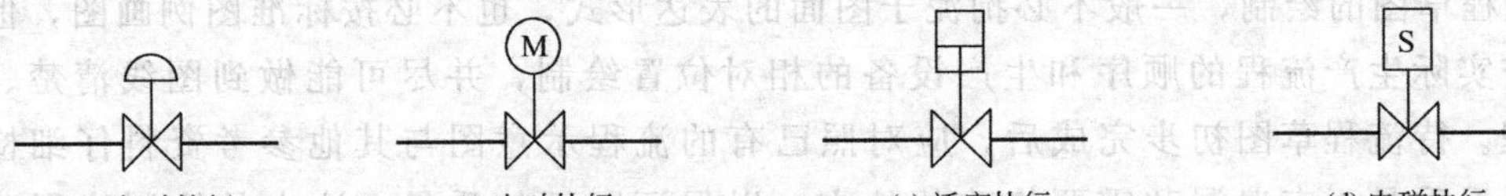

(a) 气动执行　(b) 电动执行　(c) 活塞执行　(d) 电磁执行

图 8-14　执行机构的图示

控制系统常见的连接信号线有三种，如图 8-15 所示，连接方式如图 8-12 所示。

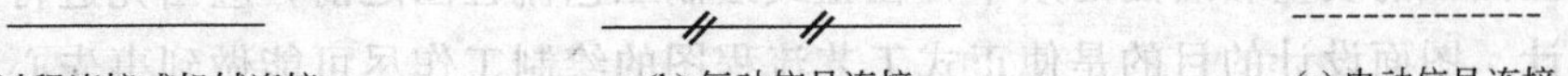

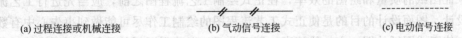

(a) 过程连接或机械连接　(b) 气动信号连接　(c) 电动信号连接

图 8-15　控制系统常见的连接信号线的图示

第三节　带控制点工艺流程图的图示方法

一、工艺流程图的绘制步骤

正式工艺流程图的绘制，一般可分为以下三个步骤进行。

1. 草图设计

流程草图一般以流程示意说明，或流程框图（见图 8-16）为依据绘制，草图设计的目的是为正式工艺流程图的绘制提供一张更为详细、完善和图面布置大致合理的参考图，但必须将实际流程所应采用的全部设备、辅助装置、物流和相关的全部检测仪表、控制点与控制系统等内容画出，并给出适当的文字说明。

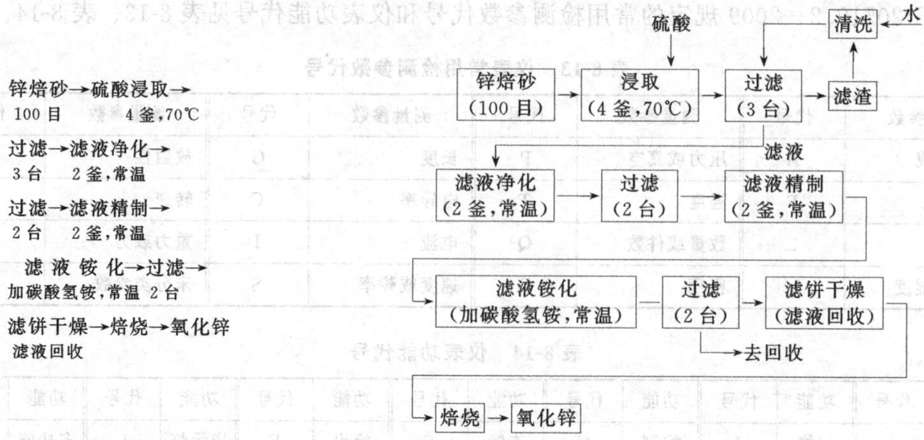

(a) 流程示意文字说明　　(b) 流程框图

图 8-16　流程示意的方法

草图设计应当完成的工作如下。

(1) 用框图形式画出生产流程必需的全部设备、辅助设备与装置，补全在流程示意图（或文字说明）中没有详细说明（或画出）的附属装置。

(2) 为没有标准图例的设备，根据其外形轮廓自行设计适当的简要图例。

(3) 画出生产流程必需的全部控制阀门、重要管件、控制点、流量计和相关检查仪表。

(4) 画出生产流程所有的物流线，包括公用工程和其他主要辅助管线。

(5) 确定全部设备在流程图上适宜的相对位置和物流线的最佳连接方式。

流程草图的绘制，一般不必拘泥于图面的表达形式，也不必按标准图例画图，但应基本按实际生产流程的顺序和生产设备的相对位置绘制，并尽可能做到图线清楚、表达合理。待流程草图初步完成后，应对照已有的流程示意图与其他参考资料仔细检查图面，看看是否有遗漏和需要修改的地方，以保证图纸的质量，这也是绘制流程草图的主要任务。

2. 图面设计

为保证图纸的质量和绘图的效率，在正式绘制工艺流程图之前，应当先进行工艺流程图的图面设计。图面设计的目的是使正式工艺流程图的绘制工作尽可能做到事先心中有数和有的放矢，使正式图纸的图、文、线清晰，图面美观，以确保图纸的质量。图面设计的基本要求如下。

(1) 确定正式工艺流程图中实际绘图区域的大小，以及设备位号、图例说明和标题栏的相对位置与大小。

(2) 确定正式工艺流程图中设备图例的排列方式、相对尺寸与适宜位置。

(3) 确定正式工艺流程图中物流线的排列方式与相对位置。

图面设计一般是在草稿纸上通过简单的尺寸计算来完成的，而不直接在图纸上进行，以免造成对图纸的损坏。对于有经验的绘图人员，也可边设计边在正式图纸上直接绘制。

3. 绘制正式工艺流程图

正式工艺流程图的绘制，一般是以流程草图为参考图，根据图面设计的结果来进行的。

如果确实有一张精心设计的流程草图为参考图，又在绘图前进行了认真的图面设计，正式流程图的绘制是比较简单的。在绘图过程中，只要按正式绘图步骤与要求，以及标准图线与图例画图，即可获得高质量的图纸。

二、流程草图的绘制

流程草图一般以流程示意说明（或流程框图）为依据，采用简便的框图绘制，所用纸张和比例均可随意，对图面也没有过高要求，只要求图线清晰。绘制流程草图的重点是将实际生产过程所需要的全部设备、管线、控制阀门、重要管件与控制点，以及相关的检测仪表、计量装置和控制系统等表达出来，草图绘制的具体步骤如下。

(1) 按照实际生产的流程顺序，从左至右横向画出生产流程必需的全部设备、辅助设备与装置，补全在流程示意图（或文字说明）中没有详细说明（或画出）的附属装置，如图8-16中未给出的必要的物料贮槽（罐）、料液输送泵、反应釜的搅拌装置、加热与控制系统，以及在生产过程中必需的高位计量槽、供水系统和滤渣的排放与输送装置等。同时，还应为没有标准图例的设备，根据其外形轮廓自行设计适当的简要图例。

(2) 画出系统必需的温度、压力和流量等检测仪表，控制系统和其他计量装置。

(3) 画出生产流程中必需的控制阀门以及相关的重要管件与控制点。

(4) 画出生产流程所有的物流线，并补全流程必需的公用工程（加热蒸汽、冷却水、压缩空气与冷冻盐水等）物流线，以及蒸汽伴管、对外接管等辅助管线。

(5) 给出必要的文字说明，包括设备名称、管道标注等。

三、工艺流程图的图面设计

为保证图纸的质量和绘图的效率，在正式绘制工艺流程图前，应当根据选定的图幅和流程草图的内容进行正式工艺流程图的图面设计。图面设计的方法如下。

(1) 绘图区域（指在图纸上实际绘制各类图线时允许占用的范围）一般确定为图纸的3/4（窄边）～4/5（宽边），并注意与图框线至少保留10～20mm的距离。

(2) 设备位号应尽可能设计在同一水平线上，在工艺流程图中，除设备外，其他检测仪表、流量计、阀门、重要管件和控制系统的信号线，以及相关的符号、代号等，均应集中给出图例，图例的大小应与图中的实际大小相同，一般放在图纸的右上角（或左下角）。

(3) 在工艺流程图中的设备图例应尽可能排成一排（需保留位差的设备除外），设备特别多时可排成上、下两排，不宜再多。应特别注意根据两设备之间需绘制物流线的多少来调整设备之间的相对距离，必须保证两平行物流线之间的距离大于或等于5mm，并注意在设备图例中留出标注设备位号的足够空间。

(4) 物流线的相对位置应合理分布，应尽可能缩短物流线的长度，减少物流线的转折（同一物流线最多不超过三处）与交叉，避免物流线穿过设备；物流线进出设备接口的相对位置应与实际情况相近，并为相关管道、阀门、设备的文字标注保留足够的空间。

(5) 合理选择必需的文字标注内容与项目，为系统内的设备、检测仪表和相关管道确定统一编号的编码方式。

四、工艺流程图的绘制

正式工艺流程图的绘制，应根据图面设计的基本方案进行，大致步骤如下。

(1) 根据图面设计确定的设备图例大小、位置，以及相互之间的距离，采用细点画线按照生产流程的顺序，从左至右横向标示出各设备的中心位置。

(2) 用细实线按照流程顺序和标准（或自定）图例画出主要设备的图例及必要内构件。

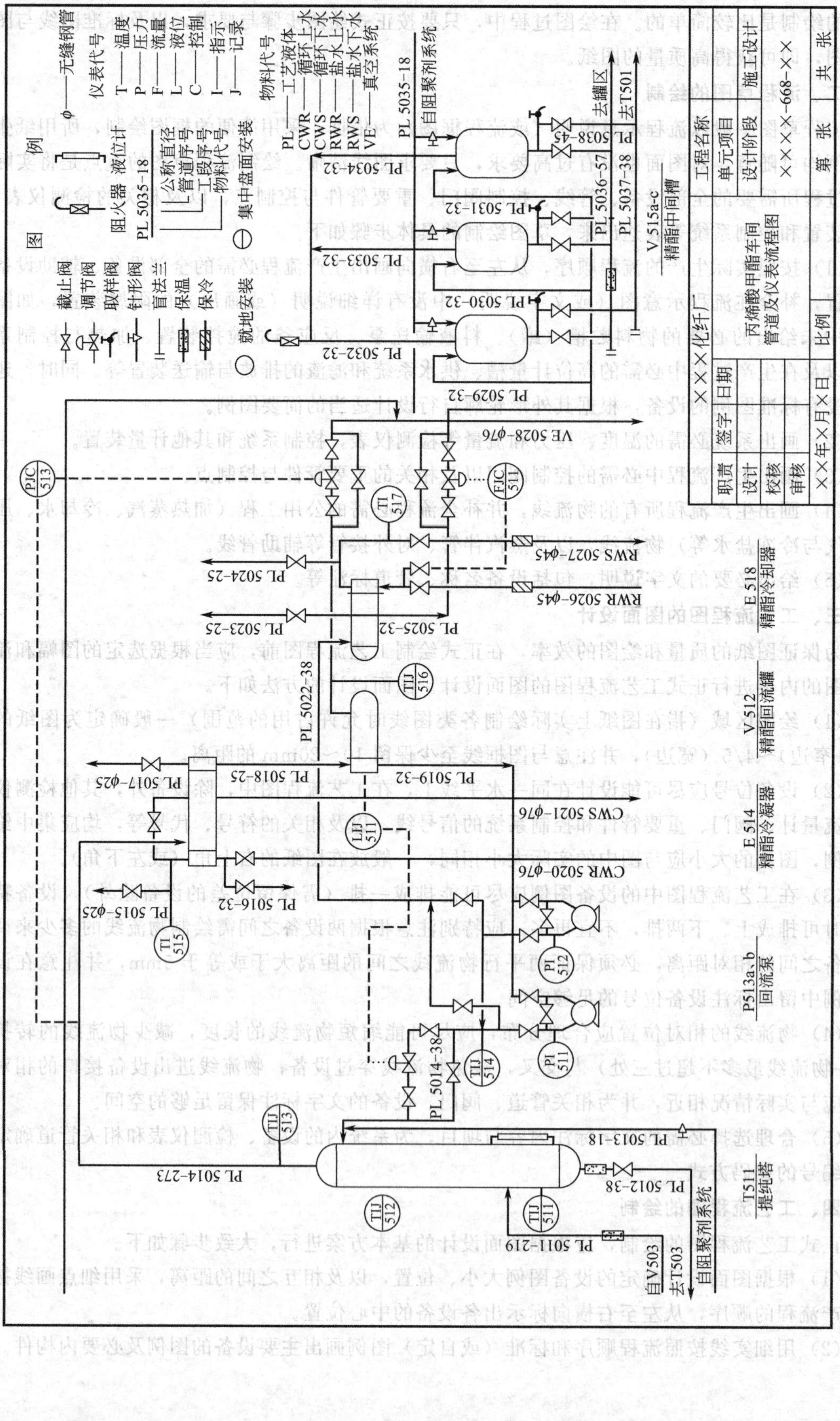

图 8-17 初步设计阶段工艺流程图

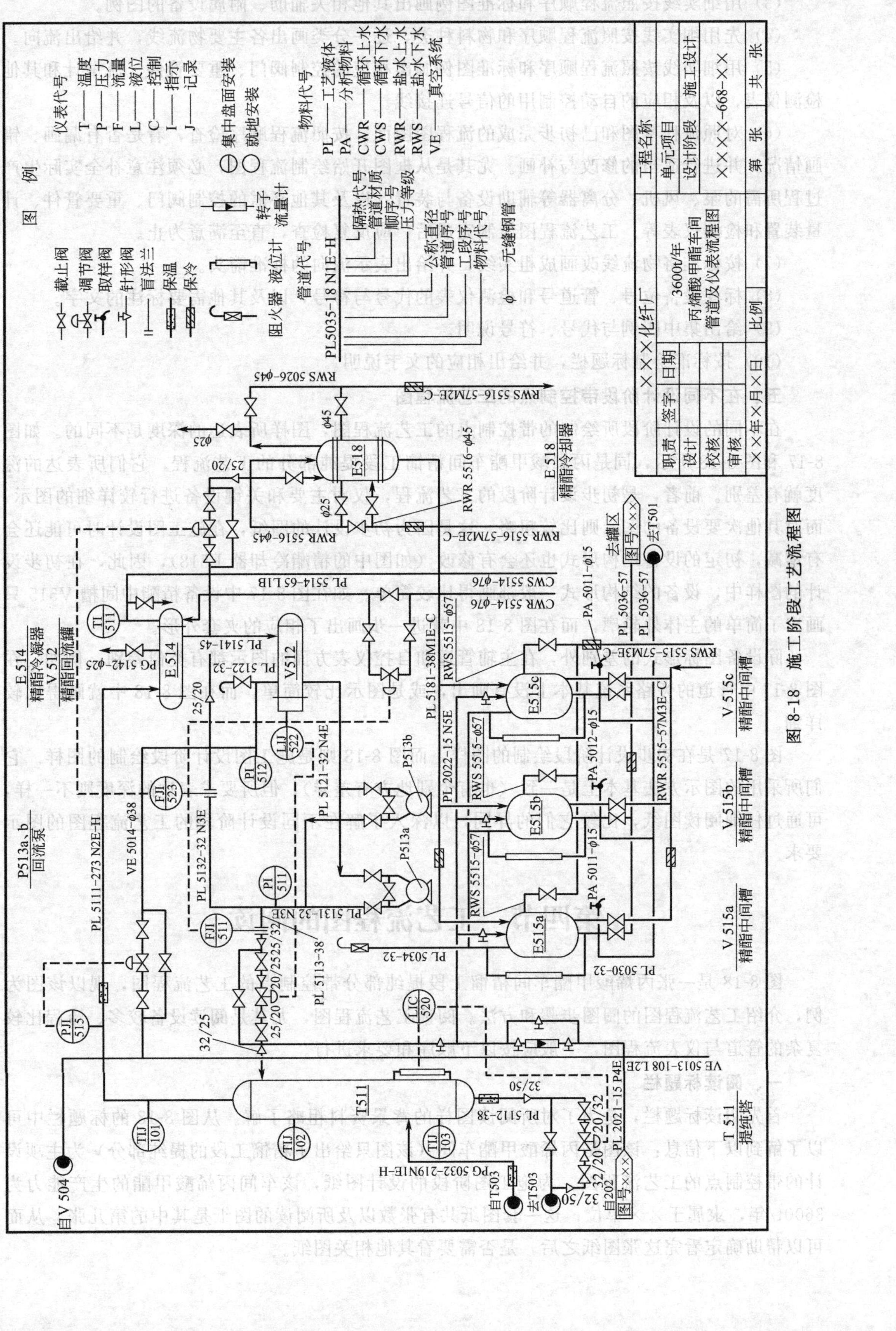

图 8-18 施工阶段工艺流程图

(3) 用细实线按照流程顺序和标准图例画出其他相关辅助、附属设备的图例。

(4) 先用细实线按照流程顺序和物料种类，逐一分类画出各主要物流线，并给出流向。

(5) 用细实线按照流程顺序和标准图例画出相应的控制阀门、重要管件、流量计和其他检测仪表，以及相应的自动控制用的信号连接线。

(6) 对照流程草图和已初步完成的流程图图面，按照流程顺序检查，看是否有漏画、错画情况，并进行适当的修改与补画。尤其是从框图开始绘制流程图，必须注意补全实际生产过程所需的泵、风机、分离器等辅助设备与装置，以及其他必需的控制阀门、重要管件、计量装置和检测仪表等。工艺流程图绘制完成后，应反复检查，直至满意为止。

(7) 按标准将物流线改画成粗实线，并给出表示流向的标准箭头。

(8) 标注设备位号、管道号和检测仪表的代号与符号，以及其他需要标注的文字。

(9) 给出集中图例与代号、符号说明。

(10) 按标准绘制标题栏，并给出相应的文字说明。

五、在不同设计阶段带控制点的工艺流程图

在不同的设计阶段所绘制的带控制点的工艺流程图，图样所表达的深度是不同的。如图 8-17 和图 8-18 所示，同是丙烯酸甲酯车间精馏工段提纯部分的工艺流程，它们所表达的深度就有差别。前者，是初步设计阶段的工艺流程，仅对主要和关键设备进行较详细的图示，而对其他次要设备的图示则比较粗略。这是因为初步设计的图纸，在施工图设计时可能还会有增减，初定的设备结构形式也还会有修改（如图中的精酯冷却器 E518)，因此，在初步设计的图样中，设备的结构形式一般都画得比较简单。如在图 8-17 中设备精酯中间槽 V515 只画出了简单的主体外轮廓，而在图 8-18 中就进一步画出了相应的夹套外形。

除设备图标形式的差别外，在主辅管道和自控仪表方面的图示都有类似差别。例如，在图 8-17 中管道的旁路系统基本上没有画出，或是图示比较简单，而在图 8-18 中就画得比较详细。

图 8-17 是在初步设计阶段绘制的图样，而图 8-18 则是施工图设计阶段绘制的图样。它们所采用的图示方法基本上是一致（也有个别地方有差异），但所要求表达的深度则不一样，可通过仔细阅读图纸，比较它们的异同，以深入了解在不同设计阶段的工艺流程图的图示要求。

第四节 工艺流程图的阅读

图 8-18 是一张丙烯酸甲酯车间精馏工段提纯部分带控制点的工艺流程图，现以该图为例，介绍工艺流程图的阅图步骤和方法。阅读工艺流程图，尤其是阅读设备较多、流程比较复杂的管道与仪表流程图，一般应按以下顺序和要求进行。

一、阅读标题栏

首先阅读标题栏，是为了对所阅读图样的背景资料粗略了解。从图 8-18 的标题栏中可以了解到以下信息：该图是丙烯酸甲酯车间（该图只给出了精馏工段的提纯部分）为主项设计的带控制点的工艺流程图，为施工图阶段的设计图纸，该车间丙烯酸甲酯的生产能力为 3600t/年，隶属于××单位；这一套图纸共有张数以及所阅读的图纸是其中的第几张，从而可以帮助确定看完这张图纸之后，是否需要看其他相关图纸。

二、阅读图例

阅读图例可以了解图纸中采用的各种图形、符号和代号的意义，了解图纸中各类设备位号、管道号、仪表参数与功能，以及相关控制系统的图示与标注方法，以便为进一步的阅读提供参考。

三、阅读工艺流程图

工艺流程图的阅读应从设备开始，按照从左至右、从上至下的顺序进行。图 8-18 中最左边的设备的位号是 T511，由其正下方的设备标注可知相应的设备名称是提纯塔。由箭头指向该塔的物流线可知，该塔的进料来自同一工段精馏塔 T503，通过管段 PG5032—219 N1E—H（气相进料，公称管径为 219mm，操作压力为 2.5MPa，不锈钢材质，保温）进入该塔的下半部，经提纯后的精酯由塔顶出口送入提纯塔的冷凝器 E514，残液则经塔釜从底部出口送回 T503。冷凝器 E514 的冷却水由管段 CWS5514—65 L1B 提供，从冷凝器右管箱下部进入，由上部离开，该冷凝器应为双管程。被冷凝器冷凝下来的精酯凝液直接放入其下方的回流罐 V512，再经提纯塔的回流泵 P513a、b，一部分经出口管段 PL5131—32 N3E 送回提纯塔 T511。同时，另一部分被冷凝器冷凝下来的精酯凝液经管段 PL5132—32 N3E 送至精酯冷却器 E518 作为提纯塔的馏出产品。返回提纯塔 T511 的回流液流量，入塔前通过液位计 L522 和控制阀组与回流罐 V512 的液位关联实施自动控制与调节。进入冷凝器的冷却水流量，则通过控制阀与提纯塔 T511 的回流液流量关联实施自动控制与调节。提纯塔的馏出产品量通过流量计 F523 和控制阀组实施自动控制与调节。另一路来自阻聚剂系统（相连设备位号为 V202）的物流，一股经管段 PL2021—15 P4E 和转子流量计计量后与精酯凝液管段 PL5132—32 N3E 相连，使阻聚剂随之进入丙烯酸甲酯车间的各设备与管段，防止出现工艺上不允许出现的聚合现象；另一股则分别进入三台精酯中间槽 V515a、b、c。提纯塔出口、塔中和塔底的温度，通过温度表 T101、T102 和 T103 在仪表盘上集中记录与控制。提纯塔的塔釜液位通过液位计 L520 与控制阀组相连实施液位指示与控制。冷冻盐水系统通过辅助管道 RWR5516—57 M2E—C 为回流冷却器 E518 提供冷源，通过 RWR5516—57 M3E—C 为精酯中间槽 V515a、b、c 提供冷源。真空系统则通过管道 VE5013—108 L2E 与精酯回流罐 V512 相连，为系统提供开车所需的真空。流程图后续设备与流程的阅读，可参照以上方式从左至右、从上至下逐一进行，直到读完全部设备。在读完全部流程图之后，还应回过头来仔细思考和比较该流程的实际生产原理与工艺流程的设计思路，以求从理论上进一步深入了解丙烯酸甲酯生产车间的工艺流程，真正读懂流程图。

第五节 工艺流程图的现场测绘

利用下厂实习的机会，现场测绘实习工厂生产装置的实际工艺流程，不仅可以深入了解生产过程的原理和工艺流程，而且也可有效提高绘制工艺流程图的实际能力。化工生产装置工艺流程图的现场测绘，远比工艺流程图的设计绘制要困难得多。因为工艺流程图的设计绘制是根据提供的工艺条件和流程参考图，完全按照自己的思路来设计绘图的，可以按部就班地进行，只要思路清楚、绘图细心，就一定能绘出高质量的图纸。而工艺流程图的现场测绘，必需按照别人的思路来模拟绘图，所以困难要大得多。但工艺流程图的现场测绘是化工工艺制图的基本能力之一，这不仅是高质量工艺流程图设计的需要，是深入了解和熟悉生产现场的需要，同时也是强化化工企业生产管理的需要。现场测绘工艺流程图，不仅需要深入了解生产装置的产品生产原理，还需要了解流程的设计原理和设备的结构与选用原理。同时，还必须具备一定的化工工艺及相关专业的专业知识、生产实践知识和测绘能力。现场工艺流程图的测绘，一般可按以下步骤进行。

一、产品生产原理的了解

了解产品的生产原理是熟悉生产现场的第一步，通过对产品生产原理的了解，可以知道产品的特性与纯度，产品生产过程的化学反应原理与条件，生产该产品所需要的原料及技术要求，以及生产该产品所必需的化工单元操作、原料预处理方式和成品的输送与包装要求等方面的资料。从而可掌握一些识别和了解现场流程的基本原理。对产品生产原理的了解，可以通过文献检索收集，但最好还是向熟悉情况的现场工程技术人员了解，这样会更贴近现场实际生产流程。

二、对装置流程设计原理的了解

熟悉生产装置的流程设计原理是进一步深入了解现场生产流程的必要措施，通过对生产装置流程设计原理的了解，可以知道流程的大致框架，包括流程选用的主要单元过程和设备，主要物料的种类和流向，以及系统进、出口的大致方位。因为同样的产品和相同的生产装置，经过若干年的生产和技术改造，现场实际的生产流程都将会发生一些变化，所以了解生产装置的流程设计原理，最好还是请教于现场工程技术人员，或所在车间的生产管理人员与操作班长，这样会更贴近于现场生产实际情况。

三、对现场主要生产设备的了解

掌握了产品的生产原理和生产装置的流程设计原理之后，可以开始到测绘现场了解主要生产设备的种类、名称、用途和所在位置，为流程图的测绘做好充分准备。对现场主要生产设备的了解，一般可通过以下几条途径。

(1) 通过已掌握的产品生产原理和生产装置的流程设计原理来判断。

(2) 请教于现场的操作工人。

(3) 通过现场生产设备本身的标示，结合生产原理来判断。通常在生产管理较规范的企业，在现场生产装置的主要设备上都会标示设备的位号，通过设备位号可以知道设备的种类与大致用途。对于定型设备，如热交换器、泵、风机和反应釜等，在设备上往往都会贴有出厂的铭牌，通过阅读铭牌可以更深入地了解设备的规格与型号。

四、寻找现场生产装置的原料进口与产品出口的确切位置

对于单一产品的车间或企业，这一点是很容易做到的。但对于产品较多的大型联合企业的某个车间或分厂来讲，则有一定难度。因为，在大型联合企业中，一个车间或分厂的原料和产品都是通过管道与其他车间或分厂、罐区相连的，在生产现场根本看不出什么地方是进口，什么地方是出口。一般情况下，只能通过生产原理和相应设备的位置来加以判断。当然，通过现场操作工人来了解应当是最便捷的方法。

五、按照流程顺序，从原料的进口开始现场绘制流程草图

现场流程图的绘制，通常都是按照流程的顺序从第一台设备开始的，用最简捷易行的框图形式表达，在初始的图面上只需标明设备位号（或名称）及相对位置，主要物流与方向。待对现场初步绘制的草图修改完善之后，再补充相关的辅助管线与辅助设备，以及控制点、主要管件、检测仪表和流量计等内容。现场绘制流程图的大致步骤如下。

(1) 按照流程顺序，在草图上确定第一台设备的位置，并详细画出第一台设备的全部进出口的物流接口，标明物流方向和物料名称。

(2) 沿着主要物流的管线与流向，逐一找到它所到达的下一台设备的入口，并一直跟踪到生产线的最后一台设备。然后，再选择下一条物流线，按相同的方式进行，直至全部完成。

(3) 沿着主要物流的管线和相关的连接设备，详细画出沿途的主要工艺参数的控制点名称、种类、控制参数和具体位置，并标注在流程图上，或用文字方式记录下来。

在生产现场，想要真正了解生产装置的工艺流程。最好、最可靠的方法就是顺藤摸瓜，即从生产装置的原料进口端开始，顺着物流管道，按照其物流方向和生产原理，逐一设备、逐根管道找下去，弄清每台设备的名称、用途、位号和每一个进出口位置与流向，弄清每一根管道内物料的种类与流向，顺藤摸瓜直至生产装置全部产品的出口端。通过这样的方法深入现场来回走过几遍，任何复杂生产装置的工艺流程原理和真实的工艺流程布置图，都必然会水落石出。

六、生产装置现场物料种类和流向的判别

现场物料种类和流向的判别，对于现场流程图的绘制是至关重要的。

1. 物料种类的判别

在生产现场，通常可通过下述方法判别现场管道内的物料种类。

(1) 根据生产原理和设备的结构特征判别物料种类。

根据生产原理，应该知道设备的用途，其中进行的应当是什么过程，它应加入哪些原料，它会产生哪些出口物流，以及它所需要的辅助物流，如加热蒸汽、加热油、冷却水或冷冻盐水等。同时，也可以大致知道它们适宜的加入位置应当在设备的顶部、底部，还是在设备的中部。另外，通过与管道相连的贮罐名称也可协助判别管道内物料种类。

(2) 根据管道的颜色判别物料种类。

在生产现场为了帮助生产人员易于识别管道内物料的特性，往往会为管道涂上一定的颜色，如：冷却水管为绿色，氨管为黄色，氮气管为蓝色，蒸汽管为红色，二氧化碳气体管为白色等。

2. 物料流向的判别

在生产现场，管道内物料流向的判别，通常可通过下述方法。

(1) 根据泵的进出口管道位置判别流向。

常见情况是：与离心泵中心相连的管道是流入的，与离心泵侧管相连的管道是流出的；往复泵的吸入口在下面，压出口在上面；齿轮泵的吸入口在侧面，压出口在上方。

(2) 根据阀门判别流向。

在许多阀门上，尤其是阀门结构难以判别流向的阀门，生产厂家均标示有物料流向的标志，以帮助正确安装阀门。而常用的截止阀则可直接根据其外形结构判别流向。

(3) 通过设备的结构特征判别流向。

一般来说，进入热交换器的如果是液体，总是从底部进，上部出。液体贮槽则往往是上进下出，而气柜往往是下进上出，以便输送。对于塔设备来说，气体总是下进上出，液体总是上进下出。

七、现场流程图的整理与正式流程图的绘制

在获得现场绘制的流程草图之后，必须通过整理才能绘制成正式的现场工艺流程图。

1. 工艺流程草图的整理

现场绘制的工艺流程草图往往是杂乱无章、完全随意的，因此别人很难看懂，必须通过

整理才能成为真正的流程图。通常，可以按以下步骤将流程草图整理成正式的流程框图。

(1) 按草图上记录的设备名称和数量，按照流程的顺序，在初稿图纸上绘制相应的框图，并调整好相对位置与间距，标注设备的名称与位号，直至满意为止。

(2) 根据物料的种类与流向，按照流程的顺序，根据草图的结果，从头至尾逐一绘制出所有物流线。此时可不必完全按照草图的绘制模式，只要物流线两端点连接的设备和连接点位置不变，物流方向不变即可，而物流线的长度和在图面上的路径，均可根据作图需要进行适当调整。

(3) 根据草图的结果，或现场的文字记录，在图纸初稿上绘出相关控制点的名称、种类、控制参数和具体位置。

(4) 检查、核对图纸初稿，看是否存在错误，图面是否需要继续修改和调整，直至满意为止。

2. 正式工艺流程图的绘制

正式工艺流程图的绘制步骤，可参照本章第三节。

第九章　设备布置图

第一节　概　　述

工艺流程设计所确定的全部设备，必须根据生产工艺的要求与场地的地形地貌，以及不同设备的具体情况，在厂房建筑物的内外进行合理的布置，并安装固定，才能确保生产的顺利进行。用以表达厂房建筑物内外设备安装位置的图样称为设备布置图。化工生产装置的设备布置设计，通常需提供以下图纸。

1. 设备布置图

为了清楚地图示需要表达的内容，设备布置图一般仅表示一个生产车间（装置）或一个工段（工序或分区）的生产设备和辅助生产装置，设备布置图均按正投影原理绘制。它主要包括以下内容。

(1) 所在厂房建筑物的基本结构，用以作为设备定位的依据。

(2) 设备在厂房内外的确切布置及定位情况，为设备的安装提供依据。

(3) 方向标，用以作为设备安装定位的基准。

(4) 设备一览表，以详细列出设备布置图上各设备的名称、位号、型号规格、数量及所在图号等相关信息，以便为进一步了解设备的布置提供参考。

(5) 标题栏，用以标注图名、图号、比例和设计阶段等内容。

2. 设备安装详图

详细表达在现场为安装、固定设备必需提供的各种附属装置结构的图样。

安装详图表达的主要内容为：安装、固定设备所需的支架、吊架、挂架与平台，以及在实际操作中所需的操作平台、高位设备之间的栈桥、旋梯等。表达方式类似于机械制图和建筑制图。

3. 管口方位图

详细表达现场所需安装设备上各管口及支座、地脚螺栓周向安装方位的图样。其主要内容如下。

(1) 表示设备管口位置的管口方位简图。

(2) 指示设备安装方位的方向标。

(3) 详细说明与设备相连管道的代号、管径、材质、用途等情况的接管表。

4. 首页图

提供设备布置图所在界区的位置，以及与其他相关生产车间（装置）之间的相对位置与相互关系的图样。首页图主要用于大型联合生产企业，或用一张设备布置图图面难以表达清楚的生产装置，使阅图者能从整体上全面了解生产装置的概貌与现场布置情况，以及其中某一分厂、车间，或工段所在的具体位置。其主要内容如下。

(1) 生产装置所在厂房内外的大致情况与分区范围，包括建筑物、构筑物的总体尺寸、地面标高、定位轴线、主要建筑指标与方向标等。

（2）图面分区方式与界区范围、各分区的名称与代号。

（3）各公用工程，如加热蒸汽、冷却水、冷冻盐水、压缩空气的接管位置等。

（4）生产装置及各分区外接管道的位置。

（5）生产装置的外接管道一览表，用以详细说明外接管道的编号、名称、规格、标高和用途，以及管道的来源与去向等。

设备布置图的绘制，必须以设备装配图、工艺流程图和厂房的建筑结构图为依据，同时它又要为管道布置图和厂房的建筑结构图提供依据和参考。在实际的化工过程设计中，设备布置图的设计与绘制也同样分初步设计图与施工设计图。设备布置图的设计与绘制，不仅要考虑工艺与技术的因素，还需要考虑生产装置投资成本的经济因素，考虑工程施工与设备安装的工程因素，考虑日常工人操作与设备维修的人文因素，甚至还需要考虑原料、产品的贮存与运输的交通因素。因此，生产装置设备布置图的设计与绘制，尤其是对新建企业来讲，是至关重要的。

第二节 化工建筑图简介

设备布置图与建筑图之间存在着相互依赖的关系：设备布置图是绘制建筑图的前提，建筑图又是设备布置图定稿的依据。为了更好地绘制和阅读设备布置图，有必要先对图样中有关厂房建筑物、构筑物的图示方法与内容进行简单的介绍。

房屋建筑图与机械图一样，都是按正投影原理绘制的，由于建筑物的形状、大小、结构以及材料与机器存在着很大的差别，所以在表达方法上也就有所不同。在学习本节时，必须掌握房屋建筑图与机械图的区别，熟悉国家《建筑制图标准》的一些有关规定，掌握房屋建筑图的图示特点以及基本表达方法。

一、房屋建筑图的视图

（一）*房屋建筑图的视图*

1. 立面图

立面图是表达建筑物各个方向外形的视图（见图 9-1），其命名的方法如下。

（1）从正面观察房屋所得的视图，称为正立面图（或称南立面图）。

（2）从侧面观察房屋所得的视图，称为侧立面图（或称东立面图或西立面图）。

（3）从背面观察房屋所得的视图，称为背立面图（或称北立面图）。

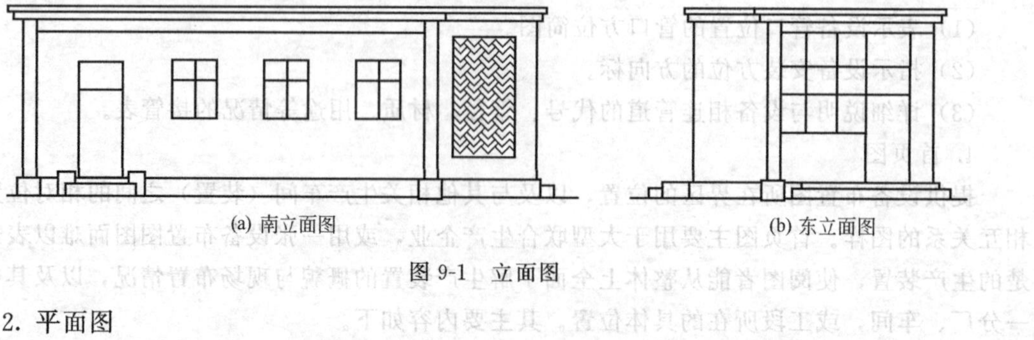

(a) 南立面图　　(b) 东立面图

图 9-1 立面图

2. 平面图

假想经过门窗沿水平方向把房屋剖开，移去上部，从上向下投影而得到的全剖视图，称为平面图。其命名方法如下。

(1) 沿底层切开的，称为底层平面图（见图 9-2），或以楼层标高为依据表示为：±0.00平面图。

(2) 沿第二层切开的，称为二层平面图，或以楼层标高为依据，表示为：+3.40 平面图。

(3) 依次有三层平面图、四层平面图等。

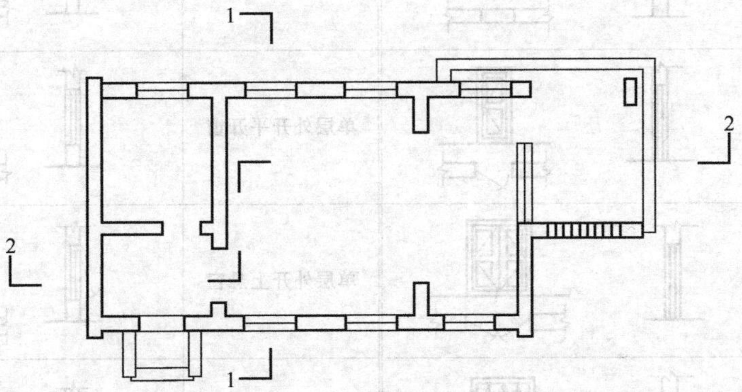

图 9-2 ±0.00 平面图

3. 剖面图

假想用正平面或侧平面沿垂直方向把房屋剖开（注意切面均应通过门和窗，如剖切平面不能同时剖开外墙上和内墙上的门或窗时，也可将剖切平面转折一次）将处于观察者和剖切平面之间的部分移去，其余部分向投影面投影所得的图形称为剖面图。

建筑图剖面图有横剖面图［见图 9-3(a)］和纵剖面图［见图 9-3(b)］之分。如何进行剖切，设计者可根据绘图的需要自行决定。

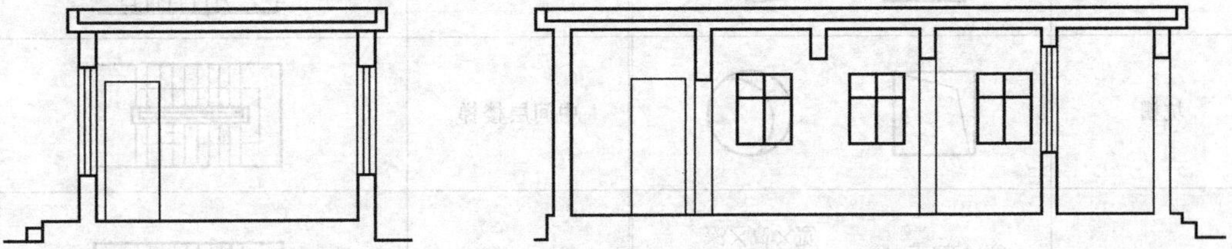

(a) 1—1剖面图 (b) 2—2剖面图

图 9-3 剖面图

(二) 房屋建筑图与机械图的图名对照

房屋建筑图与机械图的图名对照见表 9-1。

表 9-1 房屋建筑图与机械图的图名对照

房屋建筑图	正立面图	侧立面图	背立面图	平面图	剖视图
机 械 图	主视图	左(右)视图	后视图	俯视方向的全剖视图	剖面图

二、房屋建筑图的图例

由于建筑图大多采用缩小比例绘制的，有些内容不可能按实际情况画出，因此，常采用统一规定的图例来表达各种建筑配件和建筑材料，常用的建筑配件和建筑材料的图例见表9-2、表 9-3。

表 9-2 常用的建筑配件图例（HG 20519.3—2009）

名 称	图 例	名 称	图 例
空门洞	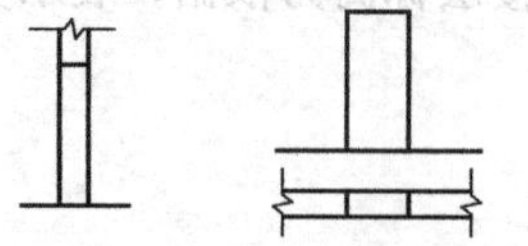	单层固定窗	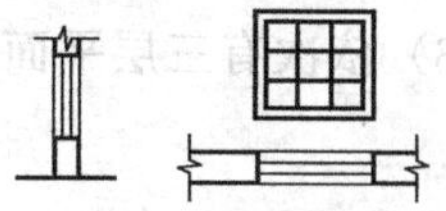
单扇门	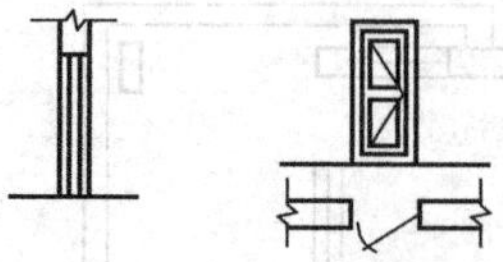	单层外开平开窗	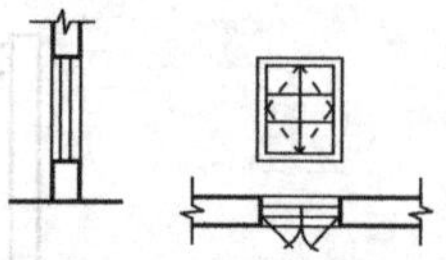
双扇门	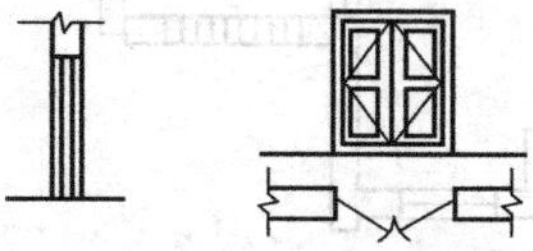	单层外开上悬窗	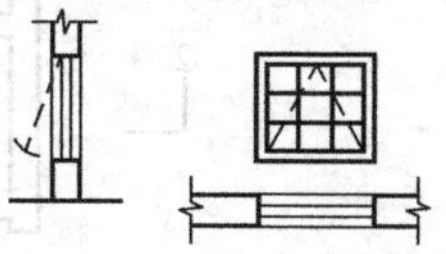
对开折叠门	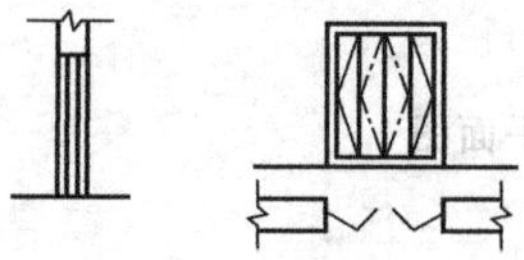	单层中悬窗	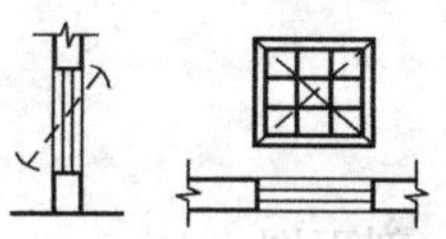
卷闸门	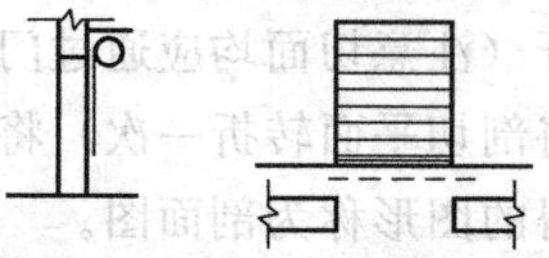	单层内开下悬窗	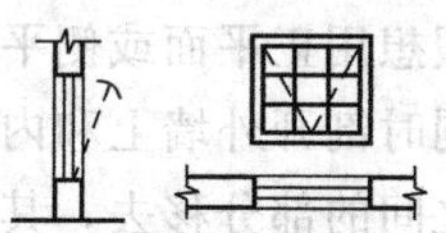
孔洞	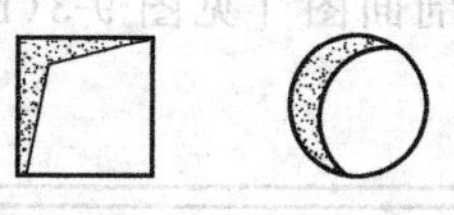	底层楼梯	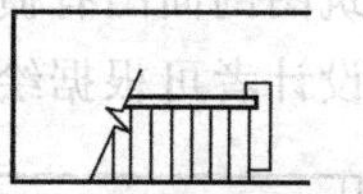
坑槽	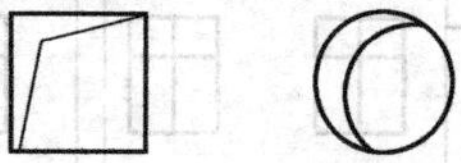	中间层楼梯	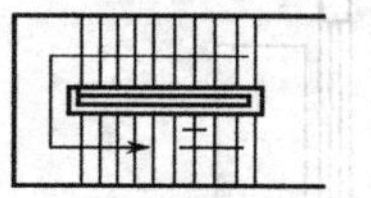
墙上预留洞或槽	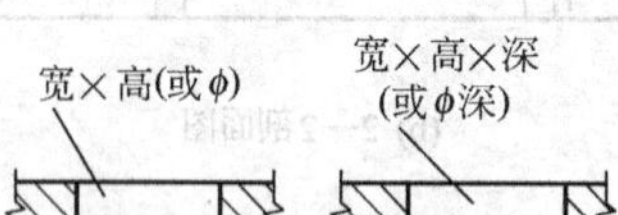	顶层楼梯	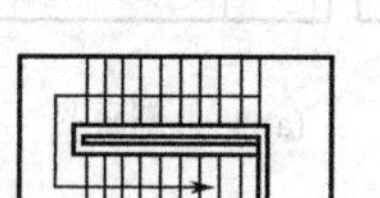
楼板及梁	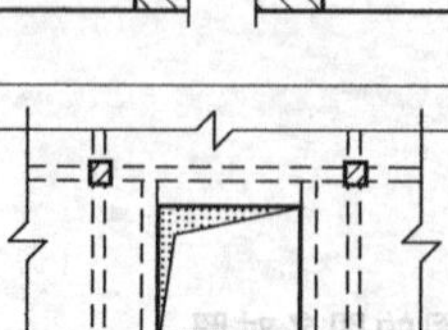	钢 梯	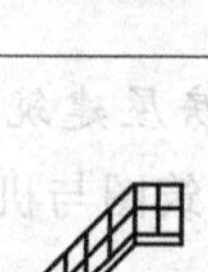
电动桥式吊车	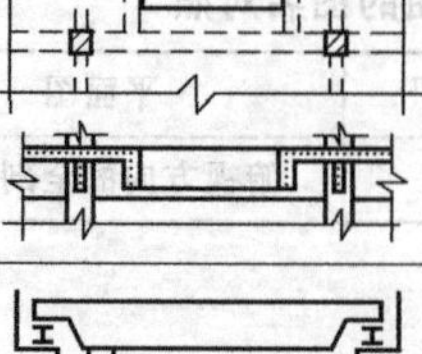	网纹板和篦子板	

表 9-3　常用的建筑材料图例

材料名称	图　例	材料名称	图　例	材料名称	图　例
自然土壤	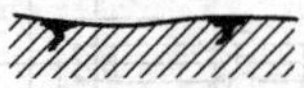	钢筋混凝土		多孔材料	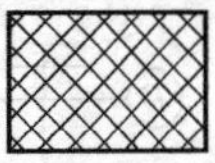
混凝土	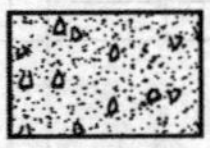	木材	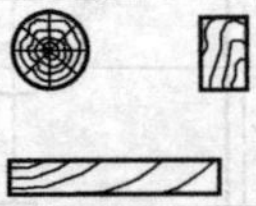	松散材料	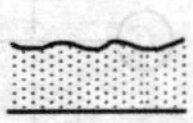
砖墙	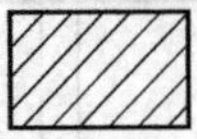	玻璃	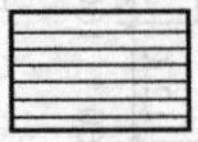	塑料	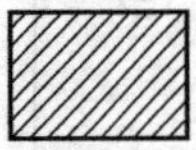
金属	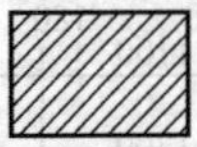	纤维材料	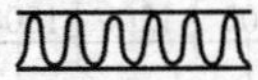	液体	

三、房屋建筑图的比例

房屋建筑图一般采用 1∶50、1∶100，大型贮罐或仓库等也采用 1∶200、1∶500，因此在建筑图中，对比例小于或等于 1∶50 的平面图、剖面图、砖墙的剖面符号可不画 45°斜线而在底图背面涂红表示，对比例小于或等于 1∶100 的平面图、剖面图，钢筋混凝土构件（如柱、梁、板等）不必画出剖面符号，而只需在底图上涂黑表示。

四、建筑图的定位轴线

把房屋的柱或承重墙的中心线用细点画线引出，在端点画一小圆圈，并按序编号称为定位轴线，可用来确定房屋主要承重构件的位置、房屋的柱距与跨度。在设备或管道布置图中则可用来确定设备与管道的位置。定位轴线的编号方法如下。

(1) 纵向定位轴线，水平方向自左至右采用阿拉伯数字 1、2、3 等进行编号。

(2) 横向定位轴线，垂直方向自下而上采用大写字母 A、B、C 等进行编号。

(3) 定位轴线编号中采用的小圆直径为 8mm，用细实线画出，如图 9-4 所示。

五、建筑图的尺寸标注

（一）尺寸线的画法

尺寸线上的起止点不画箭头，应画与尺寸线成 45°夹角（右上倾斜）的短线，标注方式如图 9-4 所示。

（二）平面图的尺寸标注

(1) 建筑图的平面图上，通常需沿长、宽两个方向分三层标注尺寸，如图 9-4 所示。

外层——房屋的总长和总宽，如图 9-4 中的总长“14320”，总宽“5200”（左）和“5400”（右）。

中层——开间（房间宽）或进深（房间长）的尺寸，如图 9-4 中的“3000”和“2960”。

里层——外墙上门、窗宽度及其定位尺寸，如图 9-4 中“1200”为窗宽的尺寸，而“900”即为窗边离墙中心线的定位尺寸。

(2) 建筑平面图上的所有尺寸单位均采用毫米。

(3) 立面图中的尺寸标注高度采用毫米，标高采用米为单位。

在立面图中应标注楼板、梁、屋面、门、窗等配件的高度，单位为毫米。同时，还应以标高形式标注楼板、梁、屋面、门、窗等配件的高度位置，单位为米，在图中同样不注明单

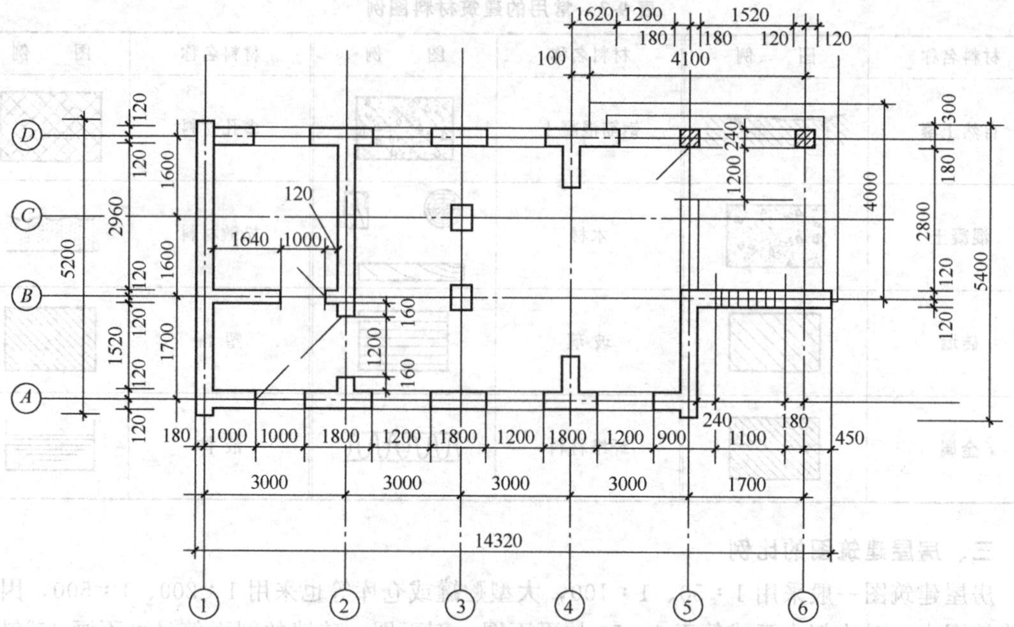

图 9-4 建筑平面图的尺寸标注与定位轴线

位。通常以底层室内地坪为零点标高。零点以上为正值，零点以下为负值，其标注形式如图 9-5 所示。

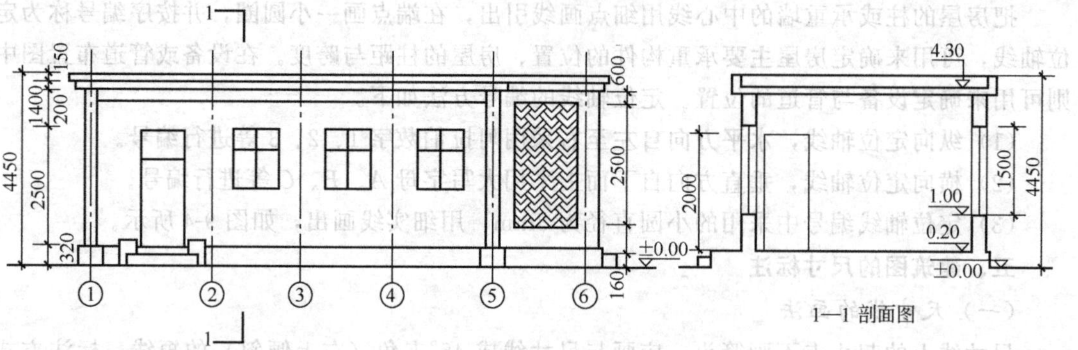

图 9-5 建筑立面图与剖面图的尺寸标注

(4) 剖面图中的尺寸标注

① 在建筑图的水平剖面图中，应标注与平面图相应的轴线及编号，尺寸标注与平面图要求相同，均采用毫米为单位。

② 在建筑图的垂直剖面图中，也需标注与平面图相应的轴线及编号，而尺寸标注与立面图要求相同，高度采用毫米为单位，标高采用米为单位，均不注单位。

(5) 建筑图中由于总体尺寸数值较大，精度要求不高，所以尺寸允许画成封闭尺寸链状，同时为方便施工，需标注必要的重复尺寸。

(6) 安装化工生产装置的厂房建筑物设计，需充分考虑安全生产的要求，这是与一般民用建筑物不同的地方。如果在生产过程中，涉及到闪点小于28℃，爆炸限小于10%的物料，必须按甲类建筑要求设计；如果涉及到闪点为28～60℃，爆炸限大于或等于10%的危险物料，则应按乙类建筑要求设计。建筑物的耐火等级（以楼板耐火时间为基准）：一级为

1.5h，二级为1h，三级为0.5h，四级为0.25h。

化工建筑物的厂房结构设计，一般可参照以下要求。

① 甲类单层厂房，一级防火，建筑面积小于或等于4000m²，二级防火，建筑面积小于或等于3000m²；多层厂房，一级防火，建筑面积小于或等于3000m²，二级防火，建筑面积小于或等于2000m²。

② 厂房跨度小于或等于18m时，跨度为3m的倍数；大于18m时，跨度为6m的倍数。

③ 厂房层高一般为0.3m的倍数，厂房内柱距一般为6m的倍数。

④ 建筑物的开间宽度一般可取3.3m或3.6m，进深一般可取5.4m、6.0m或7.2m。

⑤ 门窗洞口的尺寸，一般可取0.3m的倍数。

⑥ 多层厂房，一般应设2个楼梯间，最远工作点至楼梯间的水平距离：甲类建筑应小于或等于25m，乙类建筑小于或等于50m。楼梯宽度应不小于1.1m，楼梯坡度一般为30°(辅助楼梯可取45°)。

六、建筑图中的方向标

在建筑图的一层平面图中，在图面的右上方应绘制一个表示建筑物方向的方向标，通常采用的方向标有以下三种形式，如图9-6所示。

1. 指北针

图形如图9-6(a) 所示，圆圈为细实线，直径约为25mm，在圈内绘制指北针，其下端的宽度为直径的1/8左右。

2. 方位标

图形如图9-6(b) 所示，圆为粗实线，直径为14mm，通过圆心绘制长度为20mm且互相垂直的两条直线，用“北”字（或字母N）标明真实的地理北向，并从北向开始顺时针方向分别标注0°、90°、180°和270°等。同时，可另用一条带箭头的直线，指明建筑物的朝向。

3. 玫瑰方向标

在项目工程的总平面图中，常采用玫瑰方向标来标明该项目工程所在地域每年各方向的风发生的频率。玫瑰方向标的图形如图9-6(c) 所示。

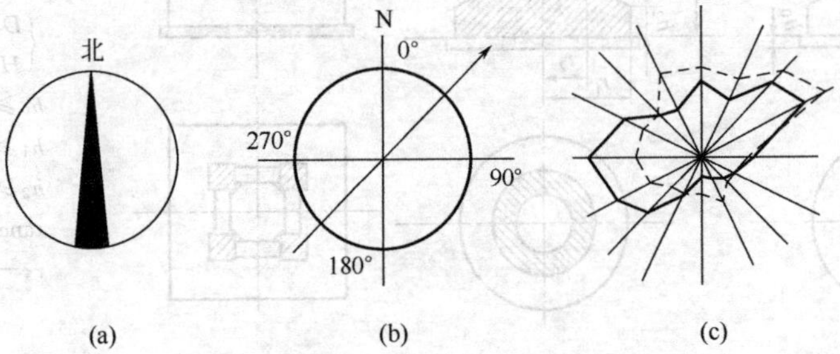

图9-6 建筑图中的方向标

七、设备基础图

主要的化工生产装置，一般都需要安装在用钢筋混凝土预制好的设备基础上，因此，常常需要为设备绘制单独的设备基础图。

(一) 机泵类设备基础

机泵类设备基础，一般为箱式长方体，或圆柱体形状，主要结构尺寸如图9-7所示。

（二）立式设备基础

1．悬挂式设备基础

设计有悬挂式支座的设备，如反应釜、换热器与立式贮槽等，一般均采用框架式建筑结构作为设备基础，框架式设备基础可以独立设计，也可以与多层建筑的楼板、梁柱等一起同时设计，如图 9-8 所示。相关尺寸可参考机泵类设备基础，但承重梁宽度一般不少于 300mm。

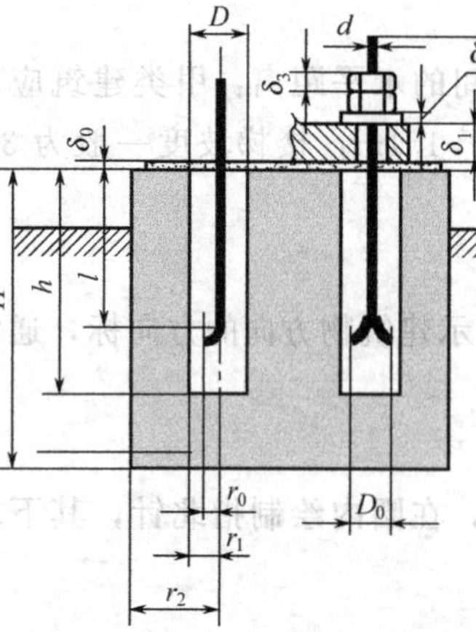

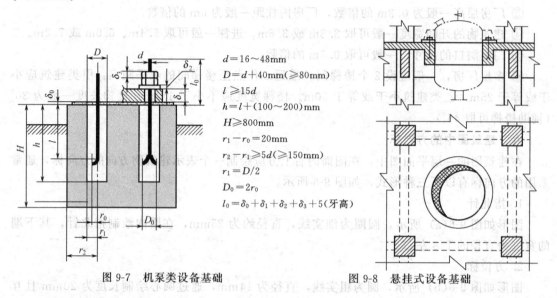

$d=16\sim48\text{mm}$

$D=d+40\text{mm}(\geqslant80\text{mm})$

$l\geqslant15d$

$h=l+(100\sim200)\text{mm}$

$H\geqslant800\text{mm}$

$r_1-r_0=20\text{mm}$

$r_2-r_1\geqslant5d(\geqslant150\text{mm})$

$r_1=D/2$

$D_0=2r_0$

$l_0=\delta_0+\delta_1+\delta_2+\delta_3+5$(牙高)

图 9-7　机泵类设备基础

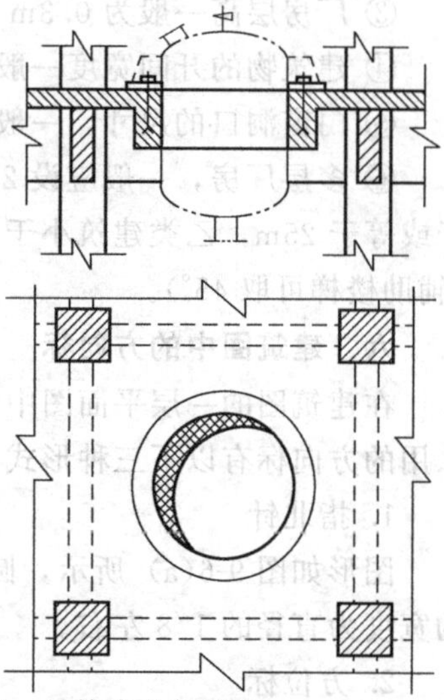

图 9-8　悬挂式设备基础

2．落地式设备基础

常见的落地式设备基础有圆柱式、圆筒式和框架式三种，如图 9-9 所示。

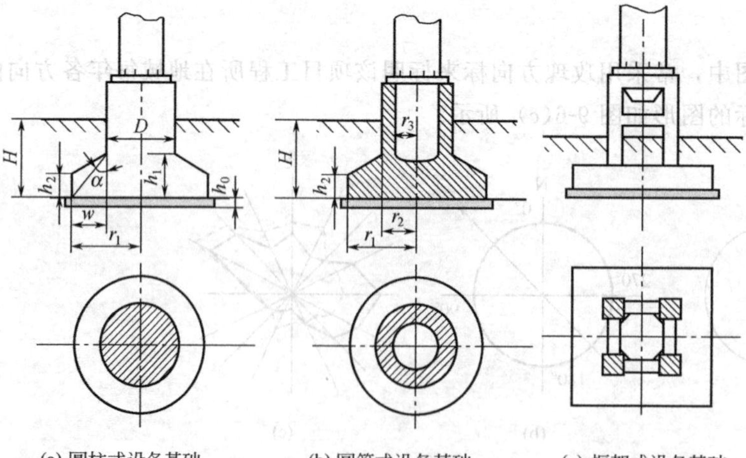

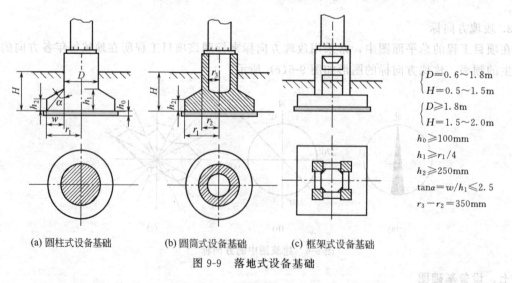

$\begin{cases}D=0.6\sim1.8\text{m}\\H=0.5\sim1.5\text{m}\end{cases}$

$\begin{cases}D\geqslant1.8\text{m}\\H=1.5\sim2.0\text{m}\end{cases}$

$h_0\geqslant100\text{mm}$

$h_1\geqslant r_1/4$

$h_2\geqslant250\text{mm}$

$\tan\alpha=w/h_1\leqslant2.5$

$r_3-r_2=350\text{mm}$

(a) 圆柱式设备基础　　(b) 圆筒式设备基础　　(c) 框架式设备基础

图 9-9　落地式设备基础

落地式设备基础的主要结构尺寸，可参见图 9-9 中所列的数据。地脚螺栓的结构与预埋尺寸如图 9-10 所示。

3．卧式设备基础

常见的卧式设备基础（见图 9-11）有阶梯式和框架式两种。

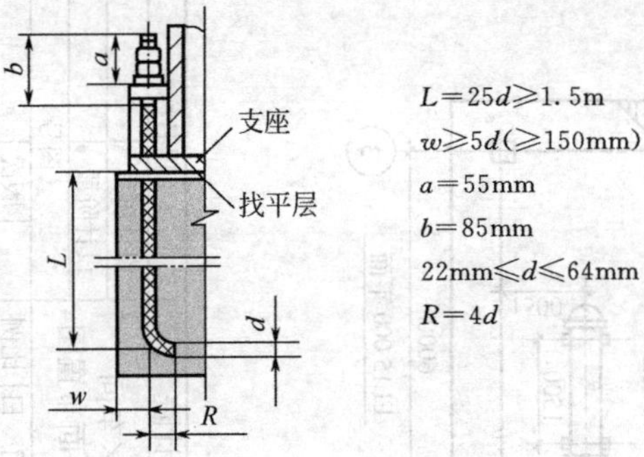

图 9-10　立式设备地脚螺栓的结构与预埋尺寸

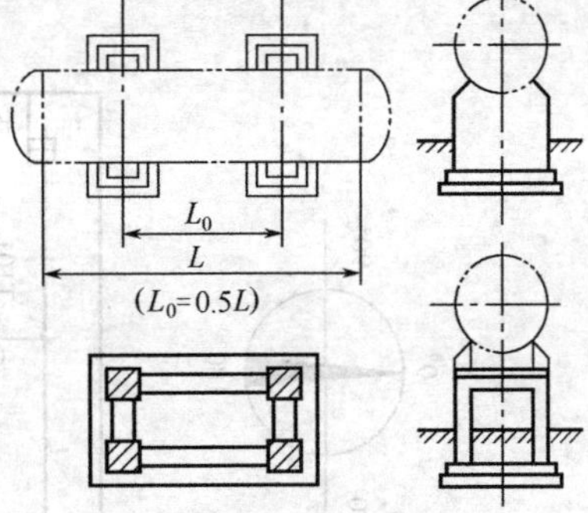

图 9-11　卧式设备基础

第三节　设备布置图

一、设备布置图的内容

设备布置图是设备布置设计中的主要图样，是按正投影原理绘制的，在项目工程的初步设计阶段和施工图阶段都要进行绘制。图 9-12 所示即为一张比较简明的设备布置图样，它通常包括如下几个方面的内容。

(1) 一组视图　表示厂房建筑的基本结构和设备在厂房内外的布置情况。

(2) 尺寸及文字标注　在图形中注写与设备布置有关的尺寸和建筑轴线的编号、设备的位号、名称等。

(3) 安装方位标　指示设备安装方位基准的图标。

(4) 设备一览表　列表填写设备位号、名称、规格型号、图号或标准号、数量等。

(5) 标题栏　注写图名、图号、比例、设计阶段与设计单位等。

二、设备布置图的视图

(一) 比例与图幅

1. 比例

绘图比例通常采用 1∶100，根据设备的疏密情况，也可采用 1∶50 或 1∶200，但对于大的装置需分段绘制设备布置图时，必须采用同一比例，比例大小均应在标题栏中注明。

2. 图幅

一般采用 A1 图幅，不宜加长加宽，特殊情况也可采用其他图幅。一组图形尽可能绘于同一张图纸上，也可分开绘在几张图纸上，但要求采用相同的幅面，以求整齐，利于装订及保存。

(二) 尺寸单位

设备布置图中标注的标高、坐标均以米为单位，且需精确到小数点后三位，至毫米为止。其余尺寸一律以毫米为单位，只注数字，不注单位。若采用其他单位标注尺寸时，应注明单位。表示方法宜用“EL—×.×××”、“EL±0.000”表示。

(三) 图名

标题栏中的图名，一般应分为两行，上行写“××××设备布置图”，下行写“EL×××.×××平面”或“×—×剖视”等。

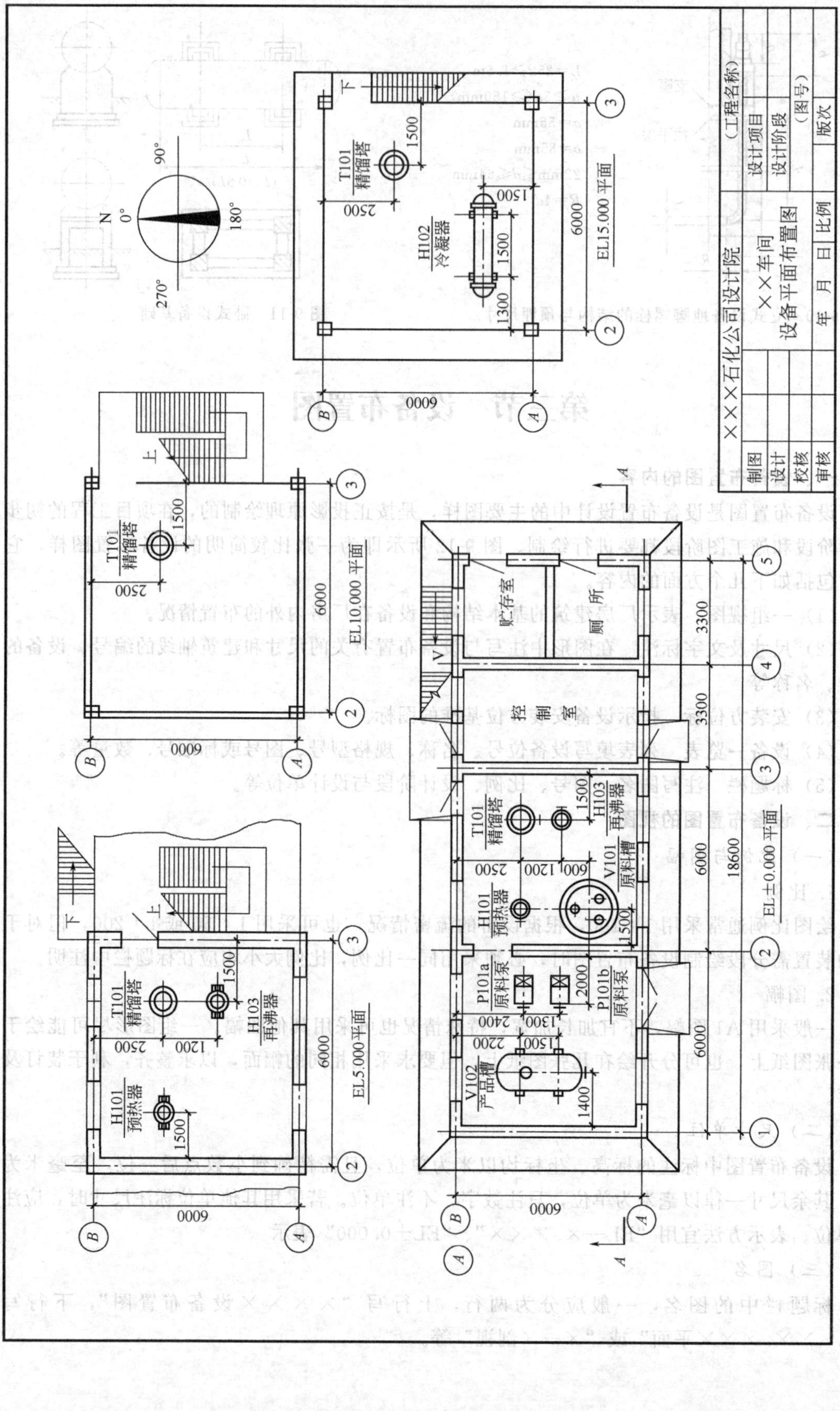

图 9-12 设备平面布置图

（四）编号

每张设备布置图均应单独编号。同一主项的设备布置图不得采用一个号，应加上“第×张　共×张”的编号方法。

（五）图面安排与视图要求

设备布置图中视图的表达内容主要是两部分，一是建筑物及其构件，二是设备。一般要求如下。

(1) 设备布置图绘制平面图和剖视图，剖视图中应有一张表示装置整体的剖视图。对于较复杂的装置或有多层建筑、构筑物的装置，仅用平面图表达不清楚时，可加绘剖视或局部剖视，如图 9-13 所示。剖视图的代号按 HG 20519.3—2009 的规定采用“*A*—*A*”、“*B*—*B*”等大写英文字母或“Ⅰ—Ⅰ”、“Ⅱ—Ⅱ”、“Ⅲ—Ⅲ”…数字形式表示。

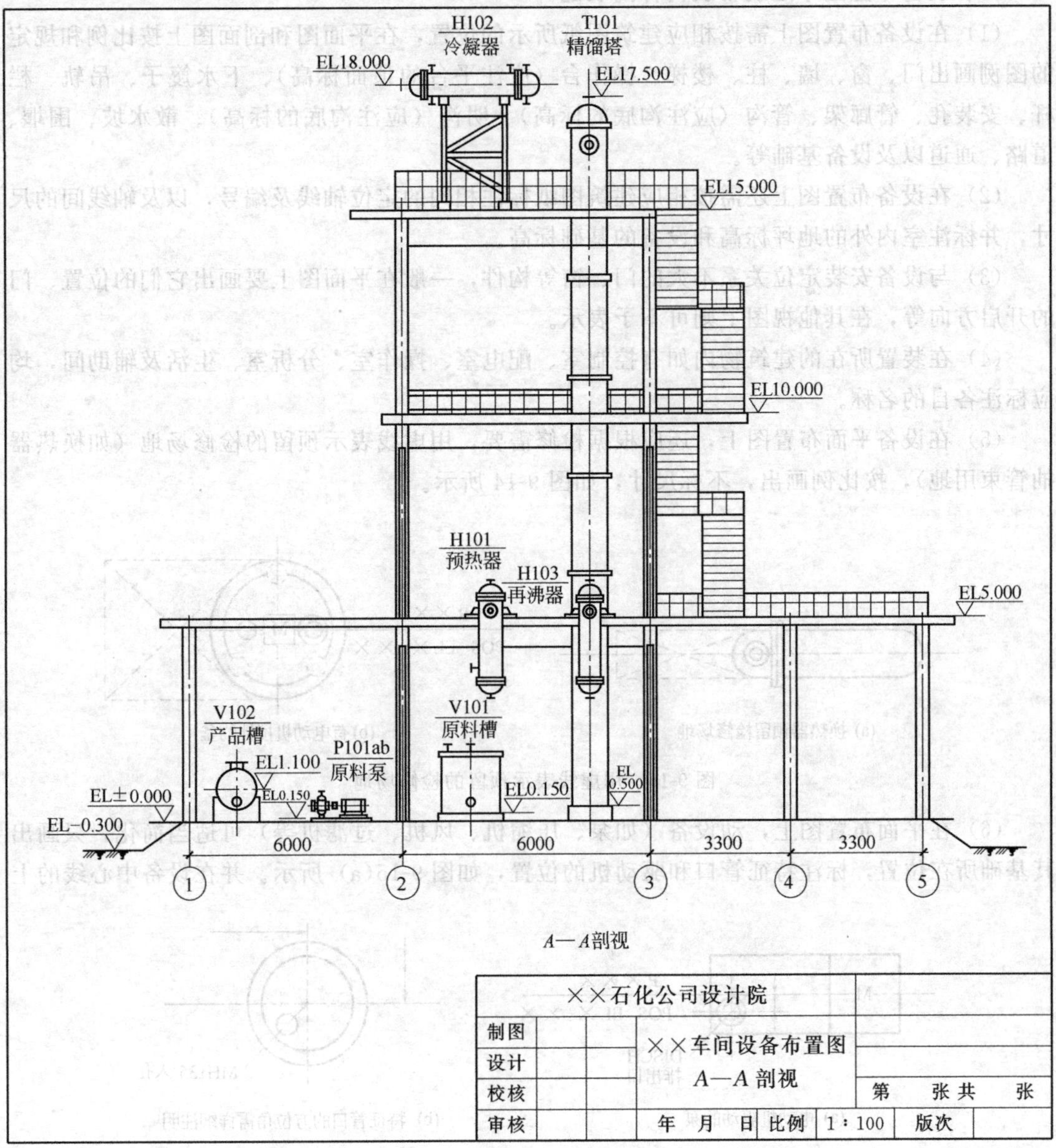

图 9-13　设备立面布置图

（2）对于有多层建筑、构筑物的装置，应依次分层绘制各层的设备平面布置图，各层平面图均是以上一层的楼板底面水平剖切所得的俯视图。如在同一张图纸上绘制若干层平面图时，应从最低层平面开始，由下至上或由左至右按层次顺序排列，并应在相应图形下标注“EL×××.×××平面”等字样。

（3）一般情况下，每层只需画一张平面图。当有局部操作平台时，主平面图可只画操作平台以下的设备，而操作平台和在操作平台上面的设备应另画局部平面图。如果操作平台下面的设备很少，在不影响图面清晰的情况下，也可两者重叠绘制，将操作平台下面的设备画为虚线。

（4）当一台设备穿越多层建筑物、构筑物时，在每层平面图上均需画出设备的平面位置，并标注设备位号。

三、设备布置图中建筑物及构件的表达

（1）在设备布置图上需按相应建筑图纸所示的位置，在平面图和剖面图上按比例和规定的图例画出门、窗、墙、柱、楼梯、操作台（应注平台的顶面标高）、下水篾子、吊轨、栏杆、安装孔、管廊架、管沟（应注沟底的标高）、明沟（应注沟底的标高）、散水坡、围堰、道路、通道以及设备基础等。

（2）在设备布置图上还需按相应建筑图纸标注相同的定位轴线及编号，以及轴线间的尺寸，并标注室内外的地坪标高和设备的基础标高。

（3）与设备安装定位关系不大的门、窗等构件，一般在平面图上要画出它们的位置、门的开启方向等，在其他视图上则可不予表示。

（4）在装置所在的建筑物内如有控制室、配电室、操作室、分析室、生活及辅助间，均应标注各自的名称。

（5）在设备平面布置图上，还应根据检修需要，用虚线表示预留的检修场地（如换热器抽管束用地），按比例画出，不标尺寸，如图 9-14 所示。

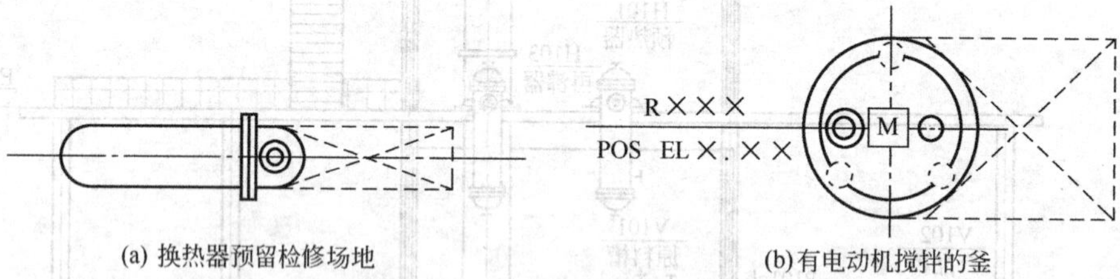

(a) 换热器预留检修场地 (b)有电动机搅拌的釜

图 9-14 用虚线表示预留的检修场地

（6）在平面布置图上，动设备（如泵、压缩机、风机、过滤机等）可适当简化，只画出其基础所在位置，标注特征管口和驱动机的位置，如图 9-15(a) 所示。并在设备中心线的上

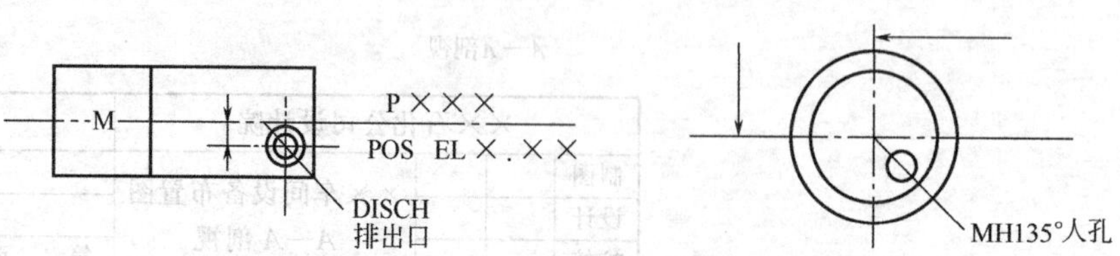

(a) 电动机驱动的泵 (b) 特征管口的方位角需详细注明

图 9-15 简化表示方法

方标注设备位号，下方标注支撑点的标高“POS EL× ×××”或主轴中心线的标高“EL××××”。

四、设备布置图中设备的图示

（1）定型设备　一般用粗实线按比例画出其外形轮廓，被遮盖的设备轮廓一般不予画出。当同一位号的设备多于3台时，在平面图上可以表示首尾两台设备的外形，中间的仅画基础，或用双点画线的方框表示。

（2）非定型设备　一般可采用简化画法画出其外形，包括操作台、梯子和支架（应注出支架图号）。无管口方位图的设备，应画出其特征管口（如人孔、手孔、主要接管等），详细注明其相应的方位角，如图9-15(b)所示。卧式设备则应画出其特征管口或标注固定端支座。

（3）设备布置图中的图例，均应符合HG 20519.3—2009的规定。无图例的设备可按实际外形简略画出。

（4）当设备穿过楼板被剖切时，在相应的平面图中设备的剖视图可按图9-16表示，图中楼板孔洞不必画阴影部分。在剖视图中设备的钢筋混凝土基础与设备的外形轮廓组合在一起时，可将其与设备一起画成粗实线。位于室外而又与厂房不连接的设备和支架、平台等，一般只需在底层平面图上予以表示。

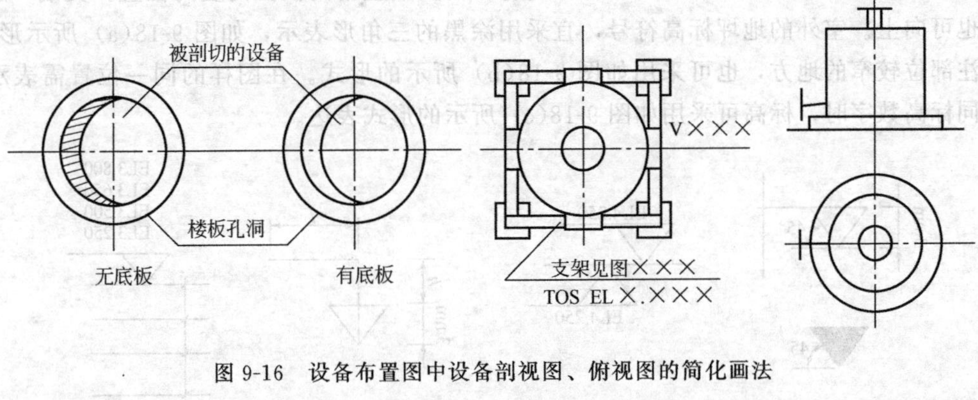

图9-16　设备布置图中设备剖视图、俯视图的简化画法

（5）剖面图中如沿剖视方向有几排设备，为使设备表示清楚可按需要不画后排设备。图样绘有两个以上剖面时，设备在各剖面图上一般只应出现一次，无特殊必要不予重复画出。

（6）预留位置或第二期工程安装的设备，可在图中用细双点画线绘制。

五、设备布置图的尺寸标注

在设备布置图中应标注与设备布置和定位有关的建筑物与构筑物尺寸、设备尺寸，建筑物和构筑物与设备之间、设备与设备之间的定位尺寸，设备的位号与名称，建筑物的定位轴线与编号，以及必要的文字说明等。具体要求如下。

（一）建筑物、构筑物的尺寸标注

1. 标注内容

（1）厂房建筑物的总长度与宽度尺寸，如图9-12中“6000”与“18600”等。

（2）墙、柱定位轴线的编号及间距尺寸，如图9-12中的“Ⓐ”、“Ⓑ”及“①”、“②”等。

（3）为设备安装预留的孔、洞、沟、坑的定位尺寸，如图9-12中的“1500”与“2500”等。

（4）地面、楼板、平台、屋面的主要高度，以及其他与设备安装有关的建筑物、构筑物的高度尺寸，如图 9-13 中的“－0.30”、“10.00”、“15.00”及“0.15”、“0.50”等。

2. 标注方法

（1）厂房建筑物、构筑物的尺寸标注与建筑制图的要求相同，应以相应的定位轴线为基准，平面尺寸以毫米为单位，高度尺寸以米为单位，用标高表示，图中不必注明。

（2）一般采用建筑物的定位轴线和设备中心线的延长线作为尺寸界线。

（3）尺寸线的起止点不采用箭头而采用 45°的倾斜短线表示，在尺寸链最外侧的尺寸线需延长至相应尺寸界线外 3～5mm，如图 9-17 所示。

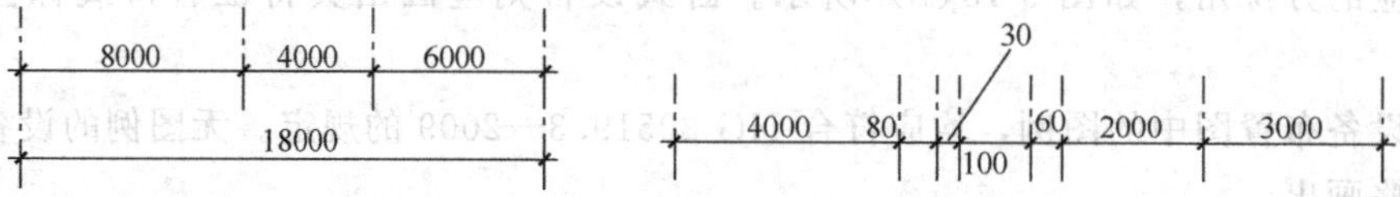

图 9-17 建筑物的尺寸标注

（4）尺寸数字一般应尽量标注在尺寸线上方的中间位置，当尺寸界线之间的距离较窄，无法在相应位置注写数字时，可将数字标注在相应尺寸界线的外侧，尺寸线的下方或采用引出方式标注在附近适当位置，如图 9-17 所示。

（5）标高符号一般以细实线绘制，标高符号的尖端应指向被注高度的位置，尖端一般向下，也可向上。室外的地坪标高符号，宜采用涂黑的三角形表示，如图 9-18(a) 所示形式。对标注部位较窄的地方，也可采用如图 9-18(b) 所示的形式。在图样的同一位置需表示几个不同标高数字时，标高可采用如图 9-18(c) 所示的形式表达。

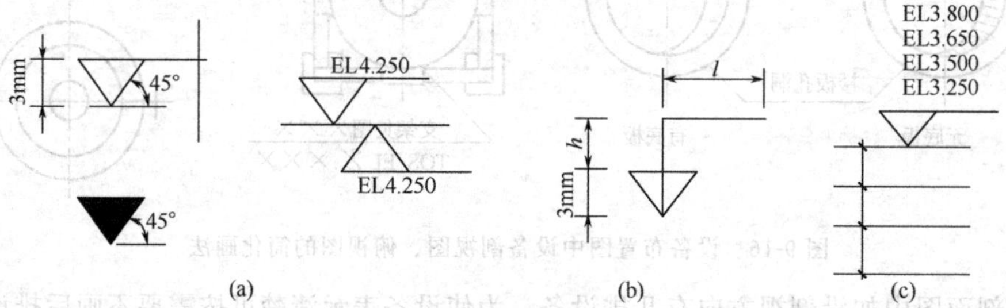

图 9-18 标高的标注

（6）标高数字应以米为单位，注写到小数点后面第三位。零点标高应注写成±EL0.000，正数标高不注“＋”，负数标高需注“－”，如图 9-13 中的“EL10.000”、“EL0.150”、“EL0.500”和“EL－0.300”等。

（7）相互有关的尺寸与标高，宜尽可能不注在同一水平线和垂直线上。

（二）设备的尺寸标注

1. 标注内容

（1）设备的主要外形尺寸，如直径、总长与总高。

（2）设备中心轴线所在的平面与立面位置，以及支撑点的标高位置。

（3）主要外接管口的坐标位置。

2. 标注方法

（1）设备布置图一般不标注设备的定形尺寸，只注设备之间或设备与厂房建筑物之间的安装定位尺寸。

(2) 平面布置图的尺寸标注。在设备平面布置图上的定位尺寸应以设备和建筑物的定位轴线为基准进行标注（也可采用坐标系标注定位尺寸）。设备的定位尺寸一般应选择离设备最近的建筑物定位轴线作为定位基准线。当某一设备已选择建筑物定位轴线作为基准标注定位尺寸后，其他邻近的设备则可依次以该设备已定位的中心轴线为基准来标注定位尺寸。如图 9-12“EL±0.000”平面图中的原料槽（V101）和再沸器（H103），就是以精馏塔（T101）的中心线为基准来标注定位尺寸的。设备自身的定位基准线选择以下位置。

① 立式反应器、塔、槽、罐和换热器，以设备的中心轴线为基准。

② 卧式容器和换热器，以设备和管口（如人孔、管程接口管）的中心轴线为基准。

③ 离心泵、压缩机、鼓风机、蒸汽透平机、离心机等，以设备中心轴线和出口管中心轴线为基准。

④ 往复泵、活塞式压缩机以缸的中心轴线、曲轴和电动机传动轴的中心轴线为基准。

⑤ 板式换热器、板框过滤机，可以其中心轴线和某一出口管法兰的密封面为基准。

⑥ 直接与设备相连的附属设备，如再沸器、喷射器、回流冷凝器、螺旋送料器、旋风分离器等，应以与其相连的主要设备的中心轴线为基准予以标注。

(3) 立面布置图（剖面图）的尺寸标注。设备立面布置图（剖面图）的尺寸标注，一般以中心轴线、支撑点和底座底面为基准，均以标高标注。设备中心轴线的标高采用“EL ×.×××”表示，支撑点（底座底面）的标高采用“POS EL×.×××”表示，管廊、管架与塔设备，标注架顶（塔顶）的标高采用“TOS EL×.×××”表示，如图 9-14～图 9-16 所示。设备标高的标注基准应选择以下位置。

① 卧式容器和换热器，以及其他类似的槽与罐，以设备中心线标注标高。

② 立式反应器、塔、槽、罐和换热器，以设备的支撑点为基准标注标高。

③ 离心泵、压缩机、鼓风机、蒸汽透平机、离心机等，以设备中心轴线和（或）底盘底面（即基础顶面）标注标高。

④ 在剖面图上应标注设备在高度方向定位的标高尺寸。一般以地坪或楼面为基准，注出设备的基础面或设备的中心线（卧式设备、机泵等）的标高来确定设备在高度方向的位置。对于立式设备一般注出设备的上法兰面（盖）或上封头焊接线的标高及位置，必要时也可标注设备的支架、吊架、主要管口中心线、设备最高点（塔器）等的标高。

六、设备布置图的安装方位标

设备布置图应在图纸的右上方绘制一个表示设备安装方位的基准的符号——安装方位标（即指北针），符号画法如图 9-12 所示。图中圆的直径为 24mm，用细实线画出，指针尾部的宽度宜为 3mm，指北针的头部应标注“北”或“N”字样。采用较大直径绘制指北针时，指针尾部的宽度宜为相应圆直径的 1/8。安装方位标一般用北向或接近北向的建筑轴线为零度方位基准（即建筑北向）。该方位一经确定，设计项目中所有需表示方位的图样，如设备布置图、管口方位图、管段图等，均应采用统一的方位标和基准方位。

七、设备一览表

设备图可将设备位号、名称、规格及设备图号（标准号）等在图纸上列表注明。也可不在图上列表而在设计文件中附设备一览表，将车间所属设备分类编制表格，如非定型设备表、泵类设备表、压缩机、鼓风机类设备表、机电设备表等，以便订货、施工之用。

八、设备布置图的绘制

设备布置图的绘制是以化工设备图、工艺流程图、厂房建筑图和设备条件图等图纸资料作为依据的，同时还必须考虑安装、操作、维修和安全等诸方面的因素，因此，绘图前首先应详细了解化工工艺过程的特点与技术要求、设备的种类和数量、设备的工艺特性和主要尺寸、设备安装的各种要求（包括位置高低、操作、设备维修、安全和采暖通风等）、厂房建筑的基本结构数据等基本情况之后，才能着手进行设备布置图的图面设计和绘制工作。

（一）绘图前的准备

1. 阅读相关图纸和资料

绘图前必须掌握的基本数据包括厂房的大小、层次高低、预留孔及基础的位置和尺寸，厂房内的设备名称、位号、数量及大小尺寸和这些设备与厂房的相对位置尺寸，以及操作温度、压力、位差等主要的工艺技术参数。同时还必须了解工艺技术要求和物料特性等方面的基本资料，才能着手进行设备布置图图面的合理设计。

2. 设备布置图的初步设计

设备布置图的合理设计，不仅要充分考虑工艺流程的可行性，而且还需要充分考虑生产操作的安全性和可靠性、项目投资的经济性、设备安装与维修的方便性，以及人文环境的舒适性等诸方面因素。因此，设备布置图的初步设计需要满足以下要求。

（1）生产工艺要求　厂房内的设备布置应考虑按工艺流程的顺序和分区布置相结合的要求，即在考虑按工艺流程的顺序排列设备的同时，同一操作岗位或工段（工序）所属的设备应尽量集中安装在同一区域内。设备平面位置的设计除应符合生产的工艺流程和工艺条件外，还应根据实际地形和厂房建筑的结构特点，因地制宜地合理布置。同时，设备安装的标高设计，必须充分满足工艺流程对设备的位差要求。

（2）技术经济要求　设备布置图的设计是否合理，不仅需要考虑生产工艺上的可行性，更需要考虑项目投资的经济性。

① 对于塔器、反应器、热交换器和压缩机、离心机、过滤机等装置，应以流程顺序为主，这样可减少管线长度与相应配件数量，减少热损失。

② 对于公用锅炉、制冷机械、空气压缩机和给排水系统，应选择适宜的中心位置，使输送管线的长度尽可能短，以减少设备安装投资，减少热损失。

③ 贮罐与机、泵类设备，可考虑分区集中布置，以便于操作、维修和管理，减少相关费用。对于减压和有压差的设备，应尽可能利用现有的位差布置，以节省动力消耗。

各类设备应尽量露天布置，以尽可能紧缩厂房建筑，加快施工速度，减少投资费用。

（3）安全生产要求　化工生产过程中易燃、易爆、有毒、腐蚀的物料较多，设备布置必须充分保证设备之间有足够的安全距离，并尽量将加热炉、明火设备、产生有毒气体和有刺激性气味气体的设备布置在下风处，沉重和有振动的设备，应尽可能布置在厂房的底层。

（4）操作、安装与维修的要求　设备布置应考虑尽可能为工人的操作、安装与维修提供方便，如在装置所属的界区内应考虑留有足够面积的操作、检修用的通道和摆放设备零部件的场地；塔和立式设备的人孔、手孔应尽可能正对空旷场地或检修通道，而卧式设备的人孔则应布置在一条线上；反应釜的加料口、就地安装的读数仪表，应尽可能朝向同一操作通道，以便于日常操作与读数。

（5）操作人员的健康保健与环境要求　允许露天布置的设备应尽可能布置在室外，装置安装的界区内和设备之间，应留有足够畅通的人行道和物品的运输通道，设备布置应尽可能避免妨碍门、窗的开启和通风、采光采暖，以及安全、健康保健与环境等方面的要求，并尽可能避免妨碍操作工人的视线等。

同时，设备布置还应适当留有一些设备安装的余地，以备今后的扩建与发展。

设备布置需考虑的问题是多方面的，应按具体情况，参考相关规定和文件资料，在充分听取工艺技术人员、建筑、电气仪表自动化和其他各方面工程技术人员和管理人员的意见后再开始设备布置图的初步设计。

（二）不同设计阶段的设备布置图

在项目设计的各个阶段，都需要绘制设备布置图，以便提供给有关部门讨论审查或作为进一步设计的依据。在施工图阶段绘制的设备布置图，不仅是项目施工设备安装就位的依据，同时也是设计部门各专业工程技术人员作为设计条件的交流和联系的载体。在不同的设计阶段绘制的设备布置图表达的深度是不同的，因此，表达的要求也不一样。

(1) 初步设计阶段设备布置图的基本要求　只绘制设备的平面布置图表达界区内设备布置的大致情况，而设备的管口方位因尚未最后确定一般不予画出。厂房建筑一般也只表示出对基本结构的大致要求，而其他要求，如设备安装孔洞、操作平台、基础等，则可不画，或简要表示。

(2) 施工图阶段设备布置图的基本施工图要求　需采用一组平面、立面剖视图来详细表达设备确定的安装位置，以及主要的设备管口位置与安装方向。厂房建筑除要求表达建筑物、构筑物的基本结构外，还需详细表达与设备安装定位有关的设备基础、操作平台、需预留的孔、洞、坑、沟等与设备安装相关的细部结构。同时还应给出安装方位标、设备一览表和设备安装详图等。

（三）设备布置图的绘制

化工设备布置图的绘制，一般情况下可按照平面布置图→立面布置图（剖视图）→设备安装详图→设备一览表的顺序进行。当项目的主项设计界区范围较大，或工艺流程太长、设备较多时，往往需要分区绘制设备布置图，以便更详细、清楚地表达界区内设备的布置情况。同时还要绘制界区内的分区索引图，以表达各分区之间的联系，提供界区范围的总体概念和直观的阅图索引。化工设备布置图的绘图步骤如下。

(1) 设备布置图的草图设计。根据相关资料收集的基本数据，设计一张非正式的、可表达界区内设备布置大致情况的平面布置草图，经审核无误后，即可开始绘制正式图纸。

(2) 根据草图确定所需的视图配置。

(3) 选用适当的幅面及比例。

(4) 确定分区方案，绘制分区索引图。

(5) 根据分区顺序依次绘制各区设备布置图。

(6) 绘制正式的平面布置图。

① 确定图纸上各层平面图的相对位置。

② 用点画线从底层平面图开始，依次绘制各层平面图的定位轴线。

③ 用细实线依次绘制各层平面与设备安装布置有关的厂房建筑的基本结构。

④ 用点画线依次画出各层平面设备、机泵的中心轴线。

⑤ 用细实线绘制底层平面的设备、支架、基础，以及相关附属装置的外形轮廓。

⑥ 用细实线绘制底层平面的操作平台、需预留的孔、洞、坑、沟等与设备安装相关的细部结构。

⑦ 参照底层平面图，用细实线依次绘制各层平面的设备、支架、基础，以及相关附属装置的外形轮廓，以及相关的操作平台、需预留的孔、洞、坑、沟等细部结构。

⑧ 标注尺寸，以及各定位轴线的编号和设备位号与名称，绘制方位标。

⑨ 布置设备一览表，注写相关说明，填写标题栏。

(7) 绘制立面布置图（剖面图）。设备立面布置图的绘制步骤与平面布置图大致相同，不同剖面图可依次绘制。

(8) 绘制设备安装详图。

(9) 检查、校核，最后完成图样。

（四）分区索引图的绘制

若设备平面布置图按所选定的比例无法在一张图纸上完成界区内所有装置的图面绘制时，就需要将界区分区进行布置设计。为了了解界区内的分区情况，方便查找阅图，还应绘制分区索引图。分区索引图可在设备布置图的基础上进行绘制，即将设备布置图复制成两张，然后利用其中一张作为分区依据，一般可以定位轴线或生产车间（工段）来分区，加画分区界线，标注界线的坐标和分区的编号即可，如图 9-19 所示（区内设备图已省略）。

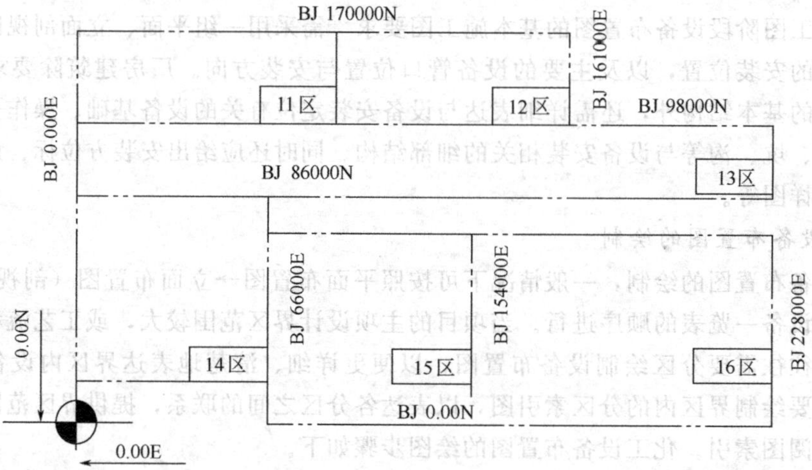

图 9-19 分区索引图（一）

1. 分区原则

(1) 以小区为基本单位，将装置划分为若干小区。确定小区的范围时，应注意在确定的绘图比例情况下必须使小区范围内的装置能完全绘制在一张图纸上为原则。

(2) 小区总数不得超过 90 个。

(3) 可采用大区与小区相结合的分区方式绘制索引图。

2. 分区方法

化工项目设计界区的分区索引图，通常有两种表达方式。

(1) 简单表达方式　采用粗双点画线（约 1.2b）表示分区界线，在各分区的中心位置用标注有各分区编号的粗实线矩形方框表示不同分区，使之醒目。在界区线的左下角设置一坐标原点，坐标原点由用细实线绘制的小圆圈和如图 9-19 所示的图形符号构成。小圆直径 8mm，并用带箭头的细实线注明原点的北向（N 向）和东向（E 向）零点位置。各分区的界线坐标，则均以该原点为基准标注所在的坐标位置。

标注方法如下。“BJ 170000N”（其中 BJ 表示边界，N 表示北向）表示从坐标原点开始，向北 170000mm 即该分区界线的所在位置；“BJ 161000E”则表示从坐标原点开始，向东 161000mm 即该分区界线的所在位置。此类首页图可直接绘制在底层平面图所在图纸上。分区较多时，也可单独绘制。

(2) 详细表达方式　详细表达的首页图还兼顾与外管连接的情况，并需表示出界区内厂房建筑物和其他构筑物平面布置的大致情况，列出建筑物的主要指标，以及分区范围和方位标，如图 9-20 所示。

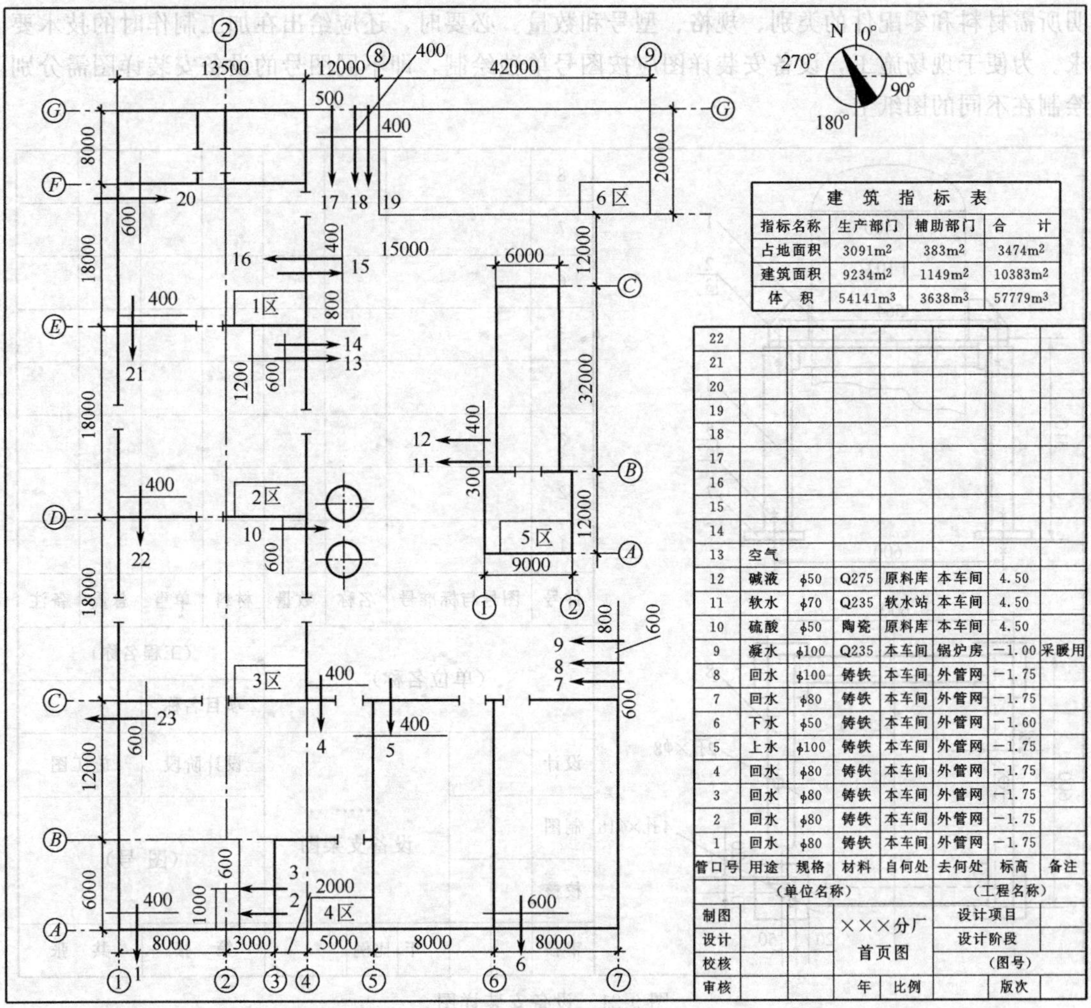

指标名称	生产部门	辅助部门	合　计
占地面积	3091m²	383m²	3474m²
建筑面积	9234m²	1149m²	10383m²
体　积	54141m³	3638m³	57779m³

管口号	用途	规格	材料	自何处	去何处	标高	备注
22							
21							
20							
19							
18							
17							
16							
15							
14							
13	空气						
12	碱液	ϕ50	Q275	原料库	本车间	4.50	
11	软水	ϕ70	Q235	软水站	本车间	4.50	
10	硫酸	ϕ50	陶瓷	原料库	本车间	4.50	
9	凝水	ϕ100	Q235	本车间	锅炉房	−1.00	采暖用
8	回水	ϕ100	铸铁	本车间	外管网	−1.75	
7	回水	ϕ80	铸铁	本车间	外管网	−1.75	
6	下水	ϕ50	铸铁	本车间	外管网	−1.60	
5	上水	ϕ100	铸铁	本车间	外管网	−1.75	
4	回水	ϕ80	铸铁	本车间	外管网	−1.75	
3	回水	ϕ80	铸铁	本车间	外管网	−1.75	
2	回水	ϕ80	铸铁	本车间	外管网	−1.75	
1	回水	ϕ80	铸铁	本车间	外管网	−1.75	

(单位名称)				(工程名称)	
制图		×××分厂 首页图		设计项目	
设计				设计阶段	
校核				(图号)	
审核		年	比例		版次

图 9-20　分区索引图（二）

标准分区方式见 HG/T 20519.3—2009。

3. 分区的编号与所在位置的表示

界区内分区的编号采用 2 位数编号，其中第一位是大区号，第二位是该大区内的小区号。无大区时可采用 11、12、13、…、98、99 连续编号。分区号一般写在各分区界线的右下角 16mm×6mm 的粗实线矩形框内，字高为 4mm。在管道布置图标题栏上方用缩小的索引图，以添加阴影线表示该图所在区的位置。

装置内的地下管道和其他公用工程管道的分区方法与地上管道相同。

九、设备安装详图

为安装、固定设备而专门设计的专用非定型支架（包括挂架、吊架和框式塔架）、操作平台、栈桥、扶梯，以及专用机座、防腐底盘、防护罩等，需要单独绘制图样以作为设备安装和加工制作的依据，此类图样即设备安装详图。

设备安装详图的绘制方法与要求和机械制图相近，但图上需用双点画线画出相关设备的部分外形轮廓，并标注位号和主要规格尺寸，如图 9-21 所示。

在设备安装详图上，常常还给出制造设备支架所需的材料和零配件的明细表，以详细说明所需材料和零配件的类别、规格、型号和数量。必要时，还应给出在加工制作时的技术要求。为便于现场施工，设备安装详图应按图号单独绘制，即不同图号的设备安装详图需分别绘制在不同的图纸上。

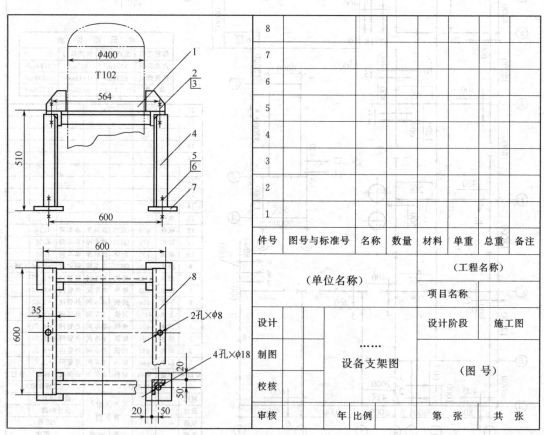

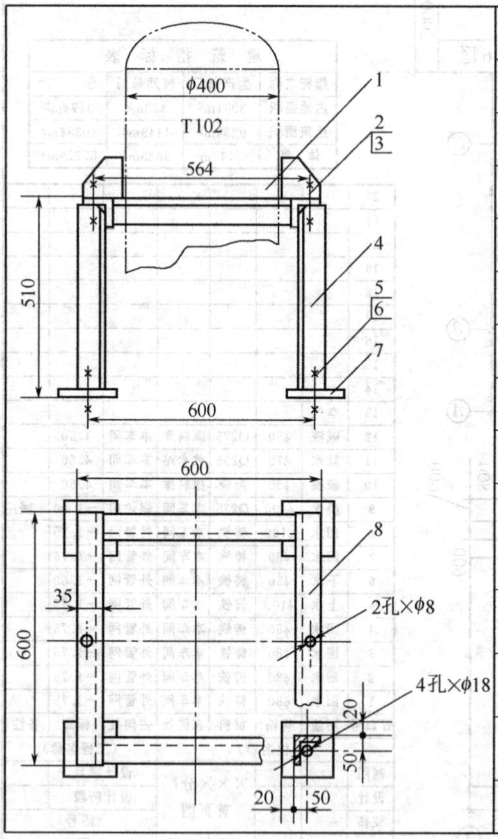

件号	图号与标准号	名称	数量	材料	单重	总重	备注
8							
7							
6							
5							
4							
3							
2							
1							

（单位名称）				（工程名称）	
				项目名称	
设计			…… 设备支架图	设计阶段	施工图
制图				（图 号）	
校核					
审核			年　比例	第　张	共　张

图 9-21　设备安装详图

第十章　管道布置图

管道布置图一般是在项目施工图设计阶段进行的，通常以带控制点的工艺流程图、设备布置图、化工设备图，以及土建、自动控制、电气仪表等相关专业图样和技术资料作为依据，对所需管道进行适合工艺操作要求的合理布置与设计后所绘制的图样。管道的布置设计一般需绘制出下列图样。

(1) 管道布置图　表达车间（装置）内管道空间位置及平面、立面布置情况的图样。

(2) 管段图　表达一台设备至另一台设备（或另一管道）间一段管道安装要求的立体图样。

(3) 蒸汽伴管布置图　表达车间内各蒸汽分配管与冷凝液收集管平面、立面布置情况的图样。

(4) 管架图　表达管架结构的零部件图样。

(5) 管件图　表达管件结构的零部件图样。

第一节　管道布置图

管道布置图又称配管图，它是表达工艺系统管道及其附件（如阀门、管件、仪表等）的配置情况与要求，以及在界区内相应的空间安装位置的图样，如图 10-1 所示。管道布置图是目前中国管道设计中应用较广的一种图样，是车间装置安装施工中的重要依据。

一、管道布置图的内容

(1) 一组视图　按正投影原理画一组平面、立面剖视图，表达整个车间（装置）的设备、建筑物的简单轮廓，以及管道、管件、阀门、仪表、控制点等的布置安装情况。

(2) 尺寸和标注　注出管道及有关管件、阀门、仪表控制点等的平面位置尺寸和标高，并标注建筑轴线编号、设备位号、管段序号、控制点代号等相关文字。

(3) 分区索引图　表达车间（装置）界区范围内的分区情况。

(4) 方位标　表示管道安装的方位基准。

(5) 标题栏　注写图名、图号、设计阶段等。

二、管道布置图的视图

(1) 管道布置图一般只绘制平面图，当平面图中的局部不够清楚时，可加绘剖面图、向视图、局部放大图和轴测图来表达。相应的剖视图和轴测图可画在平面布置图所在的图纸上平面布置图边界线以外的空白处（不允许在平面布置图边界线以内空白处再绘制小的剖视图或轴测图），也可单独绘制，如图 10-1 所示。

(2) 管道平面布置图的配置，一般应与设备布置图中的平面图一致，即应按建筑物标高平面分层绘制，将楼板以下的建筑物、设备和管道等全部画出。

(3) 对于多层建筑物、构筑物的管道平面布置图，应按层次绘制，若在同一张图纸上绘

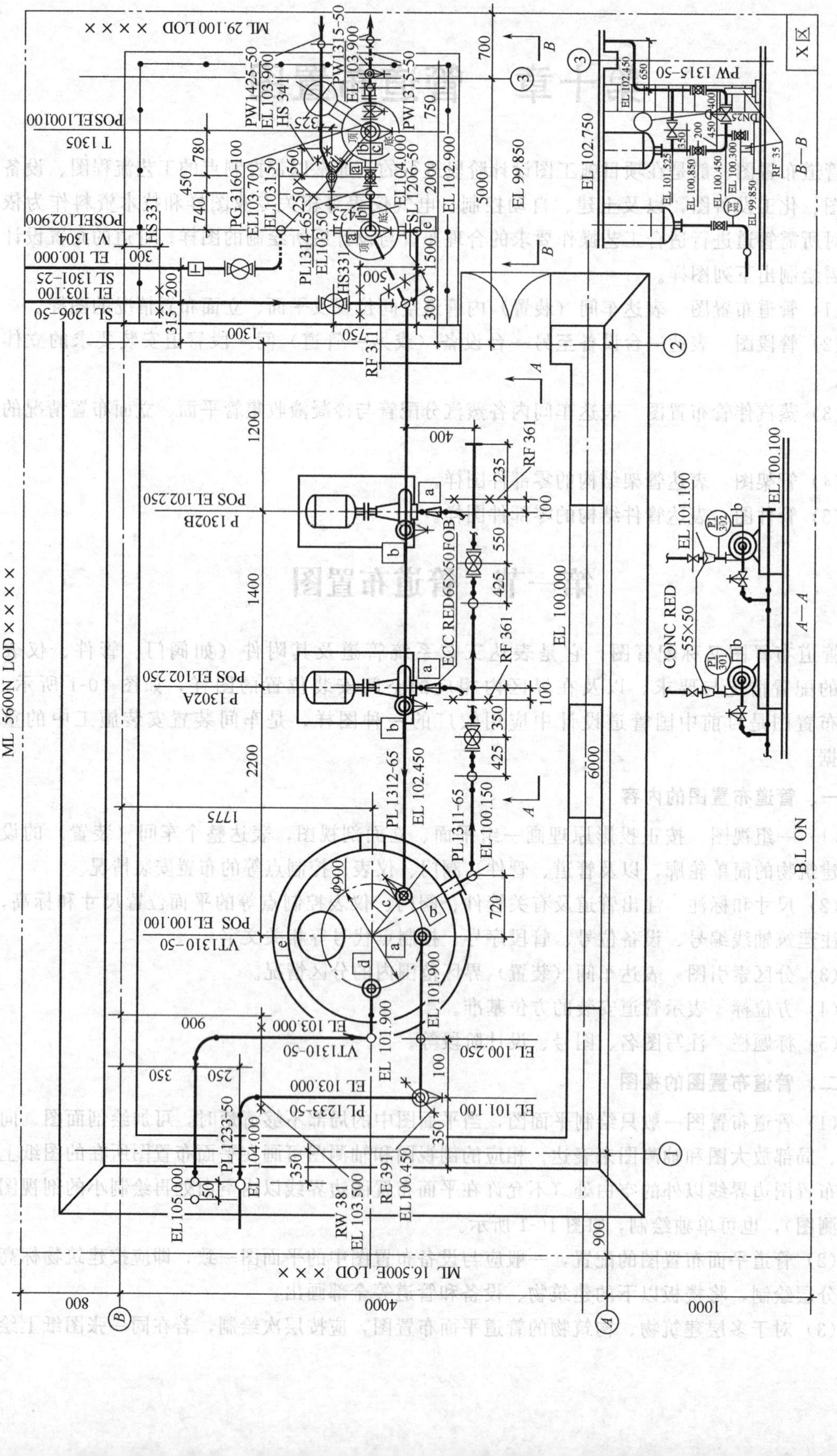

ML 29.100 LOD ××××
ML 5600N LOD ××××
ML 16.500E LOD ××
X区
B—B
A—A
B.L ON
PW1425-50
EL103.900
HS 341
PW1315-50
EL 103.900
PG 3160-100
EL103.700
EL103.150
PL1314-65
EL103.50
HS331
SL 1206-50
EL104.000
EL 102.900
POS EL100100
T 1305
POS EL102900
V 1304
EL 100.000
HS 331
SL 1301-25
EL 103.100
SL 1206-50
RF 311
EL 99.850
EL 102.750
PW 1315-50
EL 102.450
EL 101.525
EL 100.850
EL 100.450
EL 100.300
DN25
RF 35
RF 361
P 1302B
POS EL102.250
P 1302A
POS EL102.250
ECC RED65×50FOB
EL 100.000
PL 1312-65
EL 102.450
PL1311-65
EL100.150
EL 101.100
EL100.100
CONC RED
55×50
VT1310-50
POS EL100.100
EL 101.900
EL 101.900
EL 103.000
VT1310-50
EL 100.250
EL 103.000
PL 1233-50
EL 101.100
PL1233-50
EL 104.000
EL105.000
RE 391
EL100.450
RW 381
EL 103.500
φ900
6000
5000
4000
1000
800
900
1775
2200
1400
1200
1300

图 10-1　管道布置图

制多层平面图，应按由下至上、由左至右的顺序排列，并在图下标注“EL ××.×××平面”。

（4）当几套设备的管道布置图完全相同时，允许只绘制一套设备的管道，其余可简化为方框表示，但在总管上应绘出每套支管的接头位置。

三、视图的表示方法

1. 建（构）筑物的图示

其表达要求和画法基本上与设备布置图相同，以细实线绘制，如图 10-1 所示。与管道的安装布置无关的内容，可适当简化。应表达的内容与要求如下。

（1）与管道布置相关的建（构）筑物应按比例，根据设备布置图以细实线画出基本结构，并标注相应的定位轴线与编号，以及轴线间的距离。

（2）标注建（构）筑物地面、楼面、平台面，以及吊车梁顶面的标高。

（3）按比例用细实线画出电缆托架、电缆沟、仪表和电缆盒、架的位置，标注相应的宽度、底面标高和缆线的走向。

（4）标注各生产车间（分区）、生活间、辅助间的名称等。

2. 设备的图示

设备在管道布置图中不是主要表达内容，只需以细实线绘制。对设备的图示要求如下。

（1）按比例以设备布置图所确定的位置和大致相同的图形，画出设备的简略外形和基础、喷头、梯子与安全护圈，并标注设备的定位尺寸。对于简单的定型设备可画其简单外形，泵、鼓风机等，有时可只画出设备基础和电动机位置。

（2）画出设备的中心线及设备上的全部管口，在设备中心线的上方标注与工艺流程图一致的设备位号，下方标注设备支撑点的标高“POS ××.×××”，或设备主轴中心线的标高“EL ××.×××”，如图 10-2 所示。剖视图上的设备位号可注在设备近侧或设备内。

（3）应用 5mm×5mm 的粗实线小正方形按设备图相同的管口（包括需要标示的仪表接口和备用管口）代号，以及管口的定位尺寸，即由设备中心至管口端面的距离，如图 10-2 所示。

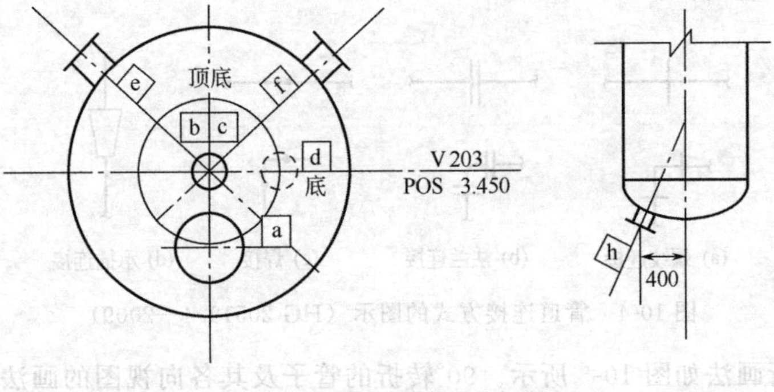

图 10-2 设备及管口的标示

（4）按产品样本或设备图纸标注泵、压缩机及其他机械设备的管口定位尺寸，并标注代号。

（5）按比例画出卧式设备的底座，并标注定位尺寸。若有混凝土基础时，则应按比例画出基础大小，不需标注尺寸。对立式容器，应标注裙座位置及标记符号。

（6）对于工业炉，还应画出与炉子平台有关的柱、炉子外壳总管箱、风道和烟道的外形。

3. 管道的图示

在管道布置图中，公称直径（*DN*）大于或等于 250mm 的管道，采用双线表示；公称直径小于 200mm 的管道，采用单线表示。如果图中大于 350mm 的管道较多时，也可将标准提高到大于或等于 400mm 的管道采用双线；小于 350mm 的管道，采用单线。对管道的图示（见图 10-3）要求如下。

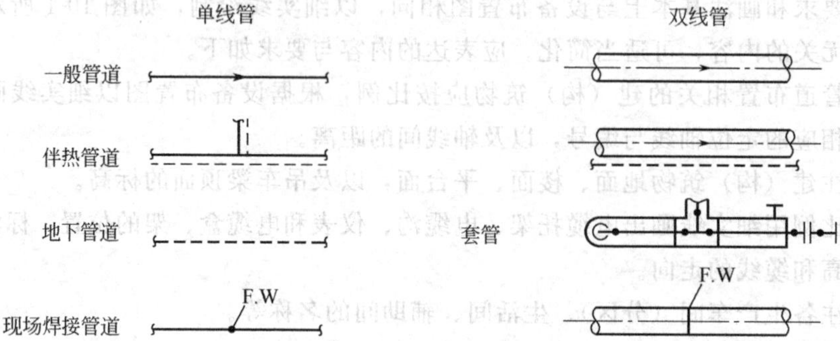

图 10-3　管道的图示（HG 20519.4—2009）

(1) 应根据工艺流程图在适当的位置用箭头表示出相应的物流方向（双线管道箭头画在管道的中心轴线上）。

(2) 按 HG 20519.33—1992 规定的图例和比例画出管道及管道上的阀门、管件、管架、管道附件和特殊管件等。

(3) 管道公称直径大于 50mm 的弯头，应画成圆角；小于 50mm 的弯头，一律画成直角。

(4) 管道连接方式的图示如图 10-4 所示。由于化工生产企业的管路连接方式较为固定，一般工艺管路大都属法兰连接，高压管线采用焊接，陶瓷管、铸铁管、水泥管采用承插连接，上下水管采用螺纹连接，所以无特殊必要时管道连接方式往往在图上不表示，而用文字在有关资料中加以说明。

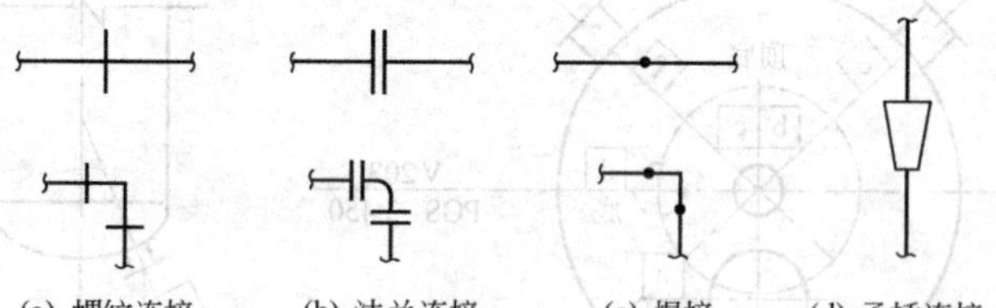

(a) 螺纹连接　(b) 法兰连接　(c) 焊接　(d) 承插连接

图 10-4　管道连接方式的图示（HG 20519.4—2009）

(5) 管子转折画法如图 10-5 所示。90°转折的管子及其各向视图的画法如图 10-5(a) 所示。向下转折 90°的单线管，其俯视图需用一带缺口的小圆圈代替垂直管道。45°转折的画法如图 10-5(b) 所示。双线管道、管子转折画法如图 10-5(c) 所示。

(6) 当管道投影重叠时，应将上面（或前面）管道的投影断裂表示，下面（或后面）管道的投影则画至重影处稍留间隙断开。也可在管道投影断开处注上 a、a 和 b、b 等小写字母或管道代号，以便区别，如图 10-6(a) 所示。如管道转折后投影发生重叠，则下面管子画至重影处稍留间隙断开，如图 10-6(b) 所示。

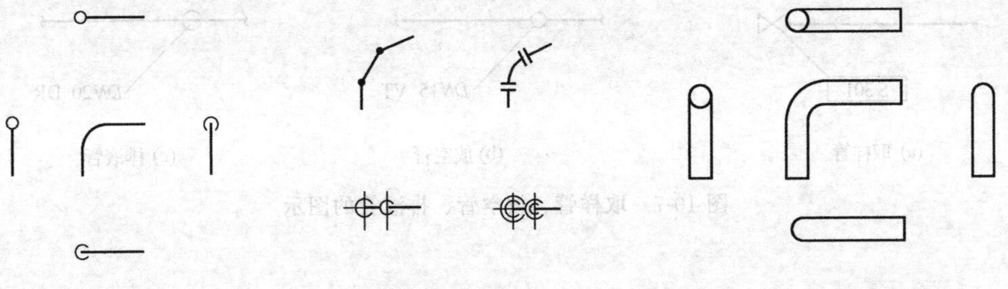

图 10-5 管子转折画法

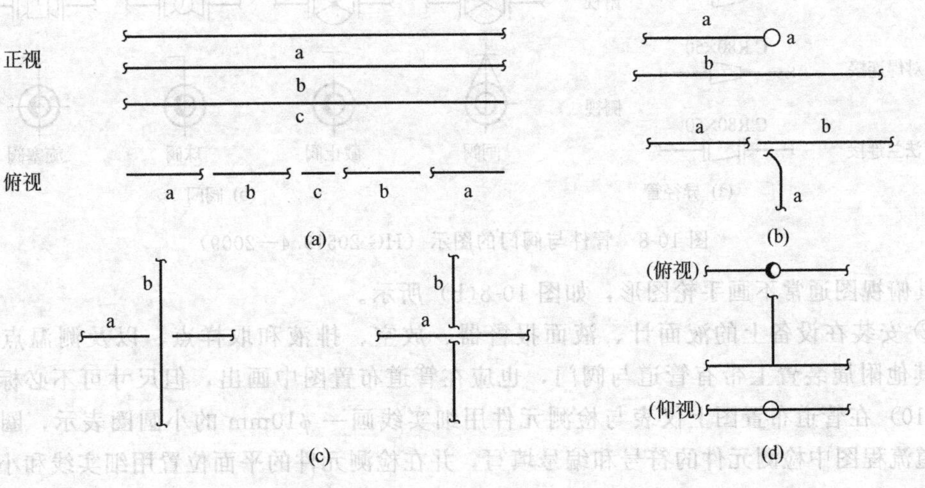

图 10-6 管子投影重叠与交叉的图示（HG 20519.4—2009）

(7) 当管子交叉与投影重合时，其画法可以把下面被遮盖部分的投影断开，也可以把上面管道的投影断裂表示，如图 10-6(c) 所示。若遇到管道需要分出支路，一般采用三通等管件连接。垂直管道在上时，管口用一带月牙形剖面符号的细线圆表示；垂直管道在下时，用一细线圆表示即可。其简化画法，如图 10-6(d) 所示。

(8) 对工艺上要求安装的分析取样接口需画至根部阀（位置最低的阀门），并标注相应符号，如图 10-7(a) 所示。放空管、排液管的图示如图 10-7(b)、(c) 所示。所有管道的最高点应设放空，最低点应设排液管。对于液体高点的放空、排液应装阀门及螺纹管帽，气体管道的排液也应装阀门及螺纹管帽。用于压力试验的放空管仅装螺纹管帽。排液阀门的尺寸应不小于以下值：公称直径 $DN \leqslant 40$mm 的管道，排液阀门 $DN \geqslant 15$mm；公称直径 $DN \geqslant 50$mm 的管道，排液阀门 $DN \geqslant 20$mm；公称直径 $DN \geqslant 250$mm 的管道，排液阀门 $DN \geqslant 25$mm。但易燃、易爆、有毒的气体放空前，必须先经安全处理后，方可实施放空。

(9) 管件、阀门、控制点的图示

① 管道上的管件、阀门以正投影原理大致按比例用细实线画出，对于常用的管件、阀门，通常不按真实投影画出，而按 HG/T 20519.33—1992 规定的图例（无标准图例时可采用简单图形画出外形轮廓）绘制。同心异径管接头和偏心异径管接头的画法如图 10-8(a) 所示。阀门画法需注意：阀的手轮安装方位，一般应在有关视图上给予表达，当手轮安装在上

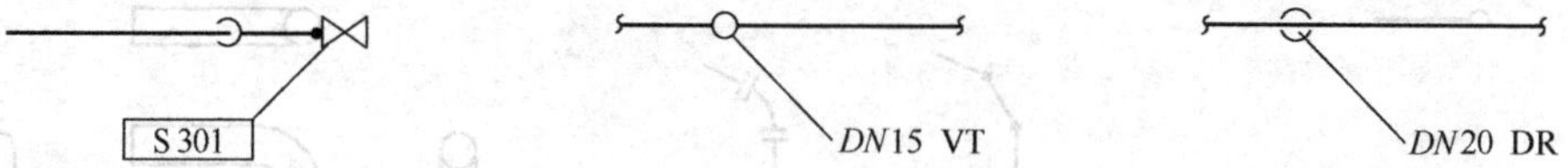

(a) 取样管　　(b) 放空管　　(c) 排液管

图 10-7　取样管、放空管、排液管的图示

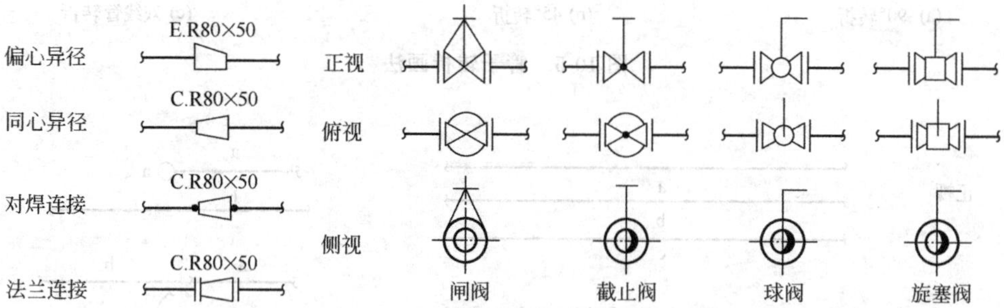

(a) 异径管　　(b) 阀门

图 10-8　管件与阀门的图示（HG 20519.4—2009）

方，其俯视图通常不画手轮图形，如图 10-8(b) 所示。

② 安装在设备上的液面计、液面报警器、放空、排液和取样点，以及测温点、测压点和其他附属装置上带有管道与阀门，也应在管道布置图中画出，但尺寸可不必标注。

(10) 在管道布置图上仪表与检测元件用细实线画一 ϕ10mm 的小圆圈表示，圈内按仪表管道流程图中检测元件的符号和编号填写，并在检测元件的平面位置用细实线和小圆圈连接，如图 10-1 所示。

(11) 管道常用各种形式的标准管架安装并固定在建筑物（或特定支架）上的，管架的位置应在平面图上用符号表示出来，其画法如图 10-9 所示。对于非标准的特殊管架应另行提供管架图。

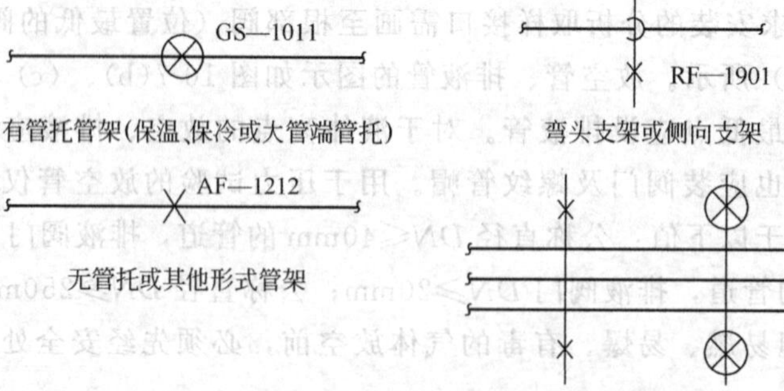

(a) 单管管架　　(b) 多管管架(也可用于单管)

图 10-9　管架的图示（HG 20519.4—2009）

在管道布置图中，在管架的附近还应标注管架的编号。管架的编号由五个部分组成。管架的区号，通常用一位数字表示，管道布置图的尾号也以一位数字表示，而管架序号的编写从“01”号开始，以两位数字表示。管架的编号应按管架类别与生根部位的结构分别编

排，如图 10-10 所示。管廊及外管上的通用型托架，仅标注导向管架和固定管架的编号，凡未注编号，仅绘制了管架图例者均为滑动管托。管廊及外管上的通用型托架编号均省去区号和布置图尾号，余下两位数字的序号表示的是：GS-01 在钢结构上的无管托导向管架；GS-11 在钢结构上的有管托导向管架；AS-01 在钢结构上的无管托固定管架；AS-11 在钢结构上的有管托固定管架。

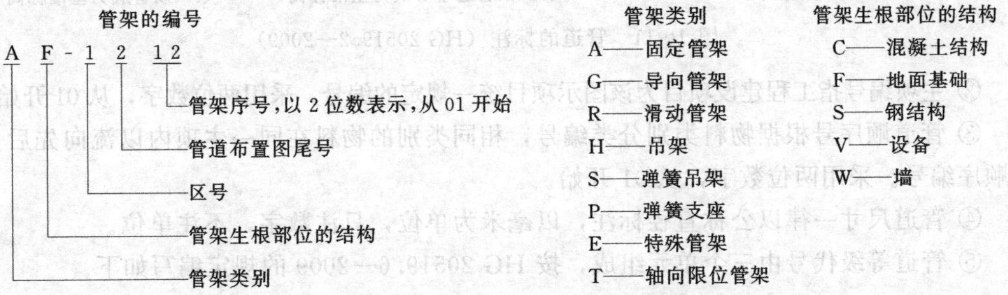

图 10-10 管架的编号方式（HG 20519.4—2009）

柱式管架高度一般不应超过 2.5m，超过 2.5m 时应由土建专业设计。

非通用型支架或托架类以外的标准管架，或加高、加长的管托仍需标注区号和布置图尾号。在固定布置图中标注管架编号时，应注意与管架表中填写的编号保持一致，最好两者同时进行。

4. 方位标

在底层平面所在图纸右上角，应画出与设备布置图方位基准一致的方位标，以用作管道布置安装时定位的基准。

四、管道布置图的标注

1. 建（构）筑物的标注

建筑物在管道布置图中常被用作管道布置的定位基准，因此，在各视图中均应注出建筑物定位轴线的编号及各定位轴线的间距尺寸，标注方式均与设备布置图相同，如图 10-1 所示。

2. 设备的标注

设备是管道布置的主要定位基准，因此，在图中应注出设备的位号，其位号及标注方式均与设备布置图相同，如图 10-1 所示。

3. 管道的标注

在管道布置图中应注出所有管道的定位尺寸、标高及管段编号，并以平面布置图为主，标注所有管道的定位尺寸。管道的标注应符合下述要求。

（1）标注管道定位尺寸，均以建筑物或构筑物的定位轴线、设备中心线、设备支撑点、设备管口中心线、分区界线作为基准进行标注。平面布置图定位尺寸一律以毫米为单位，剖面图中的标高则以米为单位。管道定位尺寸也可以坐标形式表示。

（2）应按管道仪表流程图相同的标注代号，在图中所有管道的上方标注介质代号、管道编号、公称直径、管道等级和隔热方式，如图 10-11(a) 所示。在管道下方标注管道标高，以管道中心线为基准时，可标注“EL ×××.×××”字样，如图 10-11(b) 所示。若以管底为基准时，则应在标注的管道标高前加注管底标高的代号“BOP”，如图 10-11(c) 所示。

管道号（管段号）的编写方法如下。

① 物料代号按 HG/T 20519.36—1992 的规定填写。

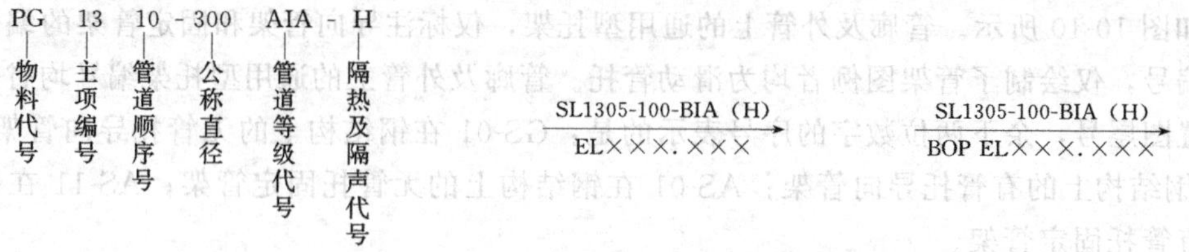

(a) 管道代号　　(b) 以管道中心线为基准标高　　(c) 以管底为基准标高

图 10-11　管道的标注（HG 20519.2—2009）

② 主项编号指工程建设项目为该图示项目统一规定的编号，采用两位数字，从 01 开始。

③ 管道顺序号根据物料类别分类编号，相同类别的物料在同一主项内以流向先后为序，按顺序编号。采用两位数字，从 01 开始。

④ 管道尺寸一律以公称直径标注，以毫米为单位，只注数字，不注单位。

⑤ 管道等级代号由三个单元组成，按 HG 20519.6—2009 的规定编写如下。

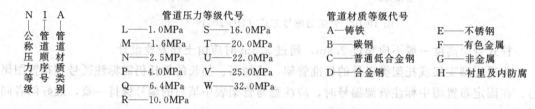

N I A

N——公称压力等级；I——管道顺序号；A——管道材质类别

管道压力等级代号

L——1.0MPa　S——16.0MPa
M——1.6MPa　T——20.0MPa
N——2.5MPa　U——22.0MPa
P——4.0MPa　V——25.0MPa
Q——6.4MPa　W——32.0MPa
R——10.0MPa

管道材质等级代号

A—铸铁　E——不锈钢
B——碳钢　F——有色金属
C——普通低合金钢　G——非金属
D——合金钢　H——衬里及内防腐

⑥ 管道隔热及隔声代号见表 10-1。

表 10-1　管道隔热及隔声代号（HG 20519.6—2009）

代号	功能类别	备　注	代号	功能类别	备　注
H	保温	采用保温材料	S	蒸汽伴热	采用蒸汽伴管和保温材料
C	保冷	采用保冷材料	W	热水伴热	采用热水伴管和保温材料
P	人身防护	采用保温材料	O	热油伴热	采用热油伴管和保温材料
D	防结露	采用保冷材料	J	夹套伴热	采用夹套管和保温材料
E	电伴热	采用电热带和保温材料	N	隔声	采用隔声材料

(3) 对安装坡度有严格要求的管道，应在管道上方画出细线箭头指出坡向，并写上坡度数字和代号“i”。当管道倾斜时，应标注工作点的标高字样“WP EL ×××.×××”，并把尺寸线指向可以定位的地方，如图 10-12 所示。

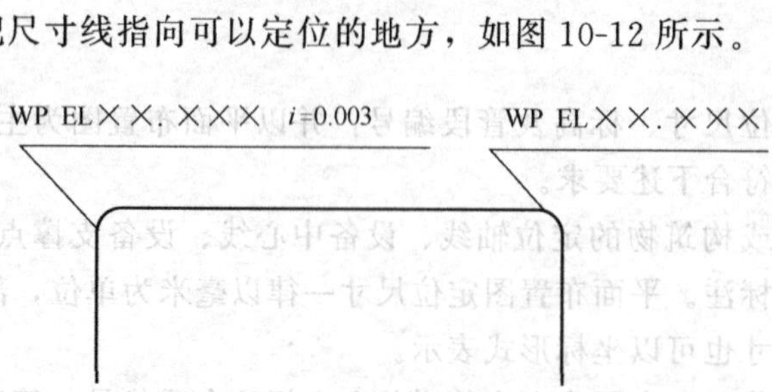

图 10-12　管道坡度的标注

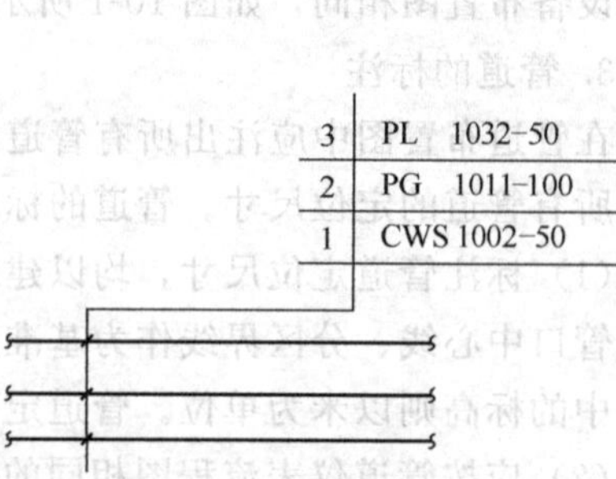

图 10-13　管道号的引出标注

(4) 异径管应标注前后端管子的公称直径，如“$DN$80/50”或“$DN$80×50”。水平管道的异径管应以大端定位，螺纹管件或承插焊管件可以任一端定位。

(5) 非 90°的弯道和非 90°的支管连接，应标注角度。

(6) 在管道布置图的剖面图上，一般不标注管段的长度尺寸，只标注管道、管件、阀门、过滤器、限流孔板等元件的中心定位（或以一端法兰面定位）尺寸。

(7) 在同一区域内，管道的方向有改变时，支管和在管道上的管件位置尺寸应按容器、设备管口或邻近管道的中心线来标注。

(8) 一般情况下，同一管道不应重复定位。当有管道跨区域通过接续管线连接到另一张管道布置图时，每张图都必须为接续管道定位。只有在这一情况下，才允许尺寸的重复。

(9) 为了避免在间隔很小的管道之间标注管道号和标高而缩小字样的书写尺寸，允许用附加线在图纸空白处标注管道号和标高，此线可穿越各管道并指向被标注的管道。也可以几条管道一起引出进行标注，此时管道与相应标注都要用数字分别进行编号，必要时指引线还可以转折，如图 10-13 所示。

(10) 带有角度的偏置管和支管，只在水平方向标注线性尺寸，不标注角度尺寸。

(11) 当塔器上的管道经过若干平面时，各平面图上均应标注该管道的编号，若管道还有大小或位置的变化，或出现支管与附件时，也应标注管道号。

(12) 当管道材料与等级有变化时，均应按管道仪表流程图的标示在图中逐一标注。

4. 管件、阀门、仪表控制点的标注

管件、阀门、仪表控制点在图中所在位置画出规定符号后，一般不再标注尺寸，具体安装由现场决定，但对有特殊安装要求的阀门高度及管件定位尺寸必须在图中进行标注。此外，有些管件在图中还应标某些尺寸或说明。非 90°的弯头和 Y 形接头应标出其角度。

5. 管架的标注

在管道布置图中，每个管架都应编写一个独立的管架号。管架编号应按管架类别与生根部位的结构分别按序编写，并标注在图中管架符号的附近，或引出标注，如图 10-1 所示。

6. 索引的标注

在每张管道布置图标题栏的上方用缩小的加阴影线的索引图标示本图所在装置区的位置图，如图 10-14 所示。当分区较多时，也可在分区管道平面布置图与立面剖视图的分区边界线框的右下角绘制一粗实线的小矩形框，在框内标注本图的分区号，再另行绘制一张单独的索引图（见图 10-1）。

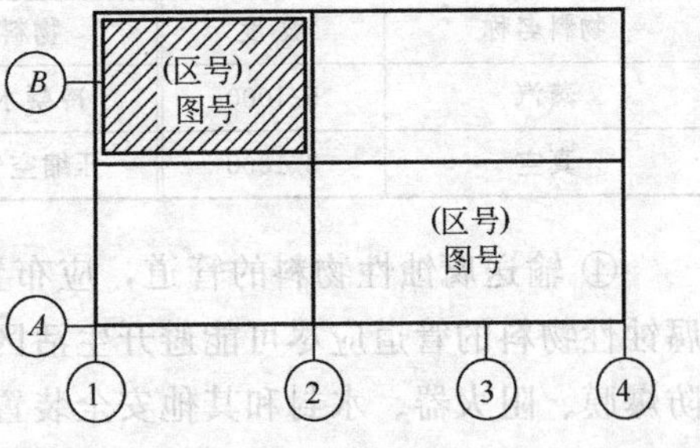

图 10-14 索引的标注（HG 20519.3—2009）

五、管道布置图的绘制

图 10-1 为某一车间的管道平面布置图，管道布置图的绘制是以带控制点的工艺流程图、设备布置图、化工设备图，以及土建、自动控制、电气仪表等相关专业图样和技术资料作为依据，对所需管道做出适合工艺操作要求的合理布置与设计后所绘制的，在施工图设计阶段进行。其绘制步骤与设备布置图大体相似。

1. 概括了解

(1) 了解厂房大小、层次高低与建筑物、构筑物的结构。

(2) 了解设备名称、数量与管口方位，以及在厂房内的布置情况。

(3) 了解管道与管道以及管道与设备之间的连接关系和物流走向。

(4) 了解车间内与管道布置相关的自动控制、电气仪表等的分布情况。

2. 管道平面布置图的绘制

(1) 确定管道布置图的分区范围与边界位置。

(2) 确定界区内管道布置所需的视图数量与设置方案。

(3) 确定绘图比例与图纸幅面。

(4) 先绘制一张描述界区内管道布置情况的草图，为正式图纸的绘制做好充分准备。

(5) 草图经检测无误后，可根据草图设计开始正式图纸的绘制。

(6) 正式管道平面布置图的绘图步骤如下。

① 按照设备布置图的绘图步骤，用细实线先画出车间的简要设备布置图，并标注相应的定位轴线与编号以及设备的名称与位号，如图 10-1 所示。

② 按照工艺流程的顺序，先用细实线从左至右按物料分类，逐一画出界区内的相关管线、管件和管架。

③ 标注管道、管件和管架的定位尺寸、编号及代号。

④ 绘制方位标，编写附表，注写必要的说明，填写标题栏。

⑤ 校核与审定图纸，按制图标准加粗相关图线，完成图样。

(7) 在设计管道布置图时需考虑以下因素。

① 车间管道应尽可能沿墙面、地面安装，并保留足够的间距，以便容纳管道沿线安装相关管件、管架和阀门，同时也方便日常检修。

② 冷热管应尽可能分开布置。不得已时，热管在上，冷管在下。保温管道外表面的间距，上下并行排列时需，交叉排列时应大于或等于 0.25m。

③ 管道的敷设应有一定的坡度，以便在停止生产时放尽管道中的积存物料。坡度方向一般应沿物料流动方向，坡度要求大致为 1/100～5/100。输送高黏度物料，可取 1/100，含固体物质与结晶的管道，可高至 5/100。管道敷设的坡度见表 10-2。

表 10-2 管道敷设的坡度

物料名称	坡 度	物料名称	坡 度	物料名称	坡 度
蒸汽	5/1000	冷凝水、清水	3/1000	生产废水	1/1000
真空	3/1000	压缩空气、氮气	4/1000	冷冻水	3/1000

④ 输送腐蚀性物料的管道，应布置在平列管道的外侧或下方。易燃、易爆、有毒、有腐蚀性物料的管道应尽可能避开生活区和人行通道，尽量走地下。并应配置必需的安全阀、防爆膜、阻火器、水封和其他安全装置。

⑤ 放空管应高出屋面 2m 以上，或引至室外指定地点。

⑥ 支管多的管道应布置在并行管道的外侧，气体管道应从上方引出支管，而液体管道应从下方引出支管。

⑦ 管道应尽可能集中架空布置，尽量走直线，减少拐弯。注意不要遮挡门窗、妨碍设备操作和吊车的作业。应尽量方便阀门、管道和管件的维修与拆装。

⑧ 在行走过道地面至 2.2m 的空间不允许设置管道。地下管道通过道路或受负荷地区时，需加以保护措施。

⑨ 管道布置设计除少量工艺要求必需设置的如图 10-15 所示的气袋、口袋和盲肠外，在管道系统中应尽可能避免出现，以充分保证集汽系统可方便地向最高点排放。

⑩ 阀门应尽量集中布置在便于操作的位置，操作频繁的阀门需按操作顺序排列，容易开错且可能引起重大事故的阀门，必须拉开间距，并设置不同的醒目颜色。

⑪ 管道与阀门、管件的重力不应支撑在设备上（尤其是铝制设备、非金属材料设备和硅铁泵等类低强度设备）。

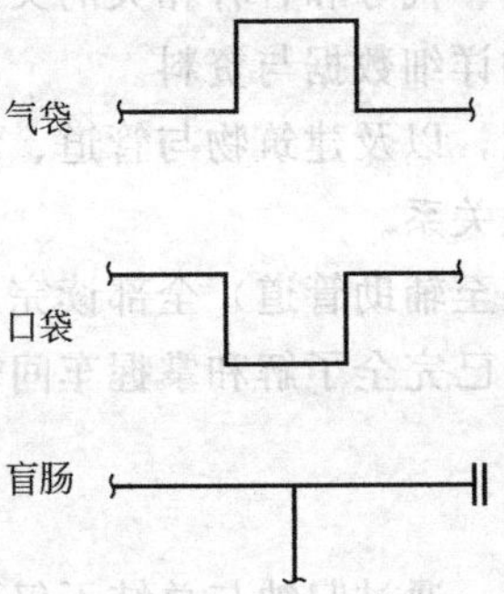

图 10-15 气袋、口袋和盲肠

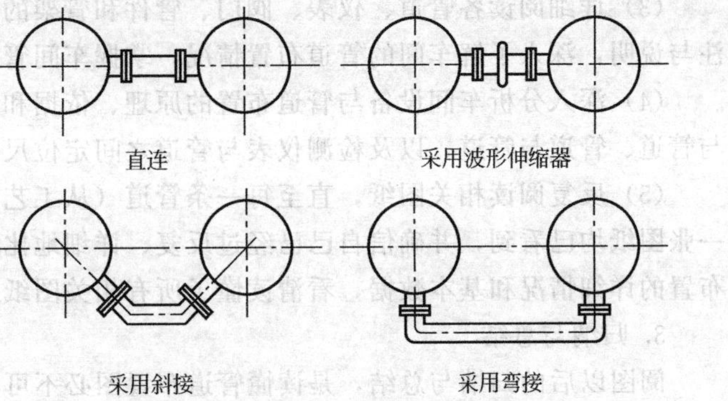

图 10-16 设备间的管道连接设计

⑫ 距离较近的设备之间的管道尽量不要直连设计，因为管长不易配准，难以实现精密连接。实现设备间的管道连接设计，通常可采用如图 10-16 所示方法。

⑬ 不锈钢管道与碳钢管道不应直接接触，以防电蚀。

⑭ 管道通过楼板、平台、屋顶或墙面时，应在穿过楼板、平台、屋顶或墙面的管道外面安装一个直径足够大的外管套，并使管套高出楼板、平台、屋顶或伸出墙面 50mm 以上。

⑮ 管道的布置设计，应充分考虑电缆、电器、照明、仪表、采暖通风等各方面的要求与特殊需要，使设计尽可能完善，合乎工艺与生产的需要。

六、管道布置图的阅读

阅读管道布置图是审查设计结果、了解车间生产工艺、掌握车间设备和管道布置情况、组织项目安装施工的必经过程。学习和掌握阅读图纸的步骤、方法和要点，是从事化工及相关工程技术工作的一项基本技能，应充分重视。

（一）阅图前的准备

由于管道布置图是在带控制点的工艺流程图和设备布置图与车间建筑图的基础上绘制的，因此，在阅图前最好先阅读相关图纸，以便对图纸所表达的车间生产工艺、设备概况和物料、管道的大致情况，以及车间的厂房建筑有一个基本的了解，为阅图做好充分准备。

（二）管道布置图的阅读

1. 概括了解

阅图时先看图纸目录与标题栏，了解项目管道布置图的名称、数量、内容和视图的配置情况，了解是否有相关的设计模型、管段图、附表和附图（如管架图、图例和特殊管件图等）。然后大致浏览一下图纸，了解不同标高的平面图、剖面（立面）图的比例、配置情况，了解界区的划分情况、设备的分布情况，以及管道的大致走向、物料类别等基本情况。在此基础上，再进一步了解设备的相对位置、位号、管道、物料、管件、管架及仪表的代号的意义等资料，为深入阅读图纸打下基础。

2. 详细阅读图纸，掌握车间管道布置的详细数据

(1) 对照管道仪表流程图（带控制点的工艺流程图）、设备布置图和辅助管道系统图，按照流程顺序和管道编号，对照各平面图、立面图逐一了解管道内的物料种类、起点与终点、管道走向，以及与其相连的设备名称、位号与管口位置等。

(2) 对照管道仪表流程图，按照流程顺序和管道编号，逐一了解管道的分支情况，以及在该管道上安装的仪表、阀门、管件和管架。

（3）详细阅读各管道、仪表、阀门、管件和管架的定位尺寸、代号和各种相关的文字标注与说明，深入了解车间的管道布置情况，掌握车间管道布置的详细数据与资料。

（4）深入分析车间设备与管道布置的原理、依据和设计意图，以及建筑物与管道、设备与管道、管道与管道，以及检测仪表与管道之间定位尺寸的相互关系。

（5）反复阅读相关图纸，直至每一条管道（从工艺物流管道至辅助管道）全部读完，每一张图纸均已看到，并确信自己已经过反复、详细地比较分析，已完全了解和掌握车间管道布置的详细情况和基本数据，看清读懂了所有相关图纸为止。

3. 归纳与总结

阅图以后的归纳与总结，是读懂管道布置图必不可少的步骤。通过归纳与总结不仅可以帮助我们充分了解自己是否真正读懂了图纸？是否已完全弄清楚车间所有管道的确切安装位置？而且还可以帮助我们进一步核查图纸上是否有表达不清楚、表达错误或遗漏的数据？以及进一步判断所阅读的图纸是否确实有需要改进或完善的设计等。但不同的读图目的，归纳与总结的要求应有一定差别。

（1）图纸的校核与审定　出于这一目的，应根据管道与仪表流程图逐一检查图中所有的管线、管件、阀门与仪表控制点等是否都已准确地标绘确切安装位置，是否有错漏，是否存在有不合理、不安全的隐患，车间的管道布置情况和图面表达与标注是否正确、完整等。最后，阅图者还应在标题栏的相应栏目中签名，并根据阅图结果向有关方面提出自己的合理化建议。

（2）对车间生产流程的了解与熟悉　根据管道布置图、设备布置图和工艺流程图来了解车间的生产流程和生产原理，了解和熟悉车间的设备、仪表与管道的分布情况是化工工程技术人员一项基本能力。出于这一目的，阅图者不仅要了解车间里现有设备、仪表和控制点的相对位置，而且还应根据所阅读的图纸提供的资料，进一步分析车间的生产流程和生产原理，以求对车间有一个更全面、更深入的了解。

（3）现场施工的组织　在组织项目的现场施工之前，应认真阅读项目的各种施工图纸，以便为施工的组织提供依据。因此，读图后更应认真归纳总结，充分掌握施工的要求与各类关键数据和施工要点。对管道的布置施工来讲，主要是掌握管线、管件、阀门与仪表控制点及相关附件的详细规格、材料和数量，各设备、管口的安装位置与方位，以及相关管线、管件、阀门与仪表控制点及附件的实际安装位置与方位。在此基础上，通过对图纸的分析、归纳和总结，为制定合理的施工方案提供参考。

（三）阅图示例

1. 对界区情况的初步了解

图 10-1 是一张单层厂房的管道平面布置图，厂房朝向为正南北向。在厂房内有料液槽和料液泵，相应位号为 V1301、P1302A、P1302B。室外有带操作平台的板式精馏塔与料液中间槽，相应位号为 T1305 和 V1304。室内标高为 EL 100.000，室外标高为 EL 99.850，平台标高为 EL 102.900。为充分表达与泵和精馏塔、产品槽相连的管道布置情况，图中还配置有“*A—A*”剖视图和“*B—B*”剖视图。同时，从图纸右下角的分区号可知，本平面布置图只是同一主项内的一张分区图，如果要了解主项全貌，还需阅读该主项的分区索引和其他的分区布置图。

2. 详细阅读与分析

（1）位号为 V1301 的料液槽共有 a、b、c、d 四个管口。设备的支撑点标高为

EL 100.100，其中与管口 a 相连的管道代号为 PL 1233-50，管内输送的是工艺液体，由界外引入，穿过墙体进入室内。引入点标高为 EL 104.000，经过了 EL 103.000、EL 100.450 和 EL 101.900 等不同标高位置转换和 8 次转向后再与管口 a 相连，进入料液槽，管道上安装了 2 个控制阀，该管道的立体图如图 10-17 所示。

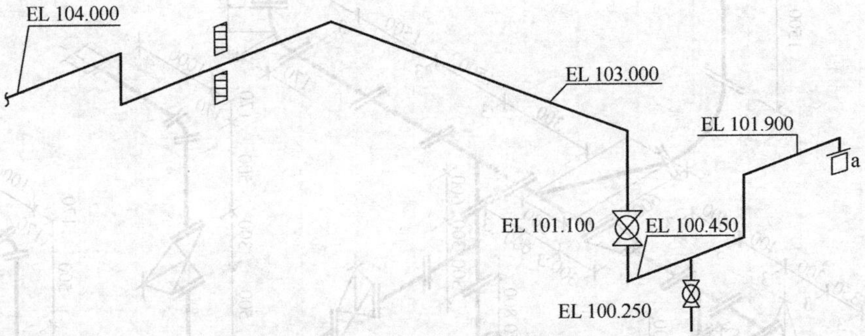

图 10-17 PL 1233-50 管道的立体图

管口 b 相连的管道代号为 PL 1311-65，由料液槽引出进入料液泵，通过泵加压后，通过代号为 PL 1232-65 的管道由底部进入中间槽（见图 10-1 中剖视图 *B—B*），另一支管则又送回料液槽，与管口 c 相连。与管口 d 相连的管道为放空管，代号为 VT1310-50，穿过墙体后引至室外放空。通过仔细阅读图纸，还可进一步详细了解设备管口方位，以及管道的走向、位置和其他相关管架的设置情况与安装要求。

(2) 与其他设备相连的管道也可按照上述方法，参照工艺流程图依次进行阅读和分析，直至全部阅读和了解清楚为止。

(3) 图纸中操作平台以下的管道未分层绘制单独的平面布置图，所以采用了虚线表达在平台以下的管线。

(4) 阅读完全部图纸后，再进行一次综合性的检查与总结，以全面了解管道及其附件的安装与布置情况，并审查一下是否还有遗漏之处。

第二节 管 段 图

管段图也是管道布置设计需提供的一种图样，是表达自一台设备至另一台设备（或另一管道）间的一段管道及其所附管件、阀门、控制点等具体安装配置情况的立体图。这种管段图是按轴测投影原理绘制的，图样立体感强，便于识读，有利于管段的预制和安装施工，如图 10-18 所示。但这种图样由于要求表达的内容十分详细，所能表达的范围较小，仅限于一段管道，它反映的只是个别局部。若要了解整套装置（或整个车间）设备与管道安装布置的全貌，还需要有反映整套装置（或整个车间）设备与管道安装布置的全貌的管道平面布置图、立面剖视图或设计模型与之配合。模型设计就是把整套装置（或整个车间）的所有化工设备和建（构）筑物，根据工艺设计的要求与计算结果，按一定比例（通常采用 1∶20 或1∶50）做成实物模型装配起来，再配置相应的管道模型的一种新型施工方案设计的方法。设计模型除能提供整套装置（或整个车间）设备与管道安装布置的全貌外，还可直观地反映装置设备、管道与建（构）筑物之间的各种复杂装配关系，可以避免发生在图纸上不易发觉的管道相碰等布置不合理的情况，因此，设备布

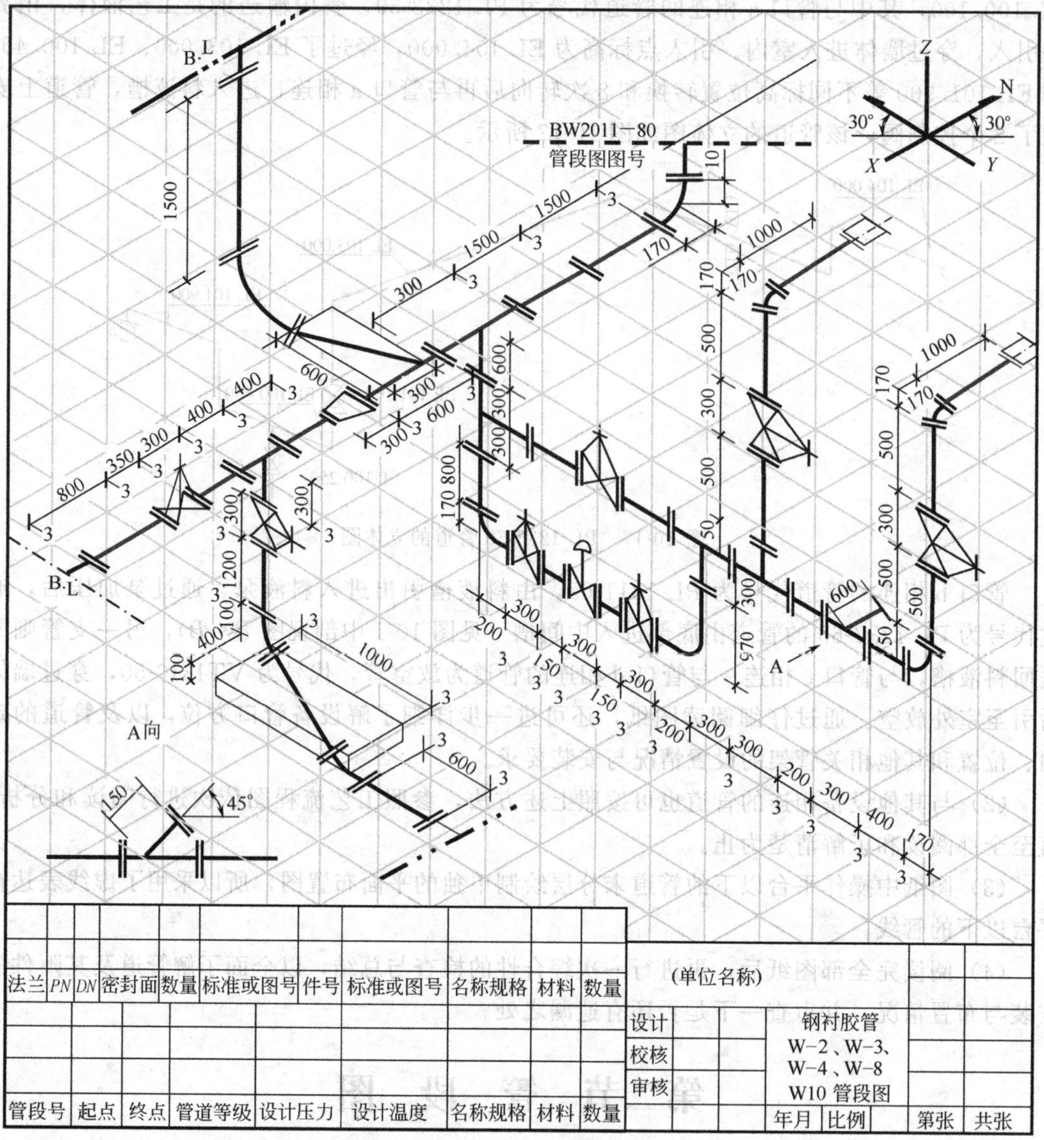

图 10-18　管段图

置图、管道布置图配合模型设计（特别是大、中型工程项目）的施工图设计方法，将是今后发展的必然趋势。

一、管段图要求的图示内容

（1）图形　按轴测投影原理绘制的管段及其所附管件、阀门等的图形与符号。

（2）标注　管段编号、管段所连设备的位号以及管口序号和安装尺寸等。

（3）方位标　如图 10-18 所示。

（4）技术要求　预制管段处理、试压等要求。

（5）材料表　预制管段所需的材料名称、尺寸、规格、数量等。

（6）标题栏　图名、图号、比例与设计阶段等。

二、管段图的图示方法

管段图又称管道轴测图（或空视图），一般采用正等测投影绘制，可不按比例，但应注意图中阀门、管件与管道之间的相对比例与相对位置，如图 10-18 所示。管道的走向需根据方向标的规定安排，该方向标与管道布置图上的方向标的北向应当保持一致。在一般情况下，$DN \leqslant 50$mm 的中、低压碳钢管道和 $DN \leqslant 20$mm 的中、低压不锈钢管道以及 $DN \leqslant 6$mm 的高压管道可不绘制管段图。若同一管道有两种管径，或带有控制阀组、排液管、放空管、取样管等管件的，应随大管绘制相连的小管。当管道布置图中对某些管件的安装位置无法表达清楚，或带有扩大的孔板直管段时，也应另行绘制管段图。对于不绘制管段图的管道，应按 HG 20519.15—1992 所规定的格式编写管道表。管段图应在专用的三角形坐标纸上绘制，图中常附有材料表，以便对管段图中的管子、各种管件和其他标准件给出详细的选用参数。

1. 管段的图示

(1) 所有管段均以单线（粗实线）绘制，并在适当的位置画出表示物料流向的箭头。但管道长度不一定按比例绘制，可根据具体情况而定，但应使图面的布置合理、匀称。

(2) 管段与设备相接时，设备一般只画出其管口与中心线。管段与其他管道相接时，其他管道也应画出中心线（见图 10-18）。

(3) 管段图中需表示出管子与管件、阀门的连接方式。

(4) 在管段图中的弯管，应画成圆角，并标注弯曲半径。标准弯头、$R \leqslant 1.5D$ 的无缝或冲压弯头可画成直角，并标注焊缝。

(5) 管段中一些与坐标轴不平行的斜管，可用细实线的矩形框（或长方体）来标注管道的二维或三维坐标，以表示该管子所在的空间位置，如图 10-18 所示。

(6) 管道连接方式的图示与管道布置图相同。

(7) 在碳钢管道的管段图中不应包括合金钢，反之也一样。相同材料的短支管、管件和阀门，即使它们的管道号和总管不同，凡直接连接在总管上的，均应在总管所在的管段图中画出。而对于那些长的并多次改变走向的支管，则应单独绘制管段图。

(8) 当管道需穿越分区界线，分界线应以细点画线画出，并在线外侧注出延续部分所在管道平面布置图的图号（不是空视图），如图 10-19 所示。若管道需横穿主项边界，边界线应以细点画线画出，并在其外侧标注“B. L”字样，如图 10-19 所示。

(9) 比较复杂的管道，应分成两张或两张以上的空视图绘制，通常以支管连接点、法兰或焊缝为分界点，在界外的管道延续部分可用虚线画出一小段，并标注管道号、管径及空视图图号（但不应重复标注其他管道，避免在今后的修改过程中发生错误）以方便阅图，如图 10-18 所示。如果是同一管道在同区内跨越两张管道布置图，而管段图又绘制在一起时，可在图中用一细点画线画出交接点，分别在线的两侧均标注相应布置图的图号，但不必给定位尺寸，如图 10-19 所示。

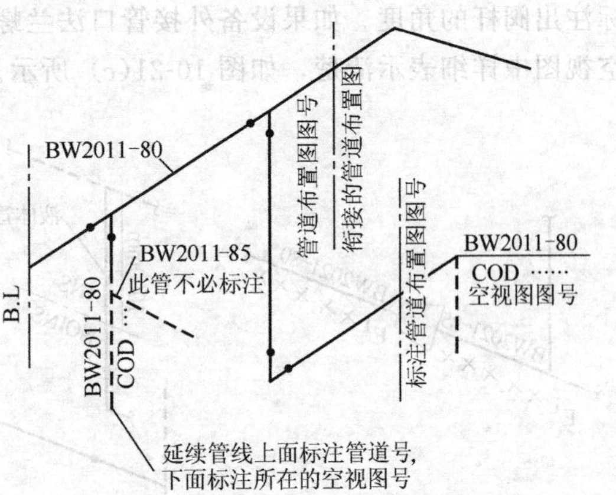

图 10-19　跨区、跨图与延续管道的图示
(HG 20519.4—2009)

(10) 管段穿越楼板、平台和墙面时，应画出一小段示意剖面，并标注相应名称与标高，如图 10-20 表示。

(11) 在管段图中应表示出在工艺流程图中要求的全部管道等级的分界点，并在分界点的两侧标注管道等级。异径管需分两张空视图图示时，异径管应画在大管径的空视图中，在小管径的空视图中以虚线表示该异径管。

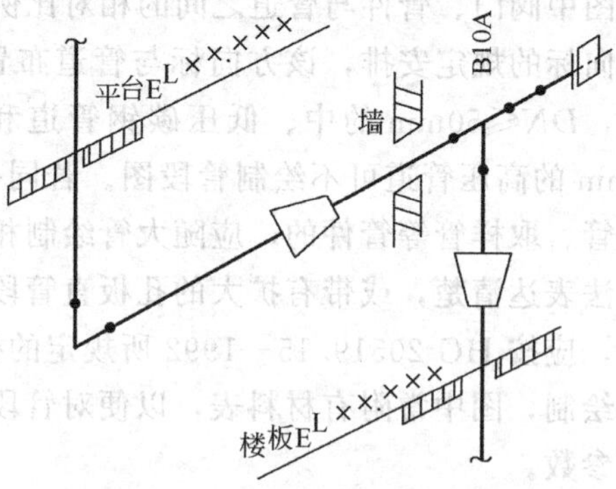

图 10-20 管段穿越楼板、平台和墙面的图示

(12) 在管道上的偏心异径管，需标注异径管两端管道的中心线标高"EL"，而不是标注"FOB"或"FOT"等字样，如图 10-21(a) 所示。在管道不同隔热要求的分界处，需用细点画线给出隔热分界，并在分界线两侧标注各自不同的隔热要求。一般情况下，对于气体管道如果是不隔热与隔热管道相连，应选择最靠近隔热管道的阀门或设备（或其他附件）处作为分界点。而不隔热与隔热的液体管道相连时，应选择距离热管道 1000mm 或第一个阀门处两者中的最近处作为分界，如图 10-21(b) 所示。

(13) 若空视图甲的管子与空视图乙的阀门相接，在空视图甲中可用虚线表示阀门，而阀门的手轮和阀杆可不必表示。如果阀门的连接法兰有安装方位要求，或阀杆不是在正坐标轴方向，还必须在空视图甲、空视图乙中标注阀杆的方位。

2. 管件、法兰和阀门的图示

(1) 管件（弯头、三通除外）、法兰和阀门的图示，都应按大致比例以细实线按规定的图例画出，并应画出阀杆与手轮。在管段图中，阀门手轮画一与管道平行的短线表示，阀杆中心按设计方向画出。法兰均以短线表示，平行于 X 轴管道上的法兰应与 Z 轴平行，平行于 Y 轴与 Z 轴管道上的法兰，均应与 X 轴平行，如图 10-18 所示。所有用法兰、螺纹、承插焊和对焊连接的阀门的阀杆应标注其安装方位，若阀杆不是在正坐标轴方向，还必须明确标注出阀杆的角度。如果设备外接管口法兰螺栓孔的方位有特定安装要求，应在相应的管道空视图中详细表示清楚，如图 10-21(c) 所示。

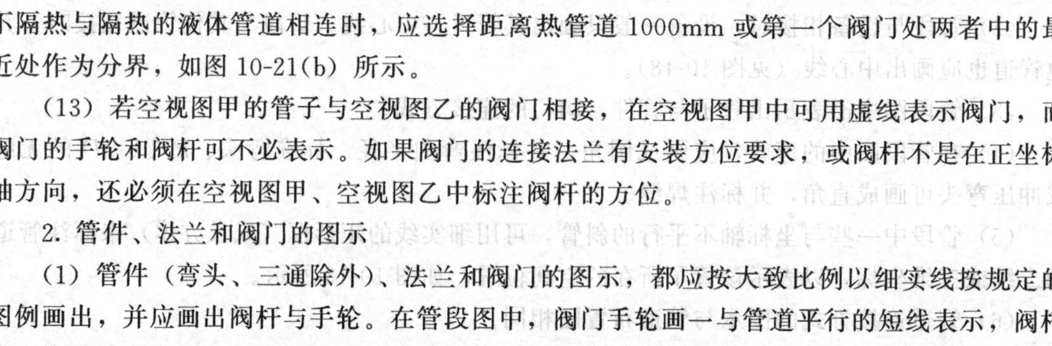

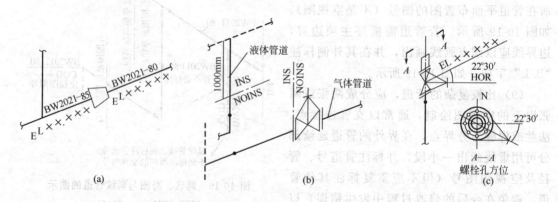

图 10-21 螺栓孔方位与特殊管件的表示（HG 20519.6—2009）

(2) 如果阀门的连接法兰有安装方位要求，或阀杆不是在正坐标轴方向，则必须标注阀杆的方位。

3. 仪表与检测元件的图示

(1) 压力表、温度表、流量计等仪表与检测元件的图示，与管道布置图要求相同，按标准图例绘制，如图 10-18 所示。

（2）安装在管道法兰之间的孔板流量计（或限流孔板）的图示方法如图 10-22(a) 所示。孔板流量计测压管的方位和相应所需直管段的长度均应加以标注。如果直管段延伸至另一管道布置图或同区内的另一空视图，其直管段的总长也必须保证，如图 10-22(b) 所示。

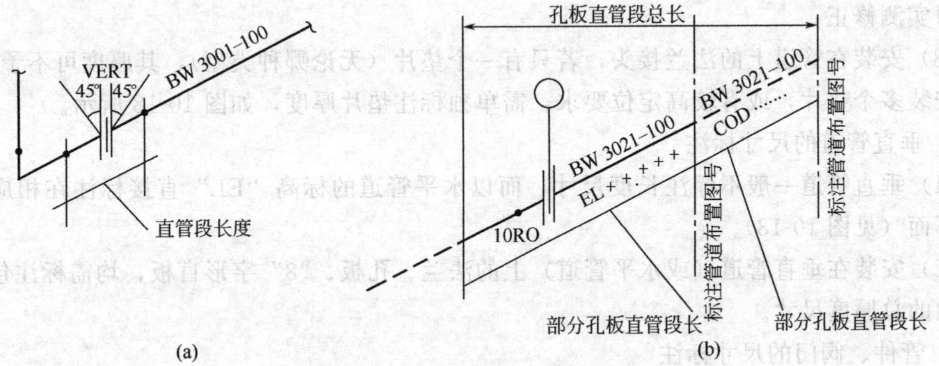

图 10-22　孔板流量计的图示

三、管段图的尺寸及其标注

管段图上应标注满足管段预制及安装所需的全部尺寸，一般只注数字，不注单位，可略去小数。若有几个高压管件直接相连时，总尺寸应标注到小数点后一位。

1. 水平管道的尺寸标注

（1）与坐标轴平行的管线和管廊支柱的中心轴线、主项边界线、分区界线，以及连接设备的管口密封面和中心轴线，均可作为管道尺寸标注的基准线。

（2）标注的尺寸线应与管道平行，尺寸界线应为垂直线。

（3）从所定基准线到等径支管、管道改变走向处、图形的接续分界线等处的尺寸。所选基准点应与管道布置图中的一致，以便于校核。

（4）从最邻近的基准线到各个独立的管道元件如孔板法兰、异径管、拆卸用法兰和仪表接口、不等径支管的尺寸标注如图 10-23 所示，不允许标注封闭尺寸。

（5）对倾斜 45°的偏置管，应标注偏置角度和一个偏移尺寸；非 45°的平面偏置管，应标注两个偏移尺寸而不注偏置角度；对三维立体的偏置管，则需画出三个坐标轴组成的六面体，以方便视图。若偏置管跨过分区界线时，在邻区应用虚线表示偏置管的延续部分，直至第一次改变走向处或管口为止，以便注出偏置管的完整尺寸，如图 10-24 所示。

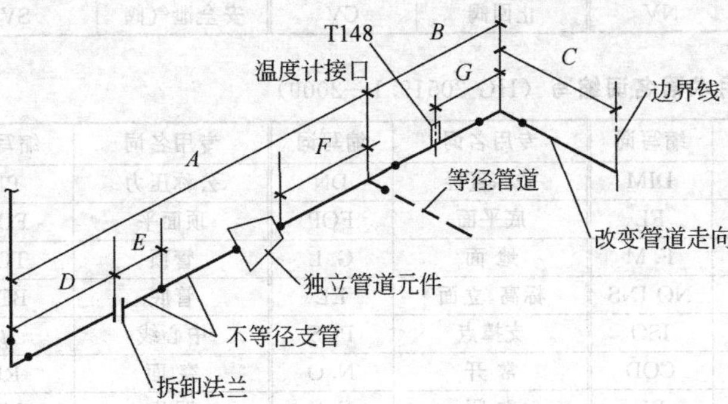

图 10-23　管段图尺寸界线的划分

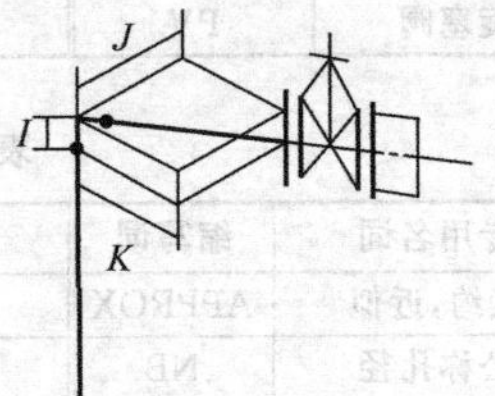

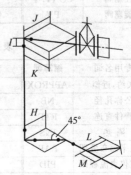

图 10-24　偏置管的尺寸标注

(6) 为标注管道尺寸的需要，应画出相关的设备中心线（不必画外形），并标注设备位号。与标注管道尺寸无关的设备，可不必画出中心线。

(7) 标注管道尺寸应注意细节尺寸，如垫片厚度等，不可漏注，以免影响管段预制的准确程度。对于不能准确计算其长度，或由于土建施工，设备安装可能带来较大误差的部分管段尺寸，可注出其参考尺寸，并在尺寸数字前面加注“～”符号，以便与其他尺寸区别，待施工时实测修正。

(8) 安装在管道上的法兰接头，若只有一个垫片（无论哪种类型），其厚度可不予标注。若需安装多个垫片，或有较高定位要求，需单独标注垫片厚度，如图 10-18 所示。

2. 垂直管道的尺寸标注

(1) 垂直管道一般不标注长度尺寸，而以水平管道的标高“EL”直接标注在相应管道线的下面（见图 10-18）。

(2) 安装在垂直管道（或水平管道）上的法兰、孔板、“8”字形盲板，均需标注包括垫片在内的总厚度尺寸。

3. 管件、阀门的尺寸标注

(1) 应标注从基准线到阀门或管件法兰端面的距离尺寸。

(2) 标准阀门和管件的位置是由管件与管件，或管道与管件直接相接的尺寸所决定的，一般不标注它们的定位尺寸，如果涉及到管道或支管的位置时应予标注。而对某些调节阀和管道过滤器、分离器等特殊管件，需标注它们两端法兰面之间的尺寸。

(3) 螺纹与承插焊连接的阀门，在水平管道上应标注到阀门的中心线，在垂直管道上应标注阀门中心线的标高。

(4) 所有短半径无缝弯头、管帽、螺纹法兰、螺纹短管、管接头、堵头与活接头等，必须用规定的缩写词在空视图中加以标注，常用缩写词见表 10-3 和表 10-4。

表 10-3 常用管件名称缩写（HG 20519.4—2009）

管件名称	缩写词	管件名称	缩写词	管件名称	缩写词	管件名称	缩写词
盲板	BLD	管接头	CPLG	异径管	RED	长半径弯头	LRE
堵头	P	弯头	ELL	偏心异径管	E. R.	螺纹短管	TN
管帽	C	活接头	UN	同心异径管	C. R.	螺纹法兰	TF
短管	NIP	法兰	FLG	异径短管	SN	无缝弯头	S. E
三通	T	孔板	ORF	软管接头	HC	总管	HDR
管接头	CPLG	限流孔板	RO	管口	NOZ	垫片	GSKT
吊架	H	导向	G	支架滑动架	RS	定向限位架	DS
控制阀	CONT. V	蝶阀	BV	闸阀	GV	截止阀	GL. V
旋塞阀	PV	针形阀	NV	止回阀	CV	安全泄气阀	SV

表 10-4 常用术语名词缩写（HG 20519.1—2009）

专用名词	缩写词	专用名词	缩写词	专用名词	缩写词	专用名词	缩写词
大约，近似	APPROX	尺寸	DIM	公称直径	DN	公称压力	PN
公称孔径	NB	楼面	FL	底平面	FOP	顶面平	FOT
管件直连	FTF	现场焊	F. M	地面	G. L	管顶	TOP
隔热	INS	不隔热	NO INS	标高，立面	EL	管底	BOP
管道平面布置图	PAP	轴测图	ISO	支撑点	POS	中心线	ϕ
管道仪表流程图	PID	接续图	COD	常开	N. O	突面	RF
装置边界内侧	IS. B. L	装置区边界	BL	常闭	N. C	凹凸	MF
支架顶面	TOS	法兰面	FLG. F	接续线	M. L.	榫槽	TG

第三节　管架图与管件图

一、管架图

在管道布置图中采用的管架有两类，即标准管架和非标准管架。无论采用哪一种，均需要提供管架的施工图样。标准管架可套用标准管架图，特殊管架可依据 HG 20519.6—2009 的要求绘制。其绘制方法与机械制图基本相同，图面上除要求绘制管架的结构总图外，还需编制相应的材料表。

管架的结构总图应完整地表达管架的详细结构与尺寸，以供管架的制造和安装使用。每一种管架都应单独绘制图纸，不同结构的管架图不得分区绘制在同一张图纸上，以便施工时分开使用。图面上表达管架结构的轮廓线以粗实线表示，被支撑的管道以细实线表示。管架图一般采用 A3 或 A4 图幅，比例一般采用 1∶10 或 1∶20，图面上常采用主视图和俯视图结合表达其详细结构，编制明细表说明所需的各种配件，在标题栏中还应标注该管架的代

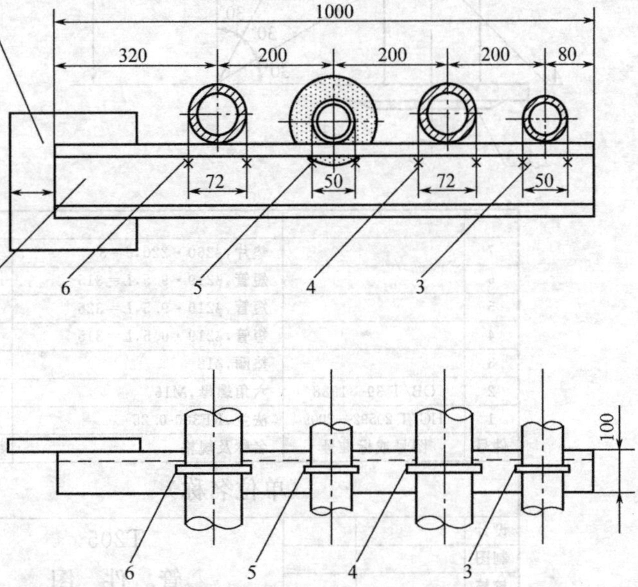

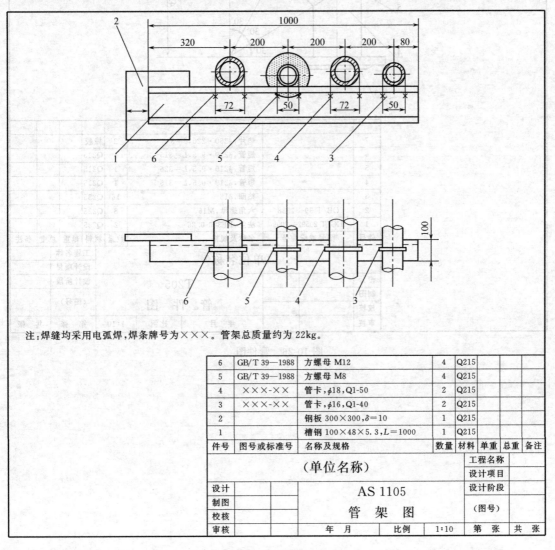

注：焊缝均采用电弧焊，焊条牌号为×××。管架总质量约为 22kg。

件号	图号或标准号	名称及规格	数量	材料	单重	总重	备注
6	GB/T 39—1988	方螺母 M12	4	Q215			
5	GB/T 39—1988	方螺母 M8	4	Q215			
4	×××-××	管卡，$\phi 18$，Q1-50	2	Q215			
3	×××-××	管卡，$\phi 16$，Q1-40	2	Q215			
2		钢板 300×300，$\delta=10$	1	Q215			
1		槽钢 100×48×5.3，$L=1000$	1	Q215			

（单位名称）			工程名称	
			设计项目	
设计		AS 1105	设计阶段	
制图		管　架　图	（图号）	
校核				
审核		年　月	比例 1:10	第　张　共　张

图 10-25　管架图

号。必要时，应标注技术要求和施工要求，以及采用的相关标准与规范，如图 10-25 所示。

二、管件图

标准管件一般不需要单独绘制图纸，在管道平面布置图编制相应材料表加以说明即可。非标准的特殊管件，应单独绘制详细的结构图，并要求一种管件绘制一张图纸以供制造和安装使用。图面要求和管架图基本相同，在附注中应说明管件所需的数量、安装的位置和所在图号，以及加工制作的技术要求和所采用的相关标准与规范，如图 10-26 所示。

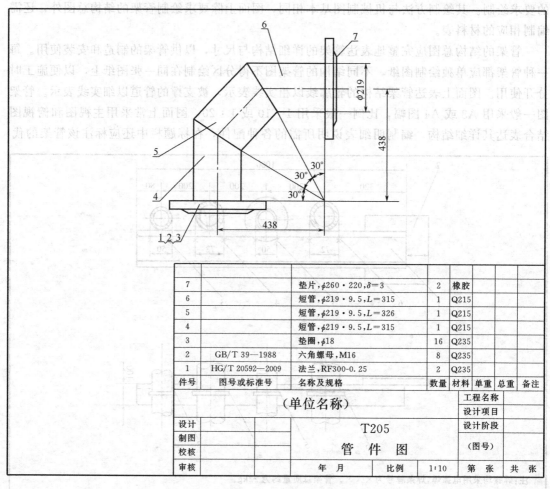

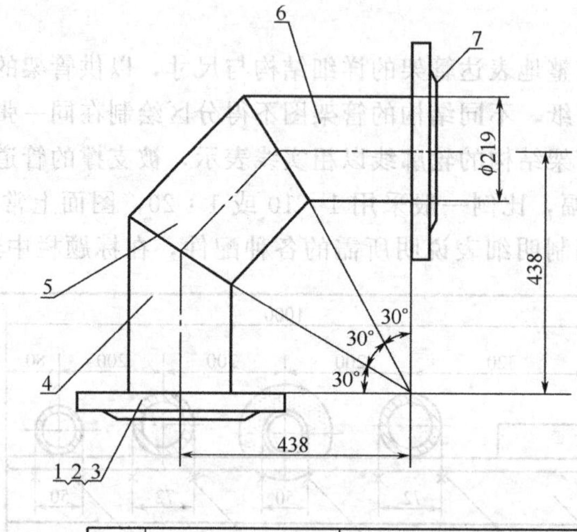

件号	图号或标准号	名称及规格	数量	材料	单重	总重	备注
7		垫片，ϕ260・220，δ=3	2	橡胶			
6		短管，ϕ219・9.5，L=315	1	Q215			
5		短管，ϕ219・9.5，L=326	1	Q215			
4		短管，ϕ219・9.5，L=315	1	Q215			
3		垫圈，ϕ18	16	Q235			
2	GB/T 39—1988	六角螺母，M16	8	Q235			
1	HG/T 20592—2009	法兰，RF300-0.25	2	Q235			

（单位名称）			工程名称	
			设计项目	
设计		T205	设计阶段	
制图		管　件　图	（图号）	
校核				
审核		年　月　比例　1:10	第　张	共　张

图 10-26　管件图

附　　录

附录一　常用管材、管件的规格与质量

1. 焊接钢管理论质量表

公称口径 *DN*		普通钢管		加厚钢管	
mm	in	壁厚/mm	理论质量/(kg/m)	壁厚/mm	理论质量/(kg/m)
6	1/8	2	0.39	2.5	0.46
8	1/4	2.25	0.62	2.75	0.73
10	3/8	2.25	0.32	2.75	0.97
15	1/2	2.75	1.26	3.25	1.45
20	3/4	2.75	1.63	3.5	2.01
25	1	3.25	2.42	4	2.91
32	1¼	3.25	3.13	4	3.78
40	1½	3.5	3.84	4.25	4.58
50	2	3.5	4.88	4.5	6.16
65	2½	3.75	6.64	4.5	7.88
80	3	4	8.34	4.75	9.81
100	4	4	10.85	5	13.44
125	5	4.5	15.04	5.5	18.24
150	6	4.5	17.81	5.5	21.63

2. 无缝钢管理论质量表

外径/mm	壁厚/mm										
	2.5	3	3.5	4	4.5	5	5.5	6	6.5	7	7.5
	理论质量/(kg/m)										
32	1.82	2.15	2.46	2.76	3.05	3.33	3.59	3.85	4.09	4.32	4.53
38	2.19	2.59	2.98	3.35	3.72	4.07	4.41	4.74	5.05	5.35	5.64
42	2.44	2.89	3.35	3.75	4.16	4.56	4.95	5.33	5.69	6.04	6.38
45	2.62	3.11	3.58	4.04	4.49	4.93	5.36	5.77	6.17	6.56	6.94
50	2.93	3.48	4.01	4.54	5.05	5.55	6.04	6.51	6.97	7.42	7.86
54	—	3.77	4.36	4.93	5.49	6.04	6.58	7.10	7.61	8.11	8.60
57	—	4.00	4.62	5.23	5.83	6.41	6.99	7.55	8.10	8.63	9.16
60	—	4.22	4.88	5.52	6.16	6.78	7.39	7.99	8.58	9.15	9.71
63.5	—	4.48	5.18	5.87	6.55	7.21	7.87	8.51	9.14	9.75	10.36
68	—	4.81	5.57	6.31	7.05	7.77	8.48	9.17	9.86	10.53	11.19
70	—	4.96	5.74	6.51	7.27	8.01	8.75	9.47	10.18	10.88	11.56
73	—	5.18	6.00	6.81	7.60	8.38	9.16	9.91	10.66	11.39	12.11
76	—	5.40	6.26	7.10	7.93	8.75	9.56	10.36	11.14	11.91	12.67
83	—	—	6.86	7.79	8.71	9.62	10.51	11.39	12.26	13.12	13.96
89	—	—	7.38	8.38	9.38	10.36	11.33	12.28	13.22	14.16	15.07
95	—	—	7.90	8.98	10.0	11.1	12.1	13.1	14.1	15.1	16.1
102	—	—	8.50	9.67	10.8	11.9	13.0	14.2	15.3	16.4	17.4
108	—	—	—	10.26	11.4	12.7	13.9	15.0	16.2	17.4	18.5
114	—	—	—	10.85	12.1	13.4	14.7	15.9	17.2	18.4	19.7
121	—	—	—	11.54	12.9	14.3	15.6	17.0	18.3	19.6	20.9
127	—	—	—	12.13	13.5	15.0	16.4	17.9	19.3	20.7	22.1
133	—	—	—	12.73	14.2	15.7	17.2	18.7	20.2	21.7	23.2

续表

外径/mm	壁厚/mm										
	2.5	3	3.5	4	4.5	5	5.5	6	6.5	7	7.5
	理论质量/(kg/m)										
140	—	—	—	—	15.0	16.6	18.2	19.8	21.4	22.9	24.5
146	—	—	—	—	15.7	17.3	19.0	20.7	22.3	24.0	25.6
152	—	—	—	—	16.3	18.1	19.8	21.6	23.3	25.0	26.7
159	—	—	—	—	17.1	18.9	20.8	22.6	24.4	26.2	28.0
168	—	—	—	—	—	20.1	22.0	23.9	25.8	27.7	29.6
180	—	—	—	—	—	21.5	23.7	25.7	27.7	29.8	31.9
194	—	—	—	—	—	23.3	25.6	27.8	30.0	32.2	34.5
203	—	—	—	—	—	—	—	29.1	31.5	33.8	36.1
219	—	—	—	—	—	—	—	31.5	34.0	36.6	39.1
245	—	—	—	—	—	—	—	—	38.2	41.0	43.8
273	—	—	—	—	—	—	—	—	42.6	45.9	49.1
299	—	—	—	—	—	—	—	—	—	—	53.9
325	—	—	—	—	—	—	—	—	—	—	58.7

3. L304 不锈钢管理论质量表

外径/mm	壁厚/mm								
	1.2	1.5	1.6	1.8	2.0	2.3	2.6	2.9	3.2
	理论质量/(kg/m)								
19	0.53	0.65	0.69	0.77					
25	0.71	0.87	0.93	1.04	1.15				
32	0.92	1.13	1.21	1.35	1.49	1.70			
40	1.16	1.43	1.53	1.71	1.89	2.16			
51		1.83	1.97	2.21	2.44	2.79	3.13		
53		1.91	2.04	2.29	2.54	2.90	3.26		
63.5				2.76	3.06	3.50	3.94		
70				3.05	3.38	3.87	4.36	4.85	
76				3.33	3.69	4.23	4.70	5.29	5.81
85				3.90	4.33	4.97	5.60	6.22	6.84
89					4.96	5.69	6.41	7.13	7.84
104					5.08	5.82	6.57	7.30	8.03
108					5.28	6.42	6.83	7.59	8.35
114					5.59	7.26	7.23	8.05	8.86
129					6.33	7.29	8.19	9.11	10.03

4. 铜管规格与理论质量表

外径/mm	壁厚/mm	理论质量/(kg/m)	外径/mm	壁厚/mm	理论质量/(kg/m)	外径/mm	壁厚/mm	理论质量/(kg/m)
3	0.5	0.0334	12	0.5	0.154	17	0.5	0.220
4	0.5	0.0467	12	0.75	0.225	17	2.5	0.967
5	0.5	0.0601	12	1.0	0.294	17	3.5	1.261
5	0.75	0.0851	12	1.5	0.420	18	1.0	0.454
5	1.0	0.107	12	2.0	0.534	18	1.5	0.661
6	0.5	0.0734	12	2.5	0.634	18	2.0	0.854
6	0.75	0.105	12	3.0	0.721	18	3.0	1.201
6	1.0	0.134	13	0.5	0.167	18	4.0	1.495
6	1.5	0.180	13	0.75	0.245	19	0.5	0.247

5. 国标焊接纯铝管规格尺寸

外径/mm	壁厚/mm								
	0.5	0.8	1.0	1.2	1.5	1.8	2.0	2.5	3.0
15.9	○	○	○	○	—	—	—	—	—
20	○	○	○	○	—	—	—	—	—
25.4	—	○	○	○	○	○	○	—	—
32	—	—	—	○	○	○	○	○	—
40	—	—	—	○	○	○	○	○	—
50.8	—	—	—	○	○	○	○	○	○
65	—	—	—	○	○	○	○	○	○
75	—	—	—	○	○	○	○	○	○
80	—	—	—	○	○	○	○	○	○
90	—	—	—	○	○	○	○	○	○
100	—	—	—	—	○	○	○	○	○
120	—	—	—	—	○	○	○	○	○

注："○"为供货规格。

6. 国标无缝铝管规格尺寸系列与相应铝材的牌号状态表

壁厚系列/mm											
0.5	0.8	1.0	1.2	1.5	1.8	2.0	2.5	3.0	3.5	4.0	5.0
常用外径系列/mm											
15.9	20	25.4	32	40	50.8	65	75	80	90	100	120
常用牌号与状态的代号											

常用牌号	1035	1050	1060	1070	1100	1200	3003	3A21	3A02	5A02
常用状态	O,H14	O,H14	O,H14	O,H14	O,H14	O,H14	O,H14	O,H14	O,H14	O,H14
常用牌号	5A03	5A05	5A06	5052	5056	5083	6A02	6061	6063	8A06
常用状态	O,H34	O,H32	O	O,H14	O,H32	O,H32	O,T4,T6	O,T4,T6	O,T6	O,H14

7. PVC 给水管规格与参考价格（4m/支）

规格/mm	价格/(元/支)	规格/mm	价格/(元/支)	规格/mm	价格/(元/支)
20×1.6	7.60	50×1.0	24.48	110×1.0	108.00
25×1.6	9.36	63×1.0	36.00	160×1.0	324.00
32×1.0	12.24	75×1.0	53.28	200×1.0	502.56
40×1.0	15.56	90×1.0	72.00		

8. PVC 排水管规格与参考价格（4m/支）

规格/mm	价格/(元/支)	规格/mm	价格/(元/支)	规格/mm	价格/(元/支)
50×2.0	14.40	160×3.2	75.60	315×4.0	216.00
75×2.3	26.10	200×4.0	115.20	400×5.0	468.00
110×3.0	48.60	250×4.0	150.00		

9. PVC管件规格与参考价格

管件名称	规格/mm	价格/(元/个)		管件名称	规格/mm	价格/(元/个)	
		给水	排水			给水	排水
等径三通	25	1.24	—	弯头(90°)	25	0.85	—
	50	4.14	2.28		50	3.20	1.70
	110	41.00	11.74		110	29.60	7.10
异径三通	25×20	1.28	—	堵头	25	0.40	—
	50×25	3.43	—		50	2.50	—
	110×50	28.00	7.50		63	3.50	—
直通	25	0.6	—	异径直通	25×20	0.50	—
	50	1.95	1.00		50×25	1.60	—
	110	12.78	3.90		110×50	11.70	2.96
水龙头	20	2.50	—	球阀	25	3.50	—
	25	2.50	—		50	45.00	—
	—	—	—		63	64.86	—

10. 常用阀门规格与参考价格

规格 \ 价格/元 \ 名称	蝶阀	铜闸阀	铜截止阀	止回阀	铜旋塞	铜浮球阀
*DN*20		21	27		8	28
*DN*25		27	35		12	35
*DN*40		64	70		36	
*DN*50		87	107		58	
*DN*65	62			306		
*DN*100	98			517		
*DN*150	139			710		

附录二 常用碳钢型材规格质量表

1. 圆钢规格质量表

规格/mm	截面面积/mm²	质量/(kg/m)	规格/mm	截面面积/mm²	质量/(kg/m)
ϕ4	12.57	0.098	ϕ18	254.50	2.00
ϕ5	19.63	0.154	ϕ19	283.50	2.23
ϕ5.5	23.76	0.187	ϕ20	314.20	2.47
ϕ6	28.27	0.222	ϕ21	346.40	2.72
ϕ6.5	33.18	0.260	ϕ22	380.10	2.98
ϕ7	38.48	0.302	ϕ24	452.40	3.55
ϕ7.5	44.18	0.347	ϕ25	490.90	3.85
ϕ8	50.27	0.395	ϕ26	530.90	4.17
ϕ9	63.63	0.499	ϕ28	615.80	4.83
ϕ10	78.54	0.617	ϕ30	706.90	5.55
ϕ11	95.03	0.746	ϕ32	804.20	6.31
ϕ12	113.10	0.888	ϕ34	907.90	7.13
ϕ13	132.70	1.04	ϕ40	1256.64	9.86
ϕ14	153.90	1.21	ϕ50	1963.5	12.11
ϕ15	176.70	1.39	ϕ60	2827.44	17.43
ϕ16	201.10	1.58	ϕ80	5026.56	30.99
ϕ17	227.00	1.78	ϕ100	7854.0	48.42

2. 工字钢规格质量表

工字钢型号	尺寸/mm			截面面积/cm^2	质量/(kg/m)
	高	腿宽	腹厚		
10	100	68	4.5	14.3	11.2
12	120	74	5.0	17.8	14.0
14	140	80	5.5	21.5	16.9
16	160	88	6.0	26.1	20.5
18	180	94	6.5	30.6	24.1
20A	200	100	7.0	35.5	27.9
20B	200	102	9.0	39.5	31.1
22A	220	110	7.5	42.0	33.0
22B	220	112	9.5	46.4	36.4
24A	240	116	8.0	47.7	37.4
24B	240	118	10.0	52.6	41.2
27A	270	122	8.5	54.6	42.8
27B	270	124	10.5	60.0	47.1
30A	300	126	9.0	61.2	48.0
30B	300	128	11.0	67.2	52.7
30C	300	130	13.0	73.4	57.4
36A	360	136	10.0	76.3	59.9
36B	360	138	12.0	83.5	65.6
36C	360	140	14.0	90.7	71.2
40A	400	142	10.5	86.1	67.6
40B	400	144	12.5	94.1	73.8
40C	400	146	14.5	102	80.1

3. 槽钢规格质量表

槽钢型号	尺寸			截面面积/cm^2	质量/(kg/m)
	高	腿长	腰厚		
5	50	37	4.5	6.93	5.44
6.5	65	40	4.8	8.54	6.70
8	80	43	5.0	10.24	8.04
10	100	48	5.3	12.74	10.00
12	120	53	5.5	15.36	12.06
14A	140	58	6.0	18.51	14.53
14B	140	60	8.0	21.31	16.73
16A	160	63	6.5	21.95	17.23
16B	160	65	8.5	25.15	19.74
20A	200	73	7.0	28.83	22.63
20B	200	75	9.0	32.83	25.77
30A	300	85	7.5	43.89	34.45
30B	300	87	9.5	49.59	36.16
30C	300	89	11.5	55.89	43.81

4. 热轧等边角钢尺寸及质量

型号	尺寸/mm 边宽	尺寸/mm 边厚	长度/m	理论质量/(kg/m)
2	20	3	3～9	0.889
		4		1.145
2.5	25	3	3～9	1.124
		4		1.459
3	30	3	3～9	1.373
	30	4		1.786
3.6	36	3	3～9	1.656
		4		2.163
		5		2.654
4	40	3	3～9	1.852
		4		2.422
		5		2.976
4.5	45	3	4～12	2.088
		4		2.736
		5		3.369
		6		3.985
5	50	3	4～12	2.332
		4		3.059
		5		3.77
		6		4.465
6.3	63	4	4～12	3.907
		5		4.822
		6		5.721
		8		7.469
		10		9.151
7	70	4	4～12	4.372
		5		5.397
		6		6.406
		7		7.398
		8		8.373
8	80	5	4～12	6.211
		6		7.376
		7		8.525
		8		9.658
		10		11.874
9	90	6	4～19	8.35
		8		10.946
		10		13.476
		12		15.94
10	100	6	4～19	9.366
		8		12.276
		10		15.12
		12		17.898
		14		20.611
		16		23.257

5. 扁钢规格与理论质量（通常长度 2～6m）

宽度/mm	厚度 4	5	6	7	8	9	10	11	12	14	16	18	20	22	25	28	30
	质量/(kg/m)																
12	0.38	0.47	0.57	0.66	0.75												
14	0.44	0.55	0.66	0.77	0.88												
16	0.50	0.63	0.75	0.88	1.00	1.15	1.26										
18	0.57	0.71	0.85	0.99	1.13	1.27	1.41										
20	0.63	0.79	0.94	1.10	1.26	1.41	1.57	1.73	1.88								
22	0.69	0.86	1.04	1.21	1.38	1.55	1.73	1.90	2.07								
25	0.79	0.98	1.18	1.37	1.57	1.77	1.96	2.16	2.36	2.75	3.14						
28	0.88	1.10	1.32	1.54	1.76	1.98	2.20	2.42	2.64	3.08	3.53						
30	0.94	1.18	1.41	1.65	1.88	2.12	2.36	2.59	2.83	3.36	3.77	4.24	4.71				
36	1.13	1.41	1.69	1.97	2.26	2.51	2.82	3.11	3.39	3.95	4.52	5.09	5.65				
40	1.26	1.57	1.88	2.20	2.51	2.83	3.14	3.45	3.77	4.40	5.02	5.65	6.28	6.91	7.85	8.79	
45	1.41	1.77	2.12	2.47	2.83	3.18	3.53	3.89	2.24	4.95	5.65	6.36	7.07	7.77	8.83	9.89	10.60
50	1.57	1.96	2.36	2.75	3.14	3.53	3.93	4.32	4.71	5.50	6.28	7.07	7.85	8.64	9.81	10.99	11.78
56	1.76	2.20	2.64	3.08	3.52	3.95	4.39	4.83	5.27	6.15	7.30	7.91	8.79	9.67	10.99	12.31	13.19
60	1.88	2.36	2.83	3.30	3.77	4.24	4.71	5.18	5.65	6.59	7.54	8.48	9.42	10.36	11.78	13.19	14.13
65	2.04	2.55	3.06	3.57	4.08	4.59	5.10	5.61	6.12	7.14	8.16	9.19	10.21	11.23	12.76	14.29	15.31
70	2.20	2.75	3.30	3.85	4.40	4.95	5.50	6.04	6.59	7.69	8.79	8.89	10.99	12.09	13.74	15.39	16.49
75	2.36	2.94	3.53	4.12	4.71	5.30	5.89	6.48	7.07	8.24	9.42	10.60	11.78	12.95	14.72	16.49	17.66
80	2.51	3.14	3.77	4.40	5.02	5.65	6.28	6.91	7.54	8.79	10.05	11.30	12.56	13.82	15.70	17.58	18.84
85	2.67	3.34	4.00	4.67	5.34	6.01	6.67	7.34	8.01	9.34	10.68	12.01	13.35	14.68	16.68	18.68	20.02
90	2.83	3.53	4.24	4.95	5.56	6.36	7.07	7.77	8.48	9.89	11.30	12.72	14.13	15.54	17.65	19.78	21.20
95	2.98	3.73	4.47	5.22	5.97	6.71	7.46	8.20	8.95	10.44	11.93	13.42	14.92	16.41	18.84	20.88	22.37
100	3.14	3.93	4.71	5.50	6.28	7.07	7.85	8.64	9.42	10.99	12.56	14.13	15.70	17.27	19.63	21.98	23.55
110	3.45	4.32	5.18	6.04	6.91	7.77	8.64	9.50	10.36	12.09	13.82	15.54	17.27	19.00	21.59	24.18	25.91
120	3.77	4.71	5.65	6.59	7.54	8.48	9.42	10.36	11.30	13.19	15.07	16.96	18.84	20.72	23.55	26.38	28.26
125	3.93	4.91	5.89	6.67	7.85	8.83	9.81	10.76	11.78	13.74	15.70	17.66	19.63	21.50	24.53	27.48	29.44
130	4.08	5.10	6.12	7.14	8.16	9.18	10.21	11.23	12.25	14.29	16.33	18.87	20.41	22.45	25.51	28.57	30.62
140	4.40	5.50	6.59	7.69	8.79	9.89	10.99	12.09	13.19	15.39	17.58	19.78	21.98	24.18	27.48	30.77	32.97
150	4.71	5.89	7.07	8.24	9.42	10.60	11.78	12.95	14.13	16.49	18.84	21.20	23.55	25.91	29.44	32.97	35.33
160	5.02	6.28	7.54	8.79	10.05	11.30	12.56	13.82	15.07	17.58	20.10	22.61	25.12	27.63	31.40	35.17	37.63
170	5.34	6.67	8.01	9.34	10.68	12.01	13.35	14.68	16.01	18.68	21.35	24.02	26.09	29.36	33.36	37.37	40.04
180	5.65	7.07	8.48	9.89	11.30	12.72	14.13	15.54	16.96	19.78	22.61	25.43	28.26	31.09	35.33	39.56	42.39
190	5.97	7.46	8.95	10.44	11.93	13.42	14.92	16.41	17.90	20.88	23.86	26.85	29.83	32.81	37.29	41.76	44.75
200	6.28	7.85	9.42	10.99	12.56	14.13	15.70	17.27	18.84	21.98	25.12	28.26	31.40	34.54	39.25	43.96	47.10

附录三 常用网筛目数与粒径对照表

目数(mesh)	粒径/μm	目数(mesh)	粒径/μm	目数(mesh)	粒径/μm	目数(mesh)	粒径/μm
2	8000	24	700	100	150	240	61
3	6700	28	600	115	125	250	58
4	4750	30	550	120	120	270	53
5	4000	35	425	125	115	325	45
6	3350	40	380	130	113	400	38
7	2800	45	325	140	109	600	23
8	2360	48	300	150	106	800	18
10	1700	50	270	160	96	1000	13
12	1400	60	250	170	90	1340	10
14	1180	65	230	175	86	2000	6.5
16	1000	70	212	180	80	5000	2.6
18	880	80	180	200	75	8000	1.6
20	830	90	160	230	62	10000	1.3

附录四 螺 纹

1. 普通螺纹直径与螺距（摘自 GB/T 196～197—2003）

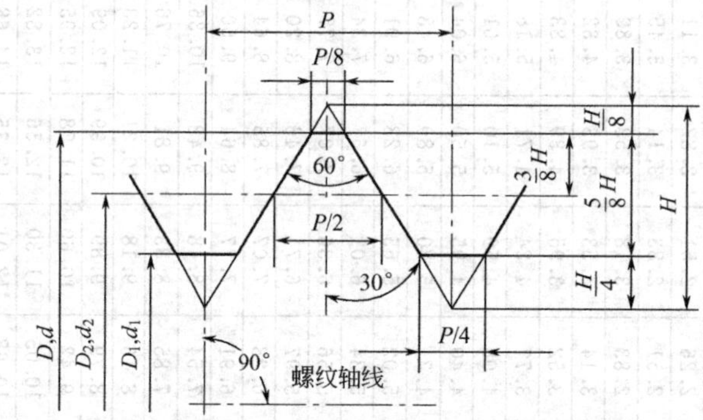

D——内螺纹大径
d——外螺纹大径
D_2——内螺纹中径
d_2——内螺纹中径
D_1——内螺纹小径
d_1——内螺纹小径
P——螺距

标记示例：

M10-6g（粗牙普通外螺纹、公称直径 $d=10$、右旋、中径及大径公差带均为 6g、中等旋合长度）

M10×1LH-6H（细牙普通内螺纹、公称直径 $D=10$、螺距 $P=1$、左旋、中径及小径公差带均为 6H、中等旋合长度）

mm

公称直径 D、d			螺 距 P		粗牙螺纹小径 D_1、d_1
第一系列	第二系列	第三系列	粗牙	细 牙	
4	—	—	0.7	0.5	3.242
5	—	—	0.8		4.134
6	—	—	1	0.75,(0.5)	4.917
	—	7			5.917

续表

公称直径 D、d			螺距 P		粗牙螺纹小径
第一系列	第二系列	第三系列	粗牙	细牙	D_1、d_1
8	—	—	1.25	1,0.75,(0.5)	6.647
10	—	—	1.5	1.25,1,0.75,(0.5)	8.376
12	—	—	1.75	1.5,1.25,1,(0.75),(0.5)	10.106
—	14	—	2		11.835
—	—	15		1.5,(1)	13.376
16	—	—	2	1.5,1,(0.75),(0.5)	13.835
—	18	—			15.294
20	—	—	2.5	2,1.5,1,(0.75),(0.5)	17.294
—	22	—			19.294
24	—	—	3	2,1.5,1,(0.75)	20.752
—	—	25	—	2,1.5,(1)	22.835
—	27	—	3	2,1.5,1,(0.75)	23.752
30	—	—	3.5	(3),2,1.5,1,(0.75)	26.211
—	33	—		(3),2,1.5,(1),(0.75)	29.211
—	—	35	—	1.5	33.376
36	—	—	4	3,2,1.5,(1)	31.670
—	39	—			34.670

注：1. 优先选用第一系列，其次是第二系列，第三系列尽可能不用。

2. 括号内尺寸尽可能不用。

3. M14×1.25 仅用于火花塞；M35×1.5 仅用于滚动轴承锁紧螺母。

2. 梯形螺纹（摘自 GB/T 5796.1～5796.1—1986）

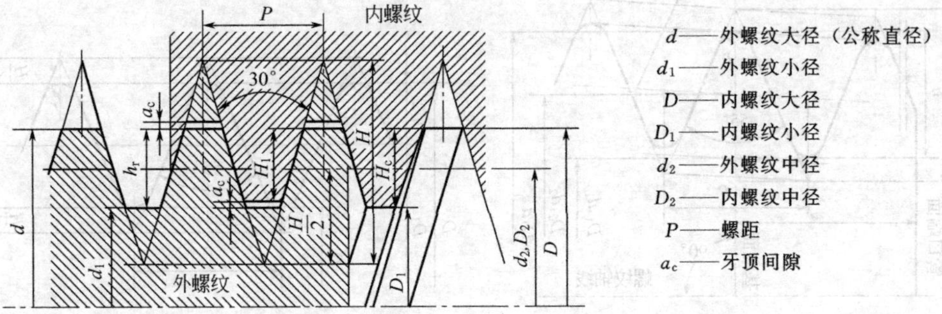

标记示例：

Tr40×7-7H（单线梯形内螺纹、公称直径 d=40、螺距 P=7、右旋、中径公差带为 7H、中等旋合长度）

Tr60×18（$P$9）LH-8e-L（双线梯形外螺纹、公称直径 d=60、导程 S=18、螺距 P=9、左旋、中径公差带为 8e、长旋合长度）

mm

d公称系列		螺距	中径	大径	小径		d公称系列		螺距	中径	大径	小径	
第一系列	第二系列	P	$d_2=D_2$	D_4	d_3	D_1	第一系列	第二系列	P	$d_2=D_2$	D_4	d_3	D_1
8	—	1.5	7.25	8.3	6.2	6.5	32	—		29.0	33	25	26
—	9		8.0	9.5	6.5	7	—	34	6	31.0	35	27	28
10	—	2	9.0	10.5	7.5	8	36	—		33.0	37	29	30
—	11		10.0	11.5	8.5	9	—	38		34.5	39	30	31
12	—	3	10.5	12.5	8.5	9	40	—	7	36.5	41	32	33
—	14		12.5	14.5	10.5	11	—	42		38.5	43	34	35
16	—		14.0	16.5	11.5	12	44	—		40.5	45	36	37
—	18	4	16.0	18.5	13.5	14	—	46		42.0	47	37	38
20	—		18.0	20.5	15.5	16	48	—	8	44.0	49	39	40
—	22		19.5	22.5	16.5	17	—	50		46.0	51	41	42
24	—	5	21.5	24.5	18.5	19	52	—		48.0	53	43	44
—	26		23.5	26.5	20.5	21	—	55	9	50.5	56	45	46
28	—		25.5	28.5	22.5	23	60	—		55.5	61	50	51
—	30	6	27.0	31.0	23.0	24	—	65	10	60.0	66	54	55

注：1. 优先选用第一系列的直径。

2. 表中所列的螺距和直径，是优先选择的螺距及与之对应的直径。

3. 管螺纹（摘自 GB/T 7306、7307—1987）

密封管螺纹摘自 GB/T 7306—1987

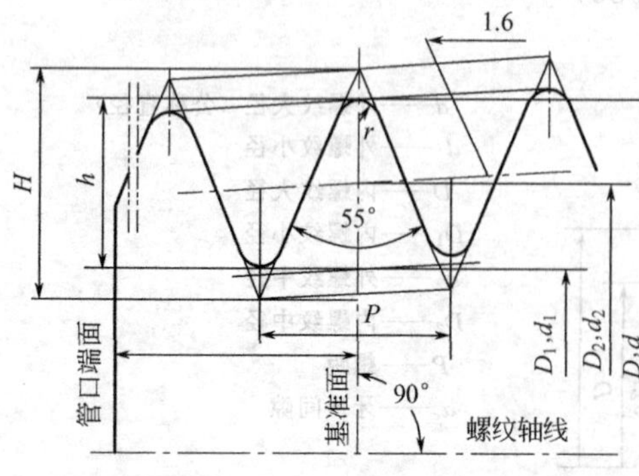

标记示例：

R_1½（尺寸代号½，右旋圆锥外螺纹）

$R_1$1¼-LH（尺寸代号 1¼，左旋圆锥外螺纹）

R_p2（尺寸代号 2，右旋圆锥内螺纹）

非密封管螺纹摘自 GB/T 7307—1987

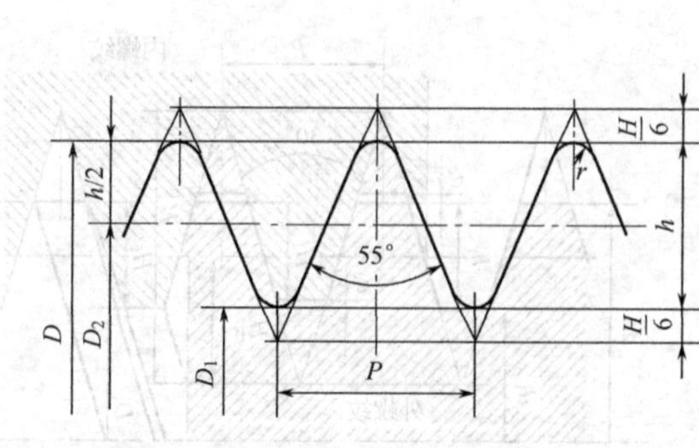

标记示例：

G1½-LH（尺寸代号 1½，左旋内螺纹）

G1¼A（尺寸代号 1¼，A 级右旋外螺纹）

G2B-LH（尺寸代号 2，B 级左旋外螺纹）

$R_p/R_1 2$（尺寸代号为 2 的右旋圆锥外螺纹与圆柱内螺纹所组成的螺纹副）

尺寸代号	基面上的直径(GB/T 7306) 基本直径(GB/T 7307)			螺距 P /mm	牙高 h /mm	圆弧半径 r /mm	每 25.4mm 内的牙数 n	有效螺纹长度(GB 7306) /mm	基准的基本长度(GB/T 7306) /mm
	大径 $d=D$ /mm	中径 $d_2=D_2$ /mm	小径 $d_1=D_1$ /mm						
1/16	7.723	7.142	6.651	0.907	0.581	0.125	28	6.5	4.0
1/8	9.728	9.147	8.566						
1/4	13.157	12.301	11.445	1.337	0.856	0.184	19	9.7	6.0
3/8	16.662	15.806	14.950					10.1	6.4
1/2	20.955	19.793	18.631	1.814	1.162	0.249	14	13.2	8.2
3/4	26.441	25.279	24.117					14.5	9.5
1	33.249	31.770	30.291	2.309	1.479	0.317	11	16.8	10.4
1¼	41.910	40.431	28.952					19.1	12.7
1½	47.803	46.324	44.845						
2	59.614	58.135	56.656					23.4	15.9
2½	75.184	73.705	72.226					26.7	17.5
3	87.884	86.405	84.926					29.8	20.6
4	113.030	111.551	110.072					35.8	25.4
5	138.430	139.591	135.472					40.1	28.6
6	163.830	162.351	160.872						

附录五 常用的标准件

1. 六角头螺栓（摘自 GB/T 578、5781、5782、5783、5785、5786—2000）

(1) 六角头螺栓—A 级和 B 级（摘自 GB/T 5782—2000）

六角头螺栓—细牙—A 级和 B 级（摘自 GB/T 5785—2000）

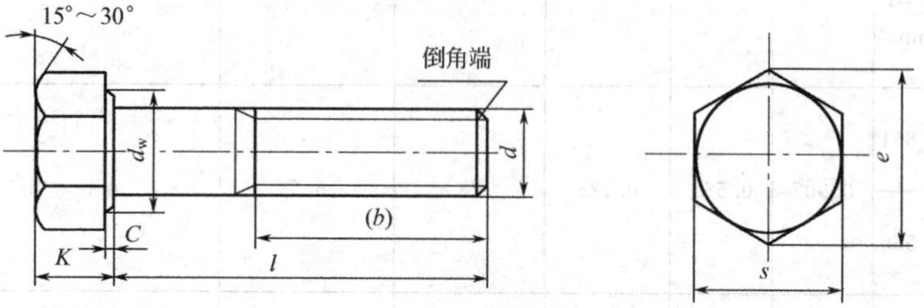

标记示例：
螺栓 GB/T 5782 M12×100
（螺纹规格 d＝M12、公称长度 l＝100、性能等级为 8.8 级、表面氧化、杆身半螺纹、A 级的六角头螺栓）

(2) 六角头螺栓—全螺纹—A 级和 B 级（摘自 GB/T 5783—2000）

六角头螺栓—细牙—全螺纹—A 级和 B 级（摘自 GB/T 5786—2000）

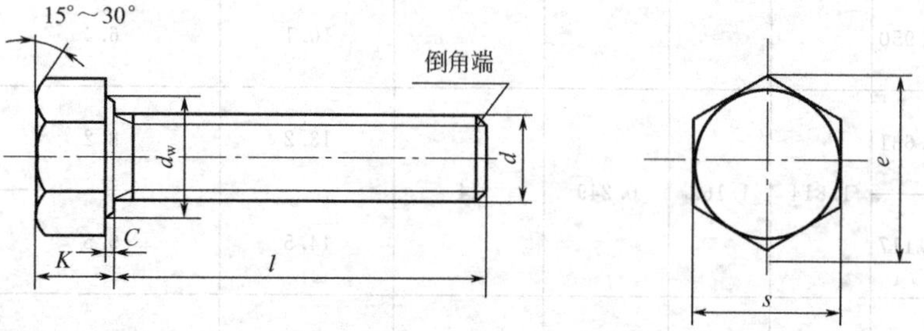

标记示例：
螺栓 GB/T 5786 M30×2×80
（螺纹规格 d＝M30×2、公称长度 l＝80、性能等级为 8.8 级、表面氧化、全螺纹、B 级的细牙六角头螺栓）

mm

螺纹规格	d	M4	M5	M6	M8	M10	M12	M16	M20	M24	M30	M36	M42	M48
	$D\times P$	—	—	—	M8×1	M10×1	M12×15	M16×15	M20×2	M24×2	M30×2	M36×3	M42×3	M48×3
$B_{参考}$	$l\leqslant125$	14	16	18	22	26	30	38	46	54	66	78	—	—
	$125<l\leqslant200$	—	—	—	28	32	36	44	52	60	72	84	96	108
	$l>200$	—	—	—	—	—	—	57	65	73	85	97	109	121
c_{max}		0.4	0.5		0.6			0.8					1	
$K_{公称}$		2.8	3.5	4	5.3	6.4	7.5	10	12.5	15	18.7	22.5	26	30
d_{smax}		4	5	6	8	10	12	16	20	24	30	36	42	48
s_{max}＝公称		7	8	10	13	16	18	24	30	36	46	55	65	75
e_{min}	A	7.66	8.79	11.05	14.38	17.77	20.03	26.75	33.53	39.98	—	—	—	—
	B	—	8.63	10.89	14.2	17.59	19.85	26.17	32.95	39.55	50.85	60.79	72.02	82.6
d_{wmin}	A	5.9	6.9	8.9	11.6	14.6	16.6	22.5	28.2	33.6	—	—	—	—
	B	—	6.7	8.7	11.4	14.4	16.4	22	27.7	33.2	42.7	51.1	60.6	69.4
$L_{范围}$	GB 5782	25～40	25～50	30～60	35～80	40～100	45～120	55～160	65～200	80～240	90～300	110～360	130～400	140～400
	GB 5785											110～300		
	GB 5783	8～40	10～50	12～60	16～80	20～100	25～100	35～100	40～100				85～500	100～500
	GB 5786	—	—	—			25～120	35～160					90～400	100～500
$L_{系列}$	GB 5782 GB 5785	20～65(5 进位)、70～160(10 进位)、180～400(20 进位)												
	GB 5783 GB 5786	6,8,10,12,16,18,20～65(5 进位),70～160(10 进位),180～500(20 进位)												

注：1. P——螺距，末端按 GB/T 2—2000。

2. 螺纹公差：6g。机械性能等级：8.8。

3. 产品等级：A 级用于 $d\leqslant24$mm 和 $l\leqslant10d$ 或 $l\leqslant150$mm（按较小值）；B 级用于 $d>24$mm 和 $l>10d$ 或 $l>150$mm（按较小值）。

(3) 六角头螺栓—C级（摘自 GB/T 5780—2000）

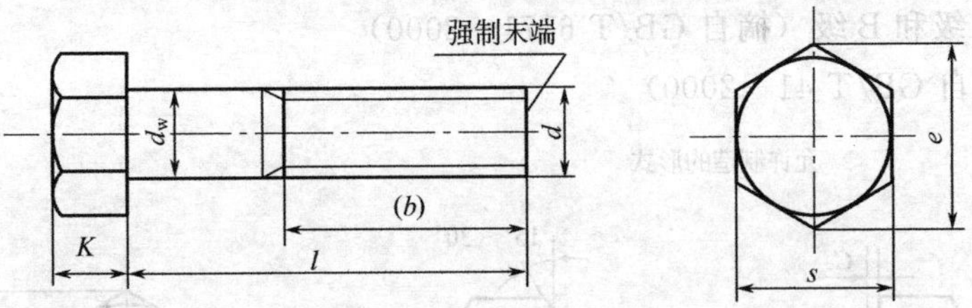

标记示例：

螺栓 GB/T 5780 M20×100

（螺纹规格 d=M20、公称长度 l=100、性能等级为4.8级、不经表面处理、全螺纹、C级的六角头螺栓）

六角头螺栓—全螺纹—C级（摘自 GB/T 5781—2000）

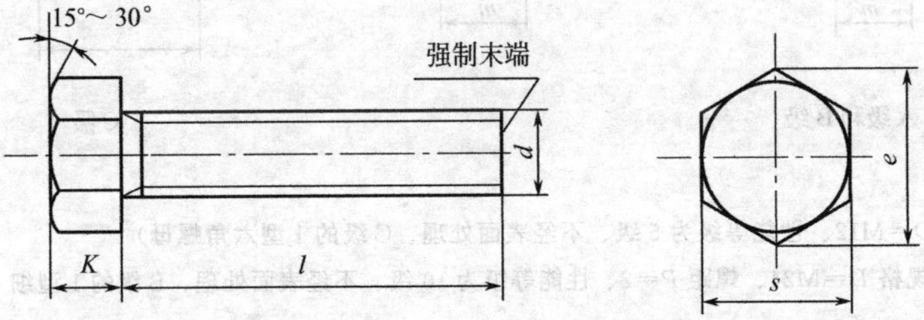

标记示例：

螺栓 GB/T 5781 M12×80

（螺纹规格 d=M12、公称长度 l=80、性能等级为4.8级、不经表面处理、全螺纹、C级的六角头螺栓）

mm

螺纹规格		M5	M6	M8	M10	M12	M16	M20	M24	M30	M36	M42	M48
$B_{参考}$	$l\leqslant125$	16	18	22	26	30	38	46	54	66	78	—	—
	$125<l\leqslant200$	—	—	28	32	36	44	52	60	72	84	96	108
	$l>200$	—	—	—	—	—	57	65	73	85	97	109	121
$K_{公称}$		3.5	4	5.3	6.4	7.5	10	12.5	15	18.7	22.5	26	30
s_{max}		8	10	13	16	18	24	30	36	46	55	65	75
e_{max}		8.63	10.89	14.2	17.59	19.85	26.17	32.95	39.55	50.85	60.79	72.02	82.6
d_{smax}		6.7	8.7	11.4	14.4	16.4	22	27.7	33.2	42.7	51.1	60.6	69.4
$L_{范围}$	GB 5780—2000	25～50	30～60	35～80	40～100	45～120	55～160	65～200	80～240	90～300	110～300	160～420	180～480
	GB 5781—2000	10～40	12～50	16～65	20～80	25～100	35～100	40～100	50～100	60～100	70～100	80～420	90～480
$L_{系列}$	10,12,16,20～50(5进位),(55),60,(65),70～160(10进位),180,220～500(20进位)												

注：1. 括号内的规格尽可能不用，末端按 GB/T 2—2000。

2. 螺纹公差：8g（GB/T 5780—2000）、6g（GB/T 5781—2000）。机械性能等级：4.6、4.8。产品等级：C。

2. 1型六角螺母（摘自 GB/T 41、6170、6171—2000）

1型六角螺母—A级和B级（摘自 GB/T 6170—2000）

1型六角螺母—细牙—A级和B级（摘自 GB/T 6171—2000）

1型六角螺母—C级（摘自 GB/T 41—2000）

允许制造的形式

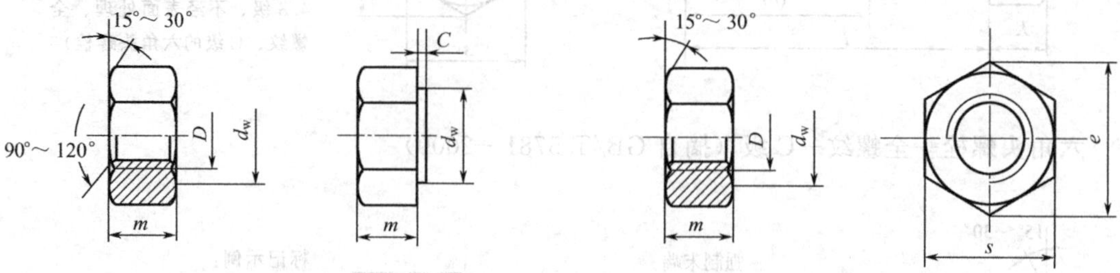

A级和B级　　　　　　C级

标记示例：

螺母 GB/T 41 M12（螺纹规格 D=M12、性能等级为5级、不经表面处理、C级的1型六角螺母）

螺母 GB/T 6171 M24×2（螺纹规格 D=M24、螺距 P=2、性能等级为10级、不经表面处理、B级的1型细牙六角螺母）

mm

螺纹规格		M4	M5	M6	M8	M10	M12	M16	M20	M24	M30	M36	M42	M48
螺纹规格	D	M4	M5	M6	M8	M10	M12	M16	M20	M24	M30	M36	M42	M48
螺纹规格	$D\times P$	—	—	—	M8×1	M10×1	M12×1.5	M16×1.5	M20×2	M24×2	M30×2	M36×3	M42×3	M48×3
C		0.4	0.5			0.6			0.8				1	
S_{max}		7	8	10	13	16	18	24	30	36	46	55	65	75
e_{min}	A、B级	7.66	8.79	11.05	14.38	17.77	20.03	26.75	32.95	39.95	50.85	60.79	72.02	82.6
e_{min}	C级	—	8.63	10.89	14.2	17.59	19.85	26.17						
m_{max}	A、B级	3.2	4.7	5.2	6.8	8.4	10.8	14.8	18	21.5	25.6	31	34	38
m_{max}	C级	—	5.6	6.1	7.9	9.5	12.2	15.9	18.7	22.3	26.4	31.5	34.9	38.9
$D_{w\ min}$	A、B级	5.9	6.9	8.9	11.6	14.6	16.6	22.5	27.7	33.2	42.7	51.1	60.6	69.4
$D_{w\ min}$	C级	—	6.9	8.7	11.5	14.5	16.5	22						

注：1. P——螺距。

2. A级用于 $D\leqslant 16$mm 的螺母；B级用于 $D>16$mm 的螺母；C级用于 $D\geqslant 5$mm 的螺母。

3. 螺纹公差：A、B级为6H，C级为7H。机械性能等级：A、B级为6、8、10级，C级为4、5级。

3. 垫圈（摘自 GB/T 95、96、97.1、97.2、848、5287—1985）

小垫圈—A 级（摘自 GB/T 848—1985）

平垫圈—A 级（摘自 GB/T 97.1—1985）

平垫圈 倒角型—A 级（摘自 GB/T 97.2—1985）

平垫圈 C 级（摘自 GB/T 95—1985）

大垫圈 A 级和 C 级（摘自 GB/T 96—1985）

特大垫圈 C 级（摘自 GB/T 5287—1985）

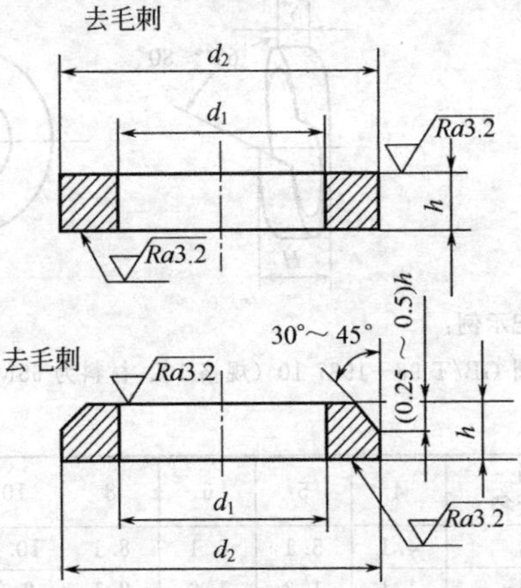

标记示例：

垫圈 GB/T 95—1985.8—100HV（标准系列、公称尺寸 $d=8$、性能等级为 100HV 级、不经表面处理的平垫圈）

垫圈 GB/T 97.2—1985.8—A140（标准系列、公称尺寸 $d=8$、性能等级为 A140 级、倒角型、不经表面处理的平垫圈）

mm

公称尺寸（螺纹规格）d	标准系列									特大系列			大系列			小系列		
	GB/T 95（C 级）			GB/T 97.1（A 级）			GB/T 97.2（A 级）			GB/T 5287（C 级）			GB/T 96（A 级和 C 级）			GB/T 848（A 级）		
	$d_{1\min}$	$d_{2\max}$	h	$d_{1\min}$	$d_{2\max}$	h	$d_{1\min}$	$d_{2\max}$	h	$d_{1\min}$	$d_{2\max}$	h	$d_{1\min}$	$d_{2\max}$	h	$d_{1\min}$	$d_{2\max}$	h
4	—	—	—	4.3	9	0.8	—	—	—	—	—	—	4.3	12	1	4.3	8	0.5
5	5.5	10	1	5.3	10	1	5.3	10	1	5.5	18	2	5.3	15	1.2	5.3	9	1
6	6.6	12	1.6	6.4	12	1.6	6.4	12	1.6	6.6	22		6.4	18	1.6	6.4	11	1.6
8	9	16		8.4	16		8.4	16		9	28	3	8.4	24	2	8.4	15	
10	11	20	2	10.5	20	2	10.5	20	2	11	34		10.5	30	2.5	10.5	18	
12	13.5	24	2.5	13	24	2.5	13	24	2.5	13.5	44	4	13	37	3	13	20	2
14	15.5	28		15	28		15	28		15.5	50		15	44		15	24	2.5
16	17.5	30	3	17	30	3	17	30	3	17.5	56	5	17	50		17	28	
20	22	37		21	37		21	37		22	72	6	22	60	4	21	34	3
24	26	44	4	25	44	4	25	44	4	26	85		26	72	5	25	39	4
30	33	56		31	56		31	56		33	105		33	92	6	31	50	
36	39	66	5	37	66	5	37	66	5	39	125	8	39	110	8	37	60	5
42①	45	78	8	—	—	—	—	—	—	—	—	—	45	125	10	—	—	—
48①	52	92		—	—	—	—	—	—	—	—	—	52	145		—	—	—

① 尚未列入相应产品标准的规格。

注：1. A 级适用于精装配系列，C 级适用于中等装配系列。

2. C 级垫圈没有 $Ra3.2$ 和去毛刺的要求。

3. GB/T 848—1985 主要用于圆柱头螺钉，其他用于标准的六角螺栓螺母和螺钉。

4. 标准型弹簧垫圈（摘自 GB/T 93—1987）

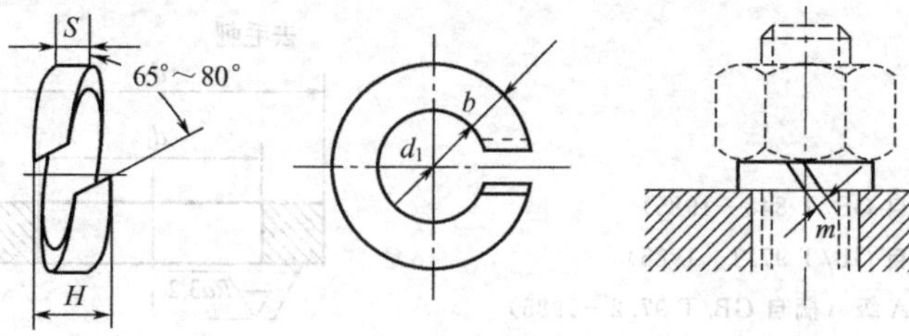

标记示例：

垫圈 GB/T 93—1987 10（规格 10、材料为 65Mn、表面氧化的标准型弹簧垫圈）

mm

规格（螺纹大径）	4	5	6	8	10	12	16	20	24	30	36	42	48
$D_{1\min}$	4.1	5.1	6.1	8.1	10.2	12.2	16.2	20.2	24.5	30.5	36.5	42.5	48.5
$S=b_{公称}$	1.1	1.3	1.6	2.1	2.6	3.1	4.1	5	6	7.5	9	10.5	12
$m\leqslant$	0.55	0.65	0.8	1.05	1.3	1.55	2.05	2.5	3	3.75	4.5	5.25	6
$H_{\max}$	2.75	3.25	4	5.25	6.5	7.75	10.25	12.5	15	18.75	22.5	26.25	30

注：m 应大于零。

5. 滚动轴承

深沟球轴承（摘自 GB/T 276—1994）

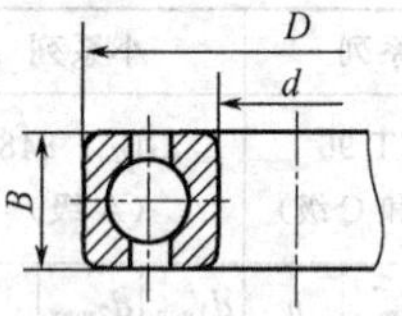

标记示例：

滚动轴承 6310 GB/T 276

圆锥滚子轴承（摘自 GB/T 297—1994）

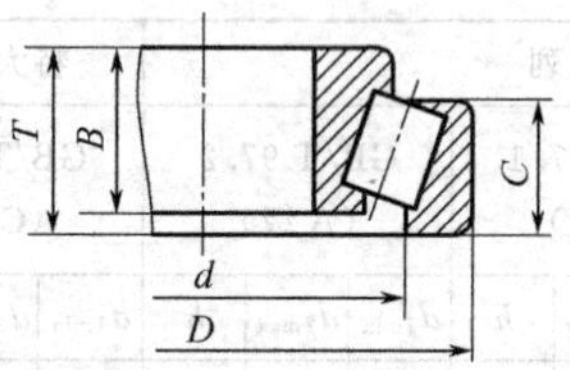

标记示例：

滚动轴承 30212 GB/T 297

推力球轴承（摘自 GB/T 301—1995）

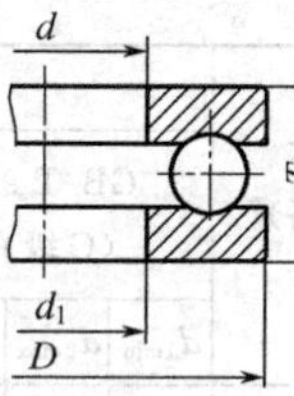

标记示例：

滚动轴承 51305 GB/T 301

轴承型号	尺寸/mm			轴承型号	尺寸/mm					轴承型号	尺寸/mm			
	d	D	B		d	D	B	C	T		d	D	T	d_1
尺寸系列［(0)2］				尺寸系列［02］						尺寸系列［12］				
6202	15	35	11	30203	17	40	12	11	13.25	51202	15	32	12	17
6203	17	40	12	30204	20	47	14	12	15.25	51203	17	35	12	19
6204	20	47	14	30205	25	52	15	13	16.25	51204	20	40	14	22
6205	25	52	15	30206	30	62	16	14	17.25	51205	25	47	15	27
6206	30	62	16	30207	35	72	17	15	18.25	51206	30	52	16	32
6207	35	72	17	30208	40	80	18	16	19.75	51207	35	62	18	37
6208	40	80	18	30209	45	85	19	16	20.75	51208	40	68	19	42
6209	45	85	19	30210	50	90	20	17	21.75	51209	45	73	20	47
6210	50	90	20	30211	55	100	21	18	22.75	51210	50	78	22	52
6211	55	100	21	30212	60	110	22	19	23.75	51211	55	90	25	57
6212	60	110	22	30213	65	120	23	20	24.75	51212	60	95	26	62
尺寸系列［(0)3］				尺寸系列［03］						尺寸系列［13］				
6302	15	42	13	30302	15	42	13	11	14.25	51304	20	47	18	22
6303	17	47	14	30303	17	47	14	12	15.25	51305	25	52	18	27
6304	20	52	15	30304	20	52	15	13	16.25	51306	30	60	21	32
6305	25	62	17	30305	25	62	17	15	18.25	51307	35	68	24	37
6306	30	72	19	30306	30	72	19	16	20.75	51308	40	78	26	42
6307	35	80	21	30307	35	80	21	18	22.75	51309	45	85	28	47
6308	40	90	23	30308	40	90	23	20	25.25	51310	50	95	31	52
6309	45	100	25	30309	45	100	25	22	27.25	51311	55	105	35	57
6310	50	110	27	30310	50	110	27	23	29.25	51312	60	110	35	62
6311	55	120	29	30311	55	120	29	25	31.50	51313	65	115	36	67
6312	60	130	31	30312	60	130	31	26	33.50	51314	70	125	40	72

注：圆括号中的尺寸系列代号在轴承代号中省略。

附录六　化工设备标准件

1．椭圆形封头（摘自 JB/T 4737—1995）

以内径为公称直径的封头

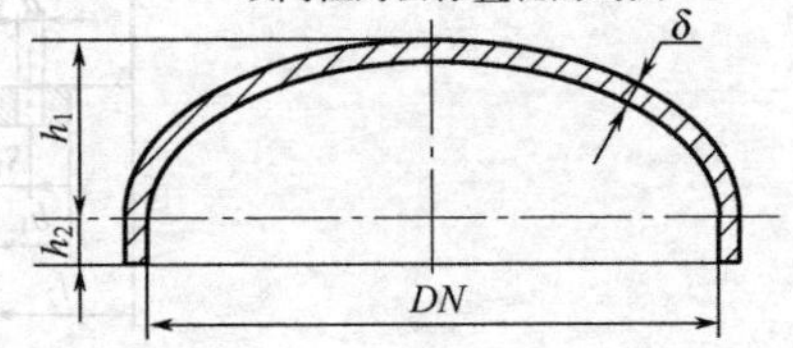

以外径为公称直径的封头

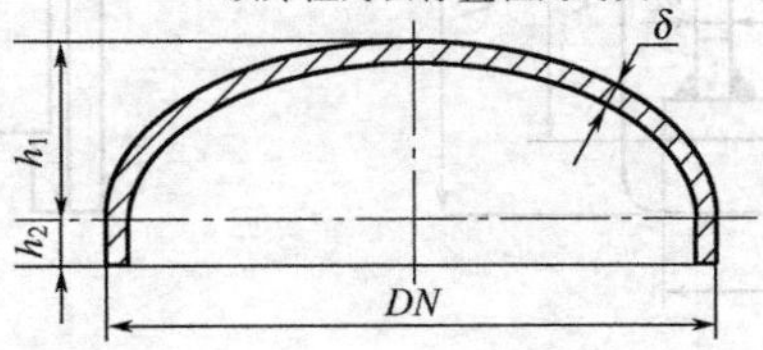

mm

公称直径 DN	曲面高度 h_1	直边高度 h_2	厚度 δ	公称直径 DN	曲面高度 h_1	直边高度 h_2	厚度 δ
以内径为公称直径的封头							
300	75	25	4～8	1600	400	25	6～8
350	88	25	4～8			40	10～18
400	100	25	4～8			50	20～42
		40	10～16	1700	425	25	8
450	112	25	4～8			40	10～18
		40	10～18			50	20～24
500	125	25	4～8	1800	450	25	8
		40	10～18			40	10～18
		50	20			50	20～50
550	137	25	4～8	1900	475	25	8
		40	10～18			40	10～18
		50	20～22	2000	500	25	8
600	150	25	4～8			40	10～18
		40	10～18			50	20～50
		50	20～24	2100	525	40	10～14
	162	25	4～8	2200	550	25	8,9
		40	10～18			40	10～18
		50	20～24			50	20～50
700	175	25	4～8	2300	575	40	10～14
		40	10～18	2400	600	40	10～18
		50	20～24			50	20～50
750	188	25	4～8	2500	625	40	12～18
		40	10～18			50	20～50
		50	20～26	2600	650	40	12～18
800	200	25	4～8			50	20～50
		40	10～18	2800	700	40	12～18
		50	20～26			50	20～50
900	225	25	4～8	3000	750	40	12～18
		40	10～18			50	20～46
		50	20～28	3200	800	40	14～18
1000	250	25	4～8			50	20～42
		40	10～18	3400	850	50	20～36
		50	20～30	3500	875	50	12～38
1100	275	25	6～8	3600	900	50	20～36
		40	10～18	3800	950	50	20～36
		50	20～24	4000	1000	50	20～36
1200	300	25	6～8	4200	1050	50	12～38
		40	10～18	4400	1100	50	12～38
		50	20～34	4500	1125	50	12～38
1300	325	25	6～8	4600	1150	50	12～38
		40	10～18	4800	1200	50	12～38
		50	20～24	5000	1250	50	12～38
1400	350	25	6～8	5200	1300	50	12～38
		40	10～18	5400	1350	50	12～38
		50	20～38	5500	1375	50	12～38
1500	375	25	6～8	5600	1400	50	12～38
		40	10～18	5800	1450	50	12～38
		50	20～24	6000	1500	50	12～38
以外径为公称直径的封头							
159	40	25	4～8	325	81	25	8
219	55	25	4～8			40	10～12
273	68	25	4～8	377	94	40	10～14
		40	10～12	426	106	40	10～14

注：厚度 δ 系列 4～50 之间 2 进位。

2. 悬挂式支座（摘自 JB/T 4725—1992）

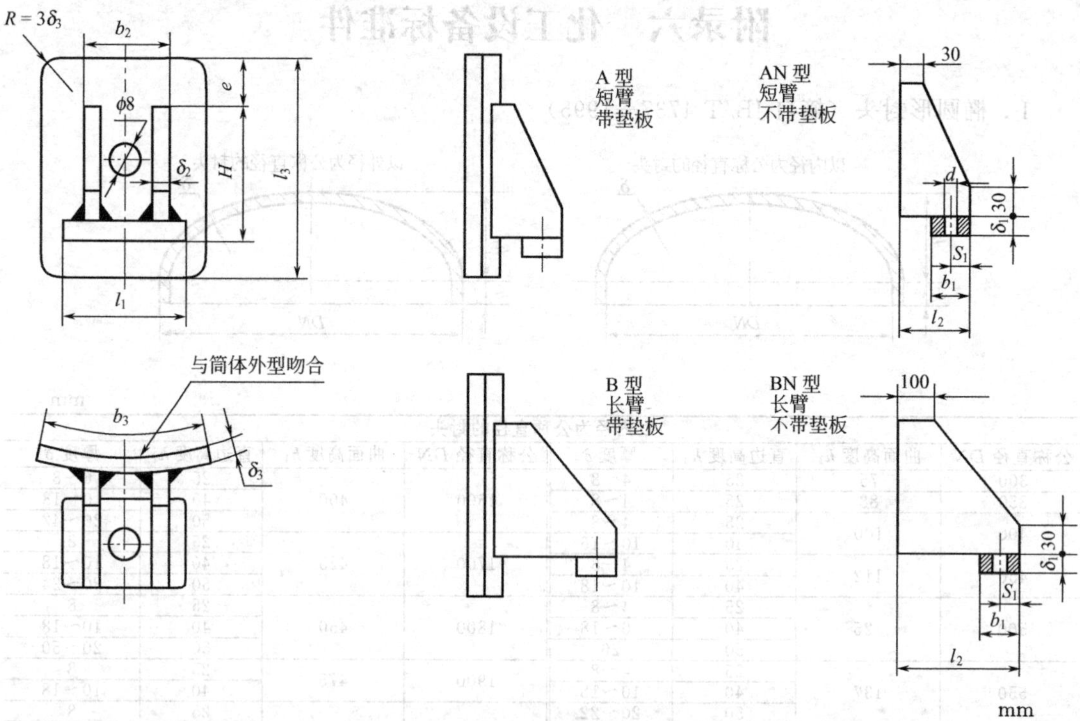

支座号			1	2	3	4	5	6	7	8
适用容器公称直径 *DN*			300～600	500～1000	700～1400	1000～2000	1300～2600	1500～3000	1700～3400	2000～4000
高度 *H*			125	160	200	250	320	400	480	600
底板	l_1		100	125	160	200	250	315	375	480
底板	b_1		60	80	105	140	180	230	280	360
底板	δ_1		6	8	10	14	16	20	22	26
底板	S_1		30	40	50	70	90	115	130	145
肋板	l_2	A、AN 型	80	100	125	160	200	250	300	380
肋板	l_2	B、BN 型	160	180	205	290	330	380	430	510
肋板	δ_2	A、AN 型	4	5	6	8	10	12	14	16
肋板	δ_2	B、BN 型	5	6	8	10	12	14	16	18
肋板	b_2		80	100	125	160	200	250	300	380
垫板	l_3		160	200	250	315	400	500	600	720
垫板	b_3		125	160	200	250	320	400	480	600
垫板	δ_3		6	6	8	8	10	12	14	16
垫板	*e*		20	24	40	40	48	60	70	72
地脚螺栓	*d*		24	24	30	30	30	36	36	36
地脚螺栓	规格		M20	M20	M24	M24	M24	M30	M30	M30

3. 鞍式支座（摘自 JB/T 4712—1992）

(DN500 ~ 900mm 适用)

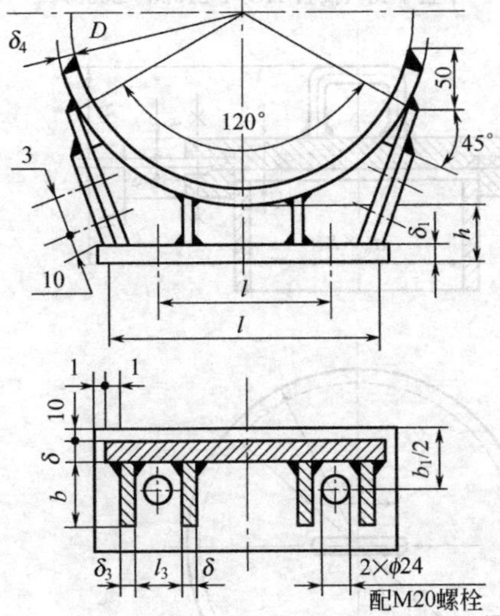

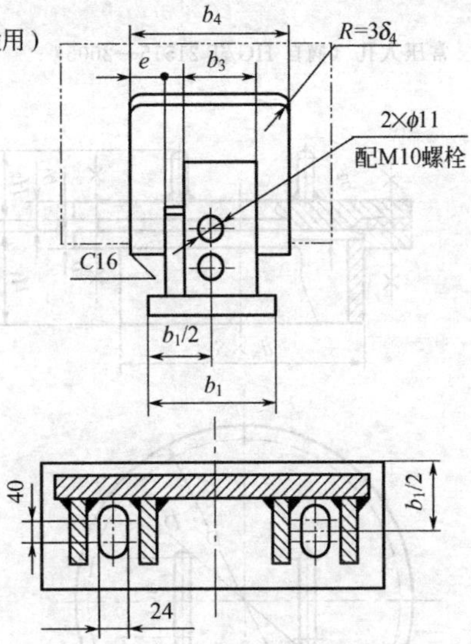

(DN1000 ~ 2000mm 适用)

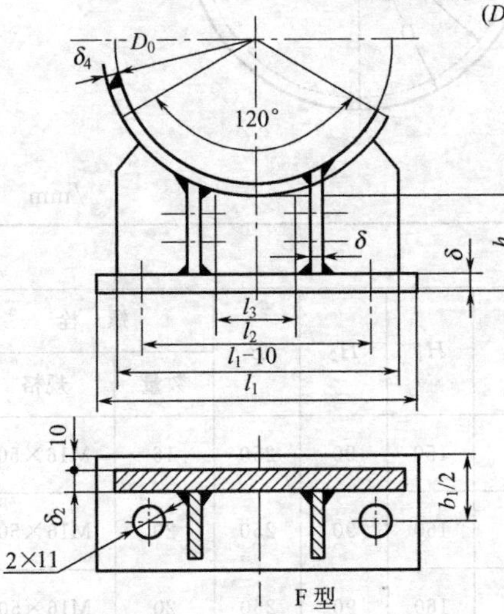

F 型

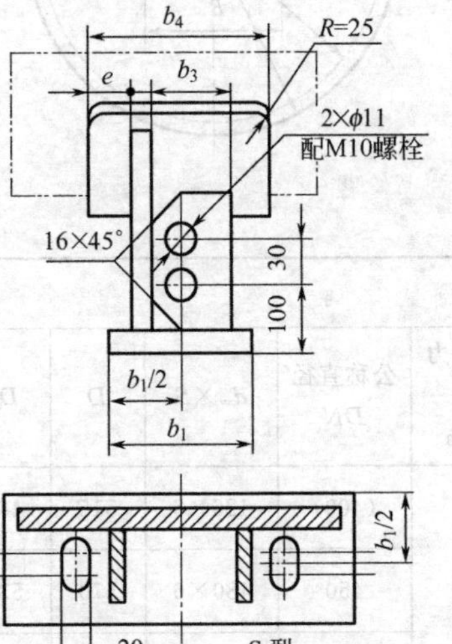

S 型

mm

类型特征	公称直径 DN	鞍座高度 h	底板 l_1	底板 b_1	底板 δ_1	腹板 δ_2	肋板 l_3	肋板 b_2	肋板 b_3	肋板 δ_3	垫板 弧长	垫板 b_4	垫板 δ_4	垫板 e	螺栓间距 l_2
	500		460				250				590				330
	550		510				275				650				360
DN500～900mm 120°包角重型带垫板或不带垫板	600		550			8	300			8	710				400
	650	200	590	150	10		325	—	120		770	200	6	36	430
	700		640				350				830				460
	800		720				400				940				530
	900		810			10	450			10	1060				590
	1000		760				170				1180				600
	1100		820			8	185			8	1290				660
	1200	200	880	170	12		200	140	180		1410	270	80		720
	1300		940			10	215			10	1520				780
DN1000～2000mm 120°包角重型带垫板或不带垫板	1400		1000				230				1640				840
	1500		1060				242				1760			40	900
	1600		1120	200		12	257	170	230		1870	320			960
	1700	250	1200		16		277			12	1990		10		1040
	1800		1280				296				2100				1120
	1900		1360	220		14	316	190	260		2220	350			1200
	2000		1420				331				2330				1260

4. 人孔与手孔（摘自 HG/T 21515～21535—2005）

常压人孔（摘自 HG/T 21515—2005）

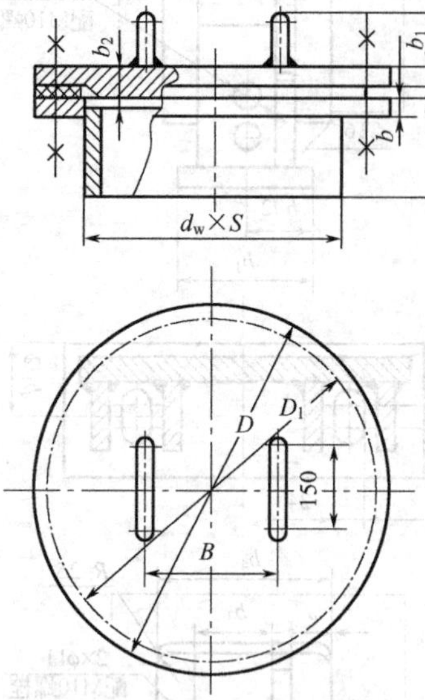

平盖手孔（摘自 HG/T 21528—2005）

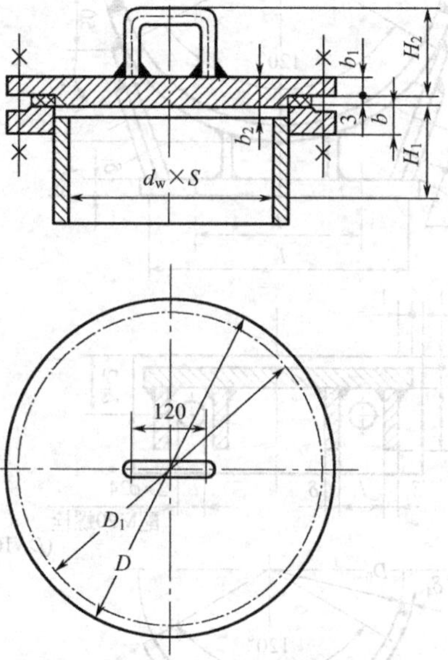

/mm

常压人孔

公称压力 *PN* /MPa	公称直径 *DN*	$d_w \times S$	D	D_1	b	b_1	b_2	H_1	H_2	B	螺栓	
											数量	规格
常压	(400)	426×6	515	480	14	10	12	150	90	250	16	M16×50
	450	480×6	570	535	14	10	12	160	90	250	20	M16×50
	500	530×6	620	585	14	10	12	160	90	250	20	M16×50
	600	630×6	720	685	16	12	14	180	92	300	24	M16×50

平盖手孔

公称压力 *PN* /MPa	公称直径 *DN*	$d_w \times S$	D	D_1	b	b_1	b_2	H_1	H_2	B	螺栓	
											数量	规格
1.0	150	159×4.5	280	240	24	16	18	160	82	—	8	M20×65
	250	273×8	390	350	26	18	20	190	84	—	12	M20×70
1.6	150	159×6	280	240	28	18	20	170	84	—	8	M20×70
	250	273×8	405	355	32	24	26	200	90	—	12	M22×85

注：表中带括号的公称直径尽量不采用。

5. 视镜（摘自 HGJ 501—1986、HGJ 502—1986）

视镜（摘自 HGJ 501—1986）

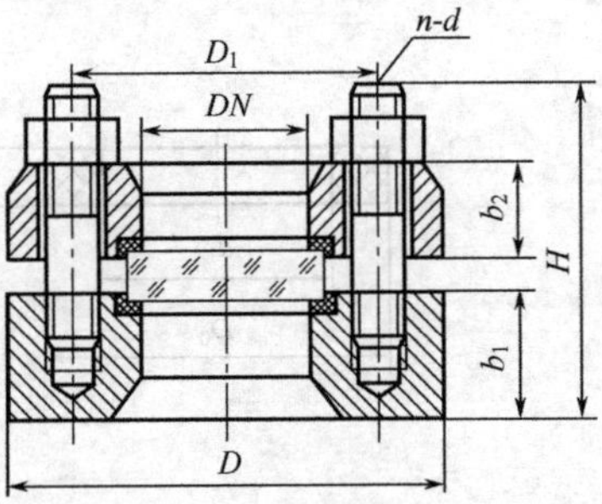

带颈视镜（摘自 HGJ 502—1986）

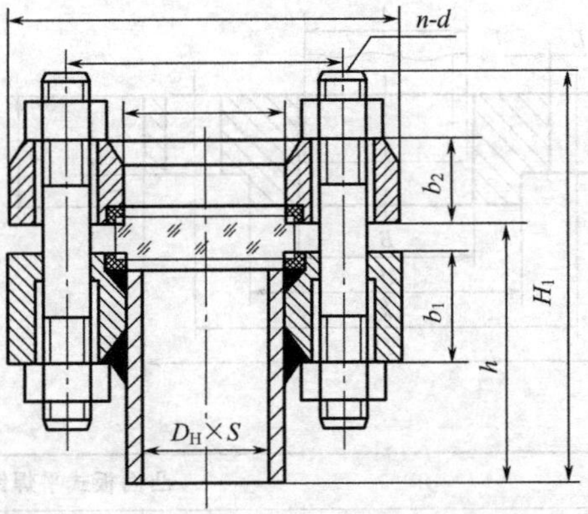

mm

视镜尺寸

公称直径 DN	公称压力 PN /(kgf/cm²) (MPa)	D	D_1	b_1	b_2	H	螺柱 数量 n	螺柱 直径 d	质量 /kg	标准图图号 碳素钢 Ⅰ	标准图图号 不锈钢 Ⅱ
50	10(0.98)	130	100	34	22	79	6	M12	4.7	HGJ 501—86—1	HGJ 501—86—11
	16(1.57)	130	100	34	24	79	6	M12	4.9	HGJ 501—86—2	HGJ 501—86—12
	25(2.45)	130	100	34	26	84	6	M12	5.1	HGJ 501—86—3	HGJ 501—86—13
80	10(0.98)	160	130	36	24	86	8	M12	6.8	HGJ 501—86—4	HGJ 501—86—14
	16(1.57)	160	130	36	26	91	8	M12	7.1	HGJ 501—86—5	HGJ 501—86—15
	25(2.45)	160	130	36	28	96	8	M12	7.4	HGJ 501—86—6	HGJ 501—86—16
100	10(0.98)	200	165	40	26	100	8	M16	12.0	HGJ 501—86—7	HGJ 501—86—17
	16(1.57)	200	165	40	28	105	8	M16	12.5	HGJ 501—86—8	HGJ 501—86—18
125	10(0.98)	225	190	40	28	105	8	M16	14.7	HGJ 501—86—9	HGJ 501—86—19
150	10(0.98)	225	215	40	30	110	12	M16	17.6	HGJ 501—86—10	HGJ 501—86—20

带颈视镜尺寸

公称直径 DN	公称压力 PN /(kgf/cm²) (MPa)	D	D_1	b_1	b_2	$D_H \times S$	h	H_1	螺柱 数量 n	螺柱 直径 d	质量 /kg	标准图图号 碳素钢 Ⅰ	标准图图号 不锈钢 Ⅱ
50	10(0.98)	130	100	22	22	57×3.5	70	113	6	M12	4.2	HGJ 501—86—1	HGJ 501—86—11
	16(1.57)	130	100	24	24	57×3.5	70	116	6	M12	4.5	HGJ 501—86—2	HGJ 501—86—12
	25(2.45)	130	100	26	26	57×3.5	70	120	6	M12	5.0	HGJ 501—86—3	HGJ 501—86—13
80	10(0.98)	160	130	24	24	89×4	70	120	8	M12	6.4	HGJ 501—86—4	HGJ 501—86—14
	16(1.57)	160	130	26	26	89×4	70	127	8	M12	7.0	HGJ 501—86—5	HGJ 501—86—15
	25(2.45)	160	130	28	28	89×4	70	128	8	M12	7.4	HGJ 501—86—6	HGJ 501—86—16
100	10(0.98)	200	165	26	26	108×4	80	142	8	M16	10.9	HGJ 501—86—7	HGJ 501—86—17
	16(1.57)	200	165	28	28	108×4	80	143	8	M16	11.6	HGJ 501—86—8	HGJ 501—86—18
125	10(0.98)	225	190	28	28	133×4	80	143	8	M16	13.6	HGJ 501—86—9	HGJ 501—86—19
150	10(0.98)	225	215	30	30	159×4.5	80	150	12	M16	17.4	HGJ 501—86—10	HGJ 501—86—20

6. 管法兰及垫片（摘自 HG 20593—1997、GB/T 9126—2003）

凸面板式平焊钢制管法兰

（摘自 HG 20593—1997）

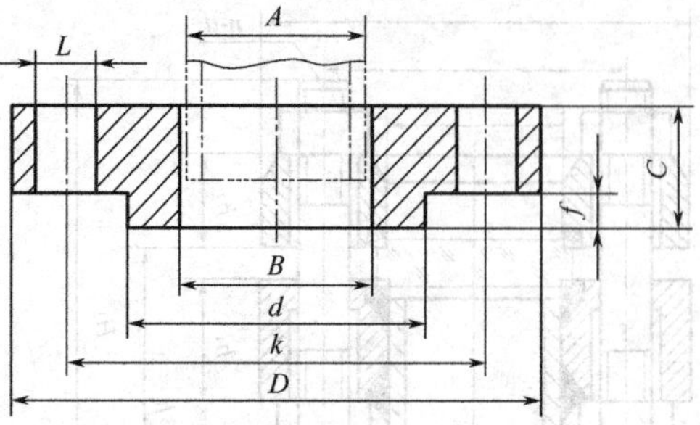

管路法兰用石棉橡胶热片

（摘自 GB/T 9126—2003）

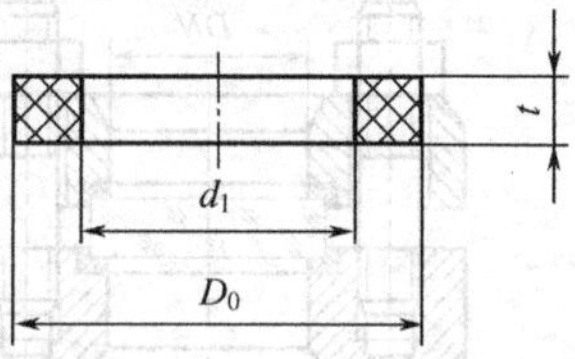

mm

凸面板式平焊钢制管法兰

PN/MPa	公称通径 DN	10	15	20	25	32	40	50	65	80	100	125	150	200	250	300
	直 径															
0.25 0.6 1.0 1.6	管子外径 A	14	18	25	32	38	45	57	73	89	108	133	159	219	273	325
	法兰内径 B	15	19	26	33	39	46	59	75	91	110	135	161	222	276	328
	密封面厚度 f	2	2	2	2	2	3	3	3	3	3	3	3	3	3	4
0.25 0.6	法兰外径 D	75	80	90	100	120	130	140	160	190	210	240	265	320	375	440
	螺栓中心直径 k	50	55	65	75	90	100	110	125	145	175	200	225	280	335	395
	密封面直径 d	32	40	50	60	70	80	90	110	125	145	175	200	255	310	362
1.0 1.6	法兰外径 D	90	95	105	115	140	150	165	185	200	220	250	285	340	395	445
	螺栓中心直径 k	60	65	75	85	100	110	125	145	160	180	210	240	295	350	400
	密封面直径 d	40	45	55	65	78	85	100	120	135	155	185	210	265	320	368
	厚 度															
0.25	法兰厚度 C	10	10	12	12	12	12	12	14	14	14	14	16	18	22	22
0.6		12	12	14	14	16	16	16	16	18	18	20	20	22	24	24
1.0		12	12	14	14	16	18	18	20	20	22	24	24	24	26	28
1.6		14	14	16	18	18	20	22	24	24	26	28	28	30	32	32
	螺 栓															
0.25,0.6	螺栓数量 n	4	4	4	4	4	4	4	4	4	4	8	8	8	12	12
1.0		4	4	4	4	4	4	4	4	4	8	8	8	8	12	12
1.6		4	4	4	4	4	4	4	4	8	8	8	8	8	12	12
0.25 0.6	螺栓孔直径 L	11	11	11	11	14	14	14	14	18	18	18	18	18	18	23
	螺栓规格	M10	M10	M10	M10	M12	M12	M12	M12	M16	M16	M16	M16	M16	M16	M20
1.0	螺栓孔直径 L	14	14	14	14	18	18	18	18	18	18	18	23	23	23	23
	螺栓规格	M12	M12	M12	M12	M16	M16	M16	M16	M16	M16	M16	M20	M20	M20	M20
1.6	螺栓孔直径 L	14	14	14	14	18	18	18	18	18	18	18	23	23	26	26
	螺栓规格	M12	M12	M12	M12	M16	M16	M16	M16	M16	M16	M16	M20	M20	M24	M24
	管路法兰用石棉橡胶垫片															
0.25,0.6	垫片外径 D_0	39	44	54	64	76	86	96	116	132	152	182	207	262	317	372
1.0		—	46.5	56	65.5	75	84	102.5	121.5	134.5	162	192	218	273	328	378
1.6		46	51	61	71	82	92	107	127	142	168	194	224	290	352	417
	垫片内径 d_1	18	22	27	34	43	49	61	77	89	115	141	169	220	273	324
	垫片外径 t								2							

7. 设备法兰及垫片（摘自 JB 4701—1992、JB 4704—1992）

平型平焊法兰（平密封面）

（摘自 JB 4701—1992）

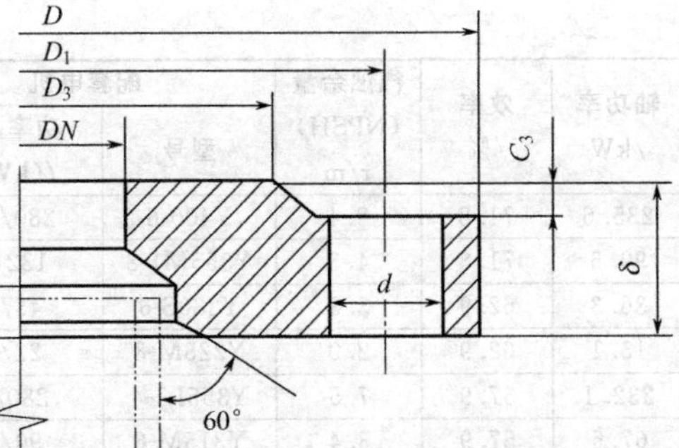

非金属软垫片

（摘自 JB 4704—1992）

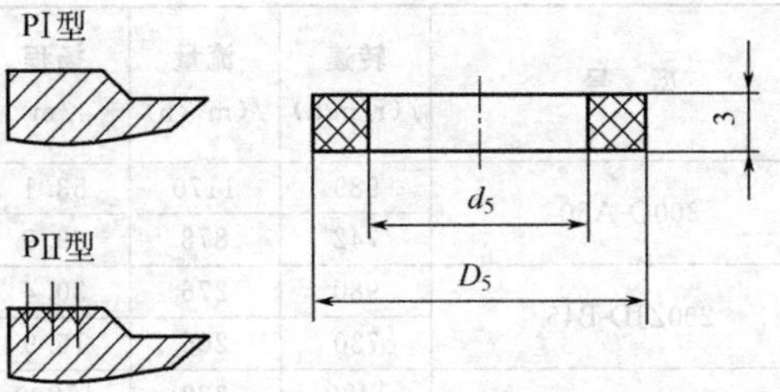

公称直径 DN/mm	甲型平焊法兰/mm					螺柱		非金属软垫片/mm	
	D	D_1	D_3	δ	d	规格	数量	D_5	d_5
PN=0.25MPa									
700	815	780	740	36	18	M16	28	739	703
800	915	880	840	36			32	839	803
900	1015	980	940	40			36	939	903
1000	1030	1090	1045	40	23	M20	32	1044	1004
1200	1330	1290	1241	44			36	1240	1200
1400	1530	1490	1441	46			40	1440	1400
1600	1730	1690	1641	50			48	1640	1600
1800	1930	1890	1841	56			52	1840	1800
2000	2130	2090	2041	60			60	2040	2000
PN=0.6MPa									
500	615	580	540	30	18	M16	20	539	503
600	715	680	640	32			24	639	603
700	830	790	745	36	23	M20	24	744	704
800	930	890	845	40			24	844	804
900	1030	990	945	44			32	944	904
1000	1130	1090	1045	48			36	1044	1004
1200	1330	1290	1241	60			52	1240	1200
PN=1.0MPa									
300	415	380	340	26	18	M16	16	339	303
400	515	480	440	30			20	439	403
500	630	590	545	34	23	M20	20	544	504
600	730	690	645	40			24	644	604
700	830	790	745	46			32	744	704
800	930	890	845	54			40	844	804
900	1030	990	945	60			48	944	904
PN=1.6MPa									
300	430	390	345	30	23	M20	16	344	304
400	530	490	445	36			20	444	404
500	630	590	545	44			28	544	504
600	730	690	645	54			40	644	604

附录七 常用泵类产品的规格与型号

1. ZJD系列单吸离心泵规格型号

型号	转速/(r/min)	流量/(m^3/h)	扬程/m	轴功率/kW	效率/%	汽蚀余量(NPSH) r/m	配套电机	
							型号	功率/电压/(kW/V)
300D-A60	989	1170	53.1	235.6	71.8	8.4	Y400-6	280/6000
	742	878	29.9	99.6	71.8	4.3	Y355M1-8	132/380
200ZJD-B45	980	276	30.4	36.3	62.9	3.3	Y280S-6	45/380
	730	206	16.9	15.1	62.9	2.0	Y225M-8	22/380
150ZJD-A60	1480	329	150.0	232.1	57.9	7.5	Y355L1-4	280/380
	980	218	65.8	67.5	57.9	3.4	Y315M-6	90/380
	730	162	36.5	27.9	57.9	2.1	Y280S-8	37/380
150D-B55	990	280	53.7	64.8	63.2	3.7	Y315M-6	90/380
	740	209	30.0	27.0	63.2	2.3	Y280S-8	37/380
150DG-A50	980	123	44.6	27.6	54.1	3.5	Y250M-6	37/380
	730	92	24.7	11.4	54.1	2.1	Y200L-8	15/380
150D-A40	1490	260	61.2	68.8	63.0	6.5	Y280M-4	90/380
	980	171	26.5	19.6	63.0	2.6	Y225M-6	30/380
100D-A60	1490	152	147.0	133.4	45.6	4.9	Y315M2-4	160/380
	990	101	64.9	39.1	45.6	2.4	Y280S-6	45/380
100D-A45	1480	100	83.5	46.4	49.0	4.6	Y250M-4	55/380
	980	66	36.6	13.4	49.0	2.2	Y200L1-6	18.5/380
100D-A45B	1480	88	76.4	43.6	42.0	6.0	Y250M-4	55/380
	970	57	32.8	12.1	42.0	2.4	Y200L1-6	18.5/380
100DG-B45C	1480	112	66.6	49.7	40.9	7.5	Y280S-4	75/380
	980	74	29.2	14.4	40.9	3.6	Y200L1-6	18.5/380
100D-B40	1480	129	61.0	37.7	56.9	3.5	Y225M-4	45/380
	970	85	26.2	10.7	56.9	1.7	Y180L-6	15/380
100DG-B38CS	1480	85	94.1	47.6	45.8	7.1	Y250M-4	55/380
	970	56	40.4	13.5	45.8	3.4	Y200L1-6	18.5/380
100D-A35	1480	163	45.9	33.5	60.9	4.1	Y225M-4	45/380
	970	107	19.7	9.4	60.9	1.9	Y180L-6	15/380
80D-A36	1480	86	47.1	23.3	47.4	3.2	Y200L-4	30/380
	970	56	20.2	6.5	47.4	1.5	Y160L-6	11/380
65D-A40	1480	71	63.2	26.2	46.7	4.5	Y225S-4	37/380
	970	47	27.1	7.4	46.7	2.1	Y160L-6	11/380
65D-A30	1470	44	35.6	9.1	46.7	4.6	Y160L-4	15/380
	960	29	15.2	2.6	46.7	2.2	Y132M2-6	5.5/380
50D-D40	1470	33	51.7	13.1	35.4	2.5	Y180M-4	18.5/380
	970	22	22.5	3.8	35.4	1.2	Y132M2-6	5.5/380
50D-A30	1460	34	36.3	7.8	43.1	1.6	Y160M-4	11/380
	960	22	15.7	2.2	43.1	0.8	Y132M1-6	4/380
4D-A25	2950	35.5	88.6	20.7	41.3	—	Y200L1-2	30/380
	1440	17.3	21.1	2.4	41.3	2.6	Y112M-4	4/380
40D-B20	2930	16.6	57.5	6.4	40.9	3.5	Y160M1-2	11/380
	1430	8.1	13.7	0.7	40.9	0.9	Y90L-4	1.5/380
25D-A25	1440	9.6	21.6	1.7	33.2	7.0	Y100L2-4	3/380
	910	6.0	8.6	0.4	33.2	3.3	Y90S-6	0.75/380
25D-A15	2900	9.2	34.4	2.6	32.7	5.3	Y132S1-2	5.5/380
	1390	4.4	7.9	0.3	32.7	1.3	Y801-4	0.55/380

2. FT 型防腐脱硫泵规格型号

型号	转速 /(r/min)	流量 /(m³/h)	扬程 /m	轴功率 /kW	效率 /%	汽蚀余量 (NPSH) r/m	配套电机 型号	配套电机 功率/电压 /(kW/V)
300FT-A60	989	1170	53.1	235.6	71.8	8.4	Y400-6	280/6000
	742	878	29.9	99.6	71.8	4.3	Y355M1-8	132/380
200FT-B45	980	276	30.4	36.3	62.9	3.3	Y280S-6	45/380
	730	206	16.9	15.1	62.9	2.0	Y225M-8	22/380
150FT-A60	1480	329	150.0	232.1	57.9	7.5	Y355L1-4	280/380
	980	218	65.8	67.5	57.9	3.4	Y315M-6	90/380
	730	162	36.5	27.9	57.9	2.1	Y280S-8	37/380
150FT-B55	990	280	53.7	64.8	63.2	3.7	Y315M-6	90/380
	740	209	30.0	27.0	63.2	2.3	Y280S-8	37/380
150FT-A50	980	123	44.6	27.6	54.1	3.5	Y250M-6	37/380
	730	92	24.7	11.4	54.1	2.1	Y200L-8	15/380
150FT-A40	1490	260	61.2	68.8	63.0	6.5	Y280M-4	90/380
	980	171	26.5	19.6	63.0	2.6	Y225M-6	30/380
100FT-A60	1490	152	147.0	133.4	45.6	4.9	Y315M2-4	160/380
	990	101	64.9	39.1	45.6	2.4	Y280S-6	45/380
100FT-A45	1480	100	83.5	46.4	49.0	4.6	Y250M-4	55/380
	980	66	36.6	13.4	49.0	2.2	Y200L1-6	18.5/380
100FT-A45B	1480	88	76.4	43.6	42.0	6.0	Y250M-4	55/380
	970	57	32.8	12.1	42.0	2.4	Y200L1-6	18.5/380
100FT-B45C	1480	112	66.6	49.7	40.9	7.5	Y280S-4	75/380
	980	74	29.2	14.4	40.9	3.6	Y200L1-6	18.5/380
100FT-B40	1480	129	61.0	37.7	56.9	3.5	Y225M-4	45/380
	970	85	26.2	10.7	56.9	1.7	Y180L-6	15/380
100FT-B38CS	1480	85	94.1	47.6	45.8	7.1	Y250M-4	55/380
	970	56	40.4	13.5	45.8	3.4	Y200L1-6	18.5/380
100FT-A35	1480	163	45.9	33.5	60.9	4.1	Y225M-4	45/380
	970	107	19.7	9.4	60.9	1.9	Y180L-6	15/380
80FT-A36	1480	86	47.1	23.3	47.4	3.2	Y200L-4	30/380
	970	56	20.2	6.5	47.4	1.5	Y160L-6	11/380
65FT-A40	1480	71	63.2	26.2	46.7	4.5	Y225S-4	37/380
	970	47	27.1	7.4	46.7	2.1	Y160L-6	11/380
65FT-A30	1470	44	35.6	9.1	46.7	4.6	Y160L-4	15/380
	960	29	15.2	2.6	46.7	2.2	Y132M2-6	5.5/380
50FT-D40	1470	33	51.7	13.1	35.4	2.5	Y180M-4	18.5/380
	970	22	22.5	3.8	35.4	1.2	Y132M2-6	5.5/380
50FT-A30	1460	34	36.3	7.8	43.1	1.6	Y160M-4	11/380
	960	22	15.7	2.2	43.1	0.8	Y132M1-6	4/380
4FT-A25	2950	35.5	88.6	20.7	41.3	—	Y200L1-2	30/380
	1440	17.3	21.1	2.4	41.3	2.6	Y112M-4	4/380
40FT-B20	2930	16.6	57.5	6.4	40.9	3.5	Y160M1-2	11/380
	1430	8.1	13.7	0.7	40.9	0.9	Y90L-4	1.5/380
25FT-A25	1440	9.6	21.6	1.7	33.2	7.0	Y100L2-4	3/380
	910	6.0	8.6	0.4	33.2	3.3	Y90S-6	0.75/380

3. ZJL 系列泥浆泵规格型号

型号	转速/(r/min)	流量/(m^3/h)	扬程/m	轴功率/kW	效率/%	汽蚀余量(NPSH) r/m	配套电机	
							型号	功率/电压/(kW/V)
300ZJL-A60	989	1170	53.1	235.6	71.8	8.4	Y400-6	280/6000
	742	878	29.9	99.6	71.8	4.3	Y355M1-8	132/380
200ZJL-B45	980	276	30.4	36.3	62.9	3.3	Y280S-6	45/380
	730	206	16.9	15.1	62.9	2.0	Y225M-8	22/380
150ZJL-A60	1480	329	150.0	232.1	57.9	7.5	Y355L1-4	280/380
	980	218	65.8	67.5	57.9	3.4	Y315M-6	90/380
	730	162	36.5	27.9	57.9	2.1	Y280S-8	37/380
150ZJL-B55	990	280	53.7	64.8	63.2	3.7	Y315M-6	90/380
	740	209	30.0	27.0	63.2	2.3	Y280S-8	37/380
150ZJL-A50	980	123	44.6	27.6	54.1	3.5	Y250M-6	37/380
	730	92	24.7	11.4	54.1	2.1	Y200L-8	15 * 380
150ZJL-A40	1490	260	61.2	68.8	63.0	6.5	Y280M-4	90/380
	980	171	26.5	19.6	63.0	2.6	Y225M-6	30/380
100ZJL-A60	1490	152	147.0	133.4	45.6	4.9	Y315M2-4	160/380
	990	101	64.9	39.1	45.6	2.4	Y280S-6	45/380
100ZJL-A45	1480	100	83.5	46.4	49.0	4.6	Y250M-4	55/380
	980	66	36.6	13.4	49.0	2.2	Y200L1-6	18.5/380
100ZJL-A45B	1480	88	76.4	43.6	42.0	6.0	Y250M-4	55/380
	970	57	32.8	12.1	42.0	2.4	Y200L1-6	18.5/380
100ZJLG-B45C	1480	112	66.6	49.7	40.9	7.5	Y280S-4	75/380
	980	74	29.2	14.4	40.9	3.6	Y200L1-6	18.5/380
100ZJL-B40	1480	129	61.0	37.7	56.9	3.5	Y225M-4	45/380
	970	85	26.2	10.7	56.9	1.7	Y180L-6	15/380
100ZJL-B38CS	1480	85	94.1	47.6	45.8	7.1	Y250M-4	55/380
	970	56	40.4	13.5	45.8	3.4	Y200L1-6	18.5/380
100ZJL-A35	1480	163	45.9	33.5	60.9	4.1	Y225M-4	45/380
	970	107	19.7	9.4	60.9	1.9	Y180L-6	15/380
80ZJL-A36	1480	86	47.1	23.3	47.4	3.2	Y200L-4	30/380
	970	56	20.2	6.5	47.4	1.5	Y160L-6	11/380
65ZJL-A40	1480	71	63.2	26.2	46.7	4.5	Y225S-4	37/380
	970	47	27.1	7.4	46.7	2.1	Y160L-6	11/380
65ZJL-A30	1470	44	35.6	9.1	46.7	4.6	Y160L-4	15/380
	960	29	15.2	2.6	46.7	2.2	Y132M2-6	5.5/380
50ZJL-D40	1470	33	51.7	13.1	35.4	2.5	Y180M-4	18.5/380
	970	22	22.5	3.8	35.4	1.2	Y132M2-6	5.5/380
50ZJL-A30	1460	34	36.3	7.8	43.1	1.6	Y160M-4	11/380
	960	22	15.7	2.2	43.1	0.8	Y132M1-6	4/380
4ZJL-A25	2950	35.5	88.6	20.7	41.3	—	Y200L1-2	30/380
	1440	17.3	21.1	2.4	41.3	2.6	Y112M-4	4/380
40ZJL-B20	2930	16.6	57.5	6.4	40.9	3.5	Y160M1-2	11/380
	1430	8.1	13.7	0.7	40.9	0.9	Y90L-4	1.5/380
25ZJL-A25	1440	9.6	21.6	1.7	33.2	7.0	Y100L2-4	3/380
	910	6.0	8.6	0.4	33.2	3.3	Y90S-6	0.75/380
25ZJL-A15	2900	9.2	34.4	2.6	32.7	5.3	Y132S1-2	5.5/380
	1390	4.4	7.9	0.3	32.7	1.3	Y801-4	0.55/380

4. DBY 系列电动隔膜泵规格型号

型号	泵		流量 /(m³/h)	扬程 /m	吸程 /m	配备功率 /kW	使用温度/℃			配备减速机型号
	进口	出口					铸铁	不锈钢	铝合金	
DBY-10	丝扣	3/8″	0.5	40	3	0.55	100	150	80	XWD0.55-2-35
DBY-15	丝扣	1/2″	0.75	40	3	0.55	100	150	80	XWD0.5-2-35
DBY-25	25	25	3.5	40	4	1.5	100	150	80	XLD1.5-3-35
DBY-40	40	40	4.5	40	4	2.2	100	150	80	XLD1.5-3-35
DBY-50	50	50	6.5	40	4.5	4	100	150	80	XLD2.2-3-35
DBY-65	65	65	8	40	4.5	4	100	150	80	XLD2.2-3-35
DBY-80	80	80	16	40	5	5.5	100	150	80	XLD3-3-35
DBY-100	100	80	20	40	5	5.5	100	150	80	XLD3-3-35

5. J-D 系列柱塞泵规格型号

型号规格	流量 /(L/h)	压力 /MPa	柱塞直径 /mm	行程 /mm	往复次数 /(r/min)	电机功率 /kW	安装尺寸/mm						
							DN	*D*	*K*	*d*	h_1	h_2	*L*
J-D-11/64	11	64	7	50	90	2.2	8	95	60	50	165	165	690
J-D-16.5/64	6.5	64	9	50	90	2.2	0	95	00	50	165	165	690
J-D-16/50	16	50	9	50	90	2.2	8	95	60	50	165	165	690
J-D-24/50	16	50	11	50	90	2.2	8	95	60	50	165	165	690
J-D-28/40	28	40	11	50	90	2.2	8	95	60	50	165	165	690
J-D-42/40	42	40	14	50	90	2.2	10	100	65	46	275	275	690
J-D-48/32	48	32	15	50	90	3	10	100	65	46	275	275	690
J-D-72/32	72	32	18	50	90	3	10	100	65	46	275	275	690
J-D-75/25	75	25	19	50	90	3	10	100	65	46	275	275	690
J-D-112/20	112	20	23	50	90	3	12	100	65	46	290	290	690
J-D-122/16	122	16	24	50	90	3	12	100	65	46	290	290	690
J-D-183/12.5	183	12.5	29	50	90	3	12	100	65	46	290	290	690
J-D-200/10	200	10	31	50	90	3	12	100	65	46	290	290	700
J-D-300/10	300	10	38	50	90	4	16	105	75	56	201	201	700
J-D-318/6.4	318	6.4	39	50	90	4	16	105	75	56	201	201	700
J-D-477/6.4	477	6.4	47	50	90	4	16	105	75	56	201	201	700
J-D-520/5	520	5	50	50	90	4	16	105	75	56	201	201	730
J-D-780/4	780	4	61	50	90	4	16	105	75	56	201	201	730
J-D-860/3.2	860	3.2	64	50	90	4	26	115	85	65	235	235	730
J-D-1280/2.5	1280	2.5	78	50	90	4	26	115	85	65	235	235	730
J-D-1080/2	1080	2	71	50	90	4	26	115	85	65	235	235	730
J-D-1620/7.6	1620	7.6	87	50	90	4	26	115	85	65	235	235	740
J-D-1380/1.0	1380	1.0	81	50	90	4	35	135	100	78	278	278	740
J-D-2000/1.0	2000	1.0	97	50	90	4	35	135	100	78	278	278	740
J-D-3000/1.0	3000	1.0	1.9	50	90	4	35	135	100	78	278	278	740

6. 自吸式无堵塞排污泵性能参数表

型　号	流量 Q/(m³/h)	扬程 H/m	电机功率/kW	转速/(r/min)
25ZW8-15	8	15	1.5	2900
32ZW10-20	10	20	2.2	2900
32ZW20-12	20	12	2.2	2900
40ZW20-12	20	12	2.2	2900
40ZW10-20	10	20	2.2	2900
40ZW15-30	15	30	3	2900
50ZW10-20	10	20	2.2	2900
50ZW20-12	20	12	2.2	2900
50ZW15-30	15	30	3	2900

续表

型 号	流量 $Q/(m^3/h)$	扬程 H/m	电机功率/kW	转速/(r/min)
65ZW30-18	30	18	4	1450
65ZW20-30	20	30	5.5	2900
65ZW15-30	15	30	3	2900
65ZW20-14	20	14	2.2	2900
65ZW25-40	25	40	7.5	2900
65ZW30-50	30	50	11	2900
80ZW40-16	40	16	4	1450
80ZW40-50	40	50	18.5	2900
80ZW65-25	65	25	7.5	2900
80ZW80-35	80	35	15	2900
80ZW50-60	50	60	22	2900
100ZW100-15	100	15	7.5	1450
100ZW80-20	80	20	7.5	1450
100ZW100-20	100	20	11	1450
100ZW100-30	100	30	22	2900
100ZW80-60	80	60	37	2900
100ZW80-80	80	80	45	2900
125ZW120-20	120	20	15	1450
125ZW200-15	200	15	15	1450
150ZW200-15	200	15	15	1450
150ZW250-25	250	25	45	2900
200ZW280-14	280	14	22	1450
200ZW300-18	300	18	37	1450
200ZW280-28	280	28	55	1450
250ZW420-20	420	20	55	1450
300ZW800-14	800	14	55	1450

7. 2SK 系列水环真空泵规格型号

性 能	型 号					
	2SK-1.5	2SK-3	2SK-6	2SK-12	2SK-20	2SK-30
抽气速率/(m^3/min)	1.5	3	6	12	20	30
极限压力≤/Pa	3.3×10^3	3.3×10^3	3.3×10^3	3.3×10^3	3.3×10^3	3.3×10^3
电机功率/kW	4	7.5	15	22	37	55
转速/(r/min)	1440	1440	1460	970	740	740
供水量/(m^3/h)	10～15	15～20	25～35	40～50	60～80	70～90
吸排气口径/mm	$\phi40$	$\phi40$	$\phi50$	$\phi100$	$\phi125$	$\phi125$
质量/kg	200	295	480	1000	2100	2500

附录八 常用风机产品的规格与型号

1. ZTB 系列离心鼓风机规格型号

型号	频率 /Hz	功率 /kW	电压 /V	最大流量 /(m^3/min)	最高真空 /mmH_2O	最高压力 /mmH_2O	噪音 /dB	质量 /kg
ZTB-200	50/60	0.2	220/380	2.2/3.4		90/120	50/62	11
ZTB-400	50/60	0.4	220/380	6/8		130/150	56/70	17
ZTB-750	50/60	0.75	220/380	16/18		190/270	64/80	28
ZTB-1500	50/60	1.5	220/380	18/22		210/320	74/90	39
ZTB-2200	50/60	2.2	220/380	35/40		280/380	76/95	58
ZTB-4000	50/60	4.0	220/380	40/45		350/400	80/100	72
ZTB-5500	50/60	5.5	220/380	45/50		480/600	84/105	115

2. DE 系列离心鼓风机规格型号

型号	功率/W	风量/(m^3/min)	风压/Pa	电压/V	电流/A	噪声/dB	质量/kg
DE-2	60	5	420	380/220	0.28/1.23	60	3.6
DE-3b	180	6.8	670	380/220	0.68/2.49	75	7
DE-3	180	7.1	500	380/220	0.68/2.49	75	8
DE-4	250	8.4	860	380/220	0.68/3.11	75	8.2
DE-5	370	12	1150	380/220	1.12/4.24	75	8.5
DE-6	550	14.5	1300	380/220	1.55/5.57	80	10
DE-7	750	21	1750	380/220	1.83/6.77	80	12

3. 3RE-140 型罗茨鼓风机性能表

型　　号	转速/(r/min)	理论流量/(m^3/min)	压力/kPa	流量/(m^3/min)	配套电机 功率/kW	配套电机 电压/V	机组最大质量/kg
Y160L-8	730 *	16.8	9.8	13.6	7.5	380	1800
Y180L-8			19.6	12.5	11		
Y200L-8			29.4	12.0	15		
Y200L-8			39.2	11.5	15		
Y225S-8			49.0	10.8	18.5		
Y225M-8			58.8	10.4	22		
Y250M-8			68.6	9.85	30		
Y250M-8			78.4	9.64	30		
Y250M-8			88.2	9.26	30		
Y160M-6	970 *	22.68	9.8	19.5	7.5	380	1800
Y160L-6			19.6	18.4	11		
Y180L-6			29.4	17.9	15		
Y200L2-6			39.2	17.2	22		
Y225M-6			49.0	16.8	30		
Y225M-6			58.8	16.3	30		
Y250M-6			68.6	15.8	37		
Y250M-6			78.4	15.4	37		
Y280S-6			88.2	15.2	45		
Y280S-6			98.0	14.8	45		
Y160M-4	1170	27.35	9.8	24.2	11	380	1800
Y160L-4			19.6	22.9	15		
Y180M-4			29.4	22.4	18.5		
Y200L-4			39.2	21.8	30		
Y200L-4			49.0	21.5	30		
Y225S-4			58.8	20.9	37		
Y225M-4			68.6	20.4	45		
Y225M-4			78.4	20.2	45		
Y250M-4			88.2	19.8	55		
Y250M-4			98.0	19.5	55		
Y160M-4	1250	29.20	9.8	26.1	11	380	1800
Y160L-4			19.6	24.9	15		
Y180L-4			29.4	24.2	22		
Y200L-4			39.2	23.8	30		
Y225S-4			49.0	23.2	37		
Y225S-4			58.8	22.8	37		
Y225M-4			68.6	22.5	45		
Y250M-4			78.4	22.1	55		
Y250M-4			88.2	21.8	55		
Y280S-4			98.0	21.4	75		

续表

型号	转速/(r/min)	理论流量/(m³/min)	压力/kPa	流量/(m³/min)	配套电机 功率/kW	配套电机 电压/V	机组最大质量/kg
Y160M-4	1350	31.58	9.8	28.2	11	380	1800
Y160L-4			19.6	27.5	15		
Y180L-4			29.4	26.5	22		
Y200L-4			39.2	26.0	30		
Y225S-4			49.0	25.8	37		
Y225M-4			58.8	25.2	45		
Y225M-4			68.6	24.8	45		
Y250M-4			78.4	24.1	55		
Y280S-4			88.2	24.0	75		
Y280S-4			98.0	23.8	75		
Y160M-4	1450	33.92	9.8	30.3	11	380	1800
Y180M-4			19.6	29.6	18.5		
Y180L-4			29.4	28.4	22		
Y200L-4			39.2	27.9	30		
Y225S-4			49.0	27.8	37		
Y225M-4			58.8	27.0	45		
Y250M-4			68.6	26.6	55		
Y250M-4			78.4	25.9	55		
Y280S-4			88.2	25.8	75		

注：* 表示所示转速的罗茨鼓风机采用直联传动，其余为带联传动。

4. T40I系列轴流通风机性能参数表

机号	转速/(r/min)	叶片角度	风量/(m^3/h)	风压/Pa	轴功率/kW	电机功率/kW	噪声/dB(A)
2.5	2900	15	1130	125	0.0578	0.09	67
		20	1451	138	0.0783	0.09	69
		25	1861	140	0.0992	0.12	70
		30	2009	149	0.1145	0.12	71
		35	2272	184	0.1657	0.18	73
	1450	15	565	31	0.0072	0.025	52
		20	724	34	0.0098		54
		25	932	35	0.0124		55
		30	1012	37	0.0143		56
		35	1141	46	0.0207		58
3	2900	15	1951	180	0.144	0.18	72
		20	2498	199	0.195	0.25	74
		25	3218	202	0.247	0.25	74
		30	3418	215	0.285	0.37	76
		35	3931	266	0.413	0.55	77
	1450	15	976	45	0.018	0.09	57
		20	1249	50	0.0244		59
		25	1609	51	0.0308		61
		30	1739	54	0.0356		61
		35	1958	67	0.0516		64
3.5	2900	15	3100	245	0.311	0.37	76
		20	3971	272	0.422	0.55	78
		25	5119	274	0.533	0.55	79
		30	5519	292	0.615	0.75	80
		35	6279	363	0.892	1.1	81

续表

机号	转速/(r/min)	叶片角度	风量/(m^3/h)	风压/Pa	轴功率/kW	电机功率/kW	噪声/dB(A)
3.5	1450	15	1552	62	0.0389	0.06	61
		20	1980	68	0.0528	0.06	61
		25	2560	69	0.0666	0.09	64
		30	2761	74	0.0769	0.09	65
		35	3121	90	0.1113	0.12	67
4	2900	15	4630	321	0.605	1.1	80
		20	5918	355	0.822	1.1	82
		25	7639	359	1.039	1.1	83
		30	8240	382	1.200	1.1	84
		35	9310	473	1.732	2.2	85
	1450	15	2318	80	0.0756	0.25	65
		20	2959	88	0.1027		67
		25	3820	90	0.1299		68
		30	4118	95	0.1500		69
		35	4658	119	0.2168		72
5	1450	15	4522	125	0.2231	0.75	71
		20	5789	138	0.314		73
		25	7448	140	0.396		74
		30	8050	149	0.457		75
		35	9090	184	0.662		77
	960	15	2992	54	0.0669	0.25	62
		20	3830	61	0.0909		64
		25	4939	62	0.1149		65
		30	5332	66	0.1327		66
		35	6019	81	0.1920		68
6	1450	15	7808	180	0.575	1.1	76
		20	9990	200	0.780	1.1	78
		25	12899	202	0.983	1.1	80
		30	13900	215	1.138	1.5	80
		35	15700	267	1.650	2.2	81
	960	15	5159	79	0.167	0.75	67
		20	6610	87	0.227		69
		25	8510	88	0.286		71
		30	9202	94	0.331		72
		35	10400	117	0.476		74
7	1450	15	12398	245	1.240	1.5	78
		20	15901	272	1.690	1.5	79
		25	20498	274	2.130	2.2	80
		30	22100	294	2.470	3	81
		35	25178	363	3.570	4	83
	960	15	8201	108	0.360	0.75	71
		20	10501	119	0.490	0.75	73
		25	13500	121	0.619	0.75	74
		30	14602	128	0.715	0.75	75
		35	16499	159	1.034	1.1	76
8	1450	15	18500	321	2.430	3	79
		20	23699	355	3.290	4	80
		25	30499	359	4.160	5.5	81
		30	33001	381	4.810	5.5	83
		35	38099	473	6.960	7.5	84

续表

机号	转速/(r/min)	叶片角度	风量/(m³/h)	风压/Pa	轴功率/kW	电机功率/kW	噪声/dB(A)
8	960	15	12301	140	0.703	1.1	75
		20	15700	156	0.954	1.1	77
		25	20200	158	1.210	1.5	78
		30	21802	168	1.400	1.5	78
		35	24052	208	2.020	2.2	80

附录九 常用塔填料规格与技术参数

1. 颗粒填料

填料名称	材质	公称尺寸	规格 $D\times H\times\delta$ /m×m×m	比表面 /(m²/m³)	空隙率 /(m³/m³)	填充量 /(个/m³)	堆积密度 /(kg/m³)	干填料因子	填料因子 /m⁻¹
矩鞍形填料	陶瓷	16	25×12×2.2	378	0.710	269900	686	1055	1000
		25	40×20×3.0	200	0.772	58230	544	433	300
		38	60×30×4.0	131	0.804	19680	502	252	270
		50	75×45×5.0	103	0.782	8710	538	216	125
	塑料	16	24×12×0.7	461	0.806	365100	167	879	1000
		25	37×19×1.0	288	0.847	97680	133	473	320
		76	76×38×3.0	200	0.885	3700	104	289	100
鲍尔环	金属	16	17×15×0.8	239	0.928	14300	216	299	400
		38	38×38×0.8	129	0.945	13000	365	153	180
		50	50×50×1.0	112.3	0.949	6500	395	131	140
	塑料	16	16.2×16.7×1.1	188	0.911	112000	141	249	450
		25	25.6×25.4×1.2	174.5	0.901	42900	150	239	320
		38	38.5×38.5×1.2	155	0.89	15800	98.0	220	200
		50	50×50×1.5	112	0.901	6500	74.8	154	120
		76	76×768×2.6	73.2	0.92	1930	70.9	94	90
阶梯环	金属	50	50×25×0.5	99.1	0.975	12500	194	107	95
		50′	50×28×1.0	103.9	0.949	11600	400	122	95
	塑料	25	25×12.5×1.4	228	0.90	81500	97.8	313	270
		38	38×19×1.0	132.5	0.91	27200	57.5	176	160
		50	50×25×1.5	114.2	0.927	10700	54.5	133	110
		50′	50×30×1.5	121.5	0.915	9980	76.8	159	110

2. 规整填料特性参数

(1) 金属压延孔板波纹填料

填料型号	材料	波高×波距×板厚	比表面 /(m²/m³)	空隙率 /(m³/m³)	盘高 /mm	堆积密度 /(kg/m³)	盘径 /mm	填料因子 /m⁻¹
4.3型	金属	4.3×8.5×0.1	670	0.966		270		718
4.5型		4.5×10.2×0.1	570	0.971	53	230	283	605
6.3型		6.3×10.2×0.1	500	0.975	51	200	283	526

(2) 金属丝网波纹填料

填料型号	材料	峰高 H	比表面积 /(m^2/m^3)	水力直径 /mm	倾斜角度 α	空隙率 /%	F因子 /(m/s)	理论板数 /(个/m)	压力降 /(mmHg/m)
CY	不锈钢网	4.3	700	5	45°	87～90	1.3～2.4	6～9	5
BX		6.3	500	7.3	30°	95	2～2.4	4～5	1.5
CY	黄铜网	4.3	700	5	45°	87～90	1.3～2.4	6～9	5
BX		6.3	500	7.3	30°	95	2～2.4	4～5	1.5
CY	铁丝网	4.3	700	5	45°	87～90	1.3～2.4	6～9	5
BX		6.3	500	7.3	30°	95	2～2.4	4～5	1.5

附录十 常用保温材料容重与导热系数

材料名称	容重 /(kg/m^3)	导热系数 /[W/(m·K)]	材料名称	容重 /(kg/m^3)	导热系数 /[W/(m·K)]
膨胀聚苯板(EPS)	15～25	0.041	膨胀蛭石	200	0.1
挤塑聚苯板(XPS)	35～50	0.030		300	0.14
聚氨酯	35～50	0.024	硅藻土	200	0.076
矿渣棉、岩棉、玻棉	70～80	0.05	膨胀珍珠岩	80	0.058
玻璃棉毡	140	0.045		120	0.070
玻璃棉松散料	95	0.045	石棉	80～130	0.016
发泡橡塑材料	40～120	0.043	发泡聚乙烯	30～40	0.0325

参 考 文 献

[1] 林大钧．化工机械设计制图．北京：科学出版社，1999.

[2] 贺匡国．化工容器与设备简明设计手册．北京：化学工业出版社，2002.

[3] 徐至钧．高塔基础设计与计算．修订版．北京：中国石化出版社，2002.

[4] 华东理工大学机械制图教研组．化工制图．第2版．北京：高等教育出版社，1993.

[5] 魏崇光，郑晓梅．化工工程制图．北京：化学工业出版社，2004.

[6] 林大钧．简明化工制图．第2版．上海：华东理工大学出版社，2010.

[7] 钱自强．大学工程制图．上海：华东理工大学出版社，2005.

[8] 王志文，蔡仁良．化工容器设计．第3版．北京：化学工业出版社，2005.

[9] 潘永亮，刘玉良．化工设备机械设计基础．北京：科学出版社，2005.

[10] 大连理工大学工程图学教研室．机械制图．第6版．北京：高等教育出版社，2007.

[11] 董大勤．化工设备机械基础．北京：化学工业出版社，2005.

[12] 李超．化工机械与设备概论．北京：中国石化出版社，2010.

[13] 徐宝东．化工管路设计手册．北京：化学工业出版社，2011.

[14] 王志文，蔡仁良．化工容器设计．北京：化学工业出版社，2005.